U0393852

 黄河流域易盐渍区高效生态农业技术创新丛书

土壤物理学精要
过程、功能、结构和力学导论

Essential Soil Physics
An introduction to soil processes, functions, structure and mechanics

[德] 卡尔·海因里希·哈特（Karl Heinrich Hartge）
[德] 赖纳·霍恩（Rainer Horn） 著
赵 英 张 斌 译
陈小兵 张建国 伍靖伟 审校

山东科学技术出版社
·济南·

Original title in English: Essential Soil Physics by Karl Heinrich Hartge and Rainer Horn, 1st Edition, 2016.

版权登记号：图字 15-2023-104

图书在版编目（CIP）数据

土壤物理学精要：过程、功能、结构和力学导论 /（德）卡尔·海因里希·哈特（Karl Heinrich Hartge），（德）赖纳·霍恩（Rainer Horn）著；赵英，张斌译 .— 济南：山东科学技术出版社，2024.8

（黄河流域易盐渍区高效生态农业技术创新丛书）

ISBN 978-7-5723-1924-2

Ⅰ . ①土…　Ⅱ . ①卡…　②赖…　③赵…　④张…　Ⅲ . ①土壤物理学　Ⅳ . ① S152

中国国家版本馆 CIP 数据核字 (2024) 第 007748 号

土壤物理学精要——过程、功能、结构和力学导论

TURANG WULIXUE JINGYAO —— GUOCHENG、GONGNENG、JIEGOU HE LIXUE DAOLUN

责任编辑：于　军
装帧设计：孙　佳

主管单位：山东出版传媒股份有限公司
出 版 者：山东科学技术出版社
地址：济南市市中区舜耕路 517 号
邮编：250003　电话：（0531）82098088
网址：www.lkj.com.cn
电子邮件：sdkj@sdcbcm.com
发 行 者：山东科学技术出版社
地址：济南市市中区舜耕路 517 号
邮编：250003　电话：（0531）82098067
印 刷 者：山东联志智能印刷有限公司
地址：山东省济南市历城区郭店街道相公庄村文化产业园 2 号厂房
邮编：250100　电话：（0531）88812798

规格： 16 开（184 mm × 260 mm）
印张： 27.25　　**字数：** 458 千
版次： 2024 年 8 月第 1 版　**印次：** 2024 年 8 月第 1 次印刷
定价： 228.00 元

丛书编委会

参 编 单 位 中国科学院南京土壤研究所

中国科学院烟台海岸带研究所

中国科学院东北地理生态与农业研究所

中国农业科学院资源与区划研究所

中国水产科学研究院东海水产研究所

中国水利水电科学研究院

山东省农业科学院

山东省水利科学研究院

内蒙古农牧业科学院

水利部牧区水利科学研究所

“一带一路”国际功能农业科技创新院

清华苏州环境创新研究院

黄河水利委员会西峰水土保持科学试验站

清华大学

中国农业大学

武汉大学

河海大学

山东农业大学

鲁东大学

吉林大学

长安大学

中建八局环保科技有限公司

序一

目前，全球有80多个国家存在土壤盐渍化问题，盐碱地面积超过8.3亿公顷，土壤盐渍化对农业生产力和可持续性发展产生了不利影响。土壤盐渍化在任何气候条件下都会发生，是由自然因素和人为活动造成的。例如，在干旱区、半干旱区、半湿润区大面积长期推行节水灌溉技术后，土壤盐渍化呈加剧趋势。对盐碱地不当垦殖，也会导致生态风险和经济风险。我们必须强化多时空尺度意识和风险意识，强化土壤盐渍化科学研究的先进性，进行盐渍化治理与改良的绩效评估，探求易盐渍区农业高质量发展和生态保护相协同的成功治理之道。

在全球气候变暖、水资源日益减少与人口激增的大背景下，全球粮食安全形势日趋严峻，这对持续提高耕地的产能提出了更大挑战。我国人口众多、土地资源稀缺，干旱区、半干旱区、半湿润区耕地易发生盐渍化，这是导致耕地生产力下降的关键障碍性因素。我国还有760万公顷①盐碱障碍耕地可以开发利用。通过盐碱障碍耕地的产能提升与部分盐碱荒地的耕地化改造来减缓粮食危机，逐渐成为科学界、政府和行业部门的共识。近年来，我国将盐碱地开发利用提升到战略高度，提出要充分挖掘盐碱地综合利用潜力，稳步拓展农业生产空间，提高农业

---

① 数据来源于2011年农业部全国盐碱地面积调查。

综合生产能力。在此前所未有的发展机遇下，系统梳理盐渍土的研究成果尤为迫切和重要。“黄河流域易盐渍区高效生态农业技术创新丛书”正是响应国家黄河流域生态保护和高质量发展战略，助推盐碱地开发利用工作而策划出版的。这是我国首套从多尺度、多层次反映盐碱地改良与综合利用研究进展的丛书。

盐渍土的具体成因和表现千差万别，治理具有复杂性、长期性和反复性的特点。盐碱地治理是一项需要生态治理、水利调控、农业科技引导相结合的综合性系统工程，需要多部门联合、多学科合作，以工程措施为基础，辅以农学、化学、生物改良等措施。盐碱地治理要因地制宜，分类改造，适度有序开发，走综合利用与生态环保相结合的新道路。2023 年 7 月中央财经委员会第二次会议指出盐碱地综合改造利用是耕地保护和改良的重要方面，强调了“以种适地”同“以地适种”相结合的重要性。

该丛书包括德国、美国、澳大利亚、荷兰与联合国粮农组织学者的经典专著，涵盖了世界范围内盐碱地治理的基础理论、关键技术和实践经验；丛书原创专著介绍了近年来黄河流域盐碱地综合治理的新理念、新方法、新技术与新策略，涉及盐碱土分类分级、盐碱地多尺度监测与评估、盐碱地水盐运移规律与调控、盐碱地减肥增效与地力提升、耐盐作物栽培与高质化利用等方面。该丛书的出版对国内的盐碱地改良具有较强的指导作用和借鉴价值，有利于推动双碳背景下易盐渍区农业高质量发展工作，对于“一带一路”沿线上具有土壤盐渍化问题的国家也有所裨益。

该丛书由中国科学研究院土壤研究所杨劲松研究员担任主编，丛书编著（编译）人员大多长期从事盐碱地改良与利用研究工作，具有坚实的理论功底和丰富的实践经验。由此保证了“黄河流域易盐渍区高效生态农业技术创新丛书”的质量和水平，具有很高的科学价值和应用价值。

我相信该丛书的出版，对提升我国盐渍土科学研究与技术应用水平，充分挖掘盐碱地综合利用潜力将起到重要作用。

中国工程院院士 张佳宝

2023 年 11 月

序 二

土壤盐渍化是一个全球性的资源与环境问题。耕地盐渍化是导致一些古老文明走向衰败和消亡的重要原因。由于灌溉不当，每年都有大面积的农田因次生盐渍化而不再适宜耕种。直至今日，土壤盐渍化仍然是制约干旱区、半干旱区、半湿润区灌溉农业可持续发展的关键影响因子。随着用于灌溉的淡水资源减少、土地退化和城市化发展，导致全球耕地面积持续减少和土壤盐渍化情况恶化，寻求解决土壤盐渍化问题的可持续方案变得更加紧迫和复杂。2023 年 9 月召开的第 18 届世界水资源大会，提出水是复杂自然生态系统和人类经济社会系统的关键要素。相关从业者要更加充分认识水与土地及其生态系统的复杂关系，探求水与粮食、能源、健康及经济发展的纽带关系，深入涉水复杂系统的综合研究，促进人口经济与资源环境相均衡。近年来，我国高度重视盐碱地的生态化改良和综合利用工作，出台了一系列支持政策。科技部、农业农村部、中国科学院等部门院所启动了多个盐碱地科研重大项目，聚焦盐碱地改良与利用的区域研发平台相继成立。2023 年 9 月中共中央办公厅和国务院办公厅印发《关于推动盐碱地综合利用的意见》，对于加强现有盐碱耕地改造提升、有效遏制耕地盐碱化趋势、稳步拓展农业生产空间，提高农业综合生产能力具有重大的指导作用。该意见强调了“摸清盐碱地底数、水资源和特色耐盐种质资源现

状，掌握盐碱地数量、分布、盐碱化程度、土壤性状等”“建立盐碱地监测体系，完善土壤盐碱化、水盐动态变化等监测网络”等，明确提出走“以种适种”和“以地适种”相结合的道路。这些论断均强调了水资源和水利改良在盐碱地治理与利用中的核心地位。

中国农业的根本出路在于集约持续农作，即物质装备现代化、科学技术现代化、经济经营现代化、资源环境良性化、农业农村现代化，今天对盐碱地的成功治理自然也概莫能外。我们要摸清盐碱地水盐运移规律，协调好农业、土地、水资源的关系，走农业高质量发展与生态保护的盐碱地综合治理道路。当前我国的盐碱地综合治理和利用工作仍存在以下问题：1）缺乏对多时空尺度的水热盐肥运移过程及其对作物影响的精准刻画技术和模型，导致无法通过灌溉、施肥与农艺等措施对根区的作物生长条件进行精准调控；2）对于区域水土平衡、水盐平衡，特别是节水条件下的水盐平衡、盐分出路等问题考量不足，未能很好贯彻“以水定地量水而行”等原则；3）兼顾经济效益与生态效益的综合治理技术模式不足，特别是耐盐特色农产品产业水平低。由于盐碱地综合利用涉及土壤物理学、土壤化学、植物营养学、水文地质学、土地信息学等学科的知识，必须借鉴以上学科的理论、方法，系统梳理国内盐碱地综合研究成果，由此形成适合我国独特的盐碱地科研体系。唯其如此，才有可能为盐碱地的综合利用提供系统解决方案，推进盐碱地改良事业的行稳致远。

“黄河流域易盐渍区高效生态农业技术创新丛书”由中国科学院海岸带研究所和中国科学院南京土壤研究所发起，由杨劲松研究员担任编委会主任委员，由国内长期从事盐渍土改良与利用工作的知名专家编著（编译）而成，凝聚着他们的智慧与心血。该丛书既有世界土壤、灌溉排水经典译著，又有代表国内盐碱土科研水平的原创著作。如国际知名土壤学家霍恩教授等的《土壤物理学精要》与威廉·F. 弗洛特曼博士等的《现代农业排水》，姚荣江主编的《河套灌区盐碱地生态治理理论与实践》与尹雪斌主编的《盐碱地功能农业研究与实践》。丛书合计十余种分册，包括了国内外盐碱地改良与利用的研究成果，对盐碱地改良和利用的难点、热点问题进行了深入探讨，有助于我们清晰认识和把握盐碱地综合利用与治理的基本走势，推动盐碱地改良事业的高质量发展。

“工欲善其事，必先利其器”。这套丛书就是帮助我们深入认识和成功改良盐碱地的“器”。我相信，众多读者都能从这套丛书获得新理念、新知识和新方法，得到启迪。

谨以此为序并贺丛书出版。

中国工程院院士 [signature]

2024年6月

序　三

土壤物理学在土壤学中是一门重要的基础学科分支，主要研究土壤中的物理现象、过程及其与植物生长和近地表大气因素的相互关系。具体而言，土壤物理学是研究土壤中三相（固、液、气）的状态及物理过程的科学。土壤三相的状态不仅反映其组分含量及其比例，而且包括各相的能量状态、结构和物理特性。土壤物理过程则主要是指土壤中三相之间，土壤与植物、大气、水体、岩石的物质和能量交换。土壤表层的能量和物质交换过程对全球气候变化有着重要的影响。土壤中的生物和化学过程，特别是植物的生长发育均依赖于土壤的物理状态（含水量、温度、质地、结构和孔隙度等）和能量物质交换过程。土壤中的水分物理过程既是陆地水循环过程的重要组成部分，也是土壤与大气圈、水圈等圈层间进行物质传输的“纽带”，而水分驱动的溶质运移过程直接决定着地下水的质量。究其核心内容——土壤物理学，也是熊毅和赵其国等土壤学家“土壤圈物质循环学术思想”的体现和拓展。由上所述，土壤物理学的基础性和研究重要性不言而喻。

由于存在世界性水资源不足，而实行提高复种指数、大型机具作业、大量施用化肥和农药等集约农作制，以及诸多工业生产、城市发展和工程活动对土壤物理和环境产生了深远的影响，因而土壤和水资源的合理利用是土壤学乃至其他学科研究的主要课题。土壤学科的其他分支（土壤化学、土壤生物学等），水文学、

气象学、水文地质学、农田水利学、力学、环境科学、地球物理学、农业物理学与植物生理学等，都会涉及土壤物理学的问题。这些学科的发展也对土壤物理学研究内容的拓展和深化起到了积极的推动作用，如流体力学早与土壤物理学渗透，土壤物理学与相邻学科日益交叉。强调学科的交叉性和现代数理方法，应用计算机断层成像等先进测试手段，是当代土壤物理学研究的突出特征。从生产实践角度来看，了解和研究这些物理现象或过程的控制机制、相互关系及其对植物生长的影响，乃至在整个生物圈中的作用相当重要。借此通过合理的灌排、耕作、轮作、施肥等农学和工程措施管理土壤，能最大程度地发挥土壤生产潜力和外源物质（水、肥、药与土壤改良剂等）的经济效益。土壤物理学除了可为农业生产和环境科学服务，也可为工业、农田水利和国防建设提供重要参数。面对当今资源环境日益复杂、需要多学科协同解决等问题，对土壤物理过程的认识就显得越发重要。从广义地球科学范畴来讲，水文学家、生物地球化学家、大气科学家和工程师也应该具备一定的土壤物理学知识。

德国是近代土壤科学发展较早的国家之一，形成了农业化学和农业地质土壤学派，在国际上有着重大影响。一般德国土壤学家都有较好的地学、农学或林学与数理基础知识，善于把现代物理、化学的新成就及现代测试新技术等应用于土壤学，以解决现代农业生产的新问题。哈特（Hartge）教授和霍恩（Horn）教授均系国际著名的土壤学家，所著的《土壤物理学精要》堪称经典。全书共13章，不仅囊括了土壤物理学基本问题，而且充分展现了学界的研究热点和前沿，全面反映了土壤物理学的新进展和新动向，有利于帮助读者建立多维、网络化的土壤物理学知识体系。以对大型机械耕作的土壤力学研究为例，该著作具有野外研究工作、实验室模拟与生产实践相结合的显著特征，因此，对深入理解控制复杂物理过程并改变土壤功能大有裨益。自20世纪90年代以来，霍恩教授等德国土壤学家多次访问中国，不仅介绍了他们在中国考察期间的土壤物理研究主题，而且通过众多国际交流计划为中国土壤科学家和博士生提供了项目支持，培养了大量土壤学人才。如赵英博士和张斌博士，均在霍恩教授的指导下完成了博士论文和洪堡学者研究，对推动我国土壤物理学的前沿研究产生了积极影响。

纵观我国土壤物理学发展历史，虽有长足的进步，但与国际先进水平和发展趋势相比还有一定差距。①人才基础队伍较为薄弱，尤其数理基础好、对土壤物理与农业生产都较熟悉的学术带头人不足，导致缺乏不同学科或专业之间的深度交流和合作。土壤物理的理论研究与生产实践尚缺乏有效衔接。②大量与工农业生产实践有密切联系的基础性土壤物理工作开展有限。如在全国耕地质量提升项目中，不少部门和地方政府对土壤养分提升强调有余，但对影响养分贮量和土壤结构性物理障碍的因素认识不足。仅抓生产见效快的改善土壤农化性质工作，而忽视改善土壤结构和功能的长期有效改良工作。③基础性土壤物理性状资料积累，以及过程的定量化表征与边缘交叉性的研究工作仍偏少。如缺乏对长期集约化耕地和边际性土地的基本物理性质、状况研究，因此，无法有效制定区域性耕作制、轮作制和休耕规划。④土壤物理学自主研究能力不强，较精密仪器多从发达国家引进，在使用数值模拟工具方面也多依赖于国外的开源软件或商业化软件。

一个伟大时代都建立在坚实的科学研究基础上，科技创新源于长期的积累、良好的传承和新的实践。正是重视现代数学和物理学在土壤物理学中的渗透及应用，强调基础研究与生产实践相结合，以及重视人才培养，才奠定了德国土壤学在解决资源环境问题方面的优势和在全球的影响力。《土壤物理学精要》为解决我国耕地保育、边际土地科学改良与生态环境建设提供了理论基础和技术方法，可作为资源与环境、农田水利、农学、土木工程与生态环境等专业的参考教材，也是农业、林业、水利和生态环境保护等翻译科研人员的工具书。

本书由赵英博士和张斌博士组织，邀请了诸多从事土壤物理研究的中青年工作者共同翻译。他们花费很大精力把该教材引进国内，可使更多的科研人员系统了解土壤物理学，对推动我国土壤物理学的发展意义重大。这在当前科研评价体系中殊为不易，但更重要的是，我希望该书能起到“它山之石，可以攻玉”的作用。

最后预祝该书顺利出版，也预祝我国在土壤物理学研究和应用方面不断取得长足进步。更希望我国年轻一代土壤物理学工作者，在解决水土资源科学开发和保护问题方面提出新理论、新方法与新技术，成为国际土壤物理学界不可或缺的重要力量。

中国科学院院士 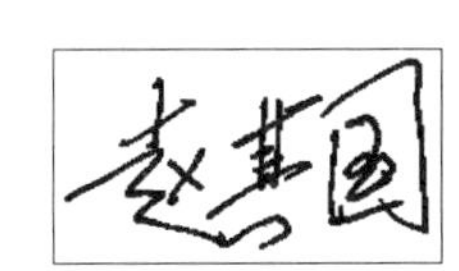

2021 年 6 月

序　四

《土壤物理学精要》是哈特教授和霍恩教授所著，全面介绍了土壤水、气、热的物理过程，并力图厘清各个过程的独特性及其关联性。该书在国际土壤学界影响力大，再版四次，在德国作为经典土壤学教材已使用多年。2016年霍恩教授编写了《土壤物理学精要》英文版，该书译自英文版。

哈特教授和霍恩教授都是国际著名的土壤学家，霍恩教授曾多次来中国访问，考察过黄土高原，积极支持我国土壤物理学的发展，并为土壤学界培养了大量人才。

我很高兴看到该书的中文版，并鼓励土壤学、农学、园艺学、地球科学、环境科学等科研人员，对土壤物理过程和功能机理感兴趣的从业人员阅读该书。当前，全球环境变化和人类活动对土壤的影响日益增加，该书对于保护土壤功能，防止土壤进一步退化，以及持续利用土壤资源至关重要。

土壤物理学是土壤学重要的基础学科分支，专门研究土壤固、液、气三相的物理现象、特性和状况，包括土壤颗粒、结构、水分、空气、热学特性、机械物理性质等及其相互作用关系，以及土壤性质对植物生长发育的影响。迄今，土壤物理学的研究内容仍在不断扩展和深入。土壤物理学中的水、气、热等物质与能量的迁移运动，已成为自然界物质与能量循环中的一个重要组成部分。随着现代

数学、物理学与土壤物理学的融合，遥感技术、同位素示踪技术及计算机断层成像技术的应用，土壤物理学将在农业、水利、环境、土木工程等领域发挥重要作用。

预祝该书顺利出版，也预祝我国土壤学研究取得重要成果。希望土壤科研工作者充分发挥土壤物理学的学科优势，聚焦学科前沿，服务国家需求，为国民经济和人类福祉贡献力量。

中国科学院院士

2021 年 9 月

前言

这本教材专为具有土壤学基础知识、对土壤物理过程和功能作用机理感兴趣的读者编写。

本教材引入了土力学和水文学的概念，以拓展土壤基本物理知识，吸引更为广泛的交叉学科读者群体。

虽然对土壤物理关系和过程的介绍方法及深度不尽相同，但是我们在本教材中强调并慎重地讨论过程，从而避免不必要的数学推导。

本教材特别重视非饱和土壤固—液—气三相体系中的过程，如水力学和土力学的紧密相互作用。这些过程影响着土壤稳定性、可变性、物质运移、保水性，并最终决定了作物生长及其适应性。我们认为大多数土壤物理学教材对这些内容涉及较少。

依我们拙见，土壤物理研究重要的是理解土壤中复杂的水力学、热力学、力学和物理化学过程，这些过程的相互影响，与土壤孔隙分布和土壤结构的交互作用有关。准确地理解这些关系，不仅能更深入地描述控制土壤功能的相关过程，而且是将土壤参数应用于其他未知土壤和环境条件的前提。

这些知识对提出土壤修复和复垦措施，基于情景模型评价气候变化对土壤功能的影响，也具有重要的实践意义。

这是第一版中文教材，我们期望本书能帮助读者理解复杂的土壤物理过程，并在模拟土壤功能的耦合关系和改良土壤时予以充分考虑。与其他土壤物理学教科书不同，本书详细介绍了土壤力学特性，否则无法准确理解和充分量化土壤稳定性，以及土壤变形对土壤物理功能的影响。在有关土壤热行为的章节中，对土壤冻结和融化过程也进行了独特解读。

通过清晰细分土壤物理过程，我们力图厘清各个过程的独特性和关联性。读者要想准确理解本书中的诸多土壤物理过程实质，掌握处理问题的方法、技巧并应用于生产实践，需要具备扎实的数理基础，广博的专业基础知识，足够的耐心和毅力。

本书译自英文版，是对德文第四版教材的改编和拓展，并增加了第 13 章——土壤物理学未来展望。相应地，英文版编者中增加了 J. Bachmann（汉诺威大学）、S. Peth（汉诺威大学）以及第一英文作者 Robert Horton（爱荷华州立大学）。中文版译者为赵英（鲁东大学）和张斌（南京农业大学）。

在该书英文版出版过程中得到了 Lüttich，Vogt（基尔大学）和 Volkmann（汉诺威大学）的无私帮助，Holthusen 和 Baumgarten 仔细校对了土壤流变学有关的章节。Holthusen 校对了全文。另外，我们还非常感谢 Schweizerbart 科技出版社的 Obermiller，Nägele 和 Dipl. -Ing. Obermiller，谢谢他们满足了我们的构想和愿景，对教材初稿进行了专业无误的处理。

赵英和张斌组织和参与了所有章节的中文翻译，以下同事参与了前期翻译，按章节顺序排列如下：南京农业大学张斌翻译了导言，扬州大学丁奠元翻译了第 1 章，西北农林科技大学兰志龙翻译了第 2 章，东北林业大学林琳翻译了第 3 章，中国科学院新疆生态与地理研究所喜迎巧翻译了第 4 章，中国科学院新疆生态与地理研究所郭辉翻译了第 5 章，中国科学院新疆生态与地理研究所董正武翻译了第 6 章，中国科学院水利部水土保持研究所陈海心翻译了第 7 章，西北农林科技大学李晋波翻译了第 8 章，西北农林科技大学李秀翻译了第 9 章，鲁东大学张振华、孙军娜翻译了第 10 章，中国科学院水利部成都山地灾害与环境研究所肖懿、唐家良翻译了第 11 章，黄河水土保持绥德治理监督局崔乐乐翻译了第 12 章，鲁东大学赵英翻译了第 13 章。感谢参加此书翻译的多位同事的辛勤工作和提供的帮助。此外，王晓燕女士对本书的语言做了大量润色，鲁东大学的齐继和胡鑫隆两位研究生对本书的图表、单位、缩写、附录和索引进行了仔细核对，感谢他们付出的辛勤劳动。

陈小兵（中国科学院烟台海岸带研究所）、张建国（西北农林科技大学）、伍靖伟（武汉大学）参与了各章的翻译订正和定稿前多次讨论，提出了诸多专业的修改建议。为保证译文的准确性，编译者不仅多次反复研读原著，而且广泛调研和阅读了相关书籍，由此对本书内容的精练性、选材的独特性和方法的普适性有了更为深刻的认识和理解。感谢他们贡献的智慧。

最后要诚挚的感谢赵其国院士（中国科学院南京土壤研究所）和邵明安院士（中国科学院水利部水土保持研究所）在百忙中为本书作序，这是对我们工作莫大的鼓励和鞭策。杨劲松、李保国、彭新华和王全九等同仁一直关心本书的出版，非常感谢他们的点评。

希望本书的出版对土壤学、农学、园艺学、地球科学、环境科学和工程等领域的研究人员、高年级本科生和研究生有所裨益。本书在每章的末尾还提供了问题和答案，以提高读者对土壤物理学相关问题的解决能力。

由于出版时间仓促，译者水平所限，本书难免有纰漏之处，敬请各位读者不吝赐教，以便再版时更正。

Ames/Kiel/Hannover/Kassel Summer

R. Horton, *R. Horn*, *J. Bachmann*, *S. Peth*

赵 英 张 斌

2021 年 11 月

目录

导 言

土壤：人类环境组成

人类环境，即我们的栖息空间，基于空气、水和土壤三要素。一般认为土壤处于有孔隙、有结构的状态，由固、液、气三相物质组成。

土壤组成状态突显了作为生命和人类一切活动物质基础的重要性，因此，研究土壤性质，明确不同性质之间的关系，以及不同环境条件下的土壤行为，就显得非常重要。

从环境角度讲，土壤作为地球表层固相中最有生命活力的部分，总是与水和空气相伴，因此，我们将土壤定义为与生命联系最广泛的物质是不全面的。土壤不仅支持着生命，而且土壤本身就具有生命活力。总之，在土壤中固、液、气三相紧密接触和相互作用。

这里关于土壤的定义与传统土壤学有所不同，但这正是本书的出发点，即更加包容和概括。该定义允许包括受不同环境影响的所有物质，并最终导致土壤性质变化。这个拓展的定义整体上允许将土壤作为最重要且最具生命活力的物质来研究，重点是理解土壤的作用机制和过程。这个定义还包括生命活动区域之外受其影响的范围（图 0.1）。

与本书提出的土壤定义一致，本书的目的不是为了表征某种特定土壤的复杂性和独特性，而是旨在描述和理解一般性土壤物理和化学性质，及其在土壤中的发生过程和相互作用。从土壤的定义我们就可以看出这些过程在土壤中均发挥着重要作用。关键的控制过程不受土壤所在的区域影响，但各个过程的贡献、作用方向和效率却差异巨大，并因此产生不同的结果。例如，时间是土壤形成的控制

因子之一，随着时间的变化就可能产生不同的土壤类型及状态。

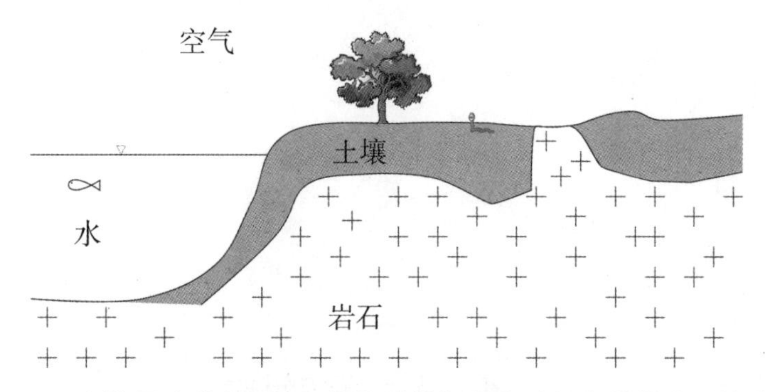

图 0.1　土壤是地球表面的固体物质并与生命过程有着最广泛的联系

如果可以从不同土壤性质推断出土壤所处状态，就能更好地理解土壤类型。因此，土壤类型其实就是土壤性质和状态综合作用的结果。从这点而言，土壤的利用，就要准确理解土壤固相、液相与气相系统的相互作用，控制着土壤稳定性的所有过程。因此，土壤与气候、地质和地貌参数无关，最终就是一个动态的反应器，其中发生着强度不同的物理、化学和生物学过程；反过来，这些过程的量化取决于影响土壤状态的因素，构成其边界条件。

- 土壤是植物生长和决定其产量的生境；
- 土壤是水的净化器和缓冲区；
- 土壤是养分和污染物的存储器；
- 土壤是原材料的来源（如砂、砾）。

我们从大量表达土壤的参数、性质和过程中，选择了部分基础性的特征加以详细描述。

土壤特征

地表固相物质通常不是均质的连续体，而是由大小不同的颗粒组成的。这是土壤无机组分（岩石碎屑和矿物）和有机组分（部分分解的植物残体和微生物）中最有价值的性质。显然，人们用手就能感知土壤颗粒形状，但这并不能完全表达土壤特征。最重要的是，土壤颗粒形状或质地是土壤容纳和贮存液相和气相的基础。土壤颗粒类型及其大小分布影响其排列，排列反过来影响颗粒间隙的大小和形状。土壤孔隙决定了水、气和溶质的运动及其传输。土壤粒径分布是最具决定性的土壤属性，这在很大程度上表征了土壤。尤其对土壤矿物组分的性质更是如此，因为通过试验测定粒径分布时并不考虑土壤的有机组分。

土壤颗粒间隙包含液体或气体的孔隙体积，取决于粒径分布与环境条件。这是因为土壤颗粒可以被外力挤压或松动到不同程度。由于土壤颗粒组分不同，抵抗力也不一样。再者，土壤粒径分布会随着水分析出过程或细颗粒和粗颗粒分选过程而改变。因此，土壤容重、孔隙度和孔隙的力学稳定性也是重要参数。

负荷和卸载力持续影响土壤水及其溶解物质在孔隙间的运动。水气平衡，本身也是粒径分布及其排列，以及其他环境变量的函数。土壤中水量及其组成随着时间变化，间接影响其中的气体量及组成。移动水是土壤中最有效的运输载体，气相中氧的供应最有效控制着土壤氧化还原电位，这反过来决定着土壤化学和生物学过程，显著影响土壤形成。

水静力学和水动力学过程及其复杂的参数影响着土壤水气平衡。水气平衡参数决定了土壤作为植物生境及其他用途，例如，土壤上的机械行走和驾驶（耕作）、土壤水分保持能力（冲积平原），以及土壤对外力的缓冲能力。土壤过滤水的功能也与此相关。土壤过滤过程及其作为过滤器引发污染的矛盾，过滤器中物质及其去向问题，在管理垃圾场时具有实际意义。

土壤力学稳定性控制着土壤中的很多反应，影响程度与主导的水力学、化学和生物学边界条件有关。这些边界条件的任何变化将导致新的平衡，因此，需要理解土壤三相系统的变化及其对土壤组成和水、气及养分平衡的影响，如气候变化就是新的挑战。

很显然，土壤性质和过程不是独立的，而是相互作用的。理解土壤系统作为一个整体的复杂性，只能通过研究其组成而阐释。同理，仅能通过明确部分对系统整体的影响而深入研究。

第1章

土壤粒径分布

土壤颗粒在大小、形状和混合组成上存在很大差异。除了纯砂，土壤颗粒常被颗粒之间的胶结物、有机黏合物或毛细管吸力等聚合在一起，以“假团聚体”的形式存在。为了测定单个土壤颗粒的性质，需要采用适当的方法将复粒分散为单粒。当需要明确土壤粒径分布时，土壤样品必须先进行破碎或分散处理，再测量。如果土壤样品不进行分散处理，所获得的土壤粒径分布将比经过分散的样品粗糙，这是由于分散处理后的样品已经将土壤颗粒之间胶结物和有机酸（胶状）去除。分散处理除了使土壤粒径分布变得更小之外，也会影响与之相关的土壤生态学参数，最明显的是与土壤结构形成密切相关的土壤有机质含量。也正是由于这个原因，土壤有机质去除会显著影响从粒径分析中推求的土壤参数，如阳离子交换量（CEC）、植物有效水（PAW）、空气容量（AC）和饱和导水率（k_s）。

1.1 分级

土壤矿物成分包括特定大小和形状的颗粒，这与未去除有机质的土壤颗粒不同。含有土壤有机质的颗粒不易区分出单个颗粒，且测定结果的重现性较差。如表土（A层）一样，当土壤中同时存在矿物和有机物时，土壤的复杂程度会更高。土壤中除了包含具有胶结作用的有机酸之外，还含有其他的土壤有机颗粒。这些颗粒基本上是破碎和分解程度不同的有机物质的连续体，大小和机械强度不同。其中，土壤有机颗粒的大小分布在很大程度上取决于如何将它们从矿物颗粒中分离出来。因此，即使一些土壤中有机质含量高于矿物颗粒含量（如沼泽、腐泥等），在测定土壤粒径分布时仍需要先去除土壤有机质。

在测定土壤粒径分布之前，需要去除土壤胶结物和有机质，但这也影响了许多从土壤粒径分布推导而来的参数，包括土壤持水量和阳离子交换量等。由于研究土壤可蚀性时，必须考虑土壤沉淀物和有机质的稳定作用，因此，测定土壤粒径分布应该在原始土壤状态下进行。

如果本书没有特殊说明，我们所描述的土壤粒径分布或粒径分布分析均是指土壤矿物粒径分布。

此外，土壤质地和土壤类型这两个术语也会常提到。土壤质地是土壤中不同大小土壤颗粒（如砂粒、粉粒和黏粒）的相对含量。土壤类型是对土壤的命名，基于土壤粒径分布。

1.1.1 土壤粒径分布

土壤粒径分布变化范围极广，跨度多达 8 个数量级。土壤粒径分布包括从很大的块状物（砂砾）到极小的胶体颗粒（微粒）。必须指出的是，所测量的土壤粒径分布指其直径或者表面积（仅为一个数值），而土壤粒径分布专指不同粒径等级颗粒的相对比例。通常情况下，小于 2 mm 颗粒被称为细土，大于 2 mm 颗粒被称为骨质部分。按照粒径大小，土壤颗粒可进一步细分为砂粒、粉粒和黏粒（即细土），以及砂砾（gravel）、岩砾（rock）和块石（即骨质部分）。除此之外，土壤学中还常用一些其他术语，如碎砂砾堆积、缘锋利的稀有砂砾、粉砂、砂尘和粗粉粒等，这些术语也暗示了土壤的来源。目前，土壤颗粒分级选择方法不一致，其中最大的差异在于砂粒——粉粒粒径范围。砂粒粒径通常小于 2 mm，黏粒粒径通常小于 0.002 mm（2 μm）。

例如，美国农业部将土壤粒径分布划分为 2~0.05 mm（砂粒），0.05~0.002 mm（粉粒），<0.002 mm（黏粒）。Benzler 等（1986）将土壤粒径分布进一步细分的方法（表 1.1）在德国得到广泛引用，是德国标准 DIN4220 的重要组成部分。该方法基于 Atterberg（1908）提出的对数计算方法，将土壤粒级以 2 的幂次为界（0.2，2，20）进行划分，并在每个等级下按照中位再次进行划分，即等距位于 2 和 6.3（其对数值为 0.3 和 0.8）。Atterberg 在定义砂粒粒径范围的上限时，以不影响水分运动的粒径分布为标准；在定义黏粒粒径范围上限时，以细菌不能进入土壤为标准。

分析土壤粒径分布时，有个难点是如何处理大小不等、形状不规则的土壤颗粒。为了正确描述土壤颗粒表面特性，常用的代替方法是将土壤颗粒假设成理想的球形颗粒。这种球形颗粒与真实的土壤颗粒基本等效，因此，理论上不规则的土壤颗粒可以近似地看作以当量粒径表示的球形颗粒。

表 1.1 列出了土壤颗粒的当量粒径，相当于球体的直径。在筛分土壤颗粒时，土壤颗粒的当量粒径等同于土壤颗粒最小横切面的最大轴长。由于当量粒径相等的土壤颗粒沉入水中的速度相同，所以如此大小的土壤颗粒才不被筛过，一直保持在筛子上。

表 1.1　土壤粒径分布的细分级别及相关名称和常用的测定方法

大小等级		黏粒（T）			粉粒（U）			砂粒（S）			砂砾（K）			碎石（St）			块石（Bl）
亚类		f	m	c	f	m	c	f	m	c	f	m	c	f	m	c	
当量直径	μm	0.2	0.63	2.0	6.3	20	63	200	630	2 000			6.3×10^4			2×10^6	
	mm						6.3×10^{-2}	0.2	0.63	2	6.3	20	63	200	630	2 000	>2 000
测定方法		重力离心沉降法															
					静置沉降法												
								筛分法									

注：f=细，m=中，c=粗。

在土壤粒径分析过程中，团聚状态的土壤颗粒看起来更大（如假砂）。为了避免这个问题，分析时使用化学试剂让土壤样品悬浮于水中。土壤分散处理的效果与所用化学试剂密切相关，土壤颗粒分析必须遵守一套严格的操作规程，以保证试验结果的一致性和可重复性。氧化剂 H_2O_2（过氧化氢）常用于去除土壤中的有机质，$Na_4P_2O_7$（焦磷酸钠）常用于分散土壤矿物成分（Lütmer，1955）。

除添加的化学试剂外，震荡或搅拌悬浮液的持续时间和强度也会影响土壤粒径分析结果。土壤团粒分散也常采用施加超声波的方法，然而这个过程更为复杂，需对试样进行多次处理。若需进一步了解土壤颗粒分析法中准备土壤样品的步骤、现有的测定方法及其局限性和不确定性，可参考 Hartge 和 Horn（2009）、Becher（2011）、Gee 和 Or（2002）等相关文献。

1.1.2 土壤颗粒的形状

与土壤粒径分布一样，形状的变化幅度也很大。以颗粒主轴比的变化范围而言，在等轴线的一端土壤颗粒几乎都是球形，而在另一端为片形（图 1.1）。这两个端元分布间有各种过渡形状，构成了一个连续体。这些过渡形状不仅指颗粒的主轴比，而且指颗粒的圆度。

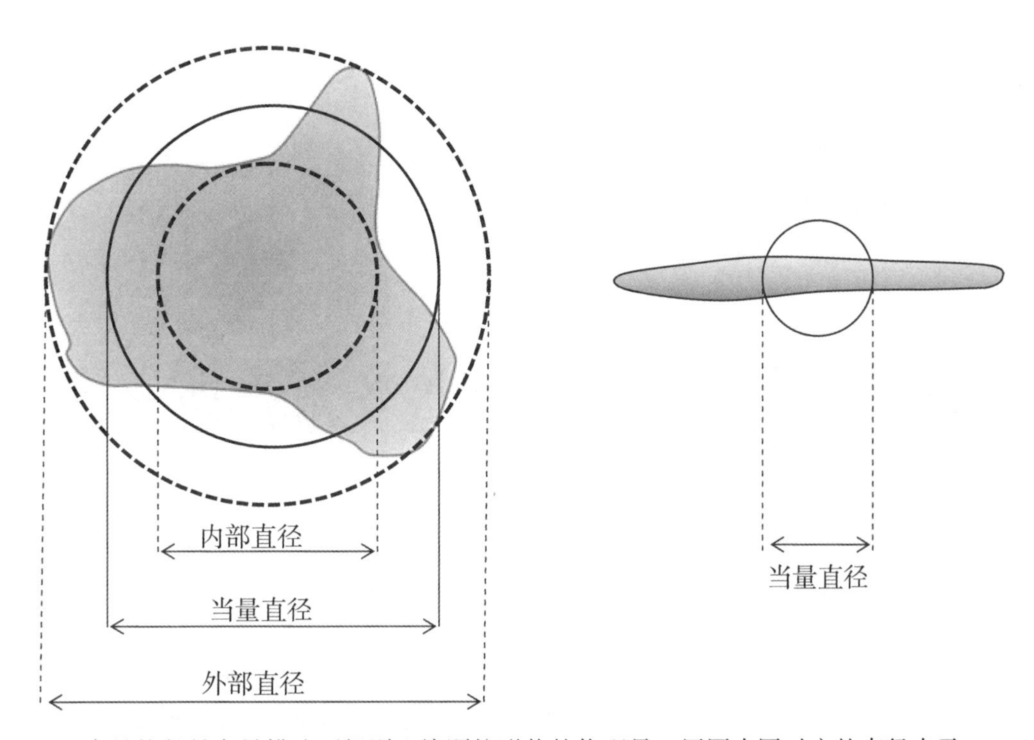

当量粒径是定量描述不规则土壤颗粒形状的物理量，用图中圆对应的直径表示

图 1.1 土壤颗粒的形状及其对应的当量粒径

风化作用形成的岩石和矿物碎片最初多边缘锋利，在不断的搬运过程中变得平顺和圆滑。当一个巨大的重量（力）集中作用在一个接触点上，如在大块岩石碎片或矿物颗粒之间时，自然打磨的作用是最有效的。打磨效率随着摩擦力的频率、大小和持续时间等增加而增加，正如打磨效率随着搬运距离增加而增加。

土壤中的圆滑颗粒属于粗颗粒级别，粗颗粒在搬运过程中常受到滚或搓的打磨作用；处于悬浮状态被搬运的颗粒则较少受到打磨。块石、碎石、砂砾和砂粒被打磨的程度相对较高。与打磨作用相比，土壤颗粒的破碎作用在很大程度上影响了颗粒的最终形状，如块石和砂砾。

图 1.2 展示了相同尺度下细砂砾、3 种砂粒和粉粒级别的土壤颗粒，以突出它们的相对大小和颗粒形状。只有粉粒和黏粒的图像被放大。如图 1.2 所示，黏粒的主要特征明显与其他土粒不同。土粒形状对于一些应用领域（如建筑行业）是非常重要的，锐缘的、不规则的碎石和砂砾颗粒被当作“筑路金属”。除了这些名称外，还有其他命名方式，例如，基于粒径分布、来源地（如河卵石）、岩石构成的名称（如花岗岩来源的碎砂砾），或来源地的原始地貌（如沙丘）。这些名称除表示了粒径分布的信息外，还表示了关于颗粒形态、矿物成分和组成，以及其他特征属性的信息。

a. 细砂砾（2～6.3 mm）；b. 粗砂粒（球状，2～0.63 mm）；c. 中砂粒（0.2～0.63 mm）；d. 细砂粒（0.2～0.063 mm）；e. 粗粉粒（片状，0.063～0.002 mm）；f. 黏粒（<0.002 mm）

图 1.2　土壤颗粒的图例（来源于 Dr. W. Baumgarten）

1.1.3　颗粒级配

上文所描述的简化土壤粒径分布分级，在自然界中是以混合物方式存在的。在各种可能的混合物中，一些混合物比其他的更常见。

为了在农田中初步估算土壤颗粒主体及其所占比例，可采用指间测试方法。将一些土样放到食指和拇指之间，轻轻搓捻，以此来判断土壤的黏结性、易碎性和形变等特征。该方法在德国土壤分类体系（AG-Boden，2005；Anon，2005）和美国土壤分类体系（Schoeneberger 等，2002）中均有介绍。如果测试者有丰富经验，有时通过指间测试法所得出的土壤颗粒分级结果出奇准确，特别是对黏粒含量较少的土样。

为了更精确地确定土壤颗粒级大小，需要利用分布或频率图和累积曲线。这是用不同粒径分布等级的质量分数（y_m）来代替实际的颗粒数量。

土样粒径分布的最常用表示方法是累积曲线。累积曲线的横坐标是颗粒直径（Φ）的对数 $\log\Phi$，纵坐标是颗粒的质量分数 y_m（%）。土壤学中累积曲线用得最广，表示颗粒直径（d_k）小于其当量直径（d_{gr}）极值的颗粒质量比。

$$y=\int_{d_{min}}^{d_{gr}} y_m \cdot dd_k \quad \text{（式 1-1）}$$

从累积曲线中可以直接读出大于或小于给定直径颗粒的比例。由于累积曲线中起点与终点直径均已知，所以极易发现累积曲线制成过程中的错误（d_{min} 为 0，Batel，1964）。图 1.3 为不同土壤粒径分布的累积曲线，包含了主要颗粒（砂粒）的当量粒径，砂粒以外当量粒径级别的颗粒占比小，这种土壤颗粒分布被认为是高度分选过的。黄土粒径分布非常复杂，土壤颗粒直径的最大值在 30~100 μm，对应于累积曲线中的最大斜率。与黄土相比，泥砾土和滨海淤泥的颗粒直径范围更宽，分选性更差。

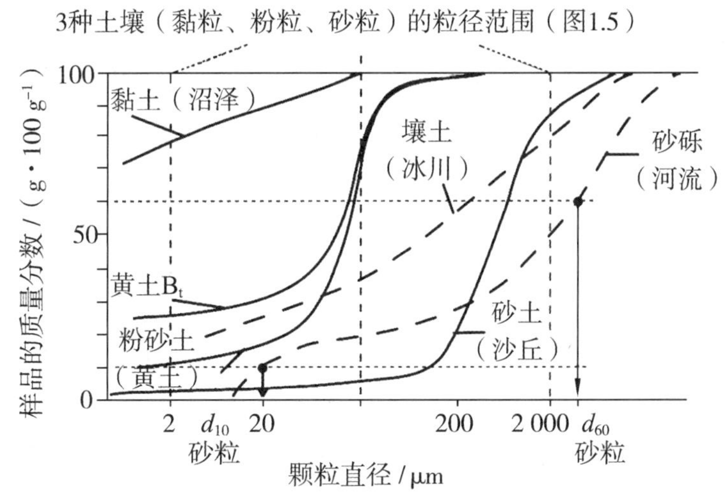

3 条垂直的虚线分别表示图 1.5 土壤质地三角图中黏粒、粉粒和砂粒的大小界限

图 1.3　不同土壤的粒径分布累积曲线

另一种表示土壤粒径分布的方法是概率分布。从数学上讲，它是累积曲线的一阶导数。其最大值应为最大斜率对应的当量直径，对应于累积曲线的拐点。大于或小于某一粒径的土粒质量分数就是曲线与横坐标轴围成的面积（曲线下方）。这种概率分布图的优势在于能够明确显示不同大小土壤粒径的变化范围。图 1.4 为 4 种土壤粒径分布曲线及与其对应的概率分布直方图。

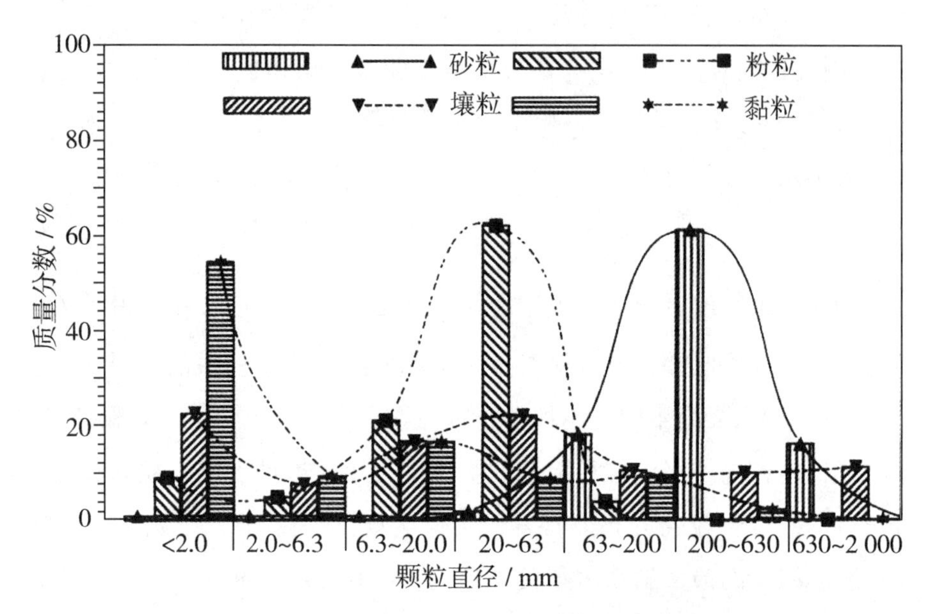

图 1.4　4 种土壤颗粒（砂粒、粉粒、壤粒和黏粒）大小分布曲线和概率分布直方图（Becher，2011）

土壤粒径分布比例，可用砂粒、粉粒和黏粒的等边三角形表示；或者用仅标注两个点，忽略粗颗粒（砂砾、碎石和块石）的等腰直角三角形表示（图 1.5）。图 1.5 中显示了土壤颗粒区间的分界，源于 Scheffer 和 Schachtschabel（2016）。

多数土壤质地三角图的共性，是砂粒和粉粒的组成范围要比黏粒窄。不同地区的三角图均表明壤土是砂粒、粉粒和黏粒的混合物，根据粒径分布可以将其定义为黏粒级到砂粒级。

农业土壤学常用小于某一直径的土壤颗粒质量分数，来划分土壤质地或确定土壤类型。例如，1934 年德国土壤调查以小于 10 μm 的土粒质量分数来划分土壤质地。如今，黏粒含量常被用作分类标准，但使用单一值来确定标准要比依据 2~3 个值界定标准（如土壤质地三角图）困难。

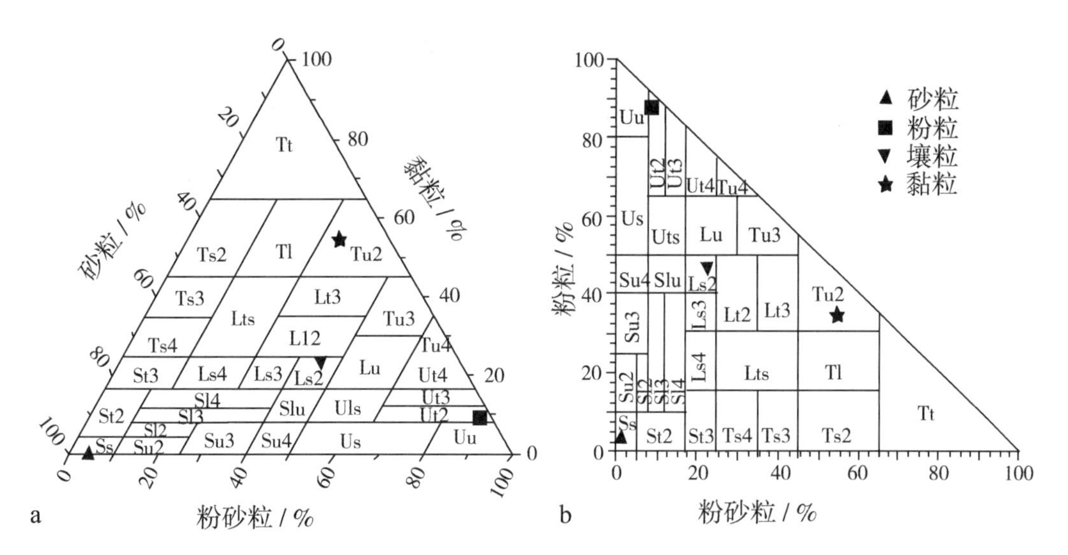

a. 等边三角形；b. 等腰直角三角形（以图 1.4 中的 4 种土壤为例）。粉砂物质的坐标为：黏粒 $T=9\%$，粉粒 $U=88\%$，砂粒 $S=3\%$

图 1.5　土壤质地三角图

土壤粒径分布曲线是表征土壤粒径分布最为有效的方式，因为该曲线与土壤粒径大小边界和级别无关。一些特殊情况下可能需要用单一数值表达土壤粒径分布。如用平均值参数，第一个是最常见的颗粒直径，它对应于概率分布图中最大值，表示当量直径。第二个是中位当量直径，该值将分布曲线下的面积分为两等份。在累积分布曲线中，这个值就是纵坐标值 50%的直径，记作 d_{50}。如果积累分布曲线和粒径分布曲线是对称的，则这两个参数对应于一个当量直径。这就意味着如果选择将概率分布的 x-轴进行对数转换，这个分布就变成钟状（正态）。累积分布曲线就成为以中间（转折）点（d_{50}，50%）为中心的对称形状。

平均当量粒径不能完全说明粒径分布特征，另一个重要的指标是等粒径性。这个参数值表征颗粒的分选程度，相当于粒径算术平均值的标准偏差。地质沉积学和土壤学常用非等粒径参数（U），它是用累积曲线纵坐标 60%和 10%对应粒径的比值来表示。

$$U=\frac{d_{60}}{d_{10}} \qquad (式 1-2)$$

U 值在建筑材料学中很有价值。在小于 2 μm 的颗粒所占比例小于 10%时，U 值只能是计算值。U 值通常被用来预测土壤颗粒接触水后的行为，以及压缩和压实后行为的变化。这是因为细土中粒径分布是非均匀的，土壤中的孔隙可容纳更多填充物。表 1.2 为图 1.2 所示土壤的非等粒度。

表 1.2 已知粒径分布的土壤（图 1.2）的非等粒度参数

土壤组成	d_{50}/μm	U 值
砾石	2 000	79
砂土	1 350	4.3
黄土	41	79
泥砾	120	465
海泥	≈0.2	—
黄土（Bt 层）	37	—

U 值的假设可大于 500，表面完全缺乏分选作用。土壤粒径分布的 U 值为 5，表明它们具有很高的等径性，受到很好的分选作用；砂砾的 U 值小于 12 时，才能用于混凝土生产。U 值大于 36 的砂砾是最理想的混凝土材料（Kezdi，1969）。

在预测土壤的可压性（一个表示建筑地基稳定性指标）时，U 值小于 5 说明土壤是刚硬的、稳定性的；U 值大于 15 预示土壤不稳定，有荷载时土壤就会沉降。农业和林业领域中 U 值也是极有价值的，是反映土壤稳定性的最初证据。U 值越大土壤越容易沉降，因此，它不仅能反映淤泥淤积下的土壤变化趋势，而且能反映细小颗粒填充土壤孔隙后导水率的变化。

1.2 一般土壤的质地及其来源

大量的土壤粒径分布数据汇集于土壤质地三角图时，就会出现图 1.5 所示的不同图形。例如，土壤粒径分布的统计平均值多落在壤土范围，少量在砂土范围，而粉土和黏土极少。相反，图 1.5 中有大于 80% 的黏土或粉土几乎没有被显示。粉质土壤总是含有大于 5% 的黏粒，常见土壤多为含粉粒、砂粒混合物或砂粒、黏粒的混合物（图 1.6）。

在这两种运移过程中，特定位置和限定时间内搬运速度是一定的。然而，搬运速度对于颗粒分选的作用却不同，这主要取决于粒径大小。通常，相邻且粒径大小相似的颗粒聚集在一起的概率大，或者说运移过程对颗粒进行了很好的分选。

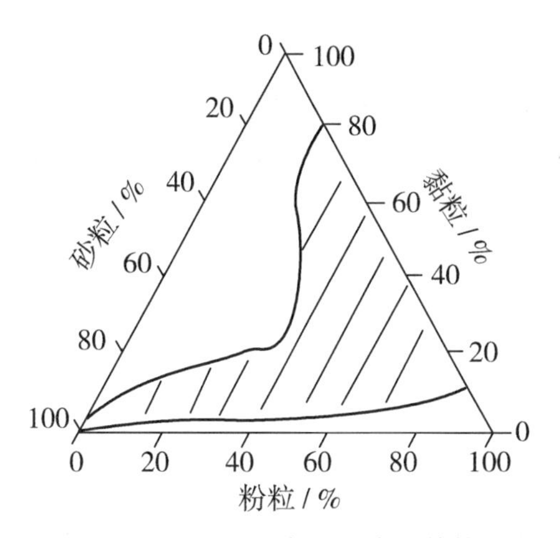

不含黏粒的粉土、纯黏土、黏—砂混合的土壤比其他粒级的混合物更少见

图 1.6　常见的土壤粒径分布（反映于两条黑色加粗曲线间的面积）

一般土壤颗粒累积分布曲线呈 S 形。如果将累积曲线的纵坐标取对数，可以发现累积曲线几乎变成了一条直线，而图中数据的统计值就分布在其平均值两侧。然而，由于样本中颗粒数量有限，粒径分布范围并未呈直线，而表现为曲线上终端的不规则偏差。但是，曲线下端的偏差并非由相关颗粒数量较少而引起，因此，显得更为重要。为了更好地说明这一点，我们将图 1.3 中典型的土壤质地分布曲

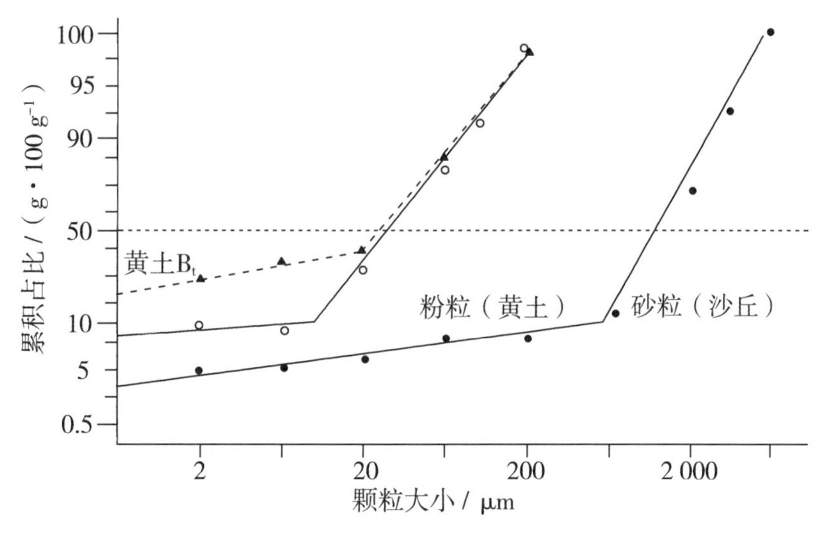

在以上 3 种情形中，最小颗粒的比例均比预期在砂粒级和粉砂粒级范围内粒径分布呈正态分布的比例要大，这说明该土壤的粒径分布是一个复杂的过程

图 1.7　源于图 1.3 的 3 条累积曲线

线转换为概率网格（图 1.7）。当某一土壤的粒径分布显著偏离直线时，可以推导出不是单一过程影响，而是由不同来源的沉积物混合过程所致，其中可能涉及团聚性的沉积（形成假砂或假粉沙）、自生黏土矿物的形成、黏粒的迁移等。

图 1.7 中曲线是由两条直线相连而成，说明土壤粒径分布是由两个显著不同，但却连续的分选过程所产生的。

1.2.1 沉降方程

砂粒、粉粒和黏粒沉积分选过程与风和水的运动密切相关，而其他作用力（如重力，土体的滑移和泥石流）和冰川运动等，在颗粒混合物的运移过程中对土壤颗粒的分选作用较小。土壤原位形成（残积土壤）的颗粒分布情形与此类似，受到的分选作用也较小。

土壤颗粒的大小和密度不同，在液体和气体作用下受到推动、滚动或吹动，完成分选。较细颗粒在液体中悬浮且时间不等。对单个颗粒而言，当它完全浸没在液体中时会达到最终速度，该速度值取决于土粒周长 U、液体黏度 η 和颗粒的下降力。当把一个颗粒看作理想的球状，则由当量粒径可以求得体积（$V=\frac{4}{3}\pi r^3$）和周长（$U=2\pi r$），由体积和密度的乘积（$v \cdot \rho_{solid}$）计算质量，这样就可得到以下公式（Stokes，1845）。

$$V \cdot g \cdot (\rho_{solid}-\rho_w) = 3U \cdot v \cdot \eta \qquad \text{（式 1-3）}$$

将体积 V 和周长 U 的计算式代入式 1-3，就能得到沉降速度方程。

$$V=\frac{2r^2 \cdot g \cdot (\rho_{solid}-\rho_w)}{9\eta} \qquad \text{（式 1-4）}$$

式中，（$\rho_{solid}-\rho_w$）是指土粒与周围介质的密度差。沉降速度 v 值与当量粒径密切相关。随着温度升高周围介质液体黏度 η 减小，与温度的这种关系使得沉降速度值分布范围很广。表 1.3 列出了水温为 20℃时的颗粒沉降速度和沉降时间。

式 1-4 假设土壤颗粒为理想的球状，即认为被测颗粒具有与水力等效直径的球状颗粒相同的沉降速率。当量直径相同的球粒被认为具有相同的沉降速度。

表 1.3 20℃水温时不同当量直径（2r）颗粒的沉降速度和沉降 10 cm 的时间

粒径分布（2r）		沉降速度 $v/(\mathrm{cm \cdot s^{-1}})$	沉降 10 cm 的时间
/mm	/μm		
6×10^{-2}	60	0.345 6	28 s
2×10^{-2}	20	0.36	4 min 38 s
2×10^{-3}	2	0.000 36	7 h 43 min

1.2.2 分离过程

水和气体流过土粒或者土表时，流速都会在接触面减小。若流动介质占据土粒间的孔隙或土壤团聚体内部空间，减速现象更加明显。此时流动介质的动能部分转移到了土粒或土壤团聚体上，表现为土壤颗粒被空气或者水流推动。

如果流动介质以相对较大的速度流动并作用在土壤表面，这时保持土壤颗粒不动或者固定在表面的力就会小于介质移动所带来的拖拽阻力（流体力、剪切应力）。

不同土壤颗粒加速运动的过程，取决于介质流是单侧入射流，还是围绕在颗粒周围的复杂流。在入射流中，流动介质的黏度至关重要。当入射流底部的阻力小于流动介质对颗粒施加的拖拽阻力时，入射流就会包裹土粒，在颗粒周围形成静边界层。为了估算这种情况，可以将入射流近似认为是施加在一个板状物上的力，利用牛顿方程（Newton sequation）可表达为：

$$\tau=\frac{\eta\cdot v}{y} \qquad (式 1-5)$$

式中，η 是流动介质的黏度，v 是介质流速，y 是垂直于板状物表面的距离。如果介质在板状物的周围流动，当水流横向力 K_{fl} 超过了板底阻力时，就会产生位移。在黏度可控范围内，该过程可由斯托克斯方程（Stokes equation）（式 1-3）来表达：

$$K_{fl}=3\cdot U\cdot v\cdot\eta \qquad (式 1-6)$$

对于快速介质流，可以采用以下牛顿方程式计算：

$$K_{fl}=C\cdot F\cdot\frac{v^2}{2\cdot\eta}\cdot\rho_{fl}\cdot g \qquad (式 1-7)$$

式中的参数符号与式 1-4 的相同，F 和 U 分别为面积和周长，v 是速度，η 是黏度，ρ_{fl} 为水液体介质的平均密度，g 为重力加速度，C 为阻力因子系数。水流

横向力k_{fl}是拖拽阻力的反作用力，详细内容将在第3章介绍。

流动力（flow forces）更有利于细颗粒的水平位移。相比颗粒表面积、周长和横截面积等，颗粒直径的增加更能增大颗粒的重量，也更能增大颗粒的惯性。因此，直径小的颗粒惯性作用小，也更容易被运移。

当流速增加到表面拖拽阻力产生涡流时，小颗粒就会被抬升到流动的介质中。它们被运移的时间，取决于粒径分布所决定的沉降速度和流动力向上的分量强度。如果后者不足以维持颗粒的悬浮状态，它们就会回落并产生或短或长的跳跃（跃移）。当它们回落到底部时，就会影响并推动其他颗粒。这使得颗粒本身也处于应力之下，只需要小小的外力就能引起它们移动。

在颗粒层和流动介质间的界面还会产生另外一个向上的力，这是因为颗粒孔隙中的流速比自由流的流速要低得多。这样的流速差值因为保有能量（伯努利定理）而产生一个压力差。该压力差会沿着最大压力梯度方向或垂直于水流方向抬升单个颗粒（Morgan 等，1999；Torri 等，2000）。关于这些现象的原理详见第11章（土壤侵蚀）。颗粒在空气中运动的基本原理与在水中相同，但是由于空气和土壤颗粒间的密度差更大，在空气中产生相同的颗粒运移效果时在水中需产生更大的流速。

任何一阵强风或巨浪的初期速度都比较低，逐渐增加到最大速度。这就使得小颗粒比大颗粒的移动更频繁和持久。一段时间后连续的运动导致大小不同的颗粒在空间上有效分离。大颗粒最终会比小颗粒距来源地更近，一定时间内小颗粒被运移的距离更长。如果分选不完全（通常也不会完全分选），风速和波浪流速的变化会使得大小颗粒交替沉积，进而使得这些过程产生的沉积物或多或少都是成层的。成层现象的消失只会发生在土壤演化中出现的混合过程，如生物搅动（由风引起的树根裸露）和冷冻扰动作用（冻融交替，见第3章7.3）。这些过程在世界所有气候区的土壤演化中均扮演着“重要角色”。

由于细颗粒会被上述过程所带走，原地留下的土壤粒径分布也发生了变化。残留的土壤粒径分布也不会持久，因为小颗粒也会因表面结皮（如“漠境砾幕”的形成）等过程而被进一步移走。

1.3　土壤质地的空间分布

控制土壤质地空间分布的机理与控制单个土壤颗粒一致。在重力作用下，如土体运动、滑坡、泥流作用或冰川作用，通常会产生分选性较差的堆积物，它更像壤土，而不像砂土、粉质土或黏土（Smemel，2002；Tart，2003）。另外，土壤颗粒的大小也会随着与风化作用发生地距离的增加而减小（图 1.8）。这些结果不仅由对初始粒径分布的分选作用引起，也由持续的和增加的破碎、打磨作用引起。这些过程可以由沉积物表层颗粒来表征，该规则同样适用于从河流上游到河漫滩的沉积物。风成沉积物和冰川沉积物与起源地的关系有一定的规律，所谓起源就是它们风化的地方或最初经冰蚀作用沉积的地方。

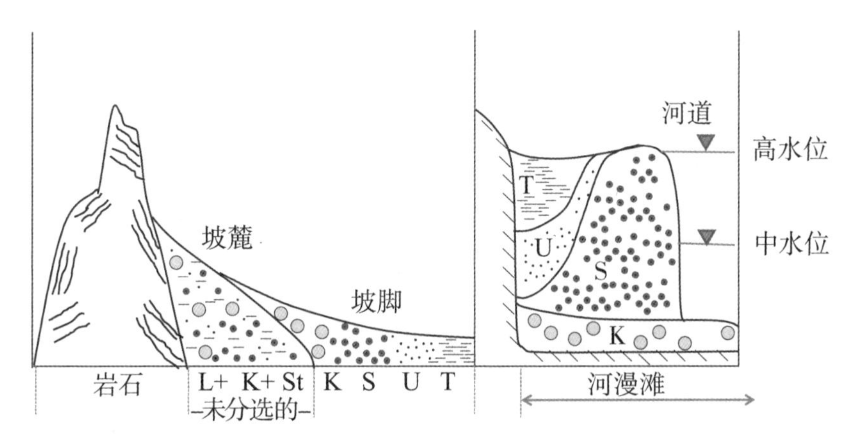

左图：细粒含量随着与起源地（岩石）的距离增加而增加。右图：颗粒物沉积过程与水流速度的函数关系。随着越向河流下游，地点位置越高，沉积物中颗粒就越细。该图适用于表 1.1

图 1.8　运输引起的土壤颗粒分选作用，与不同土壤粒径分布和地形分布的关系

在湍流作用下，细颗粒在运输的介质中均匀分布。只有当介质流速和湍流流速一起下降时，这些细颗粒才开始沉降。沉降开始时，它们在底部形成像面纱状的均匀层。该现象发生在阵风消退或冲积平原水深变浅引起的水流变缓过程中。在很多情况下，细颗粒沉积物会存在于远离河流中段的上游区域（图 1.8）。河漫滩沉积物垂直截面的表层颗粒比底部的更细（上部细）。河流沉积物中提取的土壤粒径分布，取决于其沿河的位置（下游比上游更细）和河流腹地所提供泥沙的土壤粒径分布。同样的机制也导致了在风成中细砂和粉砂的广泛分散和沉积。风速太小而无法推动和搬运较大的颗粒时，就发生沉积作用（Goossens 和 Riksen，2004）。因此，黄土比风沙土的分布范围更广。风沙土主要为较粗的颗粒。很少见到堆积的风沙土，即使有也仅限于局部地区，远比细粒砂土的分布范围小。

从遥远陆地漂洋过海而来的尘土颗粒（如夏威夷的石英颗粒），大小介于细粒和中等粉砂粒范围（2~10 μm），却不呈圆形。这是因为尘土颗粒在运输过程中没有受到任何滚动作用的影响（Jackson 等，1971）。同理也适用于火山灰及其尘埃颗粒。这些物质很快形成内生黏土矿物（Stoops，2007；Wada 等，1992）。

水中黏粒是以被分散的单个颗粒形式被运移。黏土矿物主要以团聚体的形式被运移。这些团聚体粉砂级颗粒的水力学直径相当，且与其一起沉积。风中黏粒只会以团聚体的形式被运移。在干燥和干旱条件下，这些被运移团聚体的等效直径比其黏粒部分更大。

1.4 土壤中粒径分布的改变

土壤粒径分布变化最慢、最稳定，因此，是土壤分类的最理想参数。然而溶解、沉淀、水流冲刷和机械破碎等过程，可能会改变土壤粒径分布。

在湿润环境下，水溶性盐包括硫酸钙和碳酸盐能被水溶解，而沉淀过程又使得碳酸盐、氧化铁以及养分沉积下来，从而在土壤中引入了新物质，再通过化合物沉淀作用形成新的固体颗粒。沉淀作用也可能影响其他土壤参数，如土壤贮水能力（Holthusen 等，2010）。土壤颗粒变小在一定程度上会影响其粒度分布。新化合物沉淀后，它们的初始粒径非常小，但会逐渐形成更大的团聚体，并封闭部分孔隙和包围已有的颗粒。在常规粒度分析前期，样品制备通常会破坏这些化合沉淀物，因此，没有反映在测定的粒度分布数据中。这种影响类似于在分析土壤粒径分布之前去除土壤中的有机质。因此，应基于分析人员的判断和研究目的，决定是否有必要进行预处理。

就矿物颗粒而言，主要是黏粒在土壤中运动，很少有粉质颗粒和砂粒在土壤中运动。这些过程决定了粒度分布曲线是非常典型的形状，例如，由于粉砂和砂土中富含黏粒，冲积平原土壤的粒度分布累积曲线形状就说明了颗粒分选过程很不明显，这是由于不同特征的浅薄土层在成土作用下进行了混合，而在田间取样时可能只取了一次混合样品。图 1.3 展示了一种黄土母质形成的淋溶土 Bt 层累积曲线，这个曲线偏离了黄土的 S 形，在黏粒粒级范围内出现了第二个峰值。重复的机械碾压可能导致颗粒破碎，从而增加了粉质颗粒组的比例，降低了平均粒径（d_{50}），这种效应常见于土路的车辙中。

1.5 土壤粒径分布和其他土壤性质

土壤粒径分布是最广泛测定、经常使用的土壤参数。它通常是第一个被测定的土壤参数，也是土壤研究中最容易获取的数据。这个参数的重要性还体现在其与许多其他土壤特性具有显著的相关性。几乎任何土壤都能通过测得其粒径分布的数据，推求土壤其他参数。值得一提的是，土壤粒径分布和土壤水分之间存在一定的数量关系。水在砂土中会很快入渗，但在富含黏粒的壤土中就很难入渗。在多数情况下，砂质土壤常因太干而无法为植物供水，难以维持其生长。在一定条件下，人们可以根据土壤粒径分布来推断其土壤的水分性质。

土壤饱和导水率 k_s 是关于土壤粒径分布的函数。这个关系如图 1.9 所示。表现为一个带状分布，而不是线性分布。这是因为带状关系反映了在一定精度范围内的预测值，而不是精确的数值。图 1.9 中还显示土壤细粒含量变化引起饱和导水率的变化，其变化幅度可以大于仅基于粒径分布而得出的数值。最常见的情况是质地结构决定的水分运移能力在土壤 A 层和 B 层中较高，这种增长主要是由土壤质地引起的，但可能无法承受机械压力。例如，根据 DIN ISO 11277 标准，土壤粒径分布具有显著的重要性，即使没有地下水位或观测井数据，也可根据评估土壤粒径分布而确定排水管的间距。

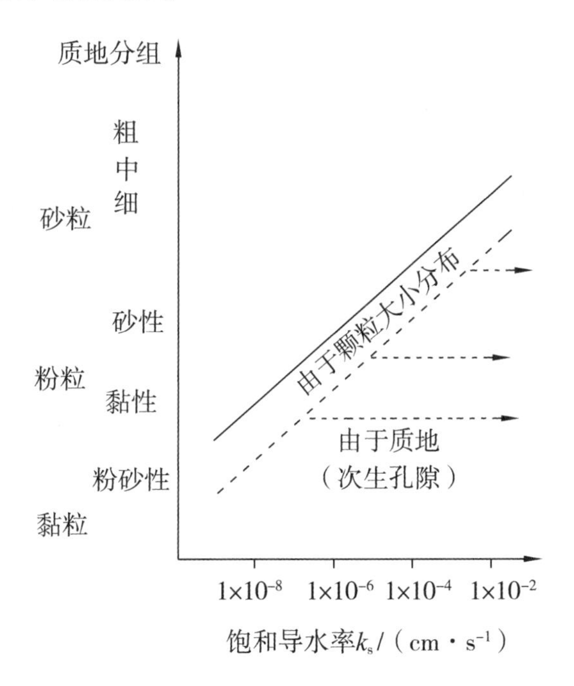

在粗砂粒径范围内颗粒较细的土壤水分渗透性会很高，较大水分渗透性暗示土壤结构脆弱

图 1.9 土壤饱和导水率 k_s 与粒径分布的关系

土壤水分特征曲线与土壤粒径分布紧密相关。土壤含水量与粒径分布比例的关系在黏粒级别表现很强，而在砂粒和砂砾级别主要受土壤形成因素的控制。

基于大量数据支持，研究者可以通过土壤物理和化学性质与土壤粒径分布的关系，获取其他土壤理化参数。研究表明，为了更好地描述土壤粒径分布与土壤水分特征曲线的关系，需进一步考虑土壤有机质含量和土壤容重（Hartge 等，1986）。图 1.10 中的数据就受限于特定土壤有机质含量和土壤容重的范围。

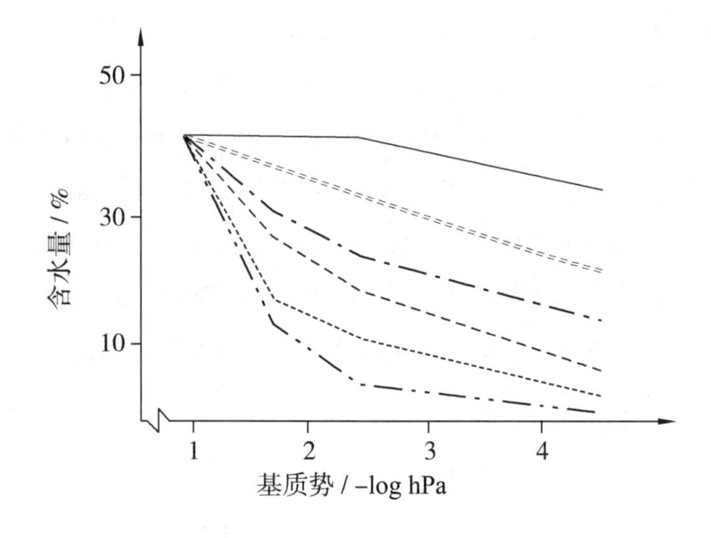

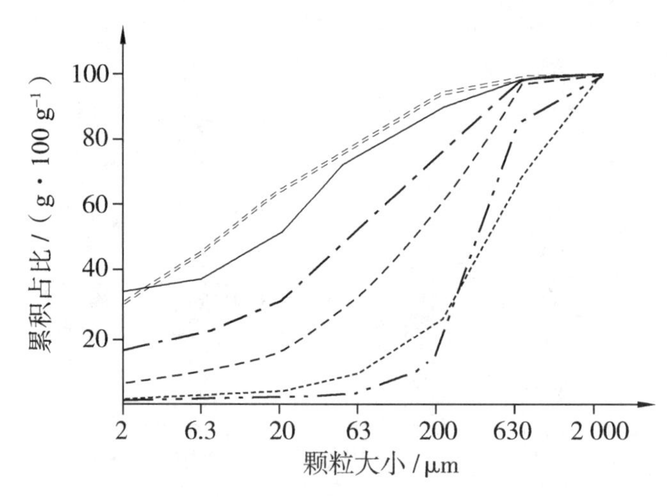

图中土壤的容重介于 1.51~1.54 g/cm^3，土壤有机质含量小于 2%

图 1.10　土壤水分特征曲线与土壤粒径分布曲线的关系

其他研究和计算方法可以参考 Bachmann 和 Hartge（1992）、Vereecjen 等（1992）、Buchan 等（1993）、Riek 等（1995）、Wösten 等（1988）、Pachepsky 和 Rawls（1999）和 Schaap 等（2001）。这些研究方法是回答许多复杂问题的基础，并且适用于小尺度模型。这些数据也常应用在水分平衡模型中（van Genuchten 等，1991）。

如果土壤颗粒本身具有一定的孔隙，则这些方法会导致大大低估土壤的储水能力。例如，粉煤灰粒度分布介于粉砂和砂粒大小范围时，由于其内部孔隙空间巨大，可成为额外的储水空间（图 1.11）。

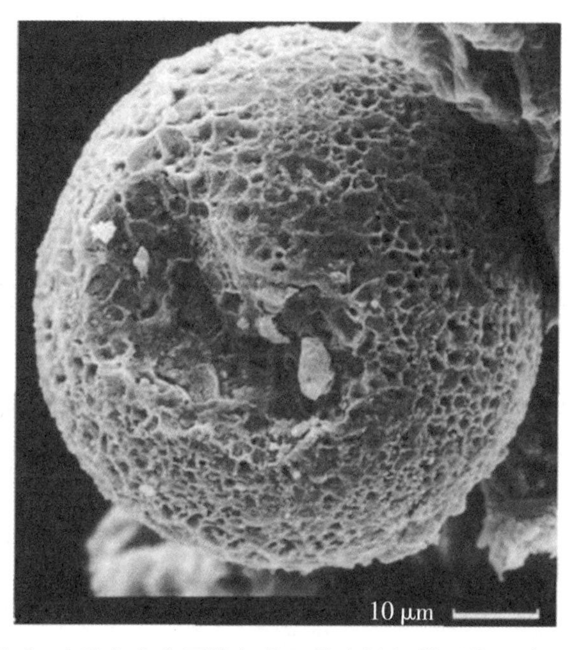

图 1.11　介于粉砂/砂质大小范围的灰分颗粒电镜扫描图像（来源于 P. Hartmann）

传统意义上的土壤结构稳定性（一般的机械稳定性），也在很大程度上受土壤粒径分布的影响。有很多量化这些属性的方法，但应用范围较小（Lebert，1989；Fredlund 和 Rahardjo，1993；Horn 和 Baumgartl，2002；Horn 和 Fleige，2003）。通过回归分析可以确定特定粒径分布级别的土壤强度（在预压应力方面）。如果超过了土壤内部强度，所引起的空气容量、植物有效水量、导水率和导气率等参数的变化也可以计算，且这种方法适用于不同的空间尺度。

此外，土壤化学性质与土壤粒径分布也有很好的相关性。唯一可能的解释是这些土壤化学特性与土壤矿物组成具有因果关系，如阳离子交换量。但至今尚缺乏能推导出离子含量方法的研究。交换性阳离子类型受土壤有机质数量和类型的影响，并随着土壤发育过程而变化（Renger，1965；Anon，2005）。

1.6　测定土壤粒径分布的方法

由于土壤粒径分布范围很广，所以不可能用单一方法来测量整个粒径范围（见表 1.1）。筛分粗颗粒部分最为简单，但随着粒径的减小，筛子金属线的面积也会增加，或者筛板相对于筛孔的面积增加。此外，不规则的颗粒形状容易堵塞筛孔，使得筛分法仅适用于粒径大于 50 μm 的颗粒。

颗粒粒径介于 1~50 μm 时适用沉降法。更大的颗粒不符合层流要求，更小的颗粒需要较长沉降时间，会因为沉降而产生颠簸和抖动。颗粒粒径小于 50 μm 时，布朗运动也开始干扰重力引起的沉降。在黏粒大小范围内分析粒径分布可以使用人工加速器（离心机），以避免上述问题。

同理，为了防止沉积过程中的絮凝，有时必须稳定悬浮液。通常做法是在样品制备阶段添加抗絮凝剂，这需要预判絮凝体类型和潜在的胶体大小。沉降分析法获得的结果受样品制备和预处理影响很大，因此，标准化的观察程序显得极其重要，同时也要仔细记录应用过程（Becher，2011）。

粒径分布及其测量也具有重要的技术意义（Batel，1964；Köster，1964；Schlichting 等，1995；Blume 等，1995）。适用的简单仪器设备信息参见 Hartge 和 Horn（2009）。Becher（2011）评述了更多测定土壤颗粒分布的复杂方法，如 X 射线、γ 射线和激光干扰量度法等。

习题

1.1：初步确定土壤性质及其功能：一个粗粉砂颗粒（d=0.005 cm）在 22℃ 水中沉降 10 cm 需要多长时间（采用沉降法）？

提示：采用斯托克斯方程（式 1-4），22℃时水黏度为 0.009 568 g/(cm・s) = 0.956 8 mPa・s，重力加速度为 980 cm/s^2。加入 Na-HMP 的影响已经包括在 η 值内，经计算，水的 η 值由 0.009 548 g/(cm・s) 增加到 0.009 568 g/(cm・s)。

1.2：土壤粒径分布的数据可用于计算其他土壤参数，如土壤粒径分布和均匀度性系数 U 值。

a. 根据提供的数据推求土壤粒径分布：黏粒（<2 μm），8%；细粉粒，13%；中粉粒，17%；粗粉粒（20~63 μm），33%；细砂粒(63~200 μm),14%；中等砂

粒，9%；粗砂粒（<2 mm），……%，并解释你的结果。

b. 计算该土壤的均匀性系数 U 值。根据式 1-2 U 值被定义为 d_{60}/d_{10}，其中 d_{60} 指的是累积曲线中60%对应的颗粒直径，d_{10} 指的是累积曲线10%对应的颗粒直径。

1.3：一块体积为1 cm^3 的立方体 A（表观密度为2.7 g/cm^3），按边长对半分6次，即每次取上一级边长的一半：L，$L/2$，$L/4$……，计算每一步获得的小立方体单位体积的比表面积（a_v）和单位质量的比表面积（a_m）？

提示：立方体边长 L 已知，其体积为 L^3，表面积为 $6 \cdot L^2$，比表面积与小立方块体积有关：$a_v = A_S/V, a_m = A_S/(V \cdot \rho_F)$。

单个小立方块比表面积计算表如表1.4所示。

表1.4 单个小立方块比表面积

均分次数	边长 L/cm	体积 V/cm^3	表面积 A_S/cm^2	质量/g	比表面积	
					a_v/（$cm^2 \cdot cm^{-3}$）	a_m/（$cm^2 \cdot g^{-1}$）
0	1	1	6	2.7	6	2.22
1	0.5	0.125	1.5	0.337 5		4.44
2	0.25	0.015 6	0.375		24	8.89
3	0.125	0.001 95	0.093 75	0.005 27		
4	0.062 5	0.000 244		0.000 66	96	35.56
5	0.031 25	0.000 030 5		0.000 082 4	192	

请将表1.4补充完整并解释结果。

1.4：表1.5给出了在两种耕作系统小区中收集的表土样品粒径分布粒径比例平均值。已知表层土的容重为 $\rho_B = 1.35\ g/cm^3$，密度 $\rho_F = 2.6\ g/cm^3$。

假设砂粒和粉粒均为球状，黏粒（<2 μm）为板状，厚度（L）为0.02 μm。球状颗粒的表面积（A_S）和体积（V）的计算公式分别为 $4 \cdot \pi \cdot r^2$ 和 $\frac{4}{3} \cdot \pi \cdot r^2$，其中 r 为球体半径。圆板形状的表面积为 $2 \cdot \pi \cdot r^2 + 2 \cdot \pi \cdot r \cdot L$。

表 1.5　颗粒当量直径

范围/mm	当量粒径均值/mm	小区 1/%	小区 2/%
0. 63~2	1. 315	26	7
0. 63~0. 2	0. 415	20	14
0. 2~0. 063	0. 13	16	21
0. 063~0. 02	0. 41	15	20
0. 02~0. 006 3	0. 013	9	12
0. 006 3~0. 002	0. 003 2	8	14
<0. 002	0. 001	6	12

请确定两块小区土壤样品的比表面积，并计算总比表面积和每个粒径分布级别下的数量比，以及单位土壤质量的总面积?

第2章

土壤结构及其功能

第1章讨论了土壤颗粒、颗粒混合物及其性质。这些物质是成土过程中再加工的初始物质，成土过程在很大程度上又受土壤颗粒的形状、空间排列及其移动性和土壤孔隙系统的影响。物理和化学过程可以改变土壤颗粒的空间排列，进而使土壤发生演变。

本章描述了土壤结构和团聚体类型，团聚体在沉积过程中如何形成，以及这些物质在土壤形成和演变过程中如何被改变。团聚体的形成是一个关键过程，将在第4章展现。本章基于田间观察而描述土壤质地，随后介绍了土壤容重，这是分析土壤孔隙或土壤基质的各种空间特征的基本出发点。

2.1　土壤结构和内部形态

仔细观察农田土壤结构，就会发现所有土壤都可被划分成3种互有连接的端元类型，这3种端元的关键特征是土壤颗粒联结方式。当这些颗粒是松散的，没有发生联结和胶结，即为单颗粒结构。砂土的底层土壤颗粒就是这样的单颗粒结构。当土壤颗粒紧紧地胶结在一起时，即为颗粒黏结结构，如湿润时粉质土或黏粒富集的底层土壤颗粒。如果黏结的大块物体被破碎成或大或小的具典型形状的破碎体，即为团聚体结构。

实际上土壤具有3种端元类型过渡的特征。例如，部分颗粒是团聚还是胶结，其土壤的团聚过程仍不是很明确，不能将土壤结构划分为这3种端元类型的任何一种。

图 2. 1 指示了土壤的演化路径及其在土层中的优先发生过程。在大多情况下单颗粒结构和黏结颗粒结构是两个端元结构，团聚体是土壤长期演化的结果。相应地，A 层的大多数土壤是由团聚体组成，C 层的单粒结构土壤是最原始的，且必须通过其颗粒的团聚过程演化而来。在土壤演化过程中，最原始黏结的土壤形成更小的碎屑。图 2. 2 形象地展示了两个极端类型（砂粒、黏粒）土壤剖面中的团聚过程。图 2. 2 中上部区域为最初由颗粒组成的土壤，团聚过程使这些土壤

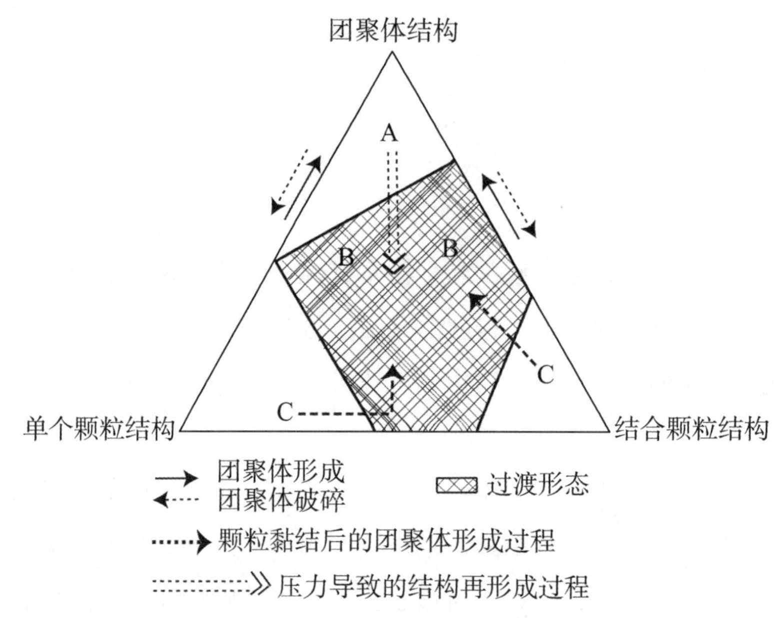

ABC 表示土层，其中箭头所指趋势最常见（Mückenhausen，1963）

图 2. 1　土壤结构演化趋势

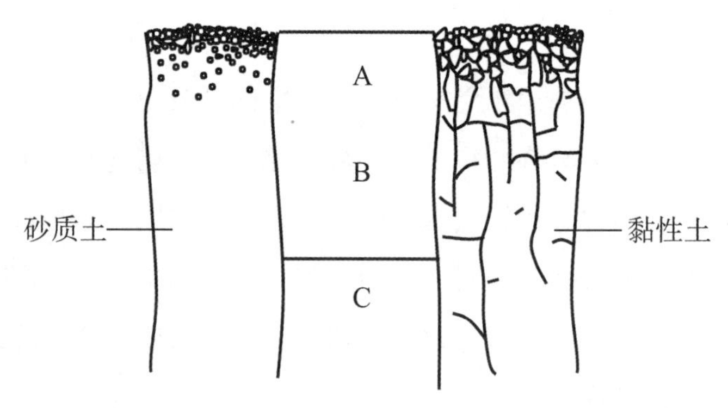

由土壤底层（C 层）向顶层（A 层）变化强度增加，砂质土增强颗粒团聚作用，黏性土在裂隙形成中破碎成更小的碎块

图 2. 2　砂质土和黏性土的结构演化

黏结在一起而向中间区域演变。图 2.2 中下部区域为原始黏结土壤，团聚过程始于形成垂直裂缝。随着裂缝数量的增加，裂缝间的距离缩小，裂隙的方向变得更为随机。在表土（A 层）中，团聚体通常处于形成、毁坏或被生物移动的过程中，具有圆度不等的形状。随着团聚体的形成，多数颗粒被重新排列。

土壤团聚过程导致每个颗粒与相邻颗粒更紧密聚集，因此，团聚的土壤结构变得比初始单个颗粒结构和黏结颗粒结构更具有异质性。随后团聚体的破坏，使其变成均质化的土壤结构。该过程会引起颗粒体积的增大或减小，这取决于颗粒的初始状态。团聚结构破坏后，细粒土（膨胀）体积可能会增大，粗粒土的体积可能会减小，因此，单个团聚体的稳定性和时间周期不同。一般再次团聚的稳定效应最终取决于新形成颗粒的特征，必然导致一种新的、不同结构的土壤状态。

单独土壤类型的团聚体通常有独特的形状和大小，由此可推断出土壤内部收缩过程中的应力分布（见第 3 章）。第 4 章详细描述了土壤团聚体类型和土壤孔隙的作用（Blume 等，1995；Scheffer Schachtschabel，2016）。

2.2 土壤容重和颗粒密度

在实验室和田间测定土壤容重比较容易，实验室内可以用原状土，田间可以使用特定方法（Burke 等，1986；Grossman 和 Reinsch，2002；Liu 等，2008；Hartge 和 Horn，2009；Liu 等，2014）。土壤容重是一个常用参数，表示 105℃烘干后单位体积土壤样品的质量（g/cm^3）。工程领域中容重有许多其他名称，如干容重、体积密度、体积质量、表观密度等。土壤水质量也是除了固体质量外的一个参考值，反映了其对土壤参数的影响。但土壤中空气质量总是被忽略，空气压力和温度对土壤容重的影响也往往被忽略。

土壤容重、干土密度是单位土壤体积固体质量的比率指标，但土壤容重不能说明土壤质量在给定体积内是如何分布的，所以无法使用其预测水汽的通透性以及其他作用。例如，预测养分吸收或污染物填埋场发生的物理和化学过程（Horn 和 Kutilek，2009）。

土壤由不规则颗粒构成，这些颗粒不能充满整个土壤体积。同时因为硅酸盐密度（2.7 g/cm^3）大于水密度（1 g/cm^3）和空气密度（<1 g/cm^3），所以土壤容重总是小于固相（硅酸盐）中含量最高的物质或矿物的密度。这也适用于湿润土

壤的密度，因为所有土壤固相的密度都大于水密度。石英、花岗岩碎片或石灰石为土壤主要成分，因此，土壤容重会小于 2.65 g/cm^3；一般富含有机质的土壤容重低于 1.2 g/cm^3。实际存在的土壤容重变异很大。表 2.1 列出了土壤容重的典型值。

表 2.1　土壤容重 ρ_B、孔隙体积 PV 和孔隙比 ε
（孔隙体积/固体体积）的典型值（105℃烘干）

土壤类型	土壤容重 ρ_B/（g·cm^{-3}）	孔隙体积 PV/%	孔隙比 ε
砂土	1.67~1.19	37~55	0.58~1.22
壤土	1.96~1.19	26~55	0.25~1.22
粉砂土	1.53~1.19	42~55	0.72~1.22
重黏土	1.32~0.91	50~65	1.00~1.85
有机土	0.48~0.12	60~90	1.50~9.00

2.3　孔隙体积和孔隙比

孔隙体积，更确切地说孔隙体积分数，是一个重要的土壤参数。土壤学文献中常将土壤容重换算成孔隙体积分数，记为 PV。孔隙体积分数是空隙体积 V_{voids} 在土壤总体积 V_{total} 所占的分数。PV=0%表明是固体岩石的，无孔隙；PV>0%表明增加了孔隙体积。

$$PV=\frac{V_{total}-V_{solid}}{V_{total}}=1-\frac{V_{solid}}{V_{total}} \qquad （式 2-1）$$

因为密度可以代替体积，可得以下公式：

$$PV=1-\frac{\rho_B}{\rho_{solid}} \qquad （式 2-2）$$

式中，ρ_B 是土壤容重，ρ_{soild} 为土壤固相组成密度。

虽然这些数值是无量纲的，但习惯上将其表示为总体积的百分比（见表 2.1）。因为孔隙体积只表示无量纲的体积比，而非绝对体积，所以这个术语有点误导。与密度相比，孔隙体积分数概念的优点在于可以用图表示。

孔隙比（ε）是广泛应用于土力学的参数，将孔隙体积与固体体积联系起来。

$$\varepsilon=\frac{V_{\text{total}}-V_{\text{solid}}}{V_{\text{solid}}}=\frac{\rho_{\text{solid}}}{\rho_{\text{B}}}-1 \qquad \text{（式 2-3）}$$

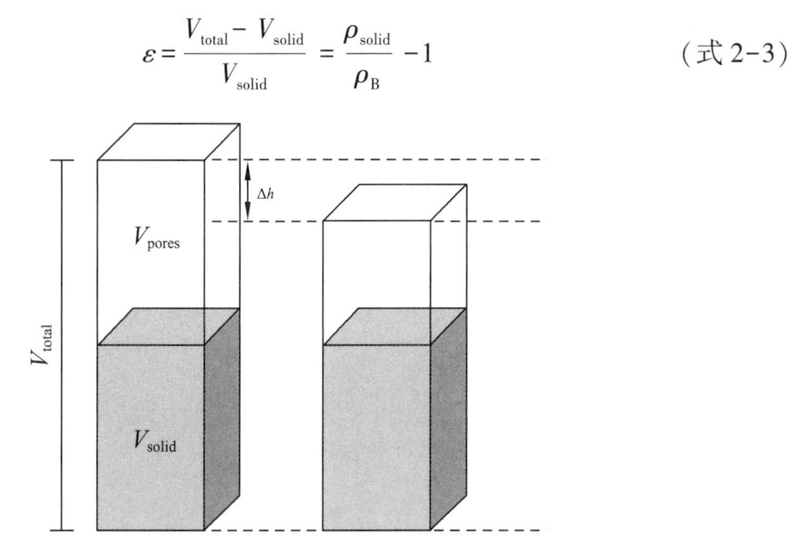

随着土壤容重变化，土柱高度的变化值为 Δh。土壤总体积（PV 的基本量）不是恒定的（压实），但土壤固体体积（ε 的基本量）是常数

图 2.3 土壤容积是孔隙体积（V_{pores}）和固体体积（V_{solid}）的总和

用孔隙体积比不变固体体积的优势是可以产生新指标。常见土壤的孔隙比值见表 2.1。孔隙比 ε 与 PV 的关系可以表达为：

$$\varepsilon=\frac{PV}{1-PV} \quad \text{或} \quad PV=\frac{\varepsilon}{1-\varepsilon} \qquad \text{（式 2-4）}$$

2.3.1 描述孔隙体积的理论值

为了解释表 2.1 所示的 PV 值，有必要提及土壤中颗粒和孔隙分布原理。球体、立方体或其他几何体等模型，在一定范围内能有效解释这些原理。

2.3.1.1 颗粒尺寸和形状对孔隙体积的影响

当每个球体与相邻的 12 个等尺寸的球体接触时，会形成最致密的堆积球体。这种立方体或六面体最致密堆积体的孔隙体积为 25.95%，与球体直径无关。

自然土壤，即使是分选良好的砂土，也不存在这种均匀的致密堆积体类型。因此，研究粒径分布和形状对颗粒堆积的影响具有实际意义。试验表明，2 种或 3 种大小颗粒混合物的体积会减少，且它们的大小差异越大，混合物体积减小幅度就越大（分选作用弱，图 2.4）。对土壤的实际观测证实了这个特性。分选性最差的土壤（如泥流形成的土壤）表现出最致密的堆积，这一现象反映于建筑学中使用土壤的非等粒度参数 U（见式 1-2）（Kezdi，1969）。

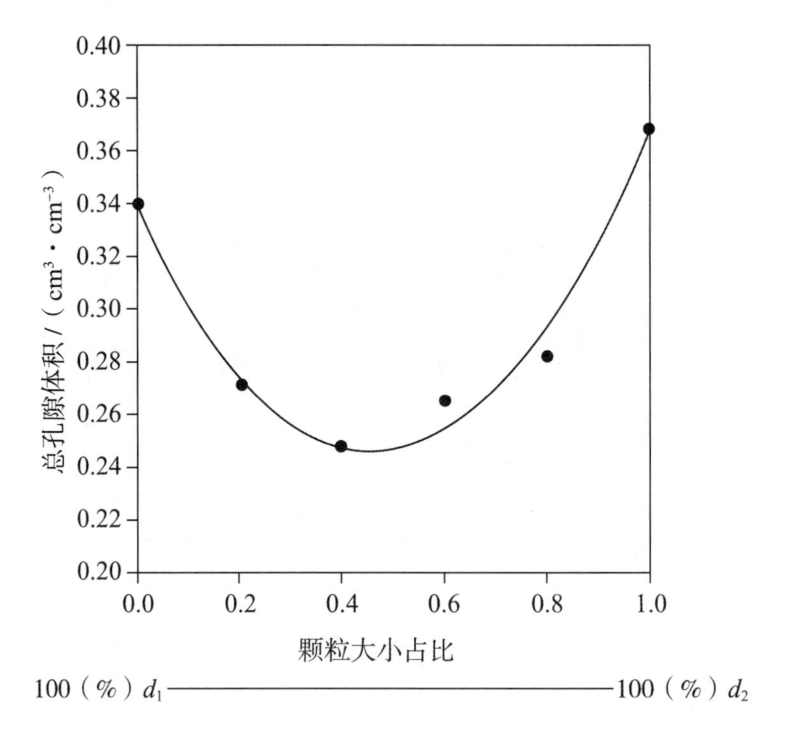

按照 50∶50 比例混合时 PV 值最小（引自 von Engelhardt，1960）

图 2.4　两种粒级（d_1 和 d_2）的球状颗粒混合对孔隙体积 PV 的影响

图 2.4 曲线表明可以利用两种混合物的组分含量预测最小孔隙体积。如果单个颗粒是随机排列且无优先方向，特别是颗粒具有不同形状，理想球状颗粒的形状差异常会产生相反的效果。

图 2.5 比较了不同试验结果，正如其对应的曲线。在有界区域内，当圆盘上加入其他形状时，孔隙体积就会增加。当添加棒状颗粒时，土壤孔隙体积的增量最大。当添加三角形颗粒时，土壤孔隙体积就会变小，因为三角形颗粒与小圆盘一样更像球形。此处孔隙体积值相对较小，是因为试验是在二维系统中进行的。

三维试验（球体）与图 2.5 的二维试验相比较，颗粒间的相互支撑使得孔隙体积变大。粒径分布的影响如表 2.1 中的 PV 范围和 ε 的下限所示。

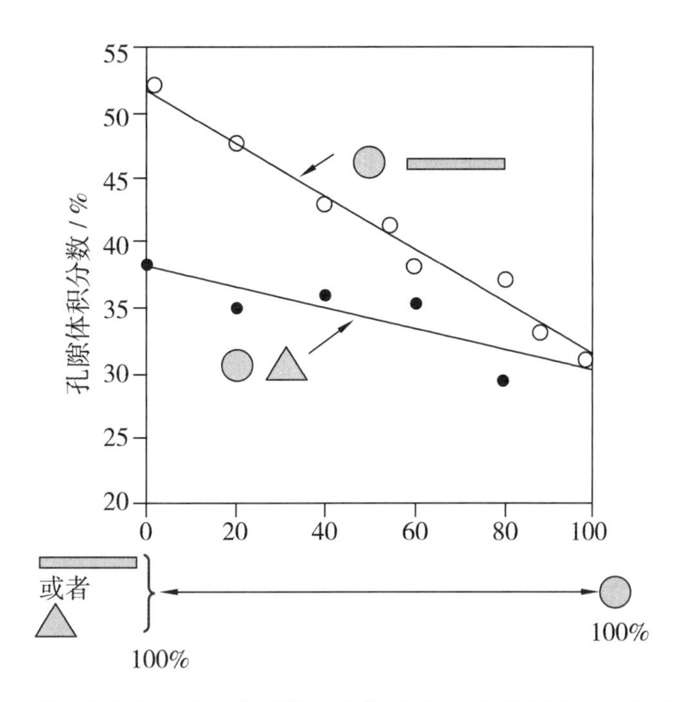

颗粒形状越不圆，孔隙体积分数越大，球形小圆盘产生了最致密的堆积。上曲线为球状和杆状物混合后测定的孔隙体积分数（空心圆表示），下曲线为球状和杆状物混合后测定的孔隙体积分数（实心圆表示）

图 2.5　两种形状颗粒混合对 *PV* 的影响

2.3.1.2　粒径分布的影响

以上讨论中忽略了颗粒绝对大小，虽然不影响土壤基质中颗粒的空间排列，但实际孔隙体积值与理论计算的孔隙体积值有相当大的差异，因为二者都受颗粒绝对大小影响。一般孔隙体积随颗粒绝对大小减小而增大。这个规律同样适用于比砂粒和黏粒形状差异更小的颗粒（图 2.5）。如表 2.1 所示，从砂粒到粉粒，再到黏粒，*PV* 的下限随粒径的减小而增大。原因在于颗粒质量与总表面积的比值，随着粒径减小而表面积显著增加。通过观察各种几何图形表面积和体积的公式，可以理解这一基本关系。如表 2.2 所示，在同一量级的倍数范围内，立方体的函数关系变化显著。砂粒、粉砂和黏粒的粒度差异不是简单的倍数，而是多个数量级（$mS : mU : mT = 1\,000 : 30 : 1$）。

体积与表面积之比的任何变化，都会导致所有与表面积成比例的力（即质量和体积成正比的力）成为主导因素。在与重量成比例的力中，只有重力才能把颗粒拉向地心。重力是形成最致密堆积、土壤中可移动组分侧向移动和颗粒间侧向邻接的最终原因。因此，重力使相邻粗颗粒沉积物之间相互接触。与此相反，由表面积控制的力使相邻颗粒相互吸引。通常情况下，相邻土壤颗粒不仅受到这些力的吸引，还会受到水和空气的吸引。由于这个原因，颗粒接触很少发生在细粒度的土壤中，因为通常细颗粒上会有水膜形成。

表 2.2　小立方体表面积和体积作为边长的函数

函数	立方体边长/d					
	0.01	1	2	3	4	5
表面积/$6 \cdot d^2$	6×10^{-4}	6	24	54	96	150
体积/d^3	6×10^{-6}	1	8	27	64	125
$6 \cdot d^2/d^3$	100	6	3	2	1.5	1.2

2.3.2　颗粒接触点数量

孔隙体积或孔隙比的任何变化，都会导致单位体积中固体物质的增加或减少。由于单个土壤颗粒的体积保持不变，孔隙体积或孔隙比变化必然导致相邻颗粒位置变化，这只能通过改变颗粒的接触数量来实现。矿物颗粒间的接触通常局限在一个很小的区域，且均为点的接触。在很薄的区间通常看不见颗粒的接触面积，因为接触面位于焦平面的上方或下方，颗粒像漂浮在基质中。黏土颗粒很少出现明显的颗粒接触，这表明黏土颗粒被水膜分离，即使在土壤脱水后，黏土颗粒接触点数量也无明显增加。

2.3.2.1　颗粒接触点数量与孔隙体积的关系

对于等直径的球体，孔隙体积为单位颗粒接触点数量函数，该关系同样适用于孔隙比。当六面体致密堆积孔隙体积分数为26%、孔隙比为0.35，立方体排列的孔隙体积分数为47.64%、孔隙比为0.91（接触数量为6）。

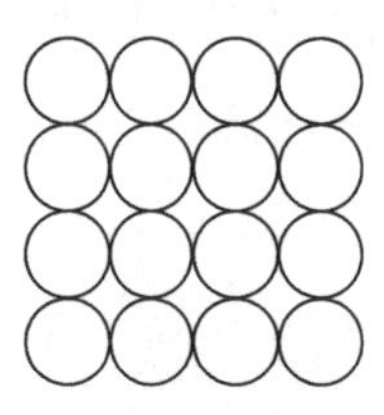

a. 立方体排列

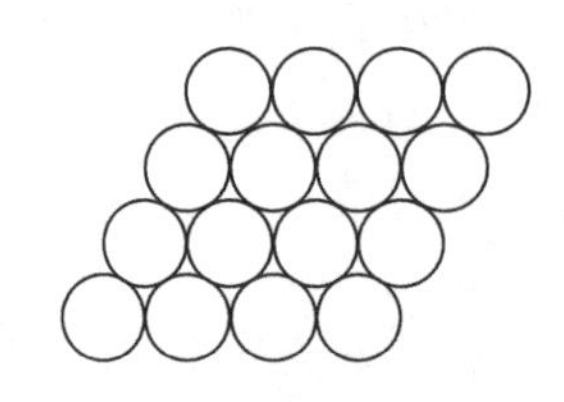

b. 立方四面体排列

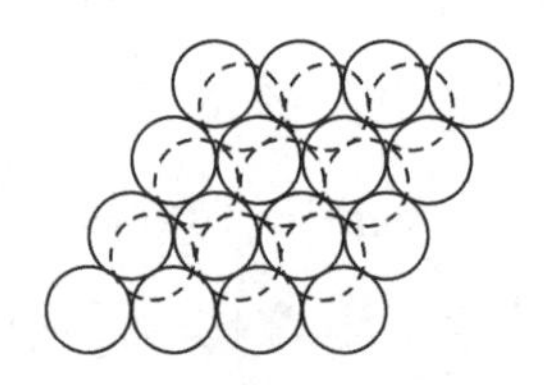

c. 六面体致密堆积

图 2.6　球状土壤颗粒的排列

当颗粒接触点数量增加到8（如图2.6a立方体排列和图2.6c六面体致密堆积），孔隙体积分数降至39.54%、孔隙比为0.65。当单位颗粒的接触点数量为10，孔隙体积分数降至30.10%、孔隙比为0.45。自然土壤的孔隙体积分数取决于土壤母质物质的来源（见表2.1）。

理想球体的砂粒、粉粒和黏粒堆积的接触点数量介于5~7。壤土的非均匀性高，所以堆积很紧密，接近最致密堆积的接触点数量。这在自然界中非常罕见，德国北部盛冰期冰碛物的孔隙体积分数最低值仅为30%左右，即便超过150 m厚冰川冰的荷载也无法产生更致密的堆积。保留了如此低的孔隙体积分数，最可能的原因是当时的条件下排水非常缓慢。

自然土壤颗粒只有在冰碛物和水搬运作用下的滚动过程中才会具有等粒特征，即颗粒为球体且大小相似。最常见的球状颗粒来自砂、砂砾、球状碎石或大卵石（如新西兰摩拉基大卵石）。更小的颗粒为片状、不规则状，而不是球状。土壤厚度的相对变化，或接触点数量在某固定体积内增加（图2.7），不仅反映了孔隙体积的变化，还可以预测土壤变形对土壤贮水量的直接影响。

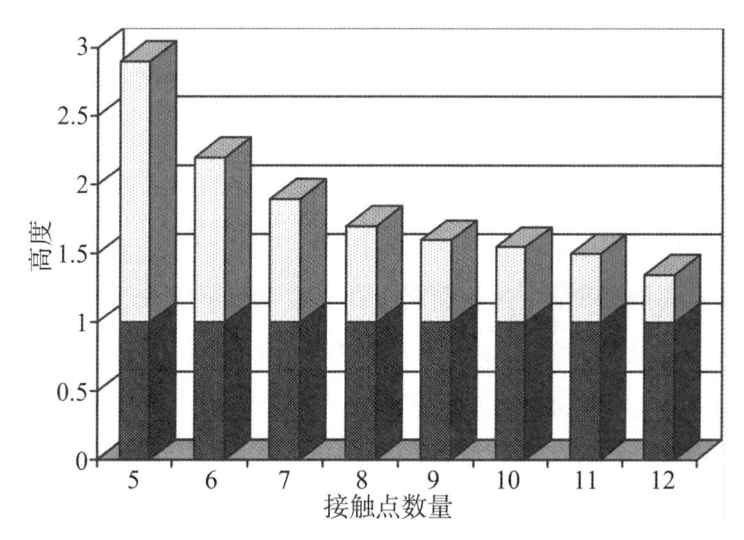

固相体积不变时（深色柱=1），高度差是以接触点数量为函数

（图片来自Hartge和Horn，1999；数据来自von Engelhardt，1960）

图2.7　等粒颗粒接触点数量和孔隙比间的关系

2.3.2.2　自然土壤的粒径分布和团聚体

在自然土壤中，相邻颗粒的大小总是不同。前一节概述颗粒形状一致性不影响这些参数的大小，因此，不能用颗粒接触点数量来反映每种颗粒的空间排列

(孔隙比)。与分选好的均质土壤颗粒相比，非均质土壤颗粒接触点数量的频率分布更宽（图 2.8)。对于团聚体含量很高的土壤尤其如此，无论是团聚体边缘的原始颗粒或一个细长的孔隙，都要比团聚体内部颗粒间的接触点数量少。因为支撑减少，特别是单个颗粒的一边支撑减少了土壤颗粒对位移的抵抗力，所以团聚体外围的颗粒将优先被移动。因此，次生孔隙（团聚体间的孔隙）在土壤压实时最先遭到破坏。

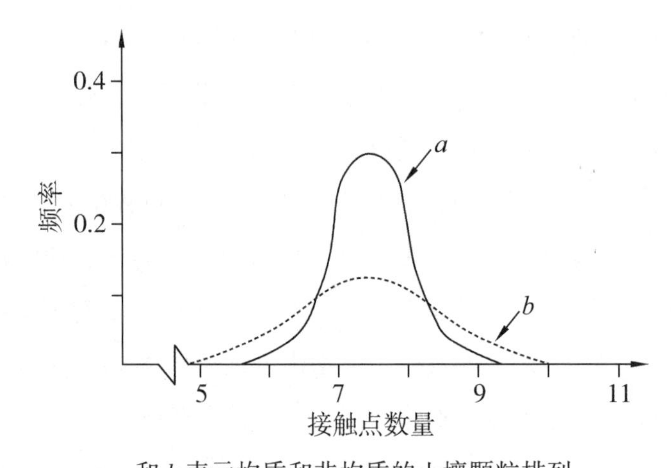

a 和 *b* 表示均质和非均质的土壤颗粒排列

图 2.8　孔隙比为 0.7 时单位颗粒接触点数量的频率分布

2.3.3　颗粒接触点对成土过程的影响

任何颗粒状填充物或沉积物的性质取决于其粒径分布，这势必在成土过程中发生变化。如土壤抬升和压实过程引起土柱高度（体积）的变化，土壤扰动过程包括裂缝的形成。土壤裂缝是通过膨胀和收缩（胀缩扰动)、冻结和解冻（冻融扰动)、动植物活动（生物扰动）等作用而形成的。任何土壤演化都始于周期性干湿循环和冻融循环所产生的土壤结构异质化。例如，土壤颗粒的团聚过程异质化尤为明显，导致土壤孔隙比增加，收缩的团聚体内单个颗粒的间距减小（见第 4 章)。密度更大的土壤体积空隙很多。在脱湿过程开始时主要是垂直高度降低(有效减小了土壤体积)，导致后期阶段会形成更小和更圆的团聚体和更为显著的各向同性结构，而反复的干湿交替最终导致水平体积的各向异性结构变化。在任何情况下，等同于土壤均质化都需要从外部获取能量，以至土壤发生揉捏和/或塑性变形，这个过程优先发生在高含水量时施加了压力的土壤。这种压力不能强制性地造成压实，或者说减少孔隙体积分数；即使通过加水膨胀或土居生物的洞穴活动，也不能完全导致土壤均质化。土壤均质结构的形成和颗粒接触点的增加，受综合作用的影响。

由树木根系引起的抬升和压实，统称为植物的搅动作用（arboturbation）。根系生长（直径加粗）导致根周围土壤基质中颗粒接触数增加，直到有一个足够稳定的支撑点形成，使得整个土壤体积增加（图 3.18），随后又会导致颗粒接触点减少和孔隙体积增大。

一般情况下，根系生长空间都是通过抬升土壤来实现的。杠杆运动产生的裂缝对物质的运输，在土壤剖面内占主导作用。

在土壤力学中，压实增加土壤颗粒接触点数量等于增加了土壤的内在强度，即增加了抵抗土壤基质变形外力的能力。如果土壤颗粒完全平行的一层层叠加排列（熵的最稳定状态，Horn 和 Dexter，1989），则有机金属化合物将分别胶结土壤颗粒或团聚体，通过根系包裹和疏水抑制膨胀等作用增加土壤稳定性，而不改变颗粒接触点数量。这些过程产生的土壤碎块在土壤中保持时间越长，其异质性的概率越大。

以颗粒接触（颗粒支撑）为主的粗粒土会形成有机、无机颗粒或薄膜等新物质，增加土壤中的内摩擦力。若这些物质主要由生物作用形成，则可以稳定土壤中的高孔隙体积分数，否则，将很快恢复原始孔隙体积分数。当土壤表面被顶起时，砂土的孔隙体积增大（Scheffer 和 Schachtschabel，2016）。在砂土的原始成土过程中，产生稳定效果的这些物质量通常非常少。如果通过周期性的干湿交替，稳定物质量更接近实际的颗粒接触点数量，则稳定效率就会大大提高，如图 2.9 所示（Rigole 和 De Bisschop，1972）。

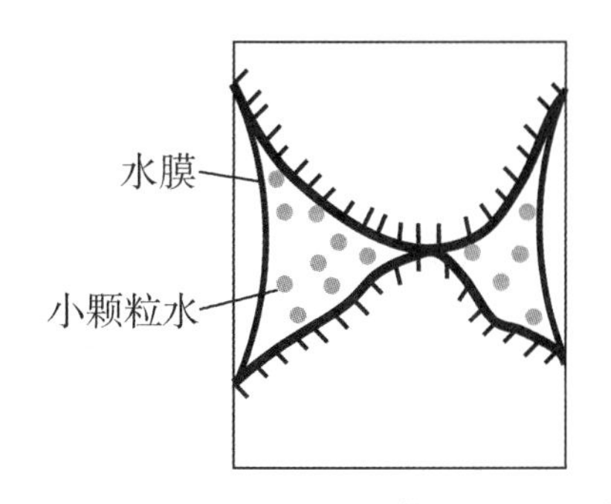

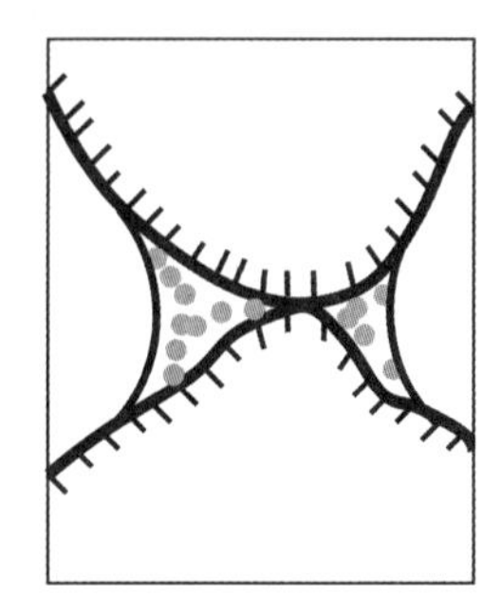
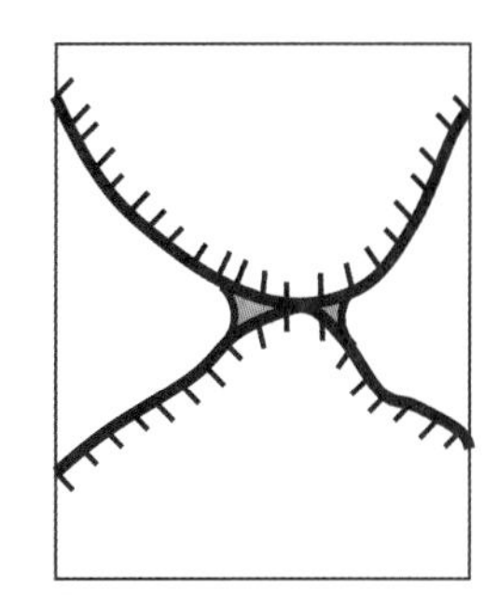

水膜后退使得小颗粒水在接触点附近聚集，逐渐稳定下来

图 2.9　干燥时土壤结构的稳定过程

假设整个土层基质的脱水程度相同，收缩土层越厚，土壤表面下降越多（表 2. 3）。孔隙体积缩小主要发生在土壤表面，且随着深度增加线性缩小，直到 20 cm、50 cm 和 100 cm 厚土层，仍可使土壤厚度减少一半（表 2. 3 中的数值）。该计算考虑了所有的体积分数，包括最粗的裂缝。

表 2. 3　土壤厚度与孔隙体积、孔隙比的关系

起始厚度/cm	土壤/cm	孔隙/cm	下降/cm	*PV*/%	ε/-	数值
20	4	16	0	80	4	初始值
	4	9. 3	6. 7	70	2. 33	
	4	6	10	60	1. 5	
	4	4	12	50	1	最终值
50	10	40	0	80	4	初始值
	10	23. 3	16. 7	70	2. 33	
	10	15	25	60	1. 5	
	10	10	30	50	1	最终值
100	20	80	0	80	4	初始值
	20	46. 6	33. 4	70	2. 33	
	20	30	50	60	1. 5	
	20	20	60	50	1	最终值

如果有人尝试在表 2. 3 压实数据的基础上进行反复计算，就会发现孔隙比 ε 数据十分关键，因为这些计算必须考虑恒定的固相分数。

2. 4　孔隙大小分布

在整个土壤中孔隙遍布，形成了一个三维的相互连接的网络。由于固相是由单个颗粒组成，所以没有不连续的孔隙。颗粒之间的孔隙可能变得非常狭窄，而无法有效参与土壤中最重要的运输过程（运输过程只发生在其他大孔隙系统的网络中）。

如果把土壤固相看作为一个或多或少由空气填充的基质，则孔隙系统就是土壤基质中的空穴。土壤孔隙网络中水和空气的运动，随后发生的所有溶解、沉淀、侵蚀和积聚过程，都会影响土壤基质内孔径的大小和形状。因此，研究孔隙网络的大小和形状对揭示土壤中的运输过程具有重要意义。

2.4.1 孔隙大小的分级

与粒径分布一样，绝对孔隙粒径也跨越了多个数量级。粒径分布很容易确定，但单个孔隙的大小却难以定义和区分，因为它们是一个三维连续体，且形状非常复杂（图 2.10）。与矿物颗粒的粒度数据相比，孔径数据精度对测量方法和手段的要求更高。

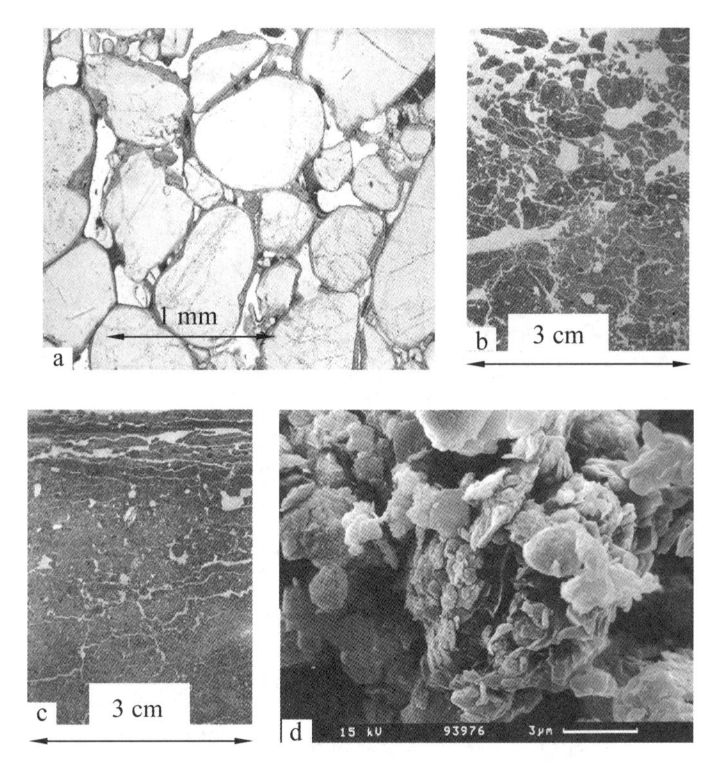

a. 来自灰化土 B 层的中—粗颗粒的砂土，具有松散的单颗粒结构。颗粒覆盖有腐殖质、黏土胶膜（Altemüller）；b. 来自始成土 Ah 层的土壤，具有团聚体结构（Pagliai，1999）；c. 来自堆积性始成土的 Ap 层砂质粉质壤土（Pagliai，1999）；d. 来自盐渍化冲积新成土 C 层（W. Baumgarten；Markgraf 等，2011）

图 2.10　4 种类型土壤的颗粒扫描电镜（SEM）图像

图 2.10 是土壤颗粒孔隙和构造形状的扫描电镜图像。a 清楚说明了它们只有很少的颗粒接触点数量，而且由于没有在显微镜的焦平面上显示，颗粒似乎漂浮在图像中。团聚体化的 Ah 层，就像堆积反复的 Ap（*M*）土层，说明了次生孔隙形态及其空间排列变化。

扫描电镜图像清晰显示了黏土颗粒排列形成的无序不规则孔隙。孔隙系统中存在不规则的孔隙形状和联结的孔隙连续体。因此，在肉眼和显微镜下可见的区域，进行孔隙大小及其分布的人工测定十分困难（图 2.11）。土壤团聚程度可作为大孔隙组分的一个间接指标，因为小而丰富的团聚体更容易存在于大孔隙（间隙）。

我们通常借助近似法来确定孔隙大小，就像研究粒度分布时引入当量直径一样。孔隙当量直径 d 是圆形横截面毛细管的直径，相当于在不规则形状的土壤孔隙中产生压力（水柱）（见图 2.11）；土壤中弯月面未必是圆形的，孔隙侧面也并非都不透水。当量直径 d 可根据水势的绝对值计算，通过毛细管水上升高度 h 表示，如 hPa。

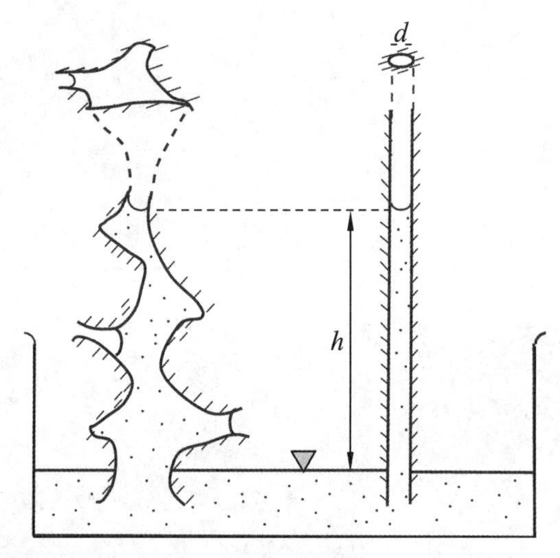

土壤孔隙的当量直径与不规则形状土壤孔隙一样是近似值，是产生相关毛细管水柱高的圆形截面毛细管直径

图 2.11　土壤孔隙的当量直径（一种代用值）

为此，使用半径为 r 的圆形截面毛细管内水上升的杨—拉普拉斯（Young-Laplace）方程来计算：

$$r=\frac{2\cdot\gamma\cdot\cos\alpha}{h\cdot\rho_w\cdot g} \qquad \text{（式 2-5）}$$

式中，ρ_w 是水的密度，γ 是表面张力，h 是水柱高度（压力），α 是润湿角，g 是重力加速度。第 4.7 章将详细讨论润湿角。

土壤水分特征曲线也可被描述为当量直径的累积曲线，表示孔隙体积分布，与粒径分布累积曲线类似（见第 1 章）。此外，它还可用来预测弯月面在润湿和干燥土壤中的停留位置。定义土壤水分特征曲线滞后现象（见第 5 章），便于重复获取这些曲线。除非特别说明，通常认为它们是脱水或干燥过程曲线。无论润湿还是干燥，土壤总体积都假定保持不变，这意味着坚硬的孔隙壁和/或稳定的团聚体接触。土壤结构在很大程度上受近期干燥事件、前期作用于土壤的最强干燥合力影响。因此，如果实际干燥强度小于所有先前的干燥强度（在干燥过程中），则孔隙大小分布恒定。超过前期干燥事件的任何干燥强度，都将改变固体与孔隙空间之比，并形成新的裂缝和团聚体（Horn 等，2013）。

为简化表达，孔隙大小像粒径分布一样被细分为若干等级。表 2.4 列出了一个细分体系（Scheffer 和 Schachtschabel，2016），该体系是以 Sekera（1951）和 De Boodt（1957）的建议为基础。Luxmoore（1981）建议将土壤孔隙划分为微孔隙、中孔隙和大孔隙。

表 2.4 孔隙大小细分及其对应的基质势

<table>
<tr><th>孔隙大小等级</th><th>当量直径/μm</th><th>基质势/hPa</th><th>分类</th></tr>
<tr><td>宽粗孔隙</td><td>>50</td><td>$>-6\times10$</td><td rowspan="4">田间持水量（最高值）
田间持水量（常见值）
永久凋萎点</td></tr>
<tr><td>窄粗孔隙</td><td>50~10</td><td>$-6\times10 \sim -3\times10^2$</td></tr>
<tr><td>中孔隙</td><td>10~0. 2</td><td>$-3\times10^2 \sim -1.5\times10^4$</td></tr>
<tr><td>细孔隙</td><td><0. 2</td><td>$<-1.5\times10^4$</td></tr>
</table>

2.4.2 孔隙的形状和大小及其形成模式

孔隙首先形成于初次沉积物沉积（即岩石解体）时，大颗粒间的孔隙可能比小颗粒间的孔隙更大，除非这些孔隙被小颗粒物质填充。小粒径分布决定了残余孔隙的体积。这些孔隙中最细孔径为微米或纳米（Hartge 和 Stewart，1995；Peth，2010；Peth 等，2008，2011）。形成的连续的、各向同性的孔隙网络，被称为粒径分布形成的孔隙或初级孔隙（类似于初级颗粒）。孔隙大小分布受粒径分布的影响（见第 1 章）。

次生孔隙系统形成于成土过程中，是土壤内部结构变化的结果，基于原生孔隙形成，因此，被称为次生孔隙系统。它源于土壤表面收缩和剪切引起的裂缝、动物活动的管道，直径＜1 mm 的根部通道形成次生孔隙（Pagenkemper 等，2013）。次生孔隙系统在多数情况下都是各向异性，且以垂直方向优先形成。

次生孔隙系统的当量直径较大，其连续性大于初生孔隙。这不适用于小的、

圆形团聚体组成的结构。例如，土栖动物（主要是蚯蚓）粪便颗粒的有机成分使土壤团聚体结构更加稳定（Wiesmeier 等，2009）。这些孔隙的稳定性是其内聚力的函数。一般孔隙稳定性也取决于所处的静荷载（重量）和动力（剪切、压缩）。与其形成方式一致，次生孔隙系统在土壤表层之下的发育差异显著，其发育程度一般随土壤剖面深度增加而降低。

次生孔隙系统越明显，土壤团聚体越稳定，团聚体颗粒就越小，因为次生孔隙系统是基质内的非固体或孔隙体积。认识到这一点很重要，因为描述土壤团聚程度比识别和描述其孔隙系统更容易。

表 2.5 提供了自然土壤中孔隙大小的细分等级。孔隙系统的功能（如水分运动）受土壤演变过程的影响，并且比用单一孔径比例更能准确地定量描述土壤导水率。细粒土具有次生孔隙系统，与砂土一样导水率可能具有相同的数量级（见图 1.9）。

表 2.5　6 种土壤颗粒孔隙大小的细分等级　（单位：%）

土壤颗粒	宽粗孔隙（*wcp*）	窄粗孔隙（*ncp*）	中孔隙（*mp*）	细孔隙（*fp*）
砂粒	10~20	20~40	3~12	2~8
壤粒	0~5	0~20	3~16	5~20
粉粒	0~10	5~25	7~20	5~20
黏粒	0~5	3~20	5~15	25~45
有机土	7~30	20~30	25~50	15~25
火山灰	3~6	5~20	13~25	35~40

2.4.3　孔隙大小分布对土壤质量的影响

孔隙大小决定了其如何被水和空气所填充，以及经历的时间长短。孔隙的形状、连续性和大小不仅决定了孔隙的储水能力（植物有效水），而且对水分运输和有效荷载，如固体的溶解和气体（CO_2）从土壤中的进出过程具有直接影响。最小孔隙的直径控制着土壤运输特性和不同大小孔隙的储水量。在农业和林业中，孔隙大小决定着孔隙系统的效率和功能。在废物处理过程中，孔隙系统有助于确保污染物与地下水长时间隔离（见第 10 章）。孔隙的几何形状和大小的均匀性，直接影响着土体的错位和位移过程。

水和空气的收支平衡在作为植物栖息地的适宜性方面起到决定作用。水和空气的收支平衡，受孔隙大小、形状和分布的影响很大。植被栽培和土壤改良措施就是从改善土壤结构（孔隙系统）入手，以提高植物的产量（Heyland，1996；Ehlers，1996；Kirkham，2005；Blume 等，2010）。

习题

2.1：一个圆柱状土样［内径 7.62 cm（3 in），长 7.62 cm（3 in）］，鲜重为 646.8 g，干重为 544.7 g。假定铝盒质量为 72.1 g，土壤密度为 2 650 kg/m³，水的密度为 1 000 kg/m³，计算以下参数并解释。

重量含水量 w

容重 ρ_B

孔隙度 PV

孔隙比 ε

体积含水量 θ

2.2：一个边长为 10 cm 的立方体土壤样品，总鲜重为 1 460 g，水分重 260 g。假定水密度为 1 g/cm³，土壤密度为 2.65 g/cm³，计算重量含水量、体积含水量、土壤容重、土壤孔隙度、通气孔隙度和相对饱和度？

提示：土壤总质量包括水质量，土壤含水量与 105℃ 下烘干 16 h 后测得的固体质量相关。

2.3：1 hm² 小区 0~80 cm 厚土壤剖面的体积含水量为 0.12 cm³/cm³，使土壤体积含水量达到 30%需要灌溉多少水？

第3章

土壤中的机械力和水力

第 1 章和第 2 章将粒径分布作为一个重要土壤性质讨论，并突出其对土壤结构演化的作用。本章将根据地球科学发展的原理和方法讨论土壤系统的力学稳定性，提出有效应力、应力差及其对土壤或土壤颗粒运动的影响。本章将土壤力学发展的原理应用于结构土壤，评估农业或林业管理引起的土壤应力、变形和最终结果（损害）。

3.1 土壤稳定性及其颗粒空间排列

以原生质地开始的成土过程所形成的土壤颗粒复杂结构，也像所有其他颗粒空间构造一样会受到环境影响，即它们的性质随着物质变化而变化，不再能用原有的性质描述。受到农业、林业、工程以及植物覆盖的影响，土壤失去植被保护而直接暴露在风雨中，导致不同类型土壤的结构发生改变。在大多数情况下土壤结构改变会引起水、气、热平衡的显著变化，并可能影响物理化学过程（如氧化还原反应）和养分的有效性，因此，土壤结构稳定性具有重要意义。

3.1.1 土壤中的压力和应力

土壤中单个颗粒和团聚体都受到不同作用力的影响，这些力的方向、位置和强度各有不同。首先我们需要定义两个土力学概念：压力和应力。物理学将压力定义为从外部作用于土壤颗粒和团聚体的单位面积上的力（单位：kPa、mPa）。压力引起土壤产生的内力，称为应力。图 3.1 显示了压力与应力的关系。想象将一个物体分成两部分并将其中部分作用于这个物体的外力移除，则穿过物理切面的内力必须做出反应以保持力的平衡，内力即应力（切片法，Holzmann 等，1976）。

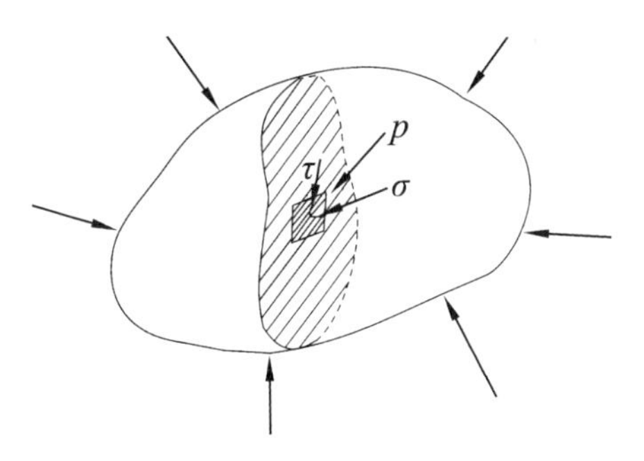

p—压力；τ—切向应力；σ—正应力

图 3.1　应力的定义（Kezdi，1969）

由压力所产生的应力可以分解为相对于表面的正向和切向两个分量，即正应力 σ_n 和剪切应力 τ（图 3.2a）。因为一个三维物体处于从不同方向同时作用于许多面上应力（单位面积上的内部压力）内，所以每个面上都有由此产生的压力，包括正应力和剪切应力（图 3.2b）。

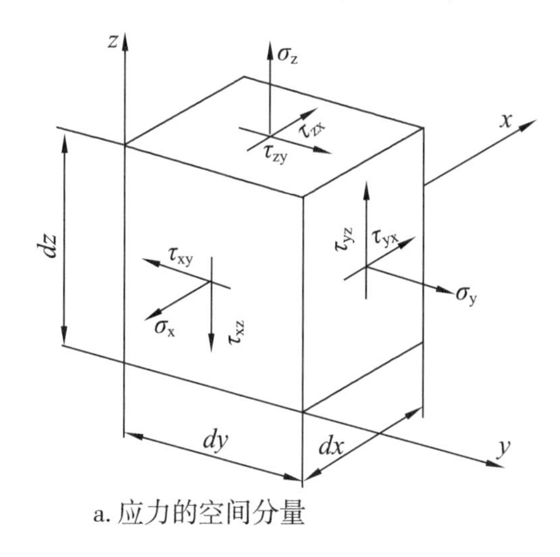

a. 应力的空间分量

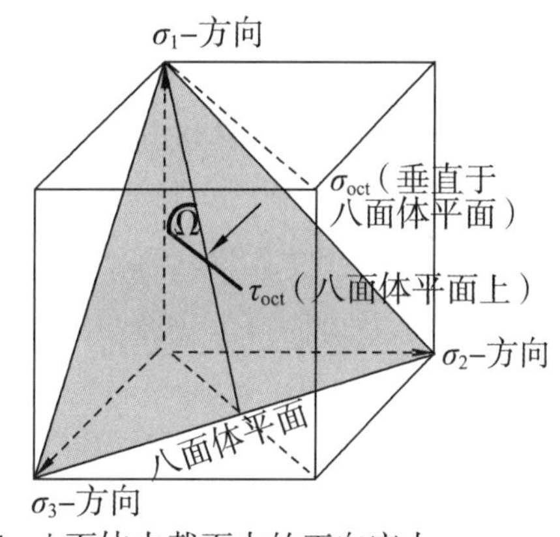

b. 八面体内截面中的正向应力 σ_{oct} 和剪切应力 τ_{oct}（应力张量的恒量）

图 3.2　八面体内平面应力

以立方体为例，可以假定它是一定容量的土壤或单个团聚体，具有 6 个面，且相对的面应力基本相等。这就可以定义出 3×3＝9 个应力分量，其大小数量级由土壤水力学、力学和成土过程决定。因为土壤既非刚性，也非理想的弹性，所以土壤内各自方向上的应力不等。因此，土壤应力具有张量的性质，即应力的大小随方向而变化。详细解释张量的性质需要压力传播及其空间扩展的知识，这将在第 5 章和第 6

章中将导水率作为一个张量性质时具体介绍。与受方向影响的张量相比，标量即各向相等的毛细管力，孔隙大小分布和土壤容重 ρ_B 等与空间方向无关。

在土壤中和沉积堆中力的作用是不均匀的，因此，产生的应力在各自作用面上的分布也不均匀且大小不同。这些应力的大小取决于颗粒是否直接接触，孔隙中是否部分或全部充满水。一个三相（固体、液体、气体）系统各相均受应力影响。简而言之，仅考虑一堆颗粒，简单地解释应力和应力分量（图 3.3）。一般这种关系适用于任意方向的三维平面。

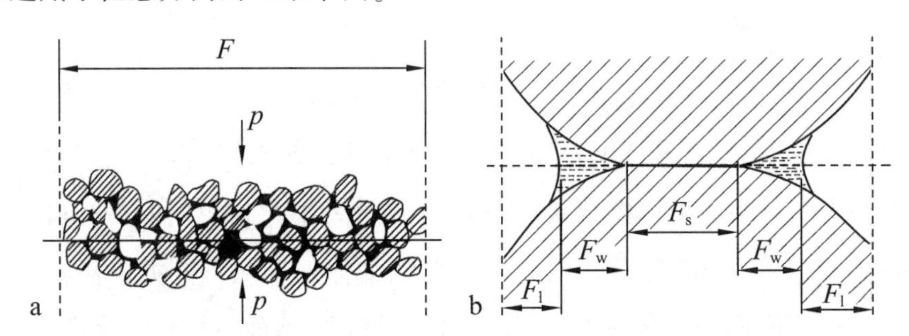

外力 p 作用于两个颗粒上，导致颗粒间的三相上产生正应力，在 F 面上起作用的力包括在颗粒接触区的 F_S，“水区”的 F_W 和“气区”的 F_l

图 3.3 两个颗粒间的接触面和作用于土壤三相上的应力（改编自 Kezdi 等，1969）

$$p=p_s\cdot F_s+p_w\cdot F_w+p_l\cdot F_l \qquad (式 3-1)$$

如果相应的局部区域与总面积 F 相关，则：

$$\theta_s=\frac{F_s}{F} \quad \theta_w=\frac{F_w}{F} \quad \theta_l=\frac{F_l}{F}$$

总应力可以通过下式获得：

$$\sigma=\frac{p}{F}=p_s\theta_s+p_w\theta_w+p_l\theta_l \qquad (式 3-2)$$

在饱和土壤中，总应力为：

$$\sigma=p_s\theta_s+(1-\theta_s)p_w \qquad (式 3-3)$$

式 3-3 中，$p_s\theta_s$ 描述作用于固体接触点上的应力，而（$1-\theta_s$）p_w 对应于孔隙中液体中的中间应力。

式 3-4 在两相土壤系统中，也称应力方程（Bishop，1961）。

$$\sigma=\sigma'+u \qquad (式 3-4)$$

有水存在时中性应力 u 为正，当土壤存在基质势时为负。总应力 σ 包括作用于一个假想面上的不同力。在垂直方向上总应力 σ 对应于参考面上覆盖的土体重。

有效应力 σ' 量化了实际作用土壤固体颗粒间的不同力，以单位面积表示，具有稳定效应。

从两相系统向三相系统过渡时，如式 3-3 所示，应力也将通过气相面传输。因此，为了考虑充气孔隙及其比例，我们必须引入两个新参数 χ 和 u_a。

$$\sigma' = (\sigma - u_a) + \chi \cdot (u_a - u_w) \qquad (式 3\text{-}5)$$

式中，χ 是充水孔隙的比例，u_a 是气体压力，u_w 是孔隙水压力。χ 在绝对干燥土壤中为 0，在饱和土壤中为 1。χ 为当时基质势下水分饱和孔隙的面积比例，因而可以直接从土壤水分特征曲线的 pF 值推导出。这时土壤含水量需要标准化（Bishop 和 Blight，1963）。

值得注意的是，即使在密集夯实的土壤中，也不可能长时间维持气体压力。短时间内气压会减小，式 3-5 可以变为：

$$\sigma' = \sigma + \chi \cdot (u_w) \qquad (式 3\text{-}6)$$

人们很快认识到，任何总应力值下孔隙水的压力（u_w）为正时会降低有效应力，孔隙水的压力为负时（表现为基质势）会增加有效应力。这就是任何干燥过程都不只是简单增加颗粒间有效作用力的原因。孔隙水压力负值增大时孔隙水饱和的时间越长，土壤的有效应力增幅越大，就是因为 χ 的增加。这种关系也解释了为什么土壤稳定性只在很窄基质势范围内增加。例如，沙滩上沙子的稳定性随着与自由水面距离（高出水面的高度）的增加而增加，并有最大值出现。超过最大值后，沙子的稳定性会由于孔隙水饱和度下降而显著下降。这时 χ 也随之下降，由更细粒物质（粉粒、壤粒，特别是黏粒）构成的土壤强度会因为孔隙直径下降而下降。在很大的脱水区间，较小孔隙直径的土壤含水量会相对提高（图 3.4）。由此可见，毛细管水作用力控制着团聚体的形成。在反复收缩——膨胀循环和紧随其后的剪切过程中颗粒重新排列，让土壤稳定。土壤生物和化学（如胶结和包裹）过程由疏水性物质引起，对土壤稳定过程具有补充作用。

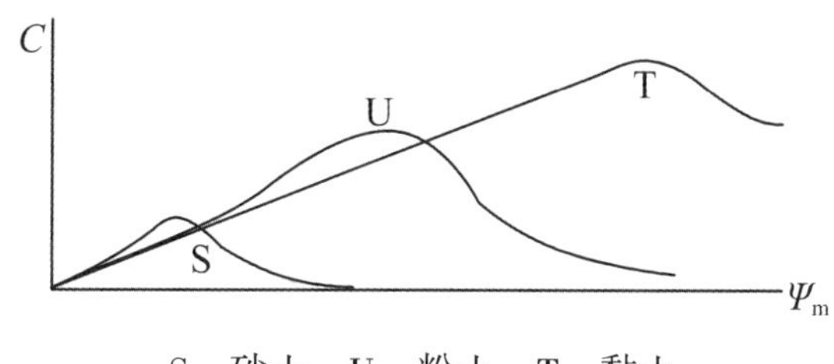

S—砂土；U—粉土；T—黏土

图 3.4 基质势 Ψ_m 对黏滞力 C 的影响及其与粒径分布的关系

3.1.2 土壤内作用力和应力的分量

图 3.1 中我们介绍了作用于单位面积颗粒上的力，即来自外部或内部的应力。本节将更深入地分析土壤内部的作用力及其作用原理。根据所考虑的尺度(微观、中观、宏观尺度)，采用不同方法测量重力引起的压实之外力的作用。中观和宏观尺度采用土壤力学发展的测定方法和仪器，如随时间变化的压实、剪切试验，剪切或拉伸传感器。通过流变性测量法可以提供微观颗粒间力的信息，也可在纳米和电动势尺度上提供额外信息。纳米水平和电动势的测量将在第 3.5 节中介绍。无论在哪个尺度，土壤内的作用力都可以分为四组，如图 3.5 所示。

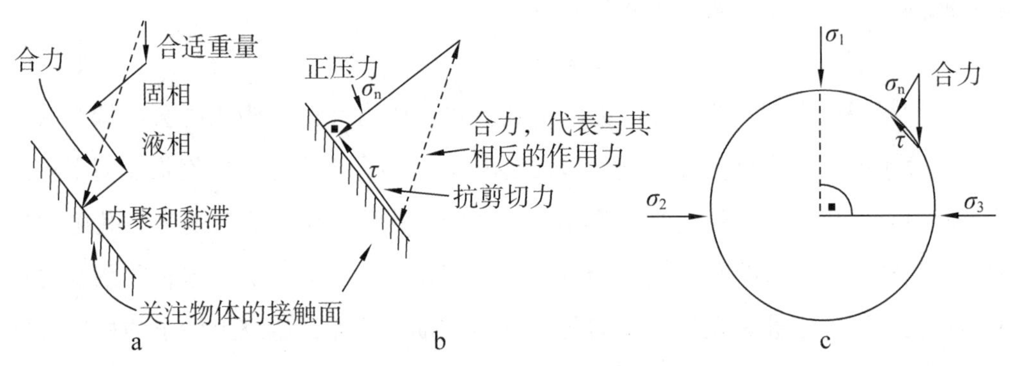

a. 土壤中四组力（实线）及其合力（虚线）；b. 反作用力，具有稳定土壤颗粒及其周围相对位置的作用。如果反作用力不平衡，土壤颗粒将处于非稳定状态并被移动；c. 主轴方向的力，包括在单位球体中垂直方向的主应力 σ_1，旋转 90°产生的两个方向的轴向应力 σ_2 和 σ_3

图 3.5 土壤内的作用力和应力（反作用力）

3.1.2.1 颗粒重量

假设任何颗粒或团聚体的重量都可以看作是处于其物质中心，作用于地心方向的力，促进土壤压实。由于这种力是颗粒重量作用的结果，不能直接改变，但是受周围介质（即饱和水密度）的影响。

3.1.2.2 土壤固相传导的荷载

相邻颗粒共有的所有接触点均受多种力的影响，这些力的方向矢量是不同的。它们的每个方向都是多个分量的合成矢量，该合成矢量作用于能传导力的颗粒上。颗粒传导静态荷载（如覆盖层重量）和瞬时动态力（如行走动物、行走的人、行驶着的车施加的力)，通常促进土壤颗粒致密堆积。

3.1.2.3 固相中传导的重量（负荷）应力

这些应力十分复杂，它们的动态分量将在第4章水土相互作用中详细说明，这里主要介绍沿着最大水压梯度的有效合力。除了流动压力外的其他分量都是有效的，其中之一是流速差引起的分量。它们合成的分量有利于推动颗粒向流速较高的区域移动（图3.6）。另一分量是水或气沿着颗粒状基质界面流动时对暴露颗粒产生的推力。这个推力会因表面粗糙度增加而减缓。这两个力的合力作用于土壤表面和内部，作用方向多样。这个合力（诸如风和水）引起土壤表面的颗粒移动（侵蚀），也在土壤演变过程中引起黏粒迁移（内部侵蚀），促进土壤颗粒致密堆积。

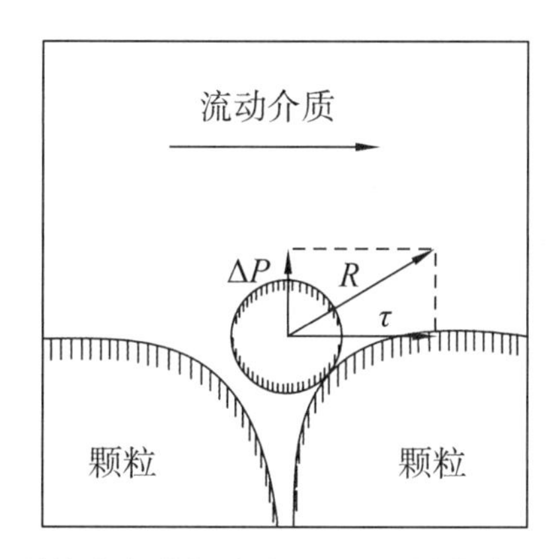

这个颗粒克服剪切应力（τ），沿着水流的垂直方向或研究压力梯度 ΔP 被加速。R 为合成矢量，指向颗粒被移动的方向

图3.6 流动介质对颗粒特别是团聚体的影响

3.1.2.4 相邻颗粒表面间的作用力

作用于颗粒表面的力包括各种分子间作用力，通常垂直于接触面。这些力的大小，是交换性离子的类型和浓度、pH、有机物类型和含量等的复杂函数。黏着力（adhesion）或黏结力（cohesion）常常通过保持现有的团聚体结构来稳定土壤，因此，稳定土壤的黏结力会中和使土壤变松或变紧的其他力。

3.1.3 三维空间中的应力

除了切应力和法向应力重合外，土壤中确实存在3个方向的合力不能被再分为主应力的情况（图3.5）。若单个颗粒为理想化的球体，则只存在一个垂直方向（σ_1）和两个水平方向的主应力。其中，向量 σ_1 与水平方向的主应力（$\sigma_2=\sigma_3$）的大小不同（图3.5c）。由于土壤的弹塑性（elastoplasticity，变形后只有部分恢复的能力），土壤中的应力始终分为主要应力和次要应力。只有在不可压缩的水中，应力总是各向同性的（在空间各个方向上的应力大小相等）。

对球体土壤颗粒而言，可以假定其中主应力是垂直方向的，而其他力必然与主应力正交（即水平方向）。对主应力引起的压实土壤而言，通常垂直主分量（σ_1）最大，水平的两个分量 $\sigma_2=\sigma_3$ 最小。主应力 σ_3 和 σ_1 关系为：

$$\sigma_3=\sigma_1\cdot k_0 \tag{式3-7}$$

式中，k_0 是土壤中不受影响的系数。在正常压实的自然土壤中，假定 k_0 值为0.2~0.7（$k_0=1-\sin\varphi$，见第3.2.1节）。如果土壤再压缩，则 $k_0>1$。这是因为压缩土壤中应力释放程度不同。应力释放几乎总是在垂直方向完成（土柱达到压实前的高度），而水平方向应力不能回到压实前的数值。因此，水平方向主应力分量的数值大于垂直方向的。$k_0>1$ 的实例，包括由冰川荷载形成的板状结构土层、轮胎荷载形成车辙、蚯蚓自然活动或者刮风摇动大树等引起的压实土壤。

压力及其应力作用于各个方向（见图3.2a），这些应力可用应力张量表示：

$$\begin{bmatrix} \sigma_x & \tau_{xy} & \tau_{xz} \\ \tau_{xy} & \sigma_y & \tau_{yz} \\ \tau_{xz} & \tau_{yz} & \sigma_z \end{bmatrix} \tag{式3-8}$$

为了描述应力张量，需要用到两个应力矩阵常量，即平均正应力 σ_{oct} 和八面体剪切应力 τ_{oct}，计算公式如下：

$$\sigma_{oct}=\frac{1}{3}(\sigma_1+\sigma_2+\sigma_3) \tag{式3-9}$$

$$\tau_{oct}=\frac{2}{3}\sqrt{(\sigma_1-\sigma_2)^2+(\sigma_2-\sigma_3)^2+(\sigma_3-\sigma_1)^2} \tag{式3-10}$$

3.2 土壤强度：各种力的平衡

作用在初级颗粒和团聚体上的通常有4种力，如果这些分力加起来的合力不为零（见图3.5a），颗粒将朝着合力矢量的方向移动，除非有一个力阻止其移动。

在其接触平面施加正向压力，使得土壤内部产生超过内部力的其他力，从而抑制颗粒运动（见图3.5b）。这个所谓“合力的反作用力”有两个组成部分，即垂直于接触平面并与颗粒接触，能阻止颗粒运动的力（加载力）；与其切线方向相关的力（抗剪强度）。抗剪强度取决于相互接触表面的性质，但也常受法向应力的影响。

这4种应力方向和数量的变化均能改变合力，并使两个反作用力产生相应的变化。当土壤中τ和σ_n这两个力大到足够补偿有效力的合力时，一个初级颗粒或团聚体相对于周围环境保持静止不动。这样的土壤结构是稳定的，如刚性土壤。当这两个力变化不足以补偿有效力的合力时，颗粒或团聚体会发生相对移动。这样的土壤结构不稳定，只有当运动造成的颗粒空间重新排列，产生相应的作用力大于反作用外力时，才能再次达到稳定状态。这适用于土壤基质的初级颗粒，团聚体内和团聚体间的颗粒。

3.2.1 土壤抗剪强度

土壤结构的稳定性取决于4种力的相对大小。其中，切向分量τ是土壤的物质属性，τ值受团聚体接触表面性质的影响很大，正向分量σ_n不是土壤的物质属性（图3.7）。

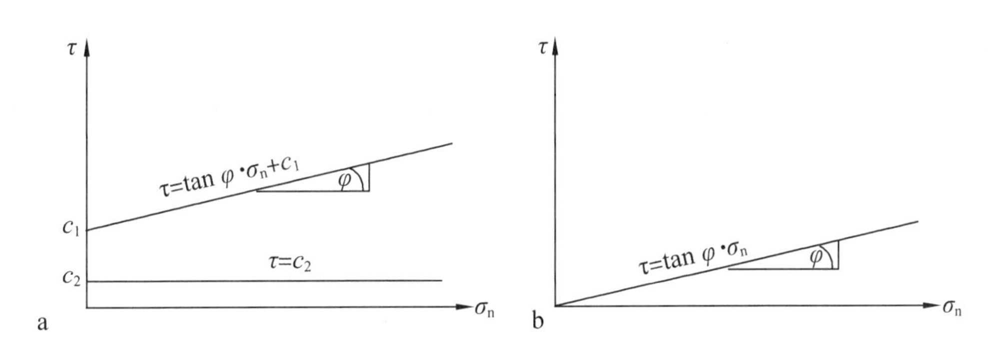

a. 上线：团聚的、黏结的非饱和土壤，c_1为黏结力；下线：纯水，$c_2=\gamma$（表面张力）；b. 单颗粒结构的干砂

图3.7 正应力σ_n与抗剪强度τ的关系

3.2.1.1 土壤抗剪强度及其测定

抗剪强度被定义为颗粒相对移动时，作用于两个固体颗粒接触点单位面积上的力。在稳定的土壤结构破坏之前，抗剪强度和抗剪强度随着荷载的增加而增大，

这个关系可用库仑方程表示。其中适用于水悬浮液、黏结物质和非黏结物质和土壤的莫尔—库仑断裂曲线表示方程如下：

$$\tau = \tan\varphi \cdot \sigma_n + c \quad (式3-11)$$

式3-11中，τ是单位面积上的抗剪强度（单位：kPa），或者称为剪切应力；σ_n是单位面积上的正向荷载（单位：kPa），或者称为正应力；φ是内摩擦角（单位:°）；c是黏结力，是真正的土壤属性。式3-11描述了具有黏结的土壤和物质的行为，在单颗粒结构的干砂中c为0，可以省去，另写为：

$$\tau = \tan\varphi \cdot \sigma_n \quad (式3-12)$$

由于水的可压缩性很差，在纯水和黏度非常小的悬浮液中，式3-11可简化为：

$$\tau = c,\ c = \gamma \quad (式3-13)$$

式中，γ为表面张力；c（黏结力）等于介质的表面张力（γ）。

上述公式表明了，土壤剪切性质与土壤力学、水力学、化学性质的关系。土壤物理化学过程（如荷载历史）和时间变化，对土壤剪切参数有数量级的影响。例如，一个土壤样品在加载过程中受到剪切，从被剪切孔隙中排出的水迅速排出土壤，这时得到较小的φ和c值（UU试验，在不固结和不排水条件下的试验）。如果剪切发生在固结之后（CU试验，在固结但不排水条件下的试验），或固结后孔隙水被完全排出（CD试验，在固结和排水条件下的试验），则得到较大的φ和c值。φ和c值是剪切速率的函数，剪切速率越大，内摩擦角越大。这尤其适用于导水率不变和压缩性较差时，水分不能够迅速排出而土壤表现为刚性的情况。土壤黏结力c和内摩擦角φ可以用不同方式测定。

确定土壤抗剪强度最简单的方法是采用直接剪切试验（即架式剪切试验或环刀剪切试验，Horn等，1981），其中，黏结力c和内摩擦角φ可通过在不同压力下测量的最大τ和σ_n值构成的数据线斜率确定。这个取决于荷载的阻力，即静摩擦力（static friction），是为克服内部摩擦所施加在单位面积上的最大力。当土壤内部摩擦力大于该最大力时，两个土体可能发生相对移动，并达到滑动摩擦状态（具有较低的抗剪强度，图3.8）。

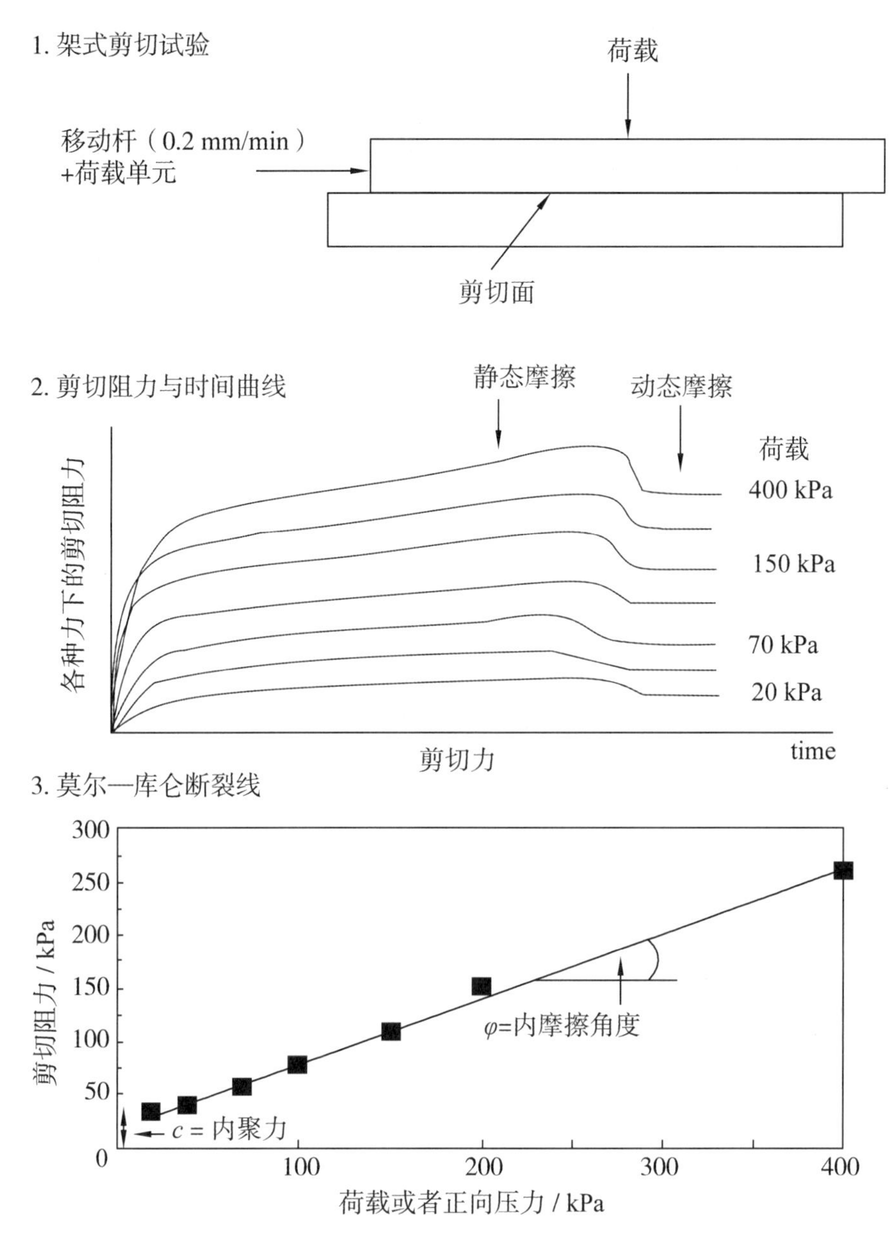

图 3.8　架式剪切试验和莫尔—库仑断裂曲线确定过程

三轴试验更精确，但也更为复杂。该方法是在自由变形的土体上施加两个主应力。在大多数装置中，以水力或气动给土壤样品施加较小的（水平）主应力，直到其体积被压缩为止。平衡达到之后，垂直主应力分量逐步增加，土壤样品开始断裂（图 3.9a）。根据 σ_3（先前设定）和最大主应力 σ_1 的比率，画出对应不同 σ_3 值的半圆形。两个莫尔圆即可构建一条切线，并用以计算内摩擦角 φ（斜率）和黏结力 c（截距）。

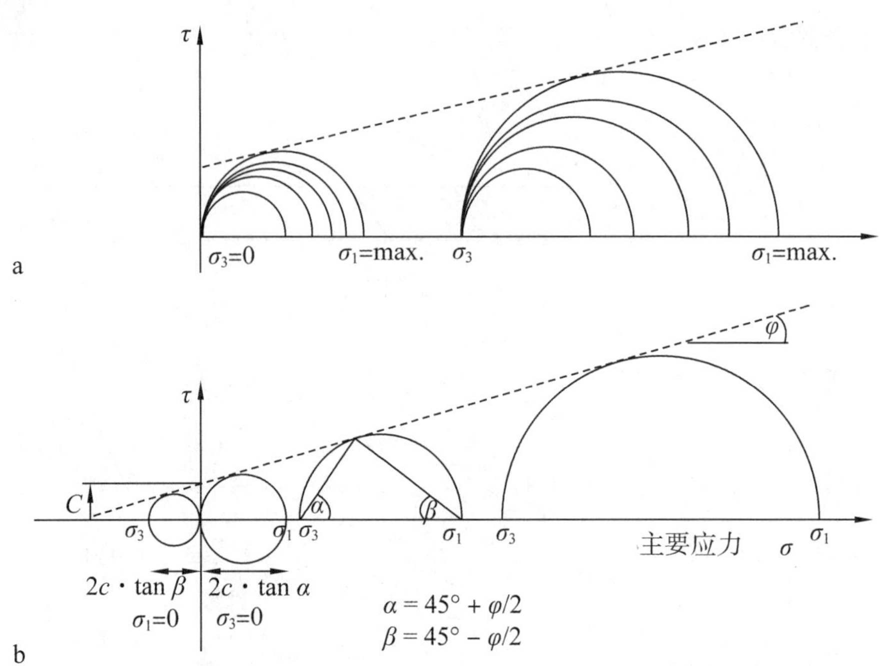

a. 三轴试验中构建莫尔圆；b. 3 种应力状态的莫尔圆：$\sigma_1=0$，对应于单轴张力；$\sigma_3=0$，对应于单轴应力；σ_1 和 σ_3 均>0

图 3.9　三轴试验

将一个样品分为两部分，在不同 σ_3 初始值条件下至少测定两次。从图 3.9 中可见，在单轴应力对应于单轴张力条件下，可分别测定最大应力（特殊情况）。如果 $\sigma_3=0$ 是最小主应力，则样品在单轴应力条件下测定；相反，$\sigma_1=0$ 则表示样品在单轴张力条件下测定。

（1）如果主应力 σ_1 和 σ_3 有效，则 $\tau=0$。

（2）当 $\sigma_n=(\sigma_1+\sigma_3)/2$，$\tau$ 达到最大值。

（3）随着 σ_1 和 σ_3 的差值增加，剪切应力也会增加。

（4）半圆与库仑线切线以外的所有应力状态可能是稳定的。

（5）如果两个主应力之差大到与库仑半圆相切，或者与莫尔—库仑线相交，则土体会发生剪切断裂。断裂面方向也可从莫尔圆上读出，与最大剪切应力方向（45°）不一致，而是对应于 τ/σ 最大比值的平面，这使接触点朝着最小主应力的方向移动。断裂面与水平轴呈 45° + φ/2 的角度（图 3.9b）。

在最简单的条件下，应力的最大阻力可通过原位向无侧向限制的土壤逐步施加荷载（单轴压力试验）持续测量，即为断裂发生时在垂直方向施加的最大压力或拉力（压碎测试，Dexter 和 Kroesbergen，1985；Hartge 和 Horn，2009）。

三轴试验与直接剪切试验相比，优点在于不会发生单平面断裂，而是复合断裂面或塑性变形，这更接近于自然土壤行为。无论如何，与直接剪切试验一样，为了解释结果，必须知道水力边界条件（UU 试验，CD 试验，CU 试验）；必须确保原始土壤结构及其水力学边界条件在试验过程中不变。

在土样的开创性试验中，Mohr（1906）定义了主应力圆的包络线（图 3. 10a）。Mohr 参照水涂抹效应来解释这些与剪切应力有关的现象。至今，土力学只讨论了用于干燥、结构稳定物质的莫尔—库仑破坏线。因此，包络线方程的有效边界条件只存在于稳定范围内。另一方面，当团聚体被剪切成为更小的颗粒或单个颗粒时，包络线的斜率和内聚力减小，直至几乎水平（图 3. 10b）。产生该现象的原因是孔隙水具有不可压缩性和润滑作用。

莫尔—库仑断裂曲线的末端出现在大荷载下的土样中，使得在负水压较低的条件下排出孔隙水（图 3. 10b，Baumgartl 和 Horn，1991）。这种莫尔曲线可以用 5 个参数描述（Gräsle，1998）：

$$\tau_f(\sigma_n) = \tau_{agg} + \ln\left(e^{\frac{\sigma_n - \sigma_{agg}}{l(\mathrm{kPa})}\tan\varphi_a} + e^{\frac{\sigma_n - \sigma_{agg}}{l(\mathrm{kPa})}\tan\varphi_b}\right) \cdot l\ (\mathrm{kPa}) \qquad (式 3-14)$$

$$\tau_{agg} = c_a + \sigma_{agg} \cdot \tan\varphi_a = c_b + \sigma_{agg} \cdot \tan\varphi_b$$

式中，τ_{agg} 是团聚体的最大剪切应力；σ_{agg} 是团聚体断裂时的最大正应力；φ_a 是团聚体的内摩擦角；φ_b 是均质土壤的内摩擦角（$\varphi_a \geqslant \varphi_b$）；$C_a$ 是团聚结构土壤的黏结力；C_b 是均质材料的黏结力（$C_a \leqslant C_b$）

包线偏离直线的程度，主要取决于土壤物质类型、质地和水分饱和度，还受导水率和孔隙连续性的影响。如果能防止法向应力不超过前一次脱水事件最大孔隙水压力（负值，基质势），土壤即可达到稳定状态。这一关系非常重要，将在第 4 章土水相互作用和第 5 章土壤水静力学条件继续讲述。

三轴试验比简单的直接剪切试验需要更复杂的装备和更多时间（Kezdl，1969；Fredlund 和 Rahardjo，1993），因此，有大量研究尝试比较这两种方法所得结果的关系。通常在三轴试验中确定的剪切模数和抗剪强度（例如，建立应力分布和相应变形过程的有限元模型），也可以通过直剪试验的剪切——抗剪切——变形——时间数据的参数化来获取（Richards，1992；Richards 等 1997；Gräsle，1998；Peth 等，2006）。Dvwk（1995）提供了成对典型的 φ 和 c 值，并且根据质

地、结构和前期干燥状况（pF）制作了数据表。土壤团聚集性越强越干燥或质地越细，φ 和 c 值就越大。均质化和/或水饱和土样所获得的最小值，便于建立土样间稠度界限的关联性。

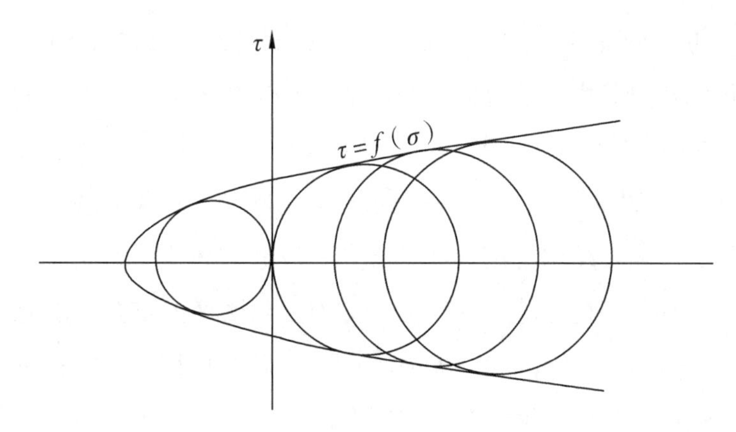

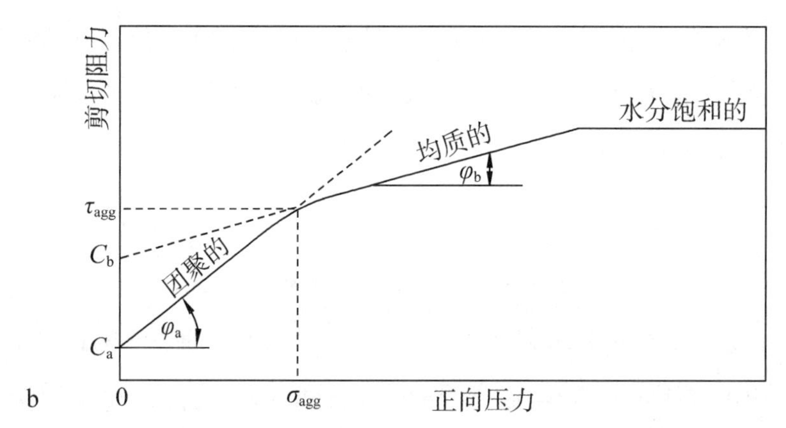

a. 主应力圆的莫尔包络线；b. 某个团聚土样的剪切断裂线。τ_{agg}，团聚体的最大抗剪强度；σ_{agg}，团聚体断裂时的正应力；φ_a，团聚土样的内摩擦角；φ_b，均质土样的内摩擦角（$\varphi_a \geqslant \varphi_b$）；$C_a$ 是团聚土样的黏结力；C_b 是均质土样的黏结力（$C_a \leqslant C_b$）

图 3.10　土样主应力圆的包络线与剪切应力

在均质土样中，内摩擦角与液限和塑限的含水量差异存在关系。阿特贝限方法简易可行（表 3.1），在土木工程和建筑中得到了广泛应用。在测定均质土样时，得到的是与样品一致性状态相对应的水分含量。液限对应于土壤能流动 1 cm 时的含水量，塑限对应于铅笔尖粗细的土壤线出现裂缝时的含水量。无论粒径分布都可以测定土壤液限，而测定土壤塑限则需要土样具有一定程度的内聚力。测定干燥土样收限也如此（Harge 和 Horn，2009）。

表 3.1 阿特贝液限

含水量	稠度状况	稠度分组
高	液态悬浮——糊状	液限（W_f）
中	连贯的，面团状，粗糊状	
低	脆的，硬糊状	塑限（W_a）
	硬块状	收限（W_s）

土样的内摩擦角通常为25°~36°（Loos 和 Grashoff，1963）。若土样没有黏性，则内摩擦角相当于自然堆积时的坡度（如沙丘）。如颗粒非常尖锐（如矿渣或新鲜火山灰），测得的内摩擦角可高达45°。

3.3 土壤应力—应变关系、沉降过程及其时间依赖性

3.3.1 土壤应力—应变关系

如果土壤内部强度小于其外部压力，则土壤体积就会减小，土壤结构改变，并引起其他土壤参数的变化，从而影响土壤三相系统的功能。

Scheffer 和 Schachtschabel（2016）概述了由荷载控制的土壤体积减小或土壤沉降随时间变化的基本过程。根据 GRÄSLE（1998），土壤变形包括离散过程和剪切过程。离散是颗粒位置发生变化，即颗粒间的相对位置不变，而体积变化或松动。离散过程常被统称为土壤压实，体现了应力—应变关系。相比之下，剪切描述了土壤体积不变而形状发生变化的情形。在真实土壤中，离散和剪切两个过程可能同时发生。因为土壤学中常把容重看作不变的定量，所以土壤被误认为是刚性的。实际上，我们应该通过测量合适的土壤功能参数（如导水率或扩散系数），来分析受剪切影响的土壤结构的强烈变化。

就土壤行为而言，我们将其区分为正常（normal）或初始（virgin）的压实（compaction）与再压实（recompression）。正常压实发生在刚沉积的、均匀的、水分饱和的土体上，只受重力或液体传导的各种力影响（见第 3.1.2.1 节和第 3.1.2.3 节）。在 z_1 深处的垂直压力可根据下列公式计算。

$$\sigma_v = z_1 \cdot (\rho_B + \theta_v) \cdot g \qquad (式3\text{-}15)$$

式中，z_1 是土层垂直厚度，ρ_B 是土壤容重，g 是重力加速度，θ_v 是体积含水

量。式 3-15 经常应用，但不完全正确。这是因为 θ_v（cm^3/cm^3）和 ρ_B（g/cm^3）的单位不匹配。在“厘米—克—秒”系统（CGS）中，通过将土壤容重 ρ_B 除以水密度（1 g/cm^3），可使单位匹配而不影响计算结果。

这时的土壤颗粒排列称为初始压实，只具有塑性变形属性（图 3.11）。例如，如果土壤先前脱水，毛细管水变得活跃（式 3-4 中加上了 u_w 这一项），则土壤就因为脱水过程中的不可逆收缩产生团聚而稳定了。任何类型的机械压缩、化学沉淀和生物黏合都会产生土壤团聚的效果。每当发生这样的过程，单独的颗粒和团聚体就会改变位置或胶结，土壤结构变得稳定且不可逆，导致过度压实或再压缩。与此同时，总变形中可逆变形的比例增加。

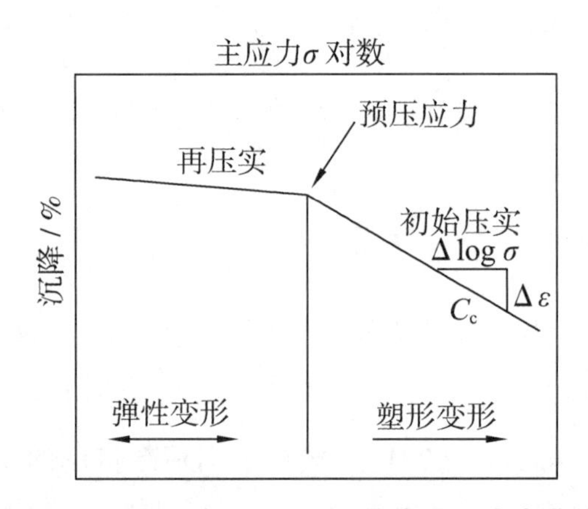

图 3.11　初始压实和再压实的应力—应变曲线

再压实段与初始压实段的转换点，称为预压应力或土壤内部强度。一定条件下预压应力等同于可改变的最大阻力。预压应力是土壤稳定性的“记忆”，记录了该土壤以前所经历的事件。预压应力内荷载的渐次变化会引起新的荷载/卸载曲线变化，类似于土壤持水曲线的滞后现象。一旦超过该样品的最大预压应力，将出现初始压实行为。土壤孔隙体积缩小（沉降）速率取决于压缩指数 C_c（初始压实曲线的斜率）。下列情况会使土壤变得稳定：容重不变时团聚体颗粒越大，团聚程度越强［粒径分布不变时，黏结的（koh）< 棱柱形（pri）< 多面体（pol）< 棱角状—块状（sub）< 板状的（pla）］，土壤有机质含量越高，有机质中脂肪酸和脂质的比例越高，土壤越干燥，交换阳离子价态越高，液相中溶质浓度越高。由于黏土延迟或抑制膨胀的作用比其在特定基质势下疏水性的毛细管作用更大，因此，黏土变得更稳定。受过机械压力的土壤显示出更大的预压应力，说明这些土壤以前受到的压实程度更强烈。

3.3.2 土壤沉降行为的时间依赖性

我们前面讨论了莫尔—库仑断裂曲线的可能形状及其时间依赖性（例如，通过去除水后由土壤导水率控制的过程）。任何荷载情况下，单位时间土壤高度下降都取决于土壤强度、土壤组成和土壤稳定性。随着土壤高度下降，土壤容重增大，土壤颗粒重新排列使得土壤颗粒孔隙体积减小。

沉降曲线可细分为 3 个阶段（图 3.12）。在初始自发沉降阶段，充气孔隙近乎瞬间崩塌，这时团聚性较差的松散土壤的自然沉降高度（Δh）变大。由于非饱和的稳定土壤内部强度可能大于充气孔隙空间的强度，土壤的自然沉降高度明显变小。随后初始沉降与荷载驱动排水过程同时发生，排水过程用达西定律解释最为确切（k：导水率：$\Delta\Psi_h/\Delta z$：水势梯度；Δz，高度）。只有初始沉降分量符合 Kezdi 的土壤固结理论，该理论基于将孔隙水压出土壤。次级沉降开始于总沉降的 90%且是一个长期过程，涉及荷载下土壤颗粒的塑性流动和重新排列。

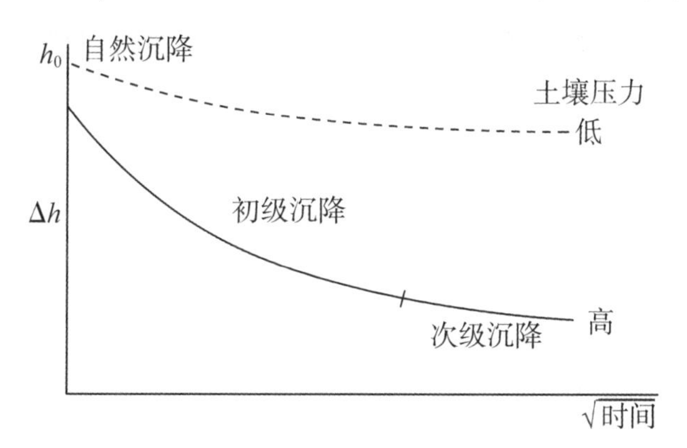

该图显示了与充气孔隙最为相关的自然沉降，在低高压条件下的初级和次级沉降

图 3.12 土壤随时间变化的沉降过程 Δh 及其与土壤压力的关系

Kezdi 的土壤固结方程（Horn，1981）由 a 项（与时间无关）和 b、c 项（依赖于时间）组成。

$$s=a+b\cdot e^{c\cdot t} \quad \text{（式 3-16）}$$

式中，s 是沉降高度，a、b 和 c 是常数。Taylor（1942）的图解法已被证明适用于数据分析。

砂土自然沉降对全部沉降的贡献很大，导致沉降过程快速终止。随着淤泥和黏粒含量、容重的增加，团聚程度略微提高，完成沉降则需要较长时间。此外，

可以证明自发沉降的比例与荷载有关（Kezdi 等，1969）。初始自然沉降随着荷载增加而增强，在原始压缩区域中则随荷载增加而减弱（由于导水率降低），这使得完成沉降需要更长时间。有团聚结构的土壤沉降是不连续的，更像阶梯状过程，这主要取决于团聚体内部强度、团聚体接触点的相对位置和最大压力。通过这个过程边缘锋利的团聚体变得更圆，有更多的小团聚体充分填充于大孔隙空间，使得土体变得更加紧实。

3.3.3 加载过程中中性应力的含义

前面章节已经讨论了土壤变形过程中水的润滑作用，本节将进一步讨论水的润滑作用如何影响有效应力方程。

在加载过程中，随着孔隙管道横截面变形，基质势与荷载势发生变化（取决于土壤内部强度和时间依赖性的沉降）。水力失衡必须通过局部过饱和与排水重新得到平衡。我们区分了在低预压应力和高荷载、高含水孔隙比、低含水饱和度下，随时间变化的应力—应变行为，应力—应变行为与充水孔隙比例大、水饱和度低条件的关系。当充气孔隙空间仍然存在，低荷载对孔隙产生的压力会通过孔隙水再分配，而使孔隙水负压变得更大。随着荷载量增大和时间变长，尽管水势梯度仍很大，但细孔隙水饱和、导水率下降而造成孔隙水压为正值。这个压力缓慢衰减，所需时间取决于整体导水率和水势梯度，土壤含水量可能还会恢复到初始值，也可能与初始值不同（图 3.13）。随着时间推移土壤水力势的不平衡衰减，这取

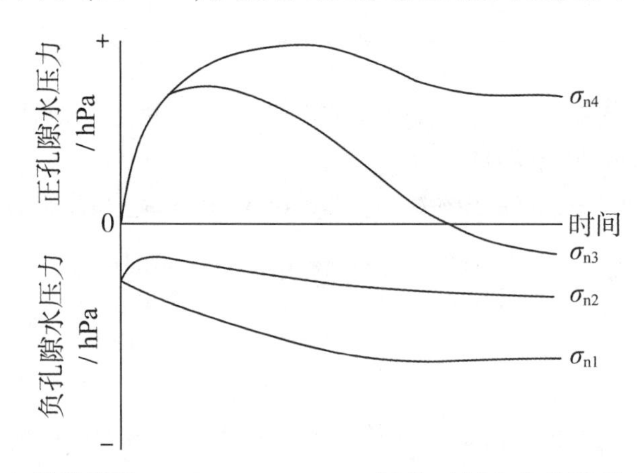

在低荷载下，$\sigma_{n1}<\sigma_{n2}<\sigma_{n3}<\sigma_{n4}$，随着时间变化的孔隙水压力变成负值；在高荷载下，孔隙水力可能在很长一段时间内为正值

图 3.13　土壤孔隙水力随时间和荷载变化

决于贯穿连续孔道的有效导水率。在此过程中，土壤中水势梯度增大和水流距离变小（根据 Hagen-Poseuilles 定律），由于流量是孔隙半径四次方，孔隙横截面缩小将显著降低单位时间水输运量。Gräsle（1998）通过力学—水力学耦合模型成功模拟了土壤孔隙水压力随时间的变化。

计算荷载下孔隙系统中导水率的变化，需要考虑孔隙比 ε（作为荷载相关变形的水力参数）和 K_u（h）（非饱和导水率和基质势）之间的关系。该关系取决于土壤基质势和实际孔隙比，反映在修订的 van-Genuchten-Mualem 方程中（见第5章）。

$$k_U(h,\varepsilon)=k_s(\varepsilon)\cdot\frac{[l(\alpha(\varepsilon)\cdot h)^{n(\varepsilon)1}\cdot[l+(\alpha(\varepsilon)\cdot h)^{n(\varepsilon)}]^{m(\varepsilon)}]^2}{[l+(\alpha(\varepsilon)\cdot h)^{n(\varepsilon)}]^{\frac{m(\varepsilon)}{2}}}$$

（式 3-17）

该方程计算结果的准确性，取决于耗时较长复杂仪器测量的动态变化参数。

无论是静态或动态荷载，均可能发生塑性变形，即使是在以弹性变形为主的荷载作用下（图 3. 14）。Krümmelbein 等（2008）和 Peth 等（2010）的研究结果说明，基于加载和卸载循环所导致的弹性，土壤中饱和水引起的泵吸作用会提高土壤含水量，这既可能来自于土壤水再分布，也可能来自深层土壤额外的水分补给。该过程相当于室内试验通过陶土板加水，导致了水力失衡，使得潮湿的土样发生永久的塑性变形，直到在高频循环加载条件下最终被液化，即土力学中所称的土壤液化（liquefaction）。

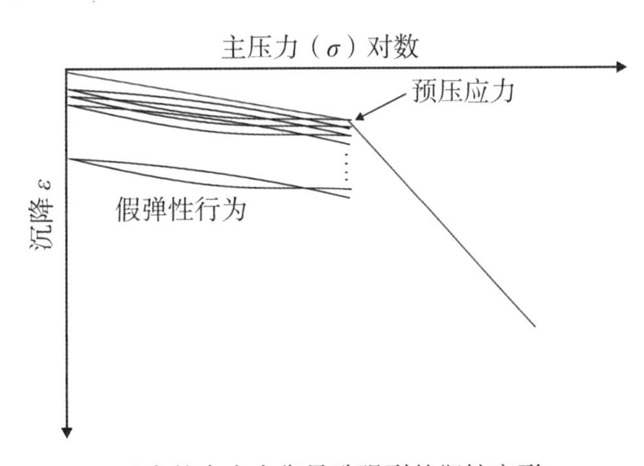

图 3. 14　反复加载和卸载对低于预压应力下的荷载—沉降曲线形状的影响

3.4 三维空间中应力—变形和应变—变形过程

至此，我们讨论了一维的基本力学过程、测量及其影响，但是我们指出了土壤中的所有压力都是作用在三维空间的，因此，压力、压力传播和土壤的变形总是会引起三维位移过程。

3.4.1 三维空间中应力—应变关系

三维空间中任何应力的传播都会导致三维变形。对于线性弹性和各向同性的材料，存在以下应力和应变关系。

$$\begin{bmatrix} \sigma_x & \tau_{xy} & \tau_{xz} \\ \tau_{xy} & \sigma_y & \tau_{yz} \\ \tau_{xz} & \tau_{yz} & \sigma_z \end{bmatrix} = \frac{E}{1+\upsilon} \cdot \begin{bmatrix} \varepsilon_x - \varepsilon_m & \tau_{xy} & \tau_{xz} \\ \varepsilon_{xy} & \varepsilon_y - \varepsilon_m & \varepsilon_{yz} \\ \varepsilon_{xz} & \varepsilon_{yz} & \varepsilon_z - \varepsilon_m \end{bmatrix} + \frac{E}{3 \cdot (1-2 \cdot \upsilon)} \cdot \begin{bmatrix} \varepsilon_m & 0 & 0 \\ 0 & \varepsilon_m & 0 \\ 0 & 0 & \varepsilon_m \end{bmatrix}$$

（式 3-18）

式中，$E=\Delta\sigma/\Delta\varepsilon$ 是杨氏模数（弹性模数），υ 是泊松数。式 3-18 右边第一项描述了恒定体积的剪切变形，第二项描述了在平均体积应变 ε_m 下的体积沉降。

$$\varepsilon_m = \frac{1}{3} \cdot (\varepsilon_x + \varepsilon_y + \varepsilon_z) = \frac{1}{3} \cdot \varepsilon_{vol} \quad \text{（式 3-19）}$$

参见 Fredlund 和 Rahardjo（1993），Warrick（2002）。

3.4.2 土壤中应力传播

不同压力下，三维应力传播的类型和强度取决于土壤内部强度、荷载类型和导水率（Terzaghi 和 Jelinek，1954；Kezdi，1969；Fredlund 和 Rahardjo，1993；Parry，1995；Warrick，2002；Horn 和 Peth，2011）。1885 年 Boussinesq 考虑"土材料"是弹性和各向同性时，发现压力在三维方向传播，而实际上在点荷载下这个过程对所有物质都成立。他用圆柱模型说明压力传播方式（图 3.15a）并建立了以下方程：

$$\sigma = \frac{3P}{2\pi \cdot R^2} \cdot \cos\theta \quad \text{（式 3-20）}$$

式中，σ 是指定深度处测得的应力，P 是土壤表面的点荷载，θ 是土壤中点与垂直线的夹角。

经式 3-21 计算出的水势等值线，说明了以下结论：

（1）最大应力总是发生在荷载之下的垂直方向，直接在荷载之下。

（2）点荷载下引起的土体变形，随着土壤剖面深度增加而增大。

（3）点荷载下的应力，随着深度增加而减小。

理论和测量结果均显示土壤是既非完全弹性，也非完全塑性，而是具有弹性和塑性。1934 年，Fröhlich 引入了一个与质地相关的压力集中度 v_k。该参数描述了应力如何沿着垂向荷载轴有效集中分布的（图 3. 15b）。v_k 值介于 3（刚性物质）~9（软的、塑性形变的物质）。

$$\sigma = \frac{v_k \cdot P}{2\pi \cdot R^2} \cdot \cos^{(v_k-2)} \cdot \theta \qquad (式 3\text{-}21)$$

应力在硬土比在软土中更偏向荷载垂直轴线的两侧，这可通过观察土壤颗粒接触情况来解释。如第 2 章所述，荷载对应于颗粒接触点数量。在没有受压或过度压实的土壤中，颗粒接触点数量（表示各方向上颗粒间的接触）大于维持其当前荷载状态所需的数量。如果施加一个点荷载（P，很小面积上的荷载），就会在土体内部诱发产生应力。土壤阻力越高，所产生的应力就越大。如果荷载受到限制，则应力等值线大致平行于垂直线（荷载轴线朝向地球中心）。如果土壤颗粒不能移动，则避免了压力的影响，就会产生水平力，使得应力等值线凸出到侧面。如果颗粒能较容易地向侧面水平移动，则在移动方向上不会产生应力。由于这个原因，承受水平应力的接触面无法起到加固土壤的作用，这时点荷载就会向更深层的土壤“寻找”支撑点。当土壤颗粒紧密相连并相互挤压时，就会发生侧向支撑。在极端情况下，根本不存在可移动的水平分量，荷载就会通过基质使所有颗粒侧向移动，直至到达最末端（初级颗粒），这就是基础塌陷过程（见第 3. 5 节）。此过程通过施加荷载压实土壤，使得 σ_3 分量增加，从而增强了土壤受压变形的抵抗力。因此，土壤“硬度”是 σ_3 相对量的函数，也是静止系数的函数，直接控制着机械的田间行走模式，避免了土壤的压实和揉捏，从而产生了保护土壤的效果。

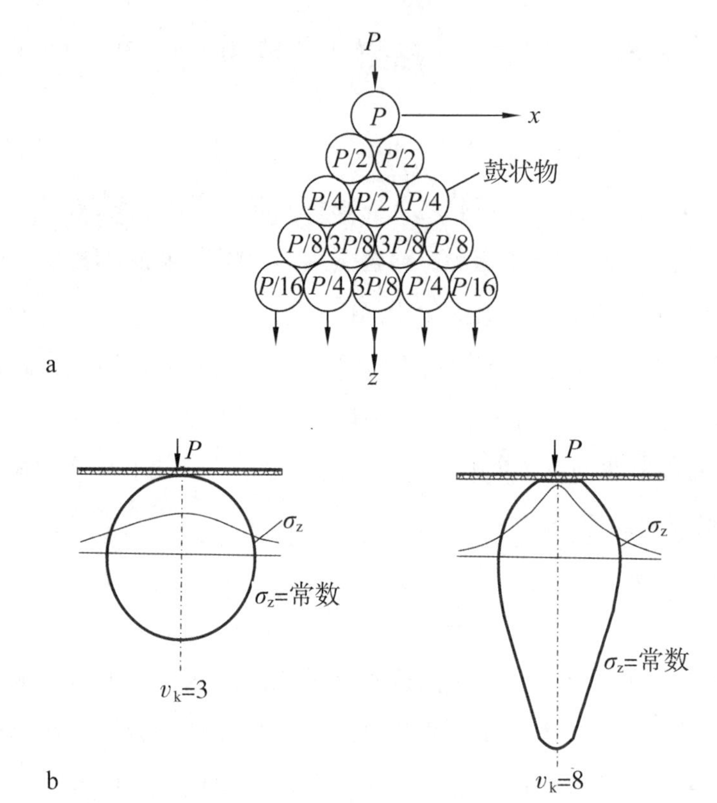

a. 根据鼓模型，推导出土壤的理想弹性行为（Boussomesq，1885）；b. 应力集中系数影响压力传播理论（Fröhlich，1934），假设土壤为弹性塑性属性。压力线 $v_k=3$，土壤强度低；$v_k=8$，土壤强度低。P 是点荷载的轨迹，图中所示为等压力线（等水势线）。σ_z 是土壤 z 深度荷载轴（$x=0$）x 处的应力

图 3.15　土壤中的压力传播

在经典土力学中，应力集中系数值是根据基质的稠度和含水量确定。自然形成过程产生的土壤结构稳定性，在以往土力学理论和农业实践中经常被忽略（Söhne，1961）。因为团聚结构土壤的抗剪强度和响应的形变阻力，比单个颗粒为主、均质的或水饱和土壤的更大，应力集中系数保持不变；否则，在其他恒定边界条件下，应力集中系数增大到与土壤内部强度相等。一旦超过了团聚土壤的抗剪强度，应力集中系数就会大于土壤内部强度（Horn，1988）。预压应力值是应力集中系数增加的参照，这个值就是稳定的再压缩状态向不稳定的初始压实状态的转折点。

应力集中系数 v_k 作为一个土壤状态指标，可以从半径为 R 的圆形加载区域计算，前提是已知土柱 z 深度的应力剖面 σ_z。Newmark 提出的相关公式如下

（Horn，1981）：

$$v_k = \frac{\log\left(\frac{\sigma_0}{\sigma_0-\sigma_z}\right)^2}{\log\left[\left(\frac{R}{Z}\right)^2+1\right]} \quad \text{（式 3-22）}$$

Dvwk（1995）提供了相关应力集中系数的集合，这些数据仅适用于在静态压力条件下的压力传播。然而动力驱动车轮或在车辆荷载下的滑动过程会产生更强的剪切效应，将显著提高应力集中系数。剪切过程导致孔隙结构完全断裂，增加使孔隙水压力为正的风险，增强均质化并加剧膨胀。众所周知，行驶在田间和湿润土壤上的重型农业机械能够揉捏土壤，使其均一化。这个现象说明了土壤结构参数对提出土壤可持续利用的最佳措施是何等重要（见第 10 章和第 13 章）。

压力在单位面积土壤中传播程度取决于土壤荷载重量（如机械和冰川、人、动物或植物的重量）。这些荷载产生的压力越大，等势线将延伸到更深的土体。加载压力相同但接触面积较大时，补偿加载压力需要较大土壤深度和较大的土壤体积。在使用重型农业机械时选择宽基轮胎（如陆地胎），虽然在较大面积保持了恒定压力，但增加了压实深层土壤的风险。此外，剪切运动发生在荷载转化区的土壤中，且沿着应力和应力矢量的切向方向。因此，剪切运动不仅使土壤均匀化，而且增加孔隙网络的弯曲度，并降低有效通气率和导水率（图 3. 16）。

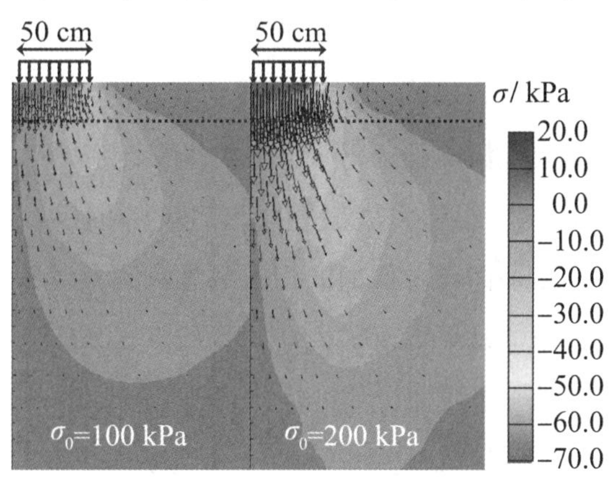

两个图中的滑动过程是相同的（左：100 kPa，右：200 kPa）

图 3. 16 土壤—轮胎接触面上的压力对剪切应力（矢量）传播过程的影响

3. 4. 3 主动和被动的兰金应力状态及其产生的基础破坏

在特定荷载下压力传播过程的剪切应力（矢量），与垂直和水平方向均呈一定

夹角。这些力引起的土壤颗粒运动，也遵循相同的路径。一个边界荷载不仅会影响土壤的应力分布，而且将土壤压缩和推向一侧。剪切应变关系同样适用于滚轮荷载、雨滴打击、根系生长或特定土壤生物活动等产生的压力，以及阶梯或道路切口处不均匀分布的土壤。

这些物质运动都有一个共同特点，就是一个荷载在有限的区域产生压力。问题是压力传播是否受阻于土壤中的力及其影响因素？包括黏结力、内摩擦角和几何因素等。通过几何因素我们描述了被移动土体的位置、大小和形状，以追踪荷载传播。土体形状是一个重要因素，因为土壤中内摩擦角控制的抗剪强度依赖于剪切面的正应力。

为了说明土壤中普遍存在的主动状态和被动状态，需考虑水平方向的土壤体积。土体形状变化的塑限状态可通过两种方式实现：一是在水平方向上均匀地延伸或压缩土体，使土壤体积水平延展，即松动土壤，这会导致垂直方向上张力的增加，直至主应力达到临界比率或所谓的静止系数（coefficient at rest）；二是继续分离土体，就会产生土壤流动和物体分离，通常采用主动土压力（active earth pressure）来描述这个现象，即土壤不坍塌前提下在垂直平面上所能施加的最大力。

主动土压力是相对于静止状态的最小值。如果土壤被水平（横向）压缩，垂直方向的应力增加，而正向于底面面积的水平应力保持不变。由于土壤重量抵消侧向压缩，所以导致的断裂称为被动破坏。被动破坏有一个最大值，一旦超过该值就会造成破坏，使部分土体被推到另一部分之上。

通过横向延伸或压缩，土壤可从弹性状态转变为塑性状态。断裂总是伴随着大量断裂平面的形成。断裂面与拉伸面的相交部分称为滑动线，如果它是弯曲的，则为滑动曲线。断裂和拉伸都可以形成滑动曲线场。

兰金理论量化了土壤中的应力，以达到塑限状态（Rankine，1857）。它描述了作用于直立墙上的压力，更确切地说，即一个直立堤坝对“被推开”产生的阻力。该理论认为，水平压力是作用于堤坝整个高度所产生的应力。堤坝楔形断面的边界，是根据应力分布而定的，因此，堤坝的主动土压力和被动阻力取决于指向它或来自外部、单位面积的应力。这些应力对应于土壤中类似垂直的且随着深度增加而增强的主动压力（图 3.17）。这些应力对应于某种极限状态，使得中间状态应力是存在的，且表现为静止系数。

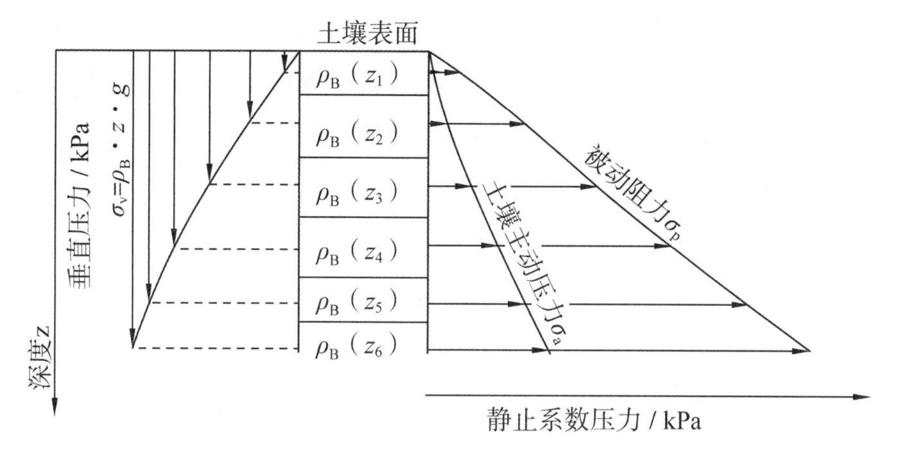

决定静止系数的可能应力源（最小值 σ_a ~ 最大值 σ_p）。σ_p 是土壤阻力的来源，σ_a 是最大土压力。ρ_B 是土壤容重，z 是土层深度，g 是重力加速度

图 3.17　土壤的主动和被动兰金应力状态

水平面土体上的滑动曲线场由两组平面组成，且对称围绕垂直方向排列。在主动的兰金应力状态下（Ⅰ），滑动截面取向为 45°+φ/2；在被动兰金应力状态下（Ⅲ），滑动截面取向为 45°−φ/2。在这些矢量之间存在另一种状态（Ⅱ），其中滑动截面的形状类似对数螺旋线（与中心的距离为对数增加的螺旋线）。这个分类体系在基础工程建设中应用广泛（图 3.18）。

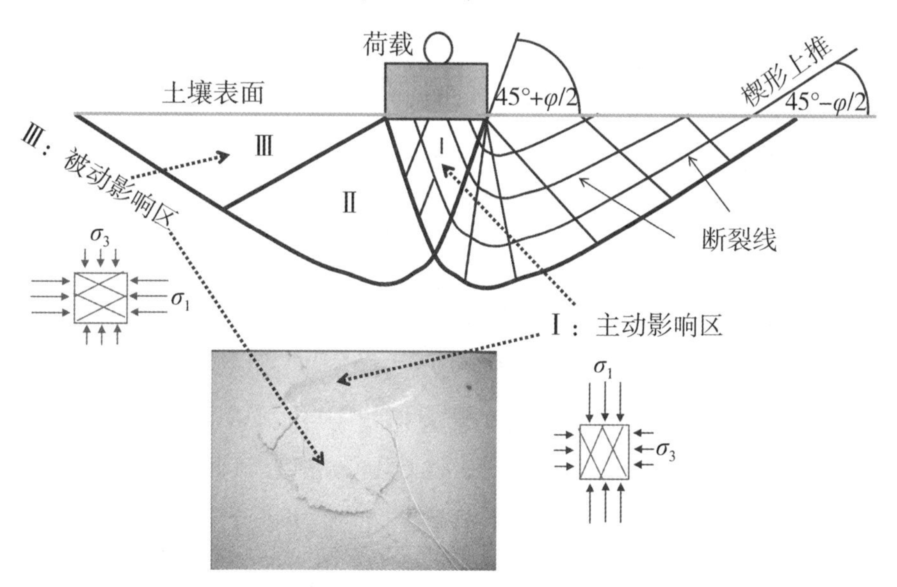

该理论假设剪切断裂涉及与荷载轨迹不同的 3 个区域（Ⅰ、Ⅱ、Ⅲ）。区域Ⅰ是楔形的，区域Ⅱ是反转的，区域Ⅲ在加载期间被推向上。该图说明荷载下无黏结半空间土壤中的应力分布。Ⅰ：应力传播断裂线（主动状态），Ⅲ：断裂线场（被动状态）

图 3.18　兰金—普朗特有限刚性荷载断裂理论

兰金—普朗特理论定义了半空间土壤的主动（Ⅰ）和塑性（Ⅲ）的极限状态，所以是非常重要的。这种定义只需要知道抗剪强度参数，这些参数又被一个径向区域（Ⅱ）联系在一起，成为一个过渡区。

图 3.18 描绘了在给定荷载下移动的土体，区域Ⅰ一直保持不变并被向前推进。在通常情况下，区域Ⅰ为土体向上移动的部分，如在根尖处、蚯蚓头部、土壤探针的尖端。插入的物体和土壤之间的抗剪强度，小于将土壤楔体前推产生的抗剪强度。插入土壤的物体需要连续改变土壤物质的位置，所以土体必须不连续的断裂或不断前移。断裂截面对应于图示曲线，在相对于主应力 $45°\pm1/2\varphi$ 方向运行。随着接近于土表，土体以 $45°-1/2\varphi$ 的角度抬升。在土壤更深处，介入物体向前推进变得越来越困难，并且只有当前移的土体被“压入”其余部分时才能持续下去。然而，应力几何结构保持不变。因此，可以用以下公式计算在土壤 z 深度垂直截面中的正应力 σ_n。

$$\sigma_n=\rho_B\cdot z\cdot\tan^2\left(45°-\frac{\varphi}{2}\right) \qquad (式 3-23)$$

式中，深度为 z 的水平截面的应力为 $\rho_B\cdot z$。

如果土体的断裂由侧向压缩主导，侧向压缩增加水平应力，则土体断裂的被动阻力 σ_p 为：

$$\sigma_P=\rho_B\cdot z\cdot\tan^2\left(45°+\frac{\varphi}{2}\right) \qquad (式 3-24)$$

水平和垂直应力之比为：

$$\frac{\sigma_P}{\rho_B\cdot z}=\tan^2\left(45°+\frac{\varphi}{2}\right) \qquad (式 3-25)$$

这样就可以使用莫尔圆计算斜截面内的应力及其他力，但是由于阻力［$\sigma_p/(\rho_B\cdot z)$］抗力与土壤深度无关，所以土压力随土壤深度线性增加。因为抗拉应力对黏结物质有额外的稳定作用，这就需要如破坏斜面现象一样修正方程（Terzaghi 和 Jelinek，1954）。

3.5 土壤流动行为——一种解释土壤颗粒间应力的流变法

至此，我们主要讨论了整个土体的力/应力/变形，将单个土壤颗粒之间的各种压力看为一个整体。在单个颗粒或微团聚体尺度上，考虑有机—矿物复合化合物、不同价态的阳离子、离子浓度，以及稳定土壤颗粒的毛细管作用力是非常重要的。例如，Na^+减少稳定性，更确切地说是分散它们。Na^+的分散作用被用于粒径分布分析前处理土壤样品。通过流变学方法，量化物质的稳定和失稳效应。所用土样可以是均质化的或有结构的，也可以是饱和状态或接近饱和状态。流变学主要研究土壤在塑性和黏滞结持状态下的变形和流动等特性。

一些力学模型用于说明不同条件组合下的流变行为，最常见的是弹簧、减震器和滑块。流变学研究流动和变形行为，并区分胡克（1635—1703 年）提出的理想弹性行为和牛顿定律定义的理想黏性行为（图 3. 19）。

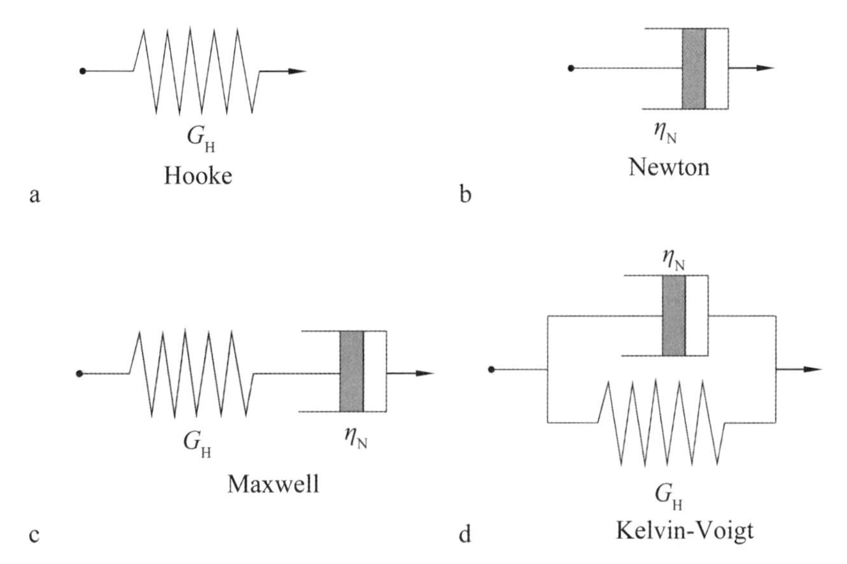

a. Hooke 的弹簧模型，描述理想化的弹性；b. Newton 的减震器模型，描述理想化的黏性；c. Maxwell 弹簧和减震器耦合模型，描述黏弹性流动行为；d. Kelvin-Voigt 弹簧和减震器并联模型，描述黏弹性变形行为

图 3. 19　几种流变模型

$$\frac{\Delta l}{l}=\alpha \cdot \sigma_n \quad \text{（式 3-26）}$$

胡克定律（式 3-26）描述了弹簧模型的理想弹性行为。$\Delta l/l$ 是相对伸展或压缩，σ_n 正应力，α 是延伸系数，l/α 是弹簧常数。变形是可逆和可重复的，与时间无关。

牛顿定律描述了减震器模型的理想黏性材料的不可逆塑性变形，黏性取决于应变速率。

$$\tau=\eta \cdot \frac{d_V}{d_y}=\eta \cdot \ddot{Y} \quad \text{（式 3-27）}$$

式 3-27 中，剪切应力τ与应变速率$\ddot{\gamma}$（也称为流速）成正比。比例因子是黏度η，在恒定温度下是个常数。理想黏性流体是水、沥青或柏油，其黏度由低至高变化（表 3.2）。

表 3.2　不同温度下流体和固体物质的黏度

物质	黏度 η /（mPa·s）
水（10°）	1.29
水（15°）	1.13
水（20°）	1
水（25°）	0.89
盐水（15°）	1.21
水银	1.55
橄榄油	$=1\times10^2$
土壤*	$=1\times10^4\sim1\times10^6$
沥青	$=1\times10^7\sim1\times10^{14}$
柏油	$=1\times10^{11}\sim1\times10^{16}$

注：该种土壤富含黏粒，含水量为 35%~65%。

然而土壤既没有理想的弹性，又没有理想的黏性，而是表现出黏弹性。土壤表现出黏弹性是由应变强度决定的，这可以通过振荡试验来说明。均质化或结构化土壤样品用两个圆形板限定住，然后施加振荡应力，产生储能模量 G'，表示样品中储存的变形能量。储能模量 G'在剪切结束时会被释放。损耗模量（G''）代表假想变形失去的能量，表征不可逆的变形行为。两个模量都是以剪切应力τ、变形γ 和截面移动角 δ 为直接函数（Mezger，2000）。

$$G'=\frac{\tau}{\gamma}\cdot\cos\delta \qquad G''=\frac{\tau}{\gamma}\cdot\sin\delta \qquad (式 3\text{-}28)$$

当约束板同步震荡时，所得参数为正弦形状。理想的弹性物质通常会对剪切产生直接反应，即剪切应力与预设变形同相。结果是约束板的最大偏转，导致土壤样品内产生最大阻力（图 3.20）。

理想黏性样品的变形与施加的剪切应力间的相移是 90°。最大延伸时，即运动的转折点处$\tau=0$。相移角 δ 是用于定义所研究材料流动和变形行为的参数。黏弹性物质的相移角 δ 为 0°~90°（Suklje，1969；Schulz，1998；Mezger，2000；Ghezzehei 和 Or，2001；Schramm，2002）。

土壤对机械荷载和应力响应的分级表达，为储能模量和损耗模量（G'和 G''）

的关系，这个关系又依赖于变性。变形开始时，弹性行为在“线性—弹黏性”（LVE）占主导。该LVE区域限定在超越变形极限 γ_L 后，不断增加塑性行为（阶段Ⅰ，图3.21）。

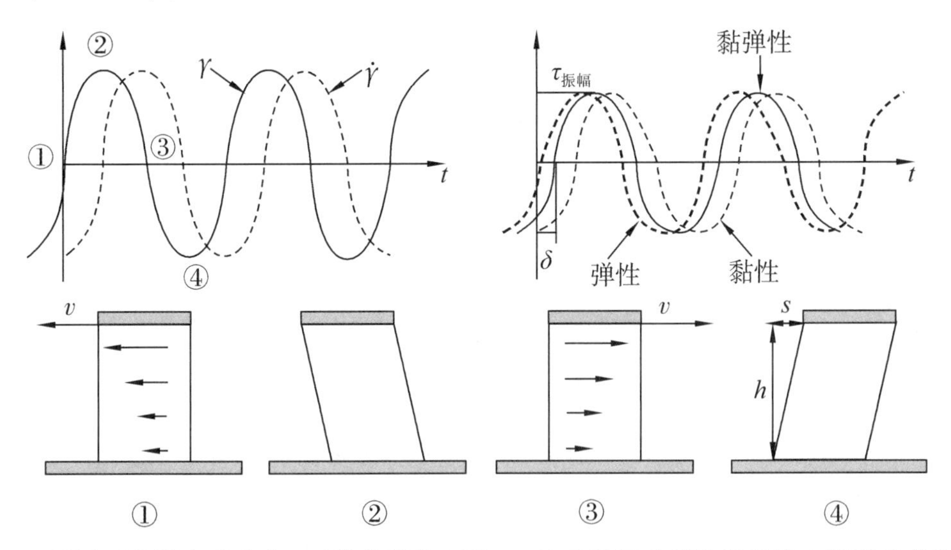

测量系统设定以速率 v 对数的强化变形 γ。该系统运动导致黏弹性土壤样品产生一个时间滞后的变形，用相移角 δ 来描述。①~④显示了振荡变形的不同阶段

图3.20 振荡试验

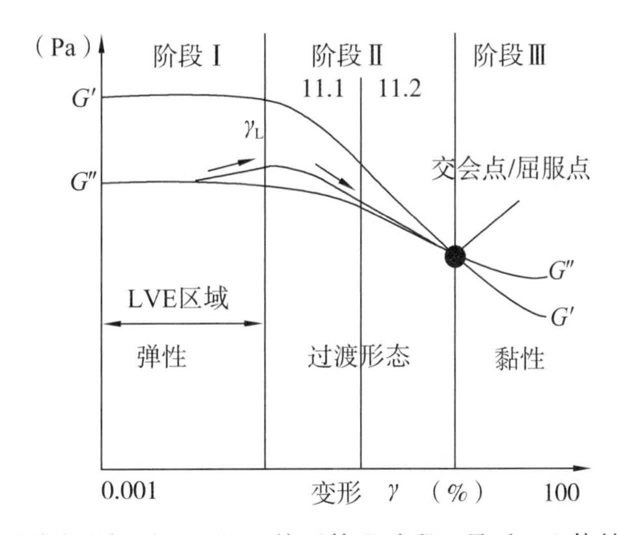

随着变形加剧，G' 和 G'' 接近第Ⅱ阶段。最后，土体结构破坏，即超过屈服点（$G'<G''$），黏性流动或蠕变产生。tan δ 作为 G' 和 G'' 的熵，定义了单个土壤颗粒或细团聚体的力学行为

图3.21 储能模量 G'、损耗模量 G''（单位，Pa）与振荡应力下的变形 γ 和失稳3个阶段的关系图解

表 3.3　度量流动和变形行为的参数损耗因子 tan δ、相移角 δ、储能模量 G'和损耗模量 G''

理想弹性	弹性为主	屈服点	黏性为主	理想黏性
$\tan\delta=0$	$0<\tan\delta<1$	$\tan\delta=1$	$\tan\delta>1$	$\tan\delta=\infty$
$\delta=0°$	$0°<\delta<45°$	$\delta=45°$	$45°<\delta<90°$	$\delta=90°$
$G' \gg G''$	$G'>G''$	$G'=G''$	$G'<G''$	$G' \ll G''$

注：源自 Mezger（2000）。

随着有机碳含量的增加（有机碳含量不变时，取决于碳组成，如不饱和脂肪酸比例或官能团的数量），储能模量 G'增加，同样交换性阳离子和阴离子的电荷增加。更高的 Fe^{3+}浓度、更高的电导率、更高的膨胀性黏土矿物比例，以及更低的基质势，也会导致储能模量 G'增加。通过研究土壤弹性行为（$G'>G''$），可以评价土壤管理效应（传统耕作<保护性耕作<生态管理<长期不耕种）。在更高的变形程度下屈服点出现较迟，土壤丧失所有的稳定性（Markgraf，2006；Holthusen，2010；Holthusen 等，2011；Marjgraf 等，2011，2012）。

许多物质并不遵从胡克定律，但流变行为随时间或剪切速率而变化。这些物质被称为非牛顿物质（如悬浮液），用触变性（thixotropy）和结构性黏度加以区分（Jasmund 和 Lagaly，1993）。流变学中触变性意味着黏度随着所加力及其持续时间而变化。触变性流体在搅动时黏度会降低，但剪切力停止后又恢复到初始黏度。简言之，触变性流体在搅拌时黏性变小，这与结构黏度密切相关。结构黏度是指当剪切应力增加时的最小黏度。流体的内部结构变化导致流体颗粒之间的相互作用降低。这种物质如用于道路建设的钠饱和膨润土，在管道下的土壤也保持润滑作用不变。

触变效应常发生在富含黏粒、较细颗粒的沉积物中，黏度差异来自机械应力。典型触变效应是震荡后从固体变成液体，停止震荡后又变为固体（Ackermann，1948）。浮土（quicksoil）、强塑性黏土（quickclay）和流沙（quicksand）都是触变性物质（Osterman，1963；Khaldoun 等，2005）。触变效应产生的关键因素，在于沉积物的粒径分布和组成。有片状颗粒的黏土矿物受到震动就会倒塌，颗粒呈一字排列，在显微镜下可以看到彼此滑动。滑动的原因是黏土颗粒内部缺少具有稳定作用的黏结力。滑动过程对应着黏性或塑性的相互转变。滑动过程也解释了含水量大物质的块体运动，如泥石流和火山泥流（Garciano 等，2001）。泥石流和火山泥流都是在高力学荷载作用下移动的。在剪切增稠（有时称为剪胀）时，黏度 η 不是常数，而是随着剪切应力的增加而增大。触变性物质在应力大小或变形时间长短影响下，产生了不同的黏度。

3.6 土壤性质对抗剪强度的影响

本节只讨论两个土壤性质变化参数：黏结力和内摩擦角。需重点指出的是，土壤总稳定性（表示为最大剪切应力）与有效正应力呈函数关系（Scheffer 和 Schachtschabel，2016）。

砂土中的有机质可以增加剪切应力。即使没有团聚体形成过程，小于 1%的有机质也足以提高剪切稳定性。这种影响可以通过量化内摩擦角 φ 和内聚力 c 增加值来表示。用 H_2O_2 去除有机物，明显降低了可变的剪切应力。

黏土矿物的疏水性抑制黏粒膨胀，使土壤稳定性增加。通过阳离子和阴离子沉淀、胶合，作用于微团聚体、土壤颗粒，而使土壤稳定（Holthusen，2010）。一些人工合成的土壤稳定剂具有类似效果。通过简单地测量剪切应力，可以证明土壤稳定剂可以增加土壤稳定性，与初始土壤性质无关。

原状土壤的内摩擦角为 20°～60°，变化值与土壤类型、土壤容重、黏粒含量和矿物类型、团聚过程、腐殖质含量和类型、有效离子的种类和数量、土壤水中含盐量、基质势等有关。这些因素也能影响变化大的土壤黏结力 c。对于没有黏结力的砂土或水饱和污泥黏结力可以接近于 0，而片状土壤的黏结力可以大于 150 kPa（Horn 和 Fleige，2003）。

初始结构相似、富含黏粒土壤的稳定性，主要决定于其黏结力。由于干燥过程中土壤颗粒彼此更加靠近，且这个过程只是部分可逆的，所以最大干燥程度及相应的最大收缩程度也对土壤稳定性起着重要作用。

3.7 土壤结构的力学性质变化

土壤结构的改变，来自动物、植物和气候因素（冻结或解冻）的偶然作用，来自人类为达到特定目标而采取的工程措施。

3.7.1 人类活动的影响

土壤结构受到有意或无意人类活动的影响，大多数土壤结构改变是不能避免

的。如第 3.3.1 节，如果说土壤都承受剖面上覆土层压缩，则地球上的所有土壤都是被压实的。在最理想（最疏松的）情况下，土壤只是垂向压实。这时土壤垂直应力来自于覆盖/叠加的相关土体重量，且随着土壤剖面深度的增加而线性增加。土壤垂直应力增加量越大，剖面中受影响的土壤重量越大，换言之，土壤孔隙体积越小。在土壤剖面深度为 $z=z_1+z_2+z_3$ 时，作用于截面上的垂直压力 P_V 为：

$$P_V=z_1\rho_{B1}g+z_2\rho_{B2}g+z_3\rho_{B3}g \quad (式 3-29)$$

式中，ρ_B 是土壤容重，g 是重力加速度。因为水的重量也在截面上产生压力，所以必须考虑剖面中土壤含水分量，即在自然状态下湿土的容重。垂向应力的增加如图 3.17 所示。正如荷载随着深度增加，土壤也随着深度增加越来越被压实。

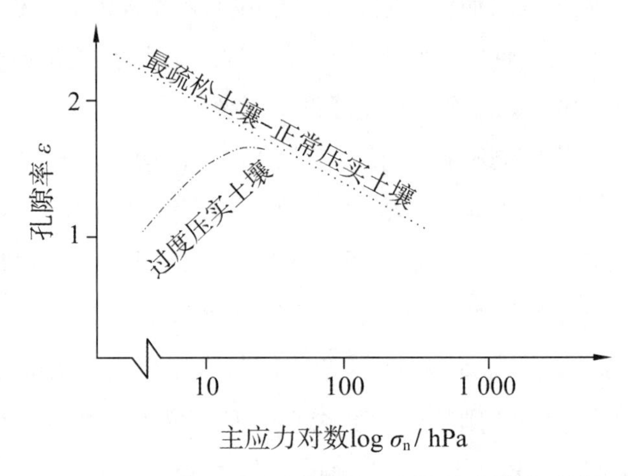

图 3.22　正常压实和过度压实土壤的孔隙比分布

图 3.22 显示第一次给土壤增加荷载（来自覆盖层）会产生均匀的曲线，在对数坐标上是一条直线（Kezdi，1969）。正应力可从土壤样品的高度计算得出。

卸载曲线显示压缩只是部分可逆，即部分压实来自弹性变形。如图 3.22 所示，弹性变形导致的压实部分比例很小。这种曲线或残余孔隙比取决于平均水分含量时的最大压缩变形（Bohne 和 Hartge，1985）。对于初始土壤（如在森林或草原植被之下），在对数坐标体系上是一条直线，负斜率表示土壤自然松动程度（土壤扰动作用），它的最大值表示为防止再度发生最紧实堆积土壤拥有的阻力。

临时荷载的卸载曲线会与直线偏离，典型的临时荷载有牧场和农田地面上发生的机械行驶。当荷载发生在小区域时，荷载在近地表得到补偿而不会传递到深层土壤，导致近地面的土壤颗粒在空间上重新排列而形成弯曲面。生物扰动和耕作的松动效应，通常仅改善最上层的土壤结构。在不利条件下发生的较深土壤的压实状态可能会保持很长时间。由于这个原因，曲线上的弯曲或扭结表明荷载深度，这个荷载深度可能发生于很久以前。耕作被认为是最广泛和常见的改变土壤结构方式，主要目的是创建一个最佳的土壤表层，为播种、作物移栽和生长提供条件（Koolen 和 Kuipers，1983；Heyland，1996）。

传统土壤耕作方法总会产生大小分布不均匀的团聚体，这可能形成更细或更粗质地的土块。为了获得所需大小的土块，先在耕作深度形成粗土块，然后从其顶部破碎到所需大小。非传统的机械耕作可以一次性在深耕层形成所需大小的土块。在耕作过的田间，有时可以观察到被锄头破碎产生的小土块会迅速变成泥浆（Becher 和 Kainz，1983）。这由两个原因造成，一方面，与更大的团聚体相比，这些土块有小部分惰性土壤只具备抵抗雨滴打击的能力。在相同能量的雨滴打击下，较小团聚体会被更强烈地压入到其底下的土壤中。这种土壤颗粒位移直接导致上层土壤的容重增加，这对农业来说非常重要。另一方面，较小团聚体湿润到产生更细孔隙的需水量更小。该过程延迟了雨水的快速分布，可以用土壤结构的经典参数团聚体水稳定性来量化。

在车辆行驶的区域，车辆重量与土壤压缩之间存在直接关系，正如应力—应变曲线所示（见图 3.11）。通常耕作、农业机械引起的土壤压缩，对植物产量的负面影响可持续多年（Horn 等，2000，2006；Pagliai 和 Jones，2002）。轴向荷载超过 10 t 会对植物生长和产量产生无法估量的损失（Blume 等，2010）。我们往往忽视这种损失，因为可由高施肥量补偿，但却需要付出额外的成本（Maidl 和 Fischbeck，1988）。

无论是土壤耕作，还是土壤改良，目的都是疏松土壤（Schulte-Karring，1963）。要保证土壤疏松必须建立稳定的应力条件，要考虑土壤重量、雨滴的动能、车辆或动物的重量，或通过添加黏结物提高土壤的抗剪强度。添加黏结物时，含水量对土壤重量和稳定性的影响是至关重要的。如果在采取改良措施前土壤没有被压实，但与最大荷载达到平衡，它将或快或慢地被再次压实，土壤孔隙体积接近改良前。

3.7.2　动物活动和植物生长的影响

动物挖洞可以改变土壤结构，比蚯蚓小的动物（如白蚁）只能在局地影响土壤粒径分布。动物的挖洞行为各有不同，除了直线前进方式，还有旋转运动

(Kaestner，1972)。动物在容重较低的松散土壤中挖洞，土壤颗粒会迅速堵上由运动所致的洞穴。动物挖洞所致的混合土壤非常高效。一般生活在土壤中的动物挖洞很小，将土壤推向两侧，而不做轴向推移（Graff 和 Hartge，1974）。蚯蚓挖洞产生的轴向压力为 100 kPa，而侧向压力高达 230 kPa（Mckenzie 和 Dexter，1993）。

土栖蛇类和蜥蜴活动也具有类似挖洞的行为，但运输的土量较少（Gans，1973）。大型动物挖洞的体积则要大很多，挖掘居住穴时进行了非常有效的土壤混合，这些洞穴被遗弃后发现充满了腐殖土（如黑钙土）。

植物根系生长同动物挖洞机理一样，土壤轴向推进仅限于细根根毛尖端（Cockroft 等，1969）。根系进一步生长发生在径向，这是因为轴向生长会折断根尖处的毛根（Ehlers，1996）。在更粗的树根周围存在疏松土壤带，这主要是由于风施加在树冠上的力传导到根部所致（Hintikka，1972）。侧向根系生长遇到的土壤阻力，因根系生长方向而异。植物根通过顶起周围的土壤，来创建生长空间。植物根顶起作用越明显，根下部土壤变形阻力就越大（根下部区域的土壤就越硬）。因为地表没有反作用力，顶起作用导致自由土壤表面上升（图 3.23），这些力可能大到损毁道路和支撑墙。土壤聚集抵抗力阻止根横向生长，因此，土壤在 $45°-\frac{\varphi}{2}$ 方向断裂，这些断裂使土壤在较宽的区域疏松。在破碎土壤被运走的公园和森林中，人们可观察到根在土壤中的生长状况。

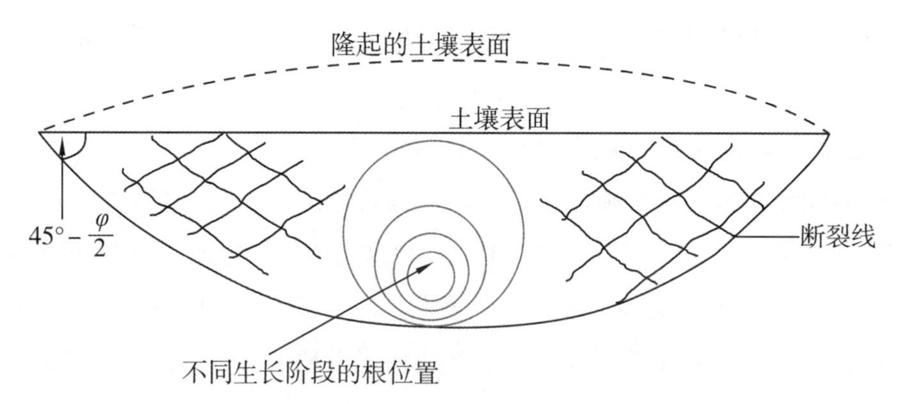

如果周围土壤的阻力小于支撑点的强度，根就在生长过程中被向上抬挤。在适当的时候，根将周围土壤向上推动，产生的断裂线如图 3.23 所示

图 3.23　根径向增粗过程对周围土壤的影响

根直径增加有助于松动表土，这在层状土壤中最为明显，成层现象距离地表越近变得越不明显。这个现象统称为生物扰动，在分层明显的母岩中，生物扰动

可作为土壤初始发育的首要指标。

3.7.3 冻结效应

细质土壤结构也受到土壤水分冻结的影响，这个过程在农业中非常重要，称为霜冻固化（frost curing）。霜冻固化是一种土壤状态，在这种状态下土壤细分为小团聚体。这些小团聚体是在冰晶生长脱水过程中所产生的，它们的大小边界由断裂面决定。这个过程及其效应与干燥过程非常相似，在第8章将详述受温度影响的土壤蓄水情况。这里我们仅指出，霜冻引起的团聚体形成，在第一次荷载作业前，仅受可升华水量或者融化水量的影响。水不能及时排走时土壤稳定性就差（Kay等，1985），降雨都会破坏土壤的团聚作用。

3.7.4 土木工程和建筑中的土壤压实

前面几节把过度固结的土壤状态视作是人为活动不可避免的后果。当然我们也需要土壤过度固结的情况，例如，用土壤建造堤坝、柏油路，或者在矿堆或废物处理场形成密封层。对于这些情况，需要一个标准参数描述土壤的适应性及其量化压实程度。前面章节中描述的关系和现象并不存在这样的单一参数，相反，需要设定一个标准化方法来测定在建筑工程中允许压实状态的变幅。普氏密度得到广泛应用，指土壤通过标准化程序后达到的最大容重。该标准化方法是将均质化土壤材料分成标准化的份额，放入不同的标准容器中，进行标准的和重复的落锤压缩。由于最大可压缩量取决于土壤含水量，因此，需在不同含水量条件下进行多次重复落锤压缩。用这些压实数据绘制成土壤容重与含水量的曲线，说明了在特定含水量下（特征含水量或最佳含水量）的最大容重值（最小孔隙体积，最小孔隙计数）（图3.24）。大于土壤特征的含水量抑制了最大压实，低于土壤特征的含水量妨碍最大压实值的获得，这是因为压实过程中的中性应力不足以把土壤抗压性降到必要的程度。

普氏压实试验不仅为预设的高强度压实提供一个压实参考值，同时还提供了最大压实发生时的特征含水量。普氏压实试验还能说明早前增强的团聚体土壤被压实后，达到的容重小于其普氏容重。如果没有早前增强的团聚体，这些土壤将获得更高的最佳含水量。这就意味着在设定条件（落锤次数、传递的压实能量）下，只有在含水量较高时才能达到最大压实量，压实曲线与饱和线的距离增加。表

层土壤中（与底土相比）的有机物质，在黏土中添加氧化钙的稳定作用，可以通过较低的普氏密度来表示（Bohne 和 Hartge，1984；Junge 和 Horn，2001；Wisniewska 等，2008）。

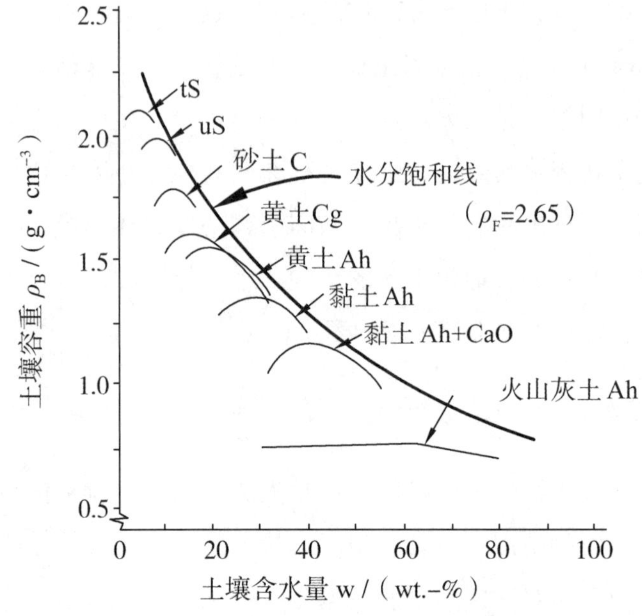

tS 和 uS 砂土的曲线（Kezdi，1973）。砂土来自母质为砂质原野地区的淋溶土，黄土为黑钙土，黏土为里阿斯统黏土发育的古土壤（加和不加 CaO），火山灰为来自智利的火山灰土

图 3.24　普氏压缩曲线

习题

3.1：

a. 详细说明压缩测试的 3 种方法，并解释它们产生不同结果的原因，明确它们使用的边界条件。

b. 解释预压应力的物理意义，并说明影响土壤强度的重要因素。

c. 如何确定土壤中应力的传播？在湿润、中度干燥和干燥土壤中需要哪些参数？

d. 请用表 3.4 中不同深度和湿度土壤条件下的测量值，计算土壤应力传播深度。

表 3.4 不同深度和湿度土壤条件下的测量值（拖拉机接触压力：100/kPa）

深度/cm	VK 4 干燥	VK 5 中度	VK 6 湿润
10	98.1	99.3	997
20	84.8	90.5	—
30	65.2	73.2	79.4
40	48.3	—	62.8
50	36	42.8	—
60	27.4	33.0	38.1
70	—	25.9	30.2
80	17.0	20.8	—

e. 请根据以下信息列表计算出垂直线上的应力。黄土发育而成的淋溶土，Ap层，0~30 cm，容重 1.2 g/cm^3；E 层，30~50 cm，容重 1.5 g/cm^3，团聚结构；Et层，50~80 cm，容重 1.65 g/cm^3，棱柱结构；C 层，容重 1.60 g/cm^{-3}，团聚结构。Ap 有翻耕，接触面积压力 210 kPa，胎宽 $r=20$ cm。

f. 土壤中应力传播取决于土壤内部强度，随基质势而变化。

1. 请列出影响土壤应力衰减的关键土壤性质。

2. 采取哪些措施可以避免弱土层变形？请根据所加应力的类型说明这些措施的局限性。

3. 采用深松方法恢复过度压实土壤，需要考虑哪些因素？

第4章
水和土的相互作用

与第3章所讨论的土壤结构类似，土壤固体颗粒之间的孔隙充满了水和空气。与空气相比，水的密度与土壤颗粒的密度更为接近。由于水可以在孔隙中自由移动，所以能够显著影响土壤固相的行为。反之，土壤固相也可以影响孔隙水的运动和性质。

4.1 土壤对水的吸附

土壤中的大多数固体表面能够吸附水，因此，在自然条件下土壤颗粒表面被水膜所覆盖。水膜厚度不断变化，水分越多，水膜厚度越大；当水分减少时，水膜厚度也随之减小。在多数情况下水膜与弯月面连接，弯月面即矿物颗粒互相接触的区域。水膜中的水分与相关颗粒基本处于平衡或接近平衡状态。

黏土和砂土对荷载的响应不同，根本原因在于单位体积土壤所含的水膜数量不同。一方面，砂土的比表面积相对较小，其水膜数量明显低于黏土，同时黏土单位体积颗粒的接触点数更多，使得荷载能够有效传递，因此，富含黏粒的土壤更为稳定。另一方面，黏粒中的水分在荷载作用下只能缓慢脱离基质，这使得土壤更具刚性，荷载能有效传递到更深的土层。从下列两个观测结果，可以得出黏土中水膜是无处不在的。一是风干黏土仍含有大量的水分（105℃干燥时仍释放大量水分），在颚式破碎机破碎过程中黏土会再次出现塑性变形，但没有被破碎，而是被压成平块状；二是手指搓捻试验中所观察到的土壤光泽是黏土的典型特征之一，这是由于挤压黏土而排出水分所致。

4.1.1 土壤吸附水的机理

水分子吸附在矿物表面主要依靠静电力、范德华力和氢键。当可交换离子黏附到矿物表面时，吸附水与这些离子结合。当颗粒变小，其内表面积显著增加，因此，表面积较大的细粒土壤的含水量高。

矿物表面的离子类型也会影响吸附行为，但是粒径分布的影响更重要。可交换阳离子的水合能力是影响吸水量的决定性因素。一般二价阳离子可吸附水量比一价阳离子少，而三价阳离子吸附水量更少。在元素周期表中，同族中位置越高的元素可吸附水量越大，因此，离子吸附能力遵循易溶性序列。钾元素的行为不同，其吸水量取决于含钾黏土矿物结构及其所占的位置。在脱钾导致层间距扩大的黏土矿物中，添加钾离子会进一步使黏土矿物层距变窄，从而挤压排除水分（Scheffer 和 Schachtschabel，2016）。

当矿物表面水膜厚度超过多个分子直径时，水合效果显著降低，但仍可吸附较多水分，这是渗透效应所致（Van Olphen，1977）。只要被吸附的水中离子浓度高于周围水汽压中的离子浓度，或自由土壤水中离子浓度更低，渗透效应就起作用。当被吸附的离子占据黏粒表面时，它们就会吸引水分子，使得渗透压（浓度）梯度降低。

土壤绝对吸附水量可根据环境条件而变化。当土壤连续气相中存在大量空气时，吸附水量受控于气相含水量（即湿度）；当土壤中孔隙充满水时，土壤水中的离子浓度成为控制因素。当吸附水占土壤水大部分，即水膜将土壤表面与气相分离时，吸附水的性质更显著。

土壤空气的湿度越高或土壤水中离子浓度越低时，土壤颗粒吸附的水分越多。水分子被吸附的强度不同，第一层水分子的结合强度为 6×10^{8} Pa（pF = 6.4），第二层仅为 2.5×10^{8} Pa，且强度随层数的增加而快速下降（图 4.1）。水分子层厚度随外界空气中水的释放或吸收的环境条件而变化。

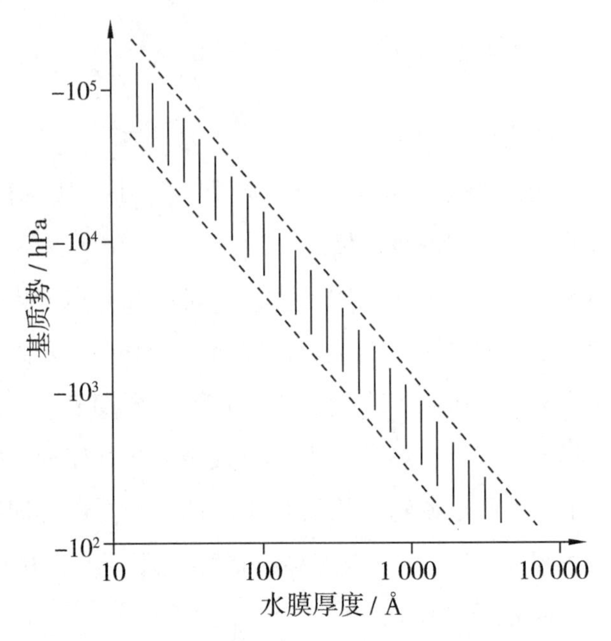

基质势越小，水膜越薄（Kenoer 和 Rollins，1966）

图 4.1　土壤基质势与土壤最大水膜厚度的关系

4.1.2　土壤组分吸附水的性质

水被吸附在土壤表面时可释放出部分动能，水越接近吸附面，能量释放就越多，这可以用湿润热来测量。润湿热几乎完全是由水合作用产生的，有时可上升几摄氏度。

吸附对自由水分子具有进一步的影响。因为水分子迁移性受到限制，所以其性质与自由水分子大不相同。与自由水相比，吸附水的热容量变小，在土壤冻结情况下也是如此。由于水分子被抑制转变成冰分子构型，因此，越接近土壤界面水的吸附强度越大，这导致其冰点降低。土壤颗粒越细，冰点降低幅度越大。此外，吸附水的密度可能与自由水的密度不同（Martin，1962）。

与自由水不同，土壤吸附水分子结构涉及多种机制。矿物表面附近水分子密度有所增加，随着与矿物表面距离的增加，水密度减小。其测量值跨越一个数量级，这排除了土壤吸附水存在类似于正常冰的结构（冰-Ⅰ，表 4.1）。已有报道表明外界高压下冰密度发生变化，最高可达 $\rho_{ice} = 1.5\ g \cdot cm^{-3}$，甚至有些变化发生于0℃以上。关于自由水与吸附水形成冰的性质是否相似，尚未有报道。吸附水的性质与土壤冻结及其形成的土壤结构有关（详见第 10 章）。

表 4.1 冰密度及外界压力改变的关系（Clark，1966）

密度 ρ_E /（$g \cdot cm^{-3}$）		外界压力	
		/mPa	/pF
冰-Ⅰ	0.92	220	
冰-Ⅲ	1.16	400	6.48
冰-Ⅴ	1.24	540	6.7
冰-Ⅵ	1.41	800	6.9
冰-Ⅶ	1.50	2 500	7.4

根据吸附水的比例，土壤水分黏度可增加到自由水的100倍。从吸附水分子的结合能可知，相对蒸气压在水膜上方空间非常有限。由于水面上的平衡蒸气压取决于水分子间的结合能，可以通过测量相同平衡蒸汽压时盐溶液的渗透压来确定结合能。这种等渗盐溶液不会造成土壤水分的流失或增加。

在相对湿度90%~95%、20℃时，砂土的吸附水量约为2%，粉砂土、黏土的吸附水量分别为4%~6%和8%~15%。

4.2 土壤颗粒的絮凝和胶溶

固体颗粒表面水的吸附，是由水的性质和吸附物质固相性质所决定的。这在单位重量的表面积很大时特别明显，如片状的非球形黏粒部分。然而，在边界表面不仅有水吸附作用，还有其他多种力起作用，其强度也随着与颗粒表面距离的增加而降低。但是这些力下降不均匀，因此，会引起颗粒间吸引和排斥条件的改变。如果排斥力占主导地位，即每个颗粒都在进行布朗运动，称为胶溶状态；如果吸引力占主导，则布朗运动导致颗粒碰撞和相互粘连，称为絮凝状态。因为这些絮凝体大小不同和由此导致的不同颗粒接触方式（沿边缘或表面），形成了不同的结构和密度。

颗粒间的排斥力保持胶溶状态稳定。与颗粒表面距离在100~200 nm时（1 nm=10^{-9} m，10 Å），多种力作用维持交换离子的扩散双电层。某一颗粒的扩散双电层会对其他颗粒的扩散双电层施加排斥力，阻止颗粒彼此接近。扩散双电层的排斥效应会随着周围水中离子浓度的增加而降低，因为这些离子能使吸附在其表面的阳离子接近矿物表面，从而减少颗粒间的排斥力。在非常接近颗粒表面时，还存

在另外两种类似的机制，晶格边缘和被牢固吸附的第一层水分子，这两种力都强烈抑制颗粒的紧密接触。

颗粒间的范德华力保持了絮凝状态稳定。在有足够多颗粒存在的条件下，这些力共同作用形成的强度及其变化与扩散双电层的数量相当。范德华力与周围环境离子浓度无关。

图 4.2 显示了两个颗粒间的排斥力、吸引力及其合力与颗粒距离的函数，由此可得出一个以吸引力为主的距离范围。在低离子浓度下，这个距离与颗粒表面接近，但要进入该范围必须要克服排斥区域。在高离子浓度下并不存在这种现象。

当悬浮黏粒通过布朗运动发生碰撞时，带正电荷的离子层间彼此排斥，除非其作用动能足以破坏它们的离子层，从而进入净吸引的距离范围。由于单价阳离子的双电层厚度大于二价阳离子和三价阳离子的厚度，其产生絮凝所需的离子浓度比二价阳离子和三价阳离子的浓度更高（Van Olphen，1977）。扩散双电层的性质参见 Scheffer 和 Schachtschabel（2016）。

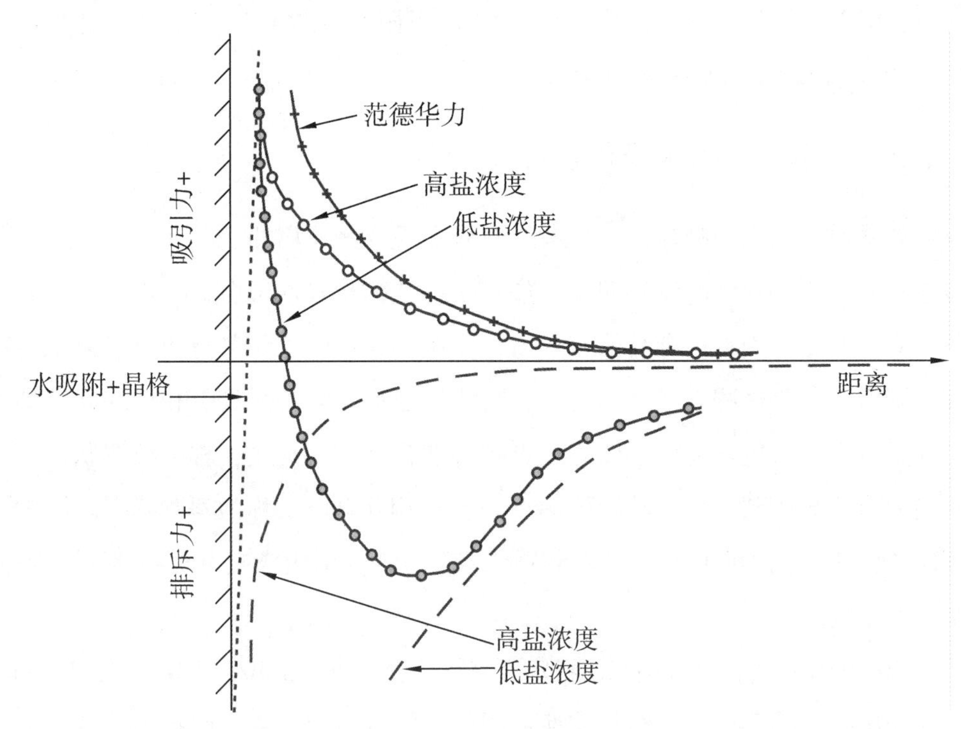

在低离子浓度下，范德华吸引力和排斥力的合力主要产生净排斥力。在高离子浓度下，普遍产生净吸引力。净排斥力总是发生在非常接近矿物表面的区域

图 4.2　黏土颗粒表面的作用力随着与颗粒表面距离变化的函数

当两个颗粒趋向靠近净吸引点时，只能通过施加额外的力（活化能）才能使它们分开（见图4.2）。两个颗粒要实现分离，活化能必须大于净吸引力，即必须要克服能量阈值。净有效力是两个作用在同一位置但不同方向力的合力，并改变排斥力的大小。

只要颗粒或絮凝物的重力作用超过布朗运动的影响，在一定时间内该胶体悬浮液就会有颗粒沉淀或产生絮凝物。当布朗运动起主要作用时，则能阻止沉淀，保持颗粒在悬浮液中均匀分布。与大气中的分子运动相似，布朗运动和重力的相等效应会导致颗粒垂直分层，即通过从顶层向下悬浮液颗粒浓度的逐步下降而达到平衡。在近距离范围内，絮凝颗粒与更大颗粒的行为类似，有助于沉降。在流体量减少，黏土不再处于悬浮状态，而是形成塑性片状时，也会发生同样的情况。在絮凝状态下，扩散双电层变形导致颗粒紧密。在胶溶状态下，未变形的扩散双电层占优势并保持颗粒互不靠近。这种差异对上述颗粒的性质具有明显影响，即絮凝状态的黏度比胶溶状态下高很多，这是由于两种状态下颗粒间发挥作用的力不同。即使在低含水量条件下（在塑性状态下），黏粒的力学性状也由胶溶状态或絮凝状态决定。因此，它们可通过改变离子浓度或离子类型来产生影响。

4.3 土壤收缩

当沉积物首次脱水时，会发生收缩并改变形状和体积，这个规律适用于所有水蚀或风蚀（干燥）沉积物。风沙沉积物的体积变化是在其沉积后首次遇水时发生的，这种初期体积的变化和裂缝的形成，也决定了脱水时形成的裂缝及其体积变化（图4.3）。在毛细管水饱和期间，水弯月面的收缩力引起颗粒重新排列、体积减小，所以裂缝是相互垂直的，类似这种裂缝可在所有基质和土壤中形成。例如，夜间形成的露水在清晨干燥环境下，可使风成沙丘形成裂缝，但这些裂缝能否长久存留，取决于土壤母质的机械稳定性，以及裂缝形成过程中

注意主要裂缝是相互垂直的

图4.3 在松散干燥的沉积性石英砂中毛细管水上升引起的裂缝

物理参数和吸附表面的变化。裂缝形成和新结构的保留，在细粒土壤如黏土、泥土或淤泥中很常见，而砂土在干燥形成裂缝处趋于分离。

4.3.1 土壤收缩的原因

与膨胀相比，收缩是由一种与颗粒类型无关的机制所引起。作用于土壤颗粒的力是水的表面张力 γ_w。在 20℃和标准大气压下，水的表面张力约为 72 m · J/m²。考虑到多数有机液体的表面张力都很低，72 m · J/m² 是一个很强的力，因此，减少水/气界面张力所需的能量就很大，与其伴随产生的收缩也是如此。

收缩与毛细管水上升密切相关。毛细管水形成弯月面曲率的压力差存在于各个方向，因此，这种压力差也导致毛细管壁收缩。压力差是水和空气中作用于毛细管各种力的合力。如果来自弯月面上方的力（图 4.4）等同于其反作用力，则可推导出：

$$p_L \cdot F = p_w \cdot F + \gamma_w \qquad \text{（式 4-1）}$$

式中，p_L 是弯月面上方的空气压，p_w 是弯月面下方的水压，γ_w 是水的表面张力。如果用 $r^2\pi$ 代替 F，$2\pi r$ 代替 U，除以 π 和 r，则得到以下公式：

$$p_L - p_w = \Delta p = \frac{2\gamma_w}{r} \qquad \text{（式 4-2）}$$

如图 4.4 所示，压力差 Δp 是收缩力。随着水上方弯月面高度 h 增加，水压（$p_w = h \cdot \rho_w \cdot g$）变为负值，收缩力相应增大。在水弯月面上方，收缩力为零。公式 4-2 表明收缩力越大，毛细管的直径（2r）越小。因此，与粗粒土相比，细粒土收缩更为明显。此外，细粒土为非球状颗粒，通常具有较大的孔隙比，这使得压力差对孔隙空间产生了压缩作用。

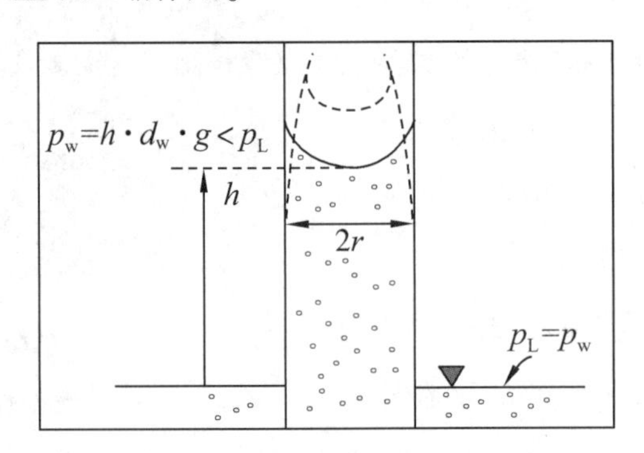

负压的收缩用虚线表示

图 4.4 自由水面，直径为 2r 的毛细管弯月面之上空气和水的压力

公式 4-2 描述了圆形横截面的毛细管状态。同自然界一样，这些孔隙形状不规则，随着横截面趋向椭圆形，压力差增大。对于椭圆形截面的毛细管（主要半径 r_1 和 r_2），压力差可表示为：

$$\Delta p = \gamma_w \left(\frac{1}{r_1} + \frac{1}{r_2} \right) \quad （式 4-3）$$

如果没有水柱与自由水面接触，两个颗粒间只有一个环形的水圈相连接（图 4.5），这两个弯月面的曲率差异甚至比一个有椭圆形横截面的孔隙还大。这个曲率特征用负号表征（式 4-3）。

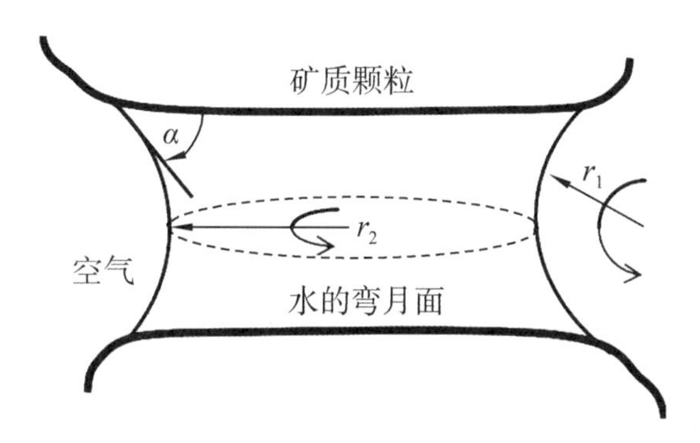

图 4.5　两个颗粒间弯月水环上的压力差及收缩力与两个极限半径 r_1 和 r_2 之间的函数关系

公式 4-3 表明，收缩压力差与颗粒间距离有关，随着颗粒间含水面积增加而增加。如果用粒度极限（当量直径）代替公式中的 r_1，可以估算实际压力差的数量级，从而得到 r_2 值（表 4.2）。当负弯月面的大小（r_2）超过 $r_1$10 倍时，r_2 对压力差的影响很小。

表 4.2　两个土壤颗粒间弯月面水环的影响

r_1/cm	r_2/cm	Δp /（g·cm·s^{-2}·cm^{-2}）	收缩力/1×10^{-5} N
0. 002 5～50/μm	0. 005～0. 025	14. 4～15. 9	440～4 250
×10 当量直径	0. 25	28. 5	570 600
0. 000 5～10/μm	0. 001～0. 005	72. 0～129. 6	7～124
×10 当量直径	0. 05	142. 5	11 400

注：曲率 r_1 意味着相对大气压而言是负压，曲率 r_2 对应一个负压。最终结果取决于半径 r_1 和 r_2 的比率。

两个颗粒间的收缩力（K）基于两个前提才能计算：压力差 Δp 起作用的面积 $F=r_2^2 \cdot p$，如圆形横截面毛细管作用一样的弯月面变大（$U_\gamma=U=2 \cdot r_1 \cdot \pi$）。

$$K=r_2^2 \cdot \pi \cdot \Delta p+2 \cdot r_1 \cdot \pi \cdot \gamma_w \quad \text{（式 4-4）}$$

当土壤颗粒为理想球体时，r_1 减小与 r_2 减小相关，同时也与 Δp 增大相关。这样，合力本质上是含水量和粒径的函数。在多数非饱和情况下，收缩力 K 的大小实际上也取决于土壤性质。如果土壤颗粒的原始距离大于颗粒间平衡状态时的距离，收缩力会使土壤颗粒相互吸引。

各向同性的负压能由水传递出去。肉眼可见弯月面的形成和直径减小，开始于土壤水表面细微的凹陷。

随着土壤颗粒间压力的增加，抗剪强度增大。黏土的特点是由于细孔占主导地位，在水分变化范围较大时，随着含水量的下降黏土硬度增大。砂土的硬度，随着砂粒间弯月面直径变小而下降。我们可观察到在一定含水量下堆砌的稳定沙堡干燥时崩塌，正如含水量太高时也会崩塌一样。

4.3.2 土壤收缩过程

在脱水过程中土壤体积减小的程度差异很大，这取决于研究材料的基质均匀度、预先干燥与否和初始团聚状态。从这个角度看，收缩意味着弯月面作用下水分排出而引起的体积变化。土壤收缩和体积变化这两个过程同时发生，颗粒重新排列（图 4.6）。

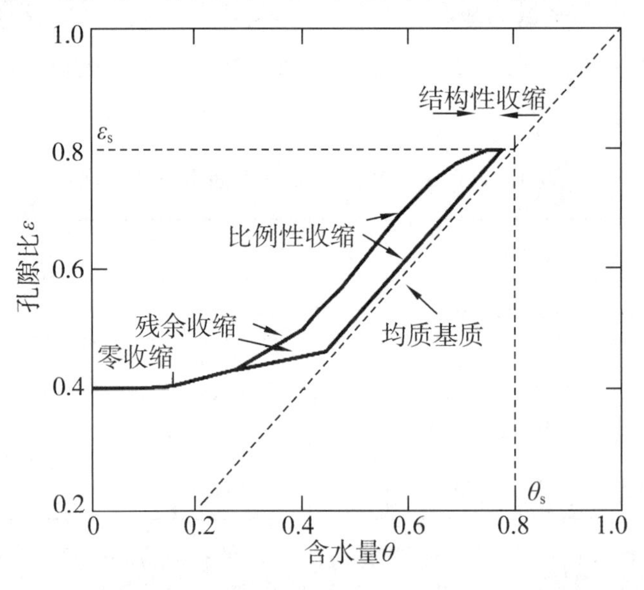

图 4.6 土壤和均质基质的收缩曲线（孔隙比与含水率的关系）

含水量 J 是土壤中水与固体的体积比值，而孔隙比 ε 描述了孔隙与固体的体积比值。

细粒均质土壤脱水时，总体积和含水量成比例下降。这种脱水过程称为比例收缩或线性收缩，即图 4.6 中实线所示的土壤特征。该土壤在较强脱水作用下，体积减少的速率要比失水过程快，这时剩余收缩开始。最后脱水曲线与 y 轴（孔隙比）垂直，称为零收缩（Groenevelt 和 Grant，2004）。

土壤特征通常反映了地质作用、形成过程和人类活动等的影响，这些因素会永久影响土壤的物理、化学和生物特征，如先前的脱水、再湿润、有机物入渗、生物分解和反应过程，以及吸附和解吸过程。以上因素的影响也表现在土壤收缩曲线中，即在一定土壤水分范围内的孔隙比实际上是个常数，称为预收缩。预收缩表征了曲线中孔隙系统的稳定状态，稳定的孔隙系统源于先前收缩导致的体积减小且不可逆，由此可假设孔隙系统的功能是恒定的。结构收缩向比例收缩的过渡，发生在水分比较低或基质势更低的条件下，以及演化较成熟的土壤中。多面体结构或半菱角块球状结构土层的收缩范围要比棱柱体或黏结结构大。结构不好且含水量较高的亚表层土壤以比例收缩为主。单个团聚体收缩的区间比整个团聚土壤的区间更大，因为团聚土壤中所形成的次生大孔隙被视为限制土壤强度的弱化区。

土壤收缩曲线可以通过类似于 van-Genuchten 方程描述，用负指数 n 来描述收缩强度。

$$\varepsilon(\theta)=\varepsilon_r+\frac{\varepsilon_s-\varepsilon_r}{\left[1+\left(\frac{\alpha\cdot\theta}{\varepsilon_s-\theta}\right)^{-n}\right]^m} \quad \text{（式 4-5）}$$

式中，ε 是孔隙比，ε_s、ε_r 分别是饱和状态和给定含水率时（最终含水率）的孔隙比。θ 是以下边界条件下的含水率（Peng 和 Horn，2005；Peng 等，2006，2007）：

$$\theta\rightarrow 0 \quad \frac{\theta}{\varepsilon_{s-\theta}}\rightarrow 0 \quad \varepsilon\rightarrow\varepsilon_s \text{和} \theta\rightarrow\theta_S \quad \frac{\theta}{\varepsilon_{S-\theta}}\rightarrow\infty \quad \varepsilon\rightarrow\varepsilon_r$$

4.4 土壤膨胀

土壤膨胀是指单个颗粒通过水合作用或吸水过程而引起的土壤体积增加。膨

胀本质上与水吸附密切相关，并发生于吸附水量增加时。因此，控制膨胀的参数主要有矿物表面性质（矿物粒径分布和类型）、交换容量（矿物类型）和吸附在其表面离子的水合能力（化合价和离子半径）。

另一种理论认为，黏土颗粒间排斥力相互作用产生膨胀，颗粒间吸收了足够多的水分子就能分离。

4.4.1 膨胀机制：膨胀压

当团聚结构的土壤体积增加受阻时，就会产生膨胀压。膨胀压是指单位面积土壤吸附水分子时所产生的力。水合过程使大量水分吸附在土壤上，所产生的膨胀压非常大（表 4.3）。黏土矿物晶格能吸附的水分子越多，产生的膨胀压就越大。特别是富含镁和钠的黏土矿物所产生的膨胀压更为显著（表 4.3）。

表 4.3　黏土矿物的组成对其化学和物理性质的影响

a. 3 种黏土的膨胀压、比表面积和阳离子交换量

黏土矿物类型	膨胀压/mPa · kg^{-1}	比表面积/m^2 · g^{-1}	阳离子交换量/mol · kg^{-1}
高岭石	0.24~0.43	20	10
伊利石	0.55~0.88	100	40
蛭石	4.07~4.23	1 200	120

b. 主要阳离子对膨胀压的影响

主要阳离子	膨胀压/mPa · kg^{-1}
Mg^{2+}	1.75
H^{+}	1.45
Na^{+}	1.42
K^{+}	0.84
Ca^{2+}	0.71

膨胀压通常没有任何宏观效应，因为自然土壤的团聚体总是部分脱水，或者至少粗孔隙中总是充满空气。在这种条件下，土壤团聚体内或团聚体间的颗粒重新排列就会释放膨胀压，从而引起水平的体积变化（裂缝形成）。若在水平方向不再收缩，且颗粒重新排列也不起作用，则会发生垂直方向的体积变化，这在膨胀土中十分明显。当土壤团聚体间的孔隙被从上方掉落的干燥土粒填满时，在水平

方向不可能发生进一步膨胀，此时体积膨胀就导致隆起，田间出现的特有挤压微地形结构就是该原理的显现，裂缝结构可以发育到更深的区域。通过膨胀引起的剪切作用和黏土矿物的重新排列会形成擦痕面，这意味着膨胀和收缩过程中体积变化的强度、方向，都受到物理过程的控制。膨胀和收缩都可以用几何因子 r 来量化（Bronsvijk，1990；Braudeau 等，2004）。

脱水过程之初，土壤体积主要通过垂直收缩而减小，尤其是均质黏土。在土壤发育后期或脱水后期，水平方向的收缩变得明显。体积变化的同向性意味着水平和垂直延伸的比例为 2∶1，而垂直异向性的体积变化可定义为 r 值<3，水平异向性的体积变化为 r 值≥3。初始水饱和沉积物优先进行各向异性的收缩，水平方向上的初始膨胀 r 值>3。实现各向同性膨胀的最好方法是田间持续灌水。干旱气候下的土壤是一个例外，因为黏土矿物具有强烈的膨胀潜力（吸附了阳离子中的钠离子）。富含钠离子的黏土可以抵消垂直收缩，甚至可能导致土表垂直排列的各向异性隆起。

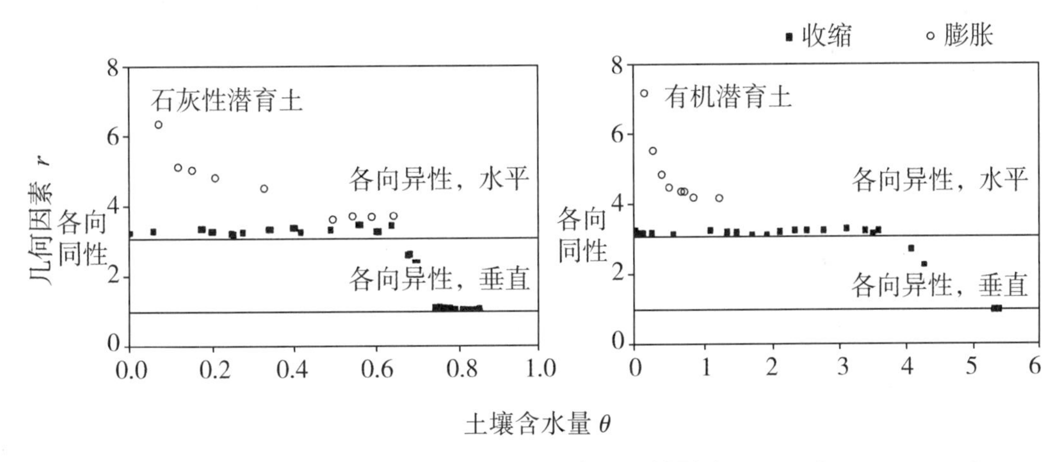

图 4.7 土壤膨胀和收缩对土壤体积变化的各向同性影响（Peng 和 Horn，2007）

干燥条件下的几何因素 r 从 1（垂直各向异性）增加到 3（垂直各向同性），而重新膨胀开始于水平各向异性运动，饱和条件时部分达到各向同性。

土壤隆起要满足 3 个条件，初期未发生过水平延伸，水平膨胀压不产生任何侧向运动，以及有侧向拱座（如容器壁形式）存在。摩擦（即沿横向约束产生的抗剪强度）提供了额外的减速动能，导致圆形隆起。图 4.8 显示不同容器中装有等量土壤，容器越小，壁与黏土保持静止的摩擦力越大。容器壁的摩擦力抵消了吸水过程，小容器有效减小了膨胀程度。这种圆顶形的团聚体表面，是碱土（Sol-

onetz）或挤压微地形土壤（Gilgai-soil）的特征，就是侧向限制的结果。

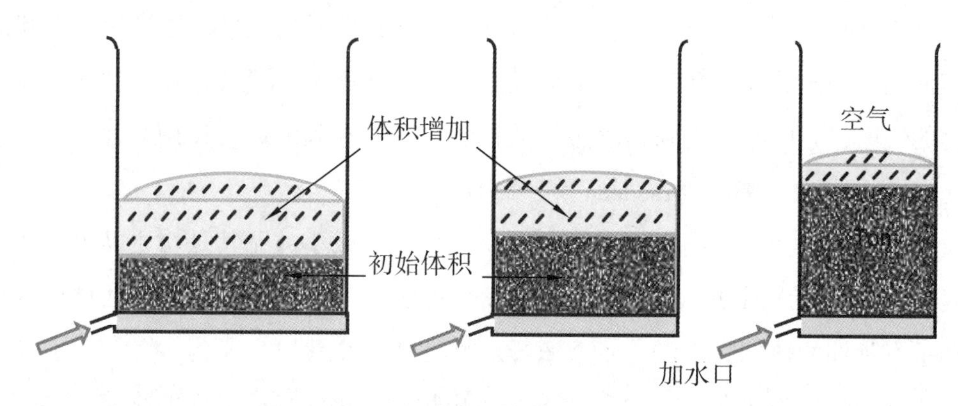

图 4.8　容器壁摩擦对黏土膨胀过程的阻碍作用

如果前期脱水事件极少，土壤太软而未产生收缩裂缝，则整个土层可能在水分开始增加时出现隆起。当初始沉积物脱水时就会产生这种情况，如沼泽和洪积平原。垂直方向体积增加的阻力最小，因为潮湿沉积物的膨胀压很小，所以体积增加易受制于沉积物质量。在土壤剖面中膨胀引起的体积增量会随深度增加迅速减小，而随着土壤含水量变化而产生强烈的表层垂直抬升现象仅限于膨转土（Yule，1984）。

在应力占主导的情况下土体非常接近平衡状态。上层土壤颗粒的质量限止了持续加水（接近饱和）所产生的体积膨胀，因此，黏土颗粒周围的水膜不能膨胀。因为颗粒周围水膜扩大空间就需要抬升上层土壤。田间条件下实现整个土体的平衡很难，基于基质势随深度变化的脱水曲线（Philip，1969），与正常的流体静力平衡相反（见第 5 章）。这也解释了高孔隙体积可长时间留存于黏土沼泽和河漫滩深层的原因，使得深层土壤比表层更软。

在初始颗粒无法进一步加水的情况下，将达到一种类似的非流体静力平衡，因为荷载（土壤颗粒的质量）是随水的质量而增加的。与深层土壤相比，表层土壤中的水具有较低基质势，但会受到固体表面水吸附的影响，此时也接近平衡，但很少达到平衡。这种状态被称为湿润型平衡，与流体静力平衡相反（Philip，1969）。

较老黏土具有典型的水成状态，只有当附加的剪切力达到平衡时，黏土才能达到流体静力分布。

逆转因收缩引起的体积损失需要自由水和机械能，通过揉捏、剪切、车辆行驶、动物践踏或雨滴作用等对土壤产生影响。逆转通常开始于局部超压力出现时，且该超压力与能吸水的颗粒表面相连接。变形做功与之相关。图 4.9 说明了揉捏对滞水膨转土（中生期的黏粒含量 52%，<2 μm）的孔隙体积产生影响。膨胀（持续揉捏作用）引起的孔隙体积增加越大，说明样品以前脱水次数越少，以前脱水或收缩被逆转的次数越多。揉捏作用的差异是由于土壤内部存在抗剪强度，该阻力在脱水时增加。除非对土壤样品施加揉捏压力，否则，以后加水（再湿润）对土壤内部切应力的影响很小（Horn，1976）。

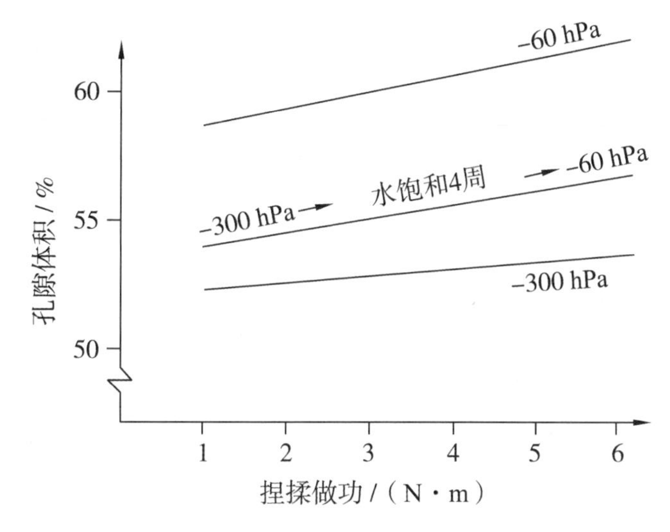

随着捏揉做功增大孔隙体积增加，水势水平（平衡于-60 hPa 和-300 hPa）和预处理（-300 hPa 下脱水，超自由水饱和，然后-60 hPa 脱水）

图 4.9　捏揉对孔隙体积变化的影响

机械应力在斜面缓慢累积的过量孔隙水压力，也可能是由位势差（高程差）引起的。水在陡坡和河堤中起着额外的润滑作用，通过膨胀使得陡坡和河堤不稳定，并在滑坡开始时土壤孔隙水压力上升（Feeser，1985）。

4.4.2　膨胀的抑制

当水接触吸附表面受到限制造成低导水率时，膨胀被抑制，如典型的均质黏土。低导水率也能阻止雨水进入土壤，并在降雨停止前使其均匀分布在整个土体的吸水膜上，如降雨中的蒸发作用。沼泽和河漫滩的土壤在植被生长期间保持了较好的水力和空气传导性，这是由于在以前极度干燥的年份产生了强烈收缩，从

而提高了机械稳定性（Kuntze，1965）。

向土壤中添加较高浓度的咸水也具有相同的稳定效果（抑制膨胀），特别是当添加的水中多价阳离子浓度高于已经存在的吸附水膜中多价阳离子浓度时，不再是通过结晶和随后离子桥键的形成，而是通过浓度梯度保持阳离子交换的稳定结构。在灌溉后的脱盐过程中，该效应会对土壤产生极大影响（Bressler 等，1982；Debicki 和 Wontroba，1986；Brod，2008）。

要除去土壤中对农业有害的盐（主要是钠盐），须通过用其他阳离子（如 Ca^{2+}）替换才能抑制膨胀。膨胀将大大降低渗透性，阻止渗漏（这是脱盐所必需的）。膨胀抑制作用会随着水中阳离子浓度的增加而增加，并且阳离子的价态越高抑制作用越强。

土壤中添加 CaO 会导致土壤含水量下降（CaO 与 H_2O 的放热反应），因此，可稳定土壤，特别是富含黏粒的土壤。进入土壤的 CaO 与团聚体表面水结合，产生 $Ca(OH)_2$，释放的水分部分蒸发或与 $Ca(OH)_2$ 通过吸湿作用而结合。因此，水从团聚体中优先析出（收缩），并通过产生新的次生孔隙增加土壤稳定性（Junge 等，2000；Groenevelt 等，2001）。该稳定性持续存在，直到 $Ca(OH)_2$ 与 CO_2 结合，完全转化为 $CaCO_3$ 和水。在富含黏粒的生物活性较低土壤中，这种坚硬状态长期存在。碳酸盐形成之初，由于 $Ca(OH)_2$ 与 CO_2 结合而释放水分，且这个过程发生在团聚体表面，并导致部分变得更紧密和稳定的团聚体发生膨胀。如果这些土壤受到额外剪切作用，添加 CaO 所产生的稳定作用将消失，因为剪切作用使得水接近矿物表面，导致土壤的膨胀势增加。

团聚体表面形成的碳酸盐晶体与其他矿物颗粒（如石英、铁氧化物和氢氧化物）一样，具有抑制膨胀的效果（Schababi 和 Schwertmann，1970；Markgraf 和 Horn，2007；Markgraf 等，2011）。这些矿物薄片因入渗到团聚体内所需的水势下降，不能更紧密堆积。最后，有机酸具有两极（极性和非极性）性质。干燥后会阻碍团聚体湿润，延迟或长时间抑制再润湿和膨胀（见第 4.7 节）。

4.5 土壤裂缝的形成

力学中有两种裂缝类型：拉伸断裂和剪切断裂（Hahn，1970），这二者都是固体应力释放的结果。裂缝是由于应力超过土壤机械强度而造成的。

土壤中的第一道裂缝源于脱水过程中的收缩，是拉伸断裂，且与土壤中合成拉力呈直角（图 4.10a）。应力合力超过土壤强度，构造中异质性的地方出现该力的峰值（Hartge 和 Horn，1977）。这些初步断裂的增长等同于产生新的土壤—水和土壤—空气界面，因此，消耗能量，这就需要继续增加拉张应力（Raats，1984；Feeser，1985）。在细颗粒基质中，这相当于基质势的持续下降。

黏土裂缝形成时释放的压力不能通过裂隙传播，会使土体内的应力重新分布。当新产生的裂缝表面体积减小，开始失水，不再与新形成的土壤体积相匹配，第二次裂缝形成。在均质沉积物中，第二次裂缝与初次裂缝呈直角，由此就产生了典型的土壤收缩裂缝系统（图 4.10b）。该系统由垂直延伸到土壤中的裂缝组成，因为沉积物体积不遵循各向同性弯月面收缩的水平向量，而是由垂直延伸到土壤中的裂缝组成。在初始含水量恒定的情况下，裂缝形成更频繁，整个基质的移动性越小，基质抗变形的能力越大。由于这个原因，富钠黏粒比富钙黏粒裂缝间距要宽，也更坚硬。

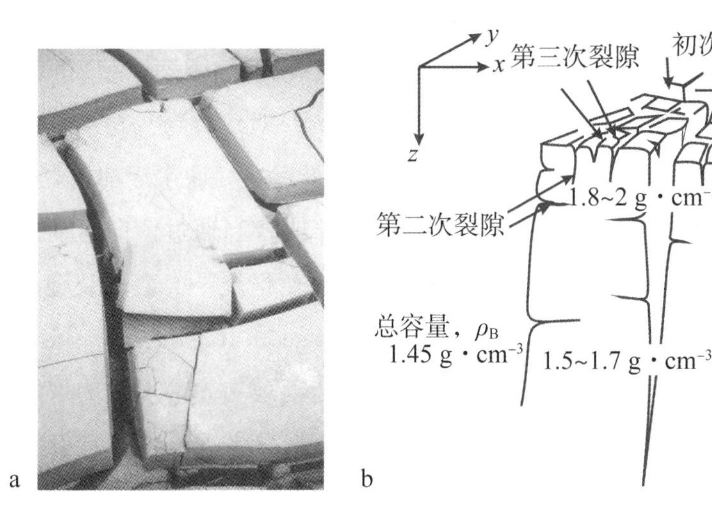

a. 黏土脱水初期形成的拉伸裂缝系统；b. 裂缝形成的时间序列。第二次裂缝与初次裂缝呈直角（垂直和水平）

图 4.10 黏土拉伸裂缝系统和收缩裂缝系统

垂直裂缝系统有规则地形成两边到六边的柱状团聚体，垂直长度大于宽度，呈棱柱形。对收缩厚度较小的土壤，如砂层上存在几毫米厚的黏土层，黏土层断裂并剥落，剥落的薄片边缘向上弯曲。因为下面砂层有较高的剪切强度，能造成的收缩小于覆盖的黏土层。黏土中所形成的裂缝不能向下传播到砂层中。

黏粒层与其下面砂层的界面存在不规则收缩（R. Horn 拍摄）

图 4.11　砂层高抗剪强度导致的覆盖黏粒层劈理断裂

当一个倾斜的沉积物表面收缩时，重力成为最大倾斜方向上的附加分力。因此，倾斜表面劈理断裂系统以裂缝与最大斜坡呈直角为特征。

土壤中也存在拉伸断裂之外的剪切裂缝，这表明结构形成是渐进的（Wilding 和 Hallmark，1984）。剪切断裂面与压缩力的合力呈对角关系，与水平的夹角（旧裂隙）为 $45°\pm\varphi/2$ 或 $135°\pm\varphi/2$（图 4.12）。因此，主要脱水后都能观察到剪切断裂。例如，当棱柱体下坠时剪切断裂继续收缩，或者当通过侧向运动接近土壤颗粒（垂直抗剪强度过高）时剪切断裂形成。在自然情况下，剪切裂缝往往是含水率侧向变化的结果，湿润锋处出现剪切力（Hartge 和 Rathe，1983；Grant 和 Dexter，1989；Scheffer 和 Schachtschabel，2016）。这也是与先前形成的裂缝存在夹角的原因。剪切断裂时的内摩擦角越大，新的剪切裂缝平面向原拉伸裂缝的倾斜程度越强。

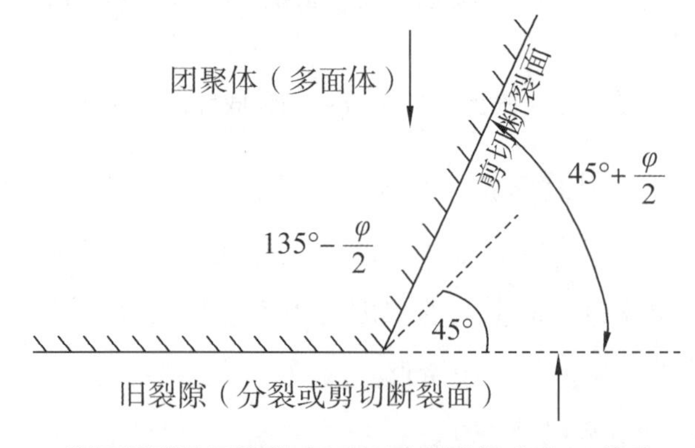

图 4.12　剪切断裂及团聚体表面与形成裂缝应力（箭头）的夹角

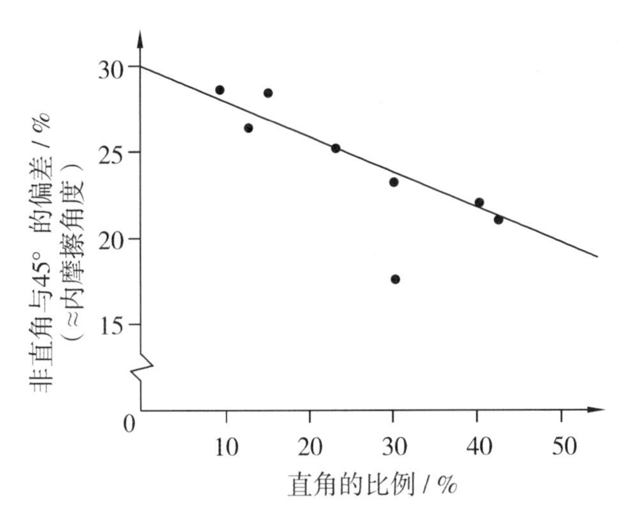

拉伸断裂与剪切断裂的比例可以作为团聚体结构发展的状态指标

图 4.13 拉伸断裂（≈90°）和剪切断裂 $\left(45°+\frac{\varphi}{2}\right)$ 的比例关系

剪切断裂（相对于拉伸裂缝呈锐角和钝角）仅在初始收缩后形成。剪切断裂数量越多，发育程度越强，新的断裂系统越紧密。随着土壤演化，这些裂缝更接近 $45°-\frac{\varphi}{2}$ 的方向。

表面间测量角度（沿着断裂方向）大于和小于 90° 的团聚体数量基本相等。具有锐角的团聚体更容易破裂，田间采样时不好保存。

因为两种机制形成的裂缝数量，随着收缩程度、部分膨胀次数、加载和卸载次数而增加。成熟土壤结构体系的特征是形成更紧密的裂缝网，即更小的团聚体。同样，紧密的裂缝网伴随着团聚体大小变化也变得更加稳定，其特征是团聚体多面夹角不等于 90° 的比例变得越来越大。因此，土壤拉伸断裂和剪切断裂过程总是产生系列的棱柱、多面体和半菱角状块体。这些土块大小取决于土壤发育过程中收缩和膨胀强度和次数，但产生这些块体的次序保持不变。

4.6 水是土壤稳定性的影响因子

矿物颗粒周围的孔隙水总是影响土壤结构的稳定性，这是水的质量效应造成的。水是土壤的重要组成部分，在 40%（V）的孔隙比下，土壤含水量为 20% 或 25%。土壤含水量取决于基质压力，含水率高低可能导致土壤颗粒和水膜接触点的法向应力增加或减少（图 4.14）。除了水的质量效应之外，水还可能通过引起

局部压力的变化而影响土壤的应力，进而影响土壤稳定性。

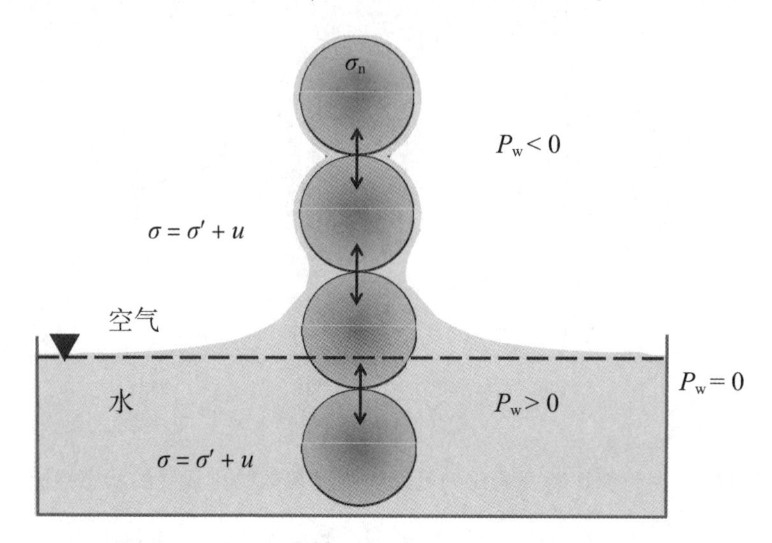

地下水作为参考面，在地下水以上孔隙水为负压，有效应力增加；在地下水位以下，有效应力减小

图 4.14　水中、高于和低于自由水位的压力分布及其对颗粒接触点产生正应力的影响

4.6.1　静水压力

受弯月面限制的土壤水（见第 3 章）常在土壤基质上施加收缩力，当水膜向下延伸到地下水位时，地下水会产生向下的拉力。实际上地下水紧紧包裹着土壤颗粒，从而增加了相应体积的土壤质量（见图 4.14）。

弯月面具有类似于机械压实的效果。机械压实影响土壤体积，主要是通过土壤自身质量来实现。这种效应可以通过向垂直玻璃管中填充土壤基质，使基质浸透水并观察土壤表面的沉降来说明。直接由“悬着水”（suspended water）引起的质量增加，是普通张力增加引起的可流动剪切应力。这个效应甚至大大超过了弯月面水对每个颗粒的收缩作用。弯月面的作用是各向同性的，这与悬着水产生的压力相反。在这种状态下，土壤所含的水稳定了整个基质。

压缩土壤固相会减少孔隙体积，使得孔隙中的水移除。一般通过瞬间改变弯月面的形状来改变水侧向作用的压力（图 4.15）。当弯月面向外凸时，它们不再收缩邻近的颗粒，而是将其分开，导致稳定性急剧下降。只有排出多余水分，弯月面才能恢复原状。

在潮湿状态下踩踏细粒土，表面会变得光滑，这个现象证明了土壤孔隙水压力的变化过程。通过踩踏压缩，水不能通过孔隙快速移除而承受了新的荷载。水作为润滑剂，一旦剪切变形开始，土壤颗粒就更容易移动，因此，土壤稳定性显著降低。

第3章讨论了土壤中的应力及其组成，以及荷载类型、强度和方向，三维压力传播和变形的影响。此外，还解释了有效应力与中性应力增加（neutral stress）之间的差异。压缩土的“滑度”（slipperyness）可用总应力恒定条件下中性应力增加来解释，中性应力降低了土壤强度。图4.15表明，土壤颗粒间的凹弯月面施加一个起稳定作用的负压，在压力作用下弯月面变凸，产生正的孔隙水压力，使土壤变得不稳定。因此，中性应力由负值和正值组成，而基质势仅包括水中可能产生张力的一部分，即小于大气压的压力值，不包括土壤中稳定或不稳定渗透势和电动势的压力效应。

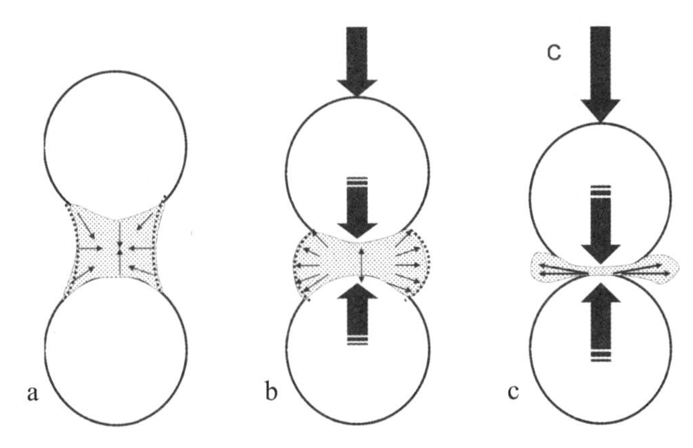

a. 初始状态的凹形弯月面；b. 压缩球体使土壤颗粒靠近，形成凸形弯月面；c. 排水使得两个球体彼此靠近，形成更凸的弯月面。从a到b负孔隙水压力 u_w 的负值变小，c是由于两个球体相互挤压，u_w 达到正值（正的孔隙水压力）

图4.15 反复加载引起的土壤颗粒间孔隙水压力变化

土壤基质势的任何变化都会引起土壤稳定性的变化，这是因为基质势与弯月面形状直接相关。与湿土相比，基质势（低于大气压的水压）可提高土壤稳定性，但需要有效接触面积足够大（见表4.2）。正水压使土壤变得不稳定。

延迟排水（增加基质潜力）引起的暂时水压增加，不可避免地削弱了土壤稳定性。只要排出相应的水量，这种土壤稳定性减弱效果就会消失。这种短暂土壤稳定性降低的程度和时间，取决于为获得新平衡而必需的排水量比例、导水率和

沿排水路径的水力梯度。就像流变状态的变化一样，上述稳定性的降低可以通过剪切储能模量和剪切损耗模量等参数来量化。

相对于较大的团聚体，在相同的孔隙结构下较小的团聚体有更多向外开放的孔隙，且流动距离短，水可以通过这些孔隙溢出。因此，小团聚体中稳定性降低程度较小，而大团聚体则相反。如果受影响的土壤体积较大，如河流或湖泊边的沙滩，这些小团聚体/砂砾的稳定性也会降低。

车辆或动物施加的机械应力、雨滴能量、根部压力、蚯蚓活动等产生的瞬时中性应力，取决于压力强度、有效的导水率及荷载和卸载的频率。测定的最大压力为 60~80 kPa，这些压力可能是压缩性的或剪切性的，并可能导致周围土壤的完全液化（Peth 等，2010）。

水对土壤剖面或斜坡上部结构稳定性的影响，可以通过测量张力变化来确定，水分运动及土壤基质的阻碍（如抑制膨胀）是关键因素。

4.6.2 土壤中的流动压力

水对土壤及其结构的影响，不仅在于水会在土壤基质中移动，而且水会产生压力。只要土壤颗粒不动或移动的比水慢，就会阻碍水的运动。因此水会被土壤颗粒减速，也会沿水流方向使颗粒加速运动。施加在土壤颗粒上的力与作用在相同体积水的力相同，通过计算作用于一定面积（F）上的压力，对应于颗粒体积的水体积（$F \cdot l$）来证明。

$$\frac{p \cdot F}{F \cdot l} = \frac{p}{l} \text{ 或表达为一个梯度 } \frac{\Delta p}{\Delta l} \qquad \text{（式 4-6）}$$

去掉式 4-6 中的 F，表明流压（flow pressure）的大小等于一定距离 Δl 间土壤水压力的变化 Δp，因此，流压这个术语具有误导性。实际上它不是压力，而是单位距离的压力变化。当导水率降低或流体横截面变窄时压力增大，二者都产生作用于颗粒的一种力。土壤中应力无处不在，受影响的颗粒在最小阻力下可以移动，流压产生的位移就最大（见图 3.6）。例如，在水流方向的土体（边坡）终止处，需要产生阻力的法向应力分量（normal stress components）很小或缺失。

在土壤饱和条件下发挥作用的机制同样适用于非饱和土壤。与土壤饱和条件下基质势为正的区域内压力差不同，非饱和条件下在基质势作用的区域内存在水压。然而压力梯度在非饱和区比在饱和区高得多。这特别适用于一定量的水分入渗到土壤中的湿润锋面，与流过干燥土壤薄层水的情况一致，水前锋携带了大部分颗粒。$\Delta p/\Delta l$ 大幅度减小，从而降低了剥离和输送颗粒的潜力（图4.16）。

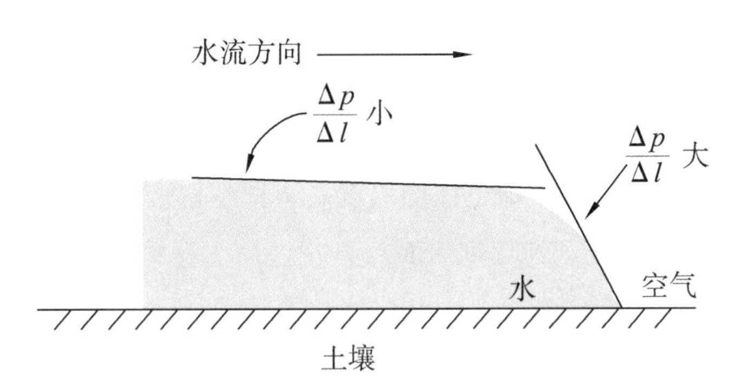

梯度最高的水锋具有最大的剥离和输送颗粒潜力，水前锋剥离和输送颗粒的潜力最小

图4.16 沿着前进水锋对土壤产生的压力梯度

在最强压力梯度区域内不被剥离的颗粒很可能不会被移动，但当压力大到足以使颗粒克服障碍物的阻力，这些颗粒就会被输送。在炎热季节，陆地顶层的土壤逐渐变干，渗透前缘梯度的斜率随着土壤深度增加而减小。在该梯度下，流压也随之下降，被输送的颗粒必然黏附在其水路中的障碍物上，插入压实过程和沉积过程（Bt层）引起的颗粒结构变化说明了该现象。反之，相同材料在“较潮湿”层（如滞流的淋溶土）比在干燥层中的运输效率低，相应的流压也较低。在更湿的土层中，由于较小压力梯度下饱和导水能力更大，等量水的移出速度更快。梯度对物质输运的强烈影响，解释了即使在水上升处物质也会向下输运。例如，蒸发无法产生与罕见暴雨相同的压力梯度。

最后，必须指出垂直饱和水分运动梯度这种特殊情况，该压力梯度增加了土壤颗粒的重力加速度。当水向下流动时，理论上土层底部的中性应力小于顶部的中性应力，这导致有效应力大于中性应力。因为水的重量不变，所以总应力保持不变，由于失去底层（压力梯度）支撑，水变成悬着状态。固相物质任何表面上的法向应力增加，也会导致抗剪强度增加（稳定性增加）。

在水垂直上升的区域，中性应力表现则相反。中性应力是顶部比底部低，有效应力减小了底部和顶部的中性应力之差，并降低了抗剪强度。

无黏性土壤中，一旦其底部和顶部的中性应力差值等于单位高度上重量增加的绝对值，它将几乎完全丧失强度，密度大于它的物质会浸入其中。在水下受到浮力作用的沙，容重$\rho_B=1.64\ g/cm^3$（孔隙比=48%），实现上述状态时需要向上的水压梯度（$\Delta p=\Delta z$）为：

$$\frac{\Delta p}{\Delta z}=\frac{\Delta h_w \cdot \Delta p \cdot g}{\Delta z}=\frac{\Delta h_w \cdot (\rho_B-\rho_w) \cdot g}{\Delta z}=\frac{64(Pa)}{1(cm)}=0.64\left(\frac{hPa}{cm}\right) \quad (式 4-7)$$

这个梯度被称为临界梯度，g是重力加速度，Δz是密度差，ρ_w是水的密度，Δh_w是水位差，Δz（=1 cm）即土柱的厚度。这种不稳定的过程，通常发生在洪水季节（自流水）开始的河流堤坝后面。

4.7 土壤的湿润性能

将水倒在干土上时，水分或快或慢地在土壤表面铺开并形成液滴，在很长一段时间内不能渗入土壤。这一现象例证了在考虑土壤水力过程中，最常被忽视的土壤颗粒的特性——土壤表面的湿润抑制。在含水量低于田间持水量的干旱土壤中，这种现象最为明显（见第8章）。湿润抑制不仅明显影响径流和渗透，而且也影响土壤中水分布和表层土壤非饱和水的发生、分布。

“湿润抑制”通常表示跨越亲水性和疏水性，广泛存在的有限润湿性现象。具有湿润抑制作用的土壤比亲水性土壤吸收水分的速度更慢，而疏水性土壤则不会自发吸水。亲水性和疏水性表征颗粒表面与水分子结合程度。疏水性表面通常会排斥水分，不吸收水分，并且作为颗粒混合物不与水混合。因为疏水性表面水分子的内聚力超过了与之接触水分子的内聚力。水—氢键的偶极性是导致强内聚力的原因，水沸点高证明了这一点。与疏水性表面相反，亲水性表面更容易与所有极性物质相互作用并形成氢键。从物理角度来看，湿润性是非常有趣的现象，因为微量有机物可能从根本上影响物质的表面物理性质，特别是土壤表面（Fowkes，1964）。

4.7.1 土壤颗粒表面湿润抑制的发生和原因

若固体表面张力超过水表面张力，则认为固体表面是可湿润的。由于矿物表面有较高的张力，通常认为是可以完全被水湿润的（见第4.7.2节）。但严格地说，这仅适用于纯物质，即水和矿物表面都不含任何杂质（Zisman，1964）。然而，即使矿物表面是完全可润湿的，在土壤中也没有观察到0°接触角。相反，土壤表现出更大的接触角，这是因为极性矿物表面能够从空气或水中快速吸附可被永久性改变的有机物（Zettelmayr 和 Chessick，1964）。渗透水中包含有机化合物（通过接触有机颗粒而获得）的情况就更加明显。吸附具有选择性，矿物吸附的水被渗透水中的有机物取代了。这些吸附在矿物表面的有机物明显会影响润湿行为。大量研究表明，生物膜（微生物沉积）也可以显著降低矿物表面的湿润性，特别是兼具亲水性和疏水性的两亲分子（amphiphile）会显著影响颗粒表面的状态，如长链脂肪酸、腐殖酸或黄腐酸（Tschapek，1984）。两亲分子的亲水端可黏附在矿物表面，使疏水端后部向土壤水延伸，阻碍湿润或在极端情况下发生疏水行为。

研究表明，湿润抑制是土壤中常见的现象（Doerr 等，2000）。在砂土、壤土、黏土、泥炭和来自火山灰的土壤中，都观察到了湿润抑制行为。在比表面积低、酸性强的砂性土壤中易发生湿润抑制（Woche 等，2005）。据估计，荷兰 75%用于农业和放牧的土地有此特性（Rotsema 和 DekkerE，1994）。特殊植被也可能有利于疏水性的抑制，特别是针叶树下的石楠具有疏水性。火灾会进一步加剧植被的疏水性（Mast 和 Clow，2008）。

4.7.2 接触角和毛细管作用

液体具有强内聚力，可使其与空气界面的表面积最小化。任何变形都会使表面积增大，因此，液滴和液泡力图呈球体并抵抗变形。表面积增大所做的机械功相当于特定的自由表面能，单位 J/m^2 或 N/m，自由表面能简称为表面张力 γ。水与气体界面处的水张力称为表面张力，水与不同液体或固体界面处的张力称为界面张力，表面张力是界面张力的特例。

土壤中的混合物存在不同类型的界面，如固体—液体、液体—液体和固体—气体等界面，都具有相应的界面张力（图 4.17）。三相系统根据最小约束原则进行调整，以使界面能之和最小。主要通过减小系统界面中能量最高的界面面积来实现。杨氏方程说明了物理学上接触角 α 的基本物理意义（Adamson 和 Gast，1997）。

$$\gamma_s - \gamma_{sf} = \gamma_l \cdot \cos\alpha \qquad \text{（式 4-8）}$$

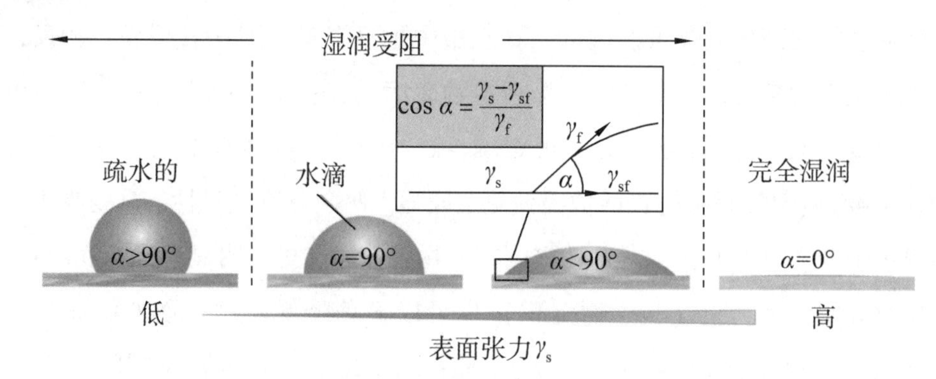

接触角来自液—固界面张力γ_{sf}，固—气界面张力γ_s 和液—气界面张力γ_l

图 4.17 接触角（α，湿润角）

大多数固体具有非常高的表面张力，会拽着液体进入它们的表面使界面能（张力）最小，使具有最高能量的界面面积（气体—固体）最小化。接触角为 0°时，液体在整个表面上形成一层薄膜（$\alpha=0°$，$\cos\alpha=1$）。

$$\frac{\gamma_s-\gamma_{sf}}{\gamma_l}=\cos\alpha=1 \quad \text{（式 4-9）}$$

因此，可以用展开系数 S（mN/m）来表征润湿系统。

$$S=\gamma_s-(\gamma_{sf}+\gamma_l)=\gamma_l\cdot(\cos\alpha-1) \quad \text{（式 4-10）}$$

在 $\cos\alpha<1$，展开系数为负时，润湿是不完全的，可以在液滴边缘处测量接触角。为此，α 也被称为边缘角或润湿角。式 4-10 表明，润湿角是 3 个界面张力作用的直接结果，而不是它们绝对值的大小。相对于固体，液体表面张力越大，表面可润湿性就越高。如果液体界面能超过固体，液体就会在表面完全展开。界面能量>500 mN/m（固体金属，取决于熔点和硬度）或>20 mN/m（有机物质）。土壤颗粒上测定的表面张力介于 20～−60 mN/m，通常反映了有机薄膜和有机物的存在（Bachmann 等，2003）。这些值通常小于土壤水的特征值，为 50～72 mN/m（纯水），出现比纯水更低的值是因为存在溶解在水中的有机物。所有界面张力的平衡状态导致了最高能量界面面积的减小，直到其他界面能的反向张力得到补偿为止。这种平衡最终影响部分饱和孔隙系统中水、固体和气体的分布。

接触角不仅影响流体在其表面的扩展速率，还控制其渗透毛细管的速率（Adamson 和 Gast，1997）。一旦流体与土壤接触，接触角会在气孔的三相界面处形成一个弯曲的边界表面，将气孔中充满水的部分分开。该曲率反过来又引起液—气界面表面上的压力梯度，可由杨—拉普拉斯方程（Young-Laplace）描述。

在圆形横截面的毛细管中压力差 Ψ（单位：Pa）等于基质势（见第5章）。

$$\Psi = p_g - p_l = 2\gamma_l \cdot \frac{\cos\alpha}{r} \quad \text{（式 4-11）}$$

式中，p_g（单位，Pa）是气相中的压力，p_l 是液体中的压力，α 是接触角，r 是毛细管的内径。如果 $\alpha<90°$，压力差 Ψ 是正值，液体将自发进入毛细管，如果 $\alpha>90°$，为疏水表面，压力差为负值，会导致毛细管高度较低。

土壤孔隙系统由直径大小不同的毛细管组成。使固—气边界面积最小化的趋势导致水在固体表面上形成水膜。在地球上，重力会抵消毛细管水的上升，通过计算可获得毛细管水上升的最大高度 h：

$$h = \frac{2 \cdot \gamma_f}{r \cdot \rho_w \cdot g} \cdot \cos\alpha = \frac{f \cdot \gamma_f}{r \cdot \rho_w \cdot g} \cdot \frac{2 \cdot \gamma_f - \gamma_{sf}}{\gamma_f} \quad \text{（式 4-12）}$$

式中，r 是毛细管半径，ρ_w 是水密度，g 是重力加速度。

式4-12显示了毛细管水上升对接触角的依赖，而这又取决于3个拉伸力的组合，在 $\cos\alpha=1$ 或 $\alpha=0$ 时分别达到毛细管水最大上升高度。毛细管水上升和相应的接触角如图4.18所示。在接触角 $<90°$（$\cos\alpha>0$）时，毛细管水上升，而接触角 $>90°$（$\cos\alpha<0$），毛细管水压力低，水不会自发进入毛细管。在弯月面湿润抑制导致的毛细管水下降的情况下，弯月面以上的固体颗粒上不会形成连续的水膜。

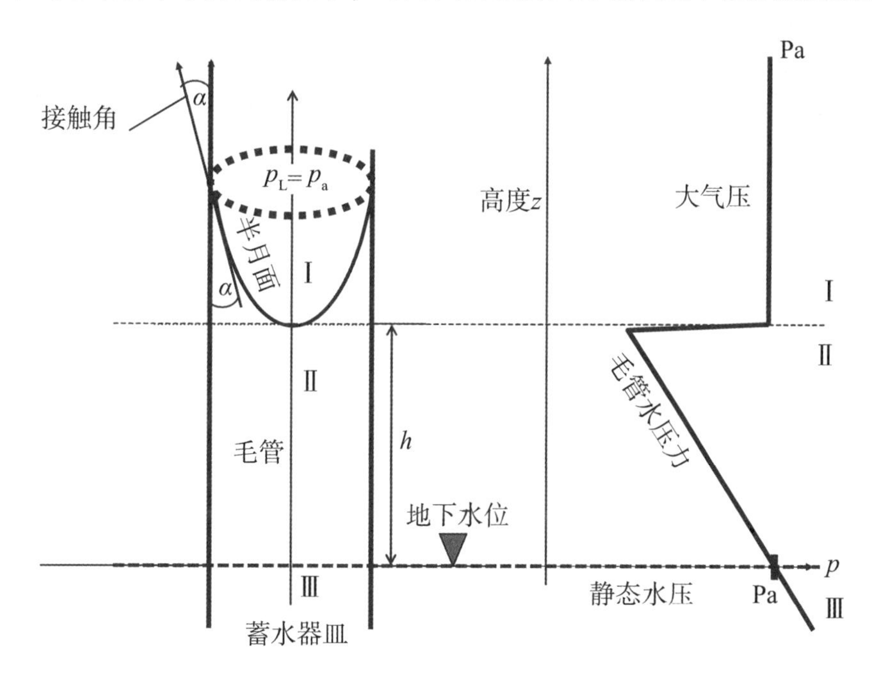

图4.18 浸入地下水的毛细管水压力条件

除非施加外部压力，否则，不会有水渗入干燥土壤中。图 4. 19 显示了接触角对充水毛细管水压的影响。右侧（a）显示弯月面上方毛细管（区域Ⅰ）中的气压；紧靠水气界面下方，水压降至最低值（区域Ⅱ）；再往下，低于弯月面水平（地上水位以上）区域Ⅲ，压力随着静水压力深度增加而增加。这说明了接触角 α 对水压的影响，其中毛细管水上升高度 h（毛细管内的负压）是 $\cos\alpha$ 的函数。

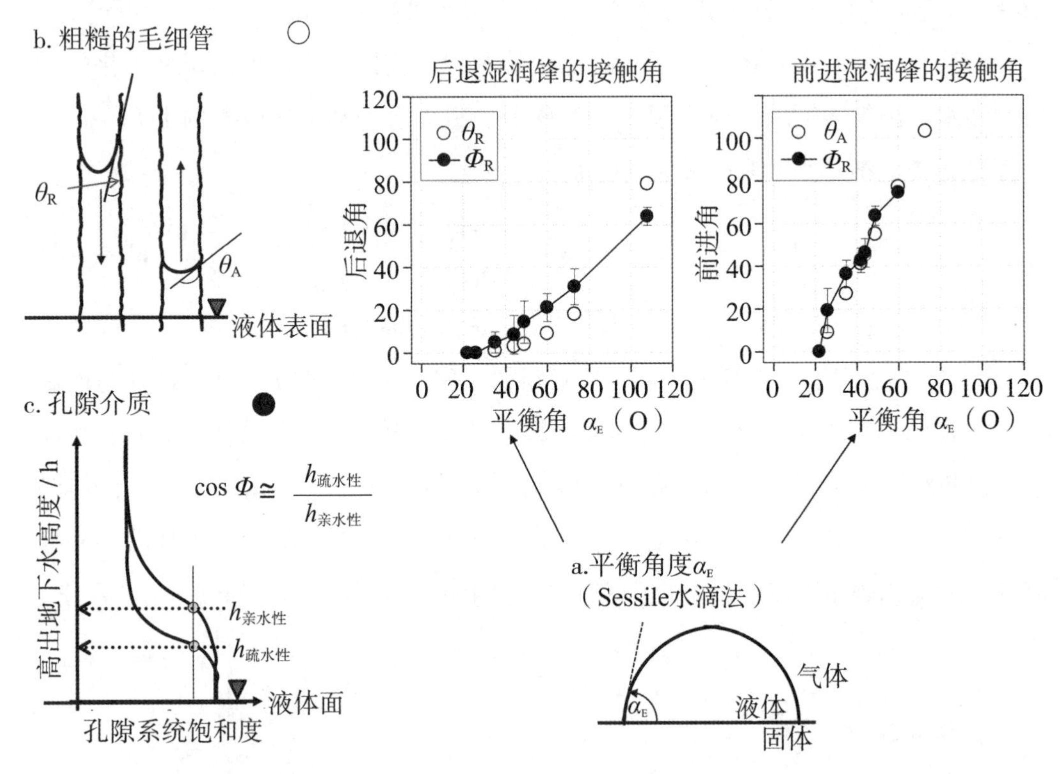

a. 光滑表面；b. 粗糙表面；c. 多孔介质。通过 Sessile 水滴法在光滑表面上测定理想的接触角 α_E（平衡角）。测定值与用模型毛细管（θ，空心圆，b）或者聚四氟乙烯球体堆积（Φ，全圆，c）计算的对应接触角度进行了比较。确定这些角度基于相应的，随着润湿角上升的毛细管水高度或多孔介质饱和高度的平均值（等同于上升高度）。以 A 为下标的量化指标是指毛细管水上升，以 R 为下标的量化指标是指毛细管或多孔介质退水（退缩角）（Morrow，1975，1976）

图 4. 19 不同聚四氟乙烯表面与不同有机液体接触后的接触角和表面张力

Morrow（1975）通过试验证明了表面粗糙的、不可润湿的聚四氟乙烯毛细管中接触角，对不同湿润程度液体和不润湿液体的毛细管上升影响。他通过不同液体的上升高度计算出接触角 α。这种方法所测量的接触角 α 与用 Sessile 水滴法测定的内接触角α_E 关系如图 4. 19 所示。图 4. 19 比较了光滑表面的接触角和根据毛细管水上升（前行角 θ_A）或毛细管水下降（退缩角 θ_R）时按照式 2-5 计算出的接触角。假定水上升时毛细管内充满空气而下降时充满水，毛细管与弯月面水平连接。图 4. 19 显示有效接触角与平衡接触角的线性相关，直线的斜率大于 1（前进）或小于 1（后退）。由此，表面粗糙度增加了前进与后退角度间的差异。图 4. 19 还显示，粗毛细管上测定的接触角也适用于相同材质的多孔介质。通过比较湿润和非湿润液体的毛细管上升高度，可以推导出湿润性对土壤接触角的影响（θ_A，θ_R），类似用于理想毛细管的方法。相反，已知接触角可以预测孔隙系统的毛细管现象。简化模型（圆形横截面的毛细管）可以应用于复杂“真实”的土壤孔隙系统，该模型仅能用于确定接触角。

4. 7. 3　记录湿润特性

在田间和在实验室中一样，通常无法区分湿润抑制效应与其他因素，如孔径、连续性或几何形状的影响。因此，必须使用间接方法测得，如摩尔乙醇液滴法（Medt，Hallett 和 Young，1999）和水滴渗透时间法（WDPTT，Hallett 等，2010）。摩尔乙醇液滴法是通过提高乙醇—水混合物中的乙醇浓度，直到该液体在给定的时间内渗透到土壤样品中。达到渗透所需的乙醇浓度越高，土壤疏水性越强。水滴渗透时间法不是测量初始湿润抑制，但可测量润湿的持久性，即水滴完全渗入土壤表面（具有小于 0°的接触角）所需的时间。该方法是基于湿润抑制强度随时间变化的典型事实。表 4. 4 列出了湿润抑制强度的分类。上述两种方法都适用于野外新鲜土和干燥后土样。

土壤的湿润特性也可以在实验室中通过确定液滴形状和润湿角的方法来分析，类似于图 4. 19 中所示的液滴法。另一种常用方法是在平板上固定土壤样品，滴一小滴水，从而获得接触角测量结果（Bachmann 等，2003），但该测量方法往往受到土壤表面粗糙和不均匀分布有机膜的影响，因此，得到的接触角不能反映平衡。毛细管上升法是比较水和其他液体（通常是已烷，$\gamma_l = 19$ mN/m）在垂直毛细管中的渗透速率，已烷通常不受湿润抑制的影响（Bachmann 等，2003）。许多学科采用的方法并未排除系统不确定性。对小颗粒而言，这种不确定性可能更大。与内吸试验的工作原理类似，借助张力渗透计在真空中加入渗水，以防止通过粗糙孔隙时的入渗速度太快。水的入渗速率与酒精的入渗速度相关，从而计算出一个排斥指数（Tilman 等，1989）。Ramirez 等（2010）比较了多种不同方法。

表 4.4　根据渗透时间确定的湿润抑制分类

(水滴渗透时间方法，WDPTT，Hallett 等，2010)

级别	湿润抑制程度	WDPTT
0	可湿润	<5 s
1	湿润轻微抑制	5~60 s
2	湿润明显抑制	60~600 s
3	湿润强烈抑制	600~3 600 s
4		1~3 h
5	湿润极端抑制	3~6 h
6		>6 h

4.7.4　湿润性对土壤环境和栖息地功能的影响

湿润抑制可能对土壤的环境功能，农业、林业和园艺的生产力具有相当大的影响。在澳大利亚，疏水行为影响了超过 500 万 hm^2 的农业用地，生产力最大降低 80%（Blackwell，2000）。湿润抑制能增加地表积水，促进土壤中形成优先流路径（Ritsema 和 Dekker，1994）。自由的地表水会沿着大孔隙入渗到土壤中，迅速从植物根区排出，从而使植物受旱，导致持久的土壤干—湿模式。干—湿模式会大大降低土壤储水能力，使水分迅速通过土壤进入地下水，同时也将农药、肥料等快速带入地下水。更深入的研究发现，润湿过程变化很大，影响着土壤的许多物理、化学和生物过程。即使低浓度有机物对土壤的影响，也可间接解释为对湿润参数的影响。这些湿润参数，与土壤强度、水稳定性（Naka Yama 和 Motomura，1984；Göbel 等，2005）、蒸发减少（Fink 和 Fraiser，1975；El-Asswad 和 Groenevelt，1985）、入渗改善（Emerson 和 Bond，1963；Letey，1975；Miller 和 Letey，1975；Hart 等，1986）等有关。湿润特性对有机污染物，如油、表面活性剂和杀虫剂有很大影响。湿润特性决定了少量有机污染物的移动、吸附或保留。表面活性物质的影响，在很大程度上取决于污染土壤的比表面积（单位：m^2）。

从土壤—水力角度来看，有时疏水性行为是有益的。一般土壤表面是疏水性的，地表径流增加，可以在洼地多收集水，有助于减少干旱地区的蒸发（Fink 和 Fraiser，1975）。

如图4.20所示，湿润抑制的地表基本上不含水膜，缺乏水膜会使左侧烧杯中的溶液从液体表面完全蒸发，而在右侧烧杯内壁上留下黏附的少许溶液。对于土壤，这意味着湿润抑制会形成从地下到地表的连续水膜。连续水膜蒸发最强，缺乏连续水膜会妨碍土壤表面干燥，同时阻碍盐分析出。

左侧烧杯具有光滑的疏水表面，右侧烧杯具有亲水的可润湿表面。右侧烧杯壁上有盐分沉淀，说明有蒸发。左侧烧杯具有湿润抑制的表面，盐仅在底部积聚（Bachmann等，2003）

图4.20 在烧杯中的高浓度盐溶液（KCl，$MgCl_2$）蒸发

4.8 土壤电流势

在固相—液相的界面上，不仅存在水力—机械关系，而且产生静电和电动效应。Scheffer和Schachtschabel（2016）详细描述了双电层现象和溶液流经带电表面产生的动力学现象，这些效应分为电泳（与电泳电位相关）和电渗（与电压差相关）。电泳效应是由细小悬浮的带电粒子与电场相互作用而引起，实际上与土壤自身无关。相较而言，电渗效应（ectroosmotic effects）受由颗粒状介质中水运动引起的电场影响。反过来，施加电场就能观察到土壤中的水分运动（Nissen，1980）。当水流过设定距离时会产生电压差（单位：mV），这种效应常被用来测量表面电荷。电压差越大，水流动越快。因此，恒定渗流速率下的电压差越大，导水率越小（根据达西定律确定的*K*值）。在低饱和度条件下，或者在孔径和流量横截面减小的情况下，上述关系成立。电位差所做的功远小于相应的水力梯度所

做的功，因此，电位差与水分运动无关。然而，所产生的电场可测量土壤中水流速度和方向。固相—液相界面处的双电层可防止形成任何电流场，因此，它必须导电（表面电导率）。这种电导率（降低电压差）越大，土壤基质交换容量就越高。图 4.21 显示了在砂质灰化土不同层次所测定的电压差。

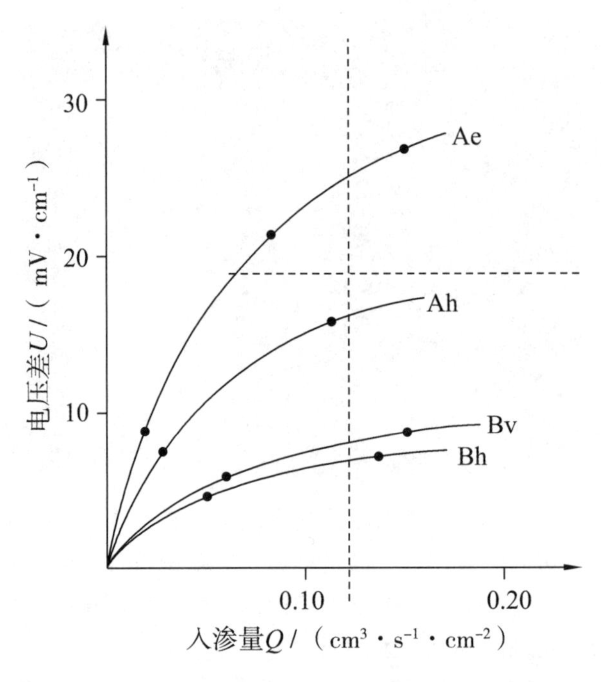

图 4.21　在砂质灰化土中不同层次的电流场与入渗量 Q 的函数关系（Nissen，1980）

4.9　团聚体性状和功能

土壤具有独特的结构特性，这与土壤母质、粒径分布、生物活性、气候条件和土地利用等因素相关。土壤结构决定着气体、热量和营养物质收支，并且控制着机械稳定性和水力稳定性。土壤结构的形状，即团聚体形态和空间排列方式，可以在不同尺度按照不同方法来分类。包括辨别代表性的结构单元，可以作为基本参数。这些参数对定义土壤景观、土体单元或者在微观尺度“较大”团聚体中黏土矿物的排列等都非常重要。随着计算机成像（CT）、同步加速成像、纳米 SIMS 技术的发展，微观尺度的分析能力得到了大幅提升，从而能够在纳米到毫米范围内进行定量研究（Vogel 等，2005；Herrmann 等，2007；Peth 等，2008；Markgraf 等，2011）。土壤基本形成过程详见第 6.3 节（Scheffer 和 Schachtschabel，2016）。图 4.22 中汇编了基本团聚体类型，并对它们形成的环境边界条件（破碎、生物和机械或人类活动影响的结构）进行了分类。

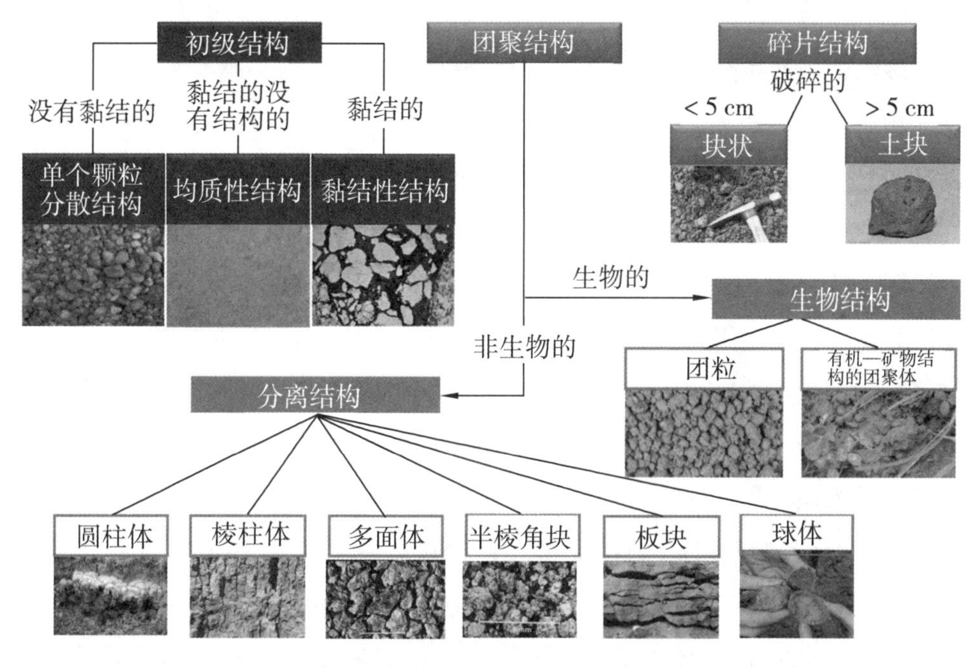

砂土中可以观察到的单个结构和黏结结构。这些结构形成是由于有化学沉淀形成的黏结物（Kuntze 等，1994）

图 4.22　膨胀、生物和人类活动作用下形成的团聚体类型

团聚体形成成为研究热点，一个重要原因是团聚体结构单元形成的过程以及控制这些过程的化学、物理和物理化学因素与尺度无关，就像受团聚作用影响的过程以及来自这些过程的土壤功能与尺度无关一样（Babel 等，1995）。团聚体形成需要将小颗粒结合在一起以形成较大的单元，或者通过解聚使得较粗团聚体变得更小，同时增加孔隙体积和颗粒表面积。虽然前一个过程是由收缩过程、膨胀过程以及体积变化导致的颗粒构型变化所引起，但较大颗粒的破碎也是由物理、化学以及一定程度的生物“风化”过程所驱动。一些研究表明，生物过程也导致了颗粒的团聚（Chenu 等，2000；Cosentino 等，2006；Nunan 等，2006）。

以下章节将讨论团聚体形成的物理—机械方法，这个问题在许多文章中讨论过（Scheffer 和 Sschachtschabel，1960；Bronick 和 Lal，2005；Nunan 等，2006）。还将考虑生物过程（Abiven，2007）和土壤中裂缝形成后的溶解、沉淀和氧化还原过程（Kay 和 Angers，2000）。

4.9.1 团聚体形成的自然过程

土壤颗粒运动是由土壤中干燥和湿润循环过程及其应力变化所引起。只有在土壤体积达到新的应力平衡时，土壤颗粒运动才会停止。参与的土壤颗粒越细，运动越明显，水力学和水势差越大，水饱和孔隙的比例越大（即式 4-8 的χ因子越高）（Horn 和 Dexter，1989；Horn，1990；Hallett 等，1995，2000）。这种理论并不局限于特定的土壤粒径分布（即使细颗粒小到只能用显微镜观察到），在液态和冷冻状态下也是适用的。在冻结状态下，作为势能“汇”的冻结锋将导致水向冻结锋流动，产生相应的压力梯度（弯月面力）。在压力梯度的作用下，未冻结的土壤颗粒向冰结锋移动。压缩作为一种结构性要素，也会出现在冰晶形成的地方。海洋淤泥质沉积物是一种特殊情况，其中有机物含量极高，氧化还原过程非常强烈。同理，沉淀过程、Fe^{3+}的化合物（铁硫氢化物）对蚯蚓洞穴及其排泄物会产生巨大的稳定作用。这种稳定作用即使在水饱和情况下也存在。蚯蚓排泄物的高稳定性来源于高抗剪强度（3~5 hPa）。蚯蚓粪便中有通过肠道后的地源性淤泥质沉积物。这些沉积物最初具有高疏水性，尤其重要的是在持续的、增强稳定性的“收缩—膨胀、脱水—润湿、高潮—低潮”循环过程中发生的有机反应。

第 4.5 节讨论了与土壤结构有关的裂缝（拉伸断裂和剪切断裂）形成的两种机制。从均匀的糊状物开始，土壤体积主要在垂直方向上收缩（垂直各向异性），这样就增加了接触点的数量，即在恒定的总应力（式 4-8）下提高了有效应力。随着失水量增加（水力势梯度增加），密度就不可能均匀增加（因为在土体底部存在最大抗剪强度）。这时形成的垂直裂缝（拉伸断裂）释放了土壤中积累的应力。从单粒结构开始，达到中间结构（没有裂缝，除了弯月面力作用外，化学沉淀也有稳定作用），随后形成棱柱状团聚体（其特征在于垂直的轴比大于水平的轴比）。裂缝形成提高了团聚体的密度，产生了更稳定的土壤结构，尽管相对于原始结构状态团聚体间的接触

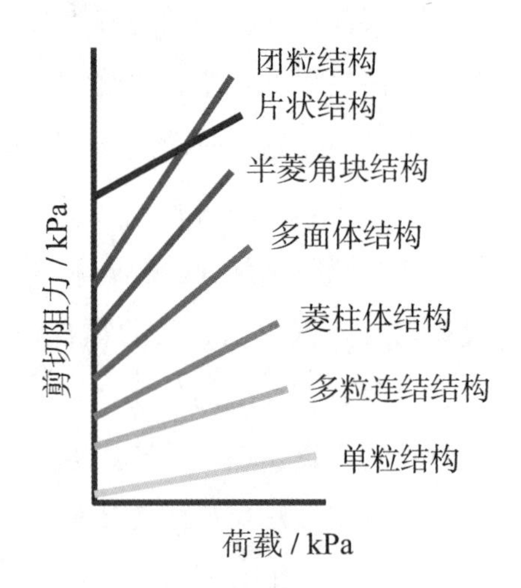

图 4.23 团聚体形态决定的莫尔—库伦断裂曲线斜率

点有所减少（图 4.23）。

土壤的再润湿（如通过雨水渗透）引起膨胀（体积增大）。只要有裂缝存在，膨胀就发生在水平方向（各向异性），直到相应的膨胀压产生。随后产生体积膨胀，在土壤表面形成显著的垂直隆起。同时在湿润锋面形成张力，随后的干燥又导致裂缝形成，这些裂缝与初次裂缝呈直角。这个过程虽然减少了棱柱的体积，但是却保持了轴比。随着干—湿循环次数的增加，棱柱变得越来越小，越来越密实、稳定，可移动性也越来越小。这时颗粒只能通过与水平面夹角为 $45°+\varphi/2$ 剪切力的作用下才会发生运动，产生多面体（平面、锐边）和角形块。这些都是剪切裂缝的典型产物，且具有相同的轴比。半菱角状块体具有圆形边缘和粗糙表面，被认为是球状团聚体（最小熵，见图 4.22）的发育阶段。任何初始结构演变都会增加土壤容重，以补偿由于裂缝形成和团聚体接触计数减少而导致的压力传递限制。不同于这种基本自然原理，在一定荷载下增加直接接触面积可使得抗剪强度增大，达到数次湿润—脱水循环产生的土壤切应力，特别是在结构收缩的区间。

这种湿润—脱水循环通过颗粒重新排列使团聚体进一步稳定，土壤以更低的熵达到更稳定的状态（Horn 和 Dexter，1989）。最初，随机位置的颗粒被吸力向外抽出，结构变得松散，孔隙空间变得膨胀起来。在随后的强烈干燥期间这些颗粒再次变得更加接近，颗粒接触表面积更大。即使在团聚体容重较低条件下，抗剪强度也会变得更高（Hartge 和 Horn，1984；Horn 和 Dexter，1989）。

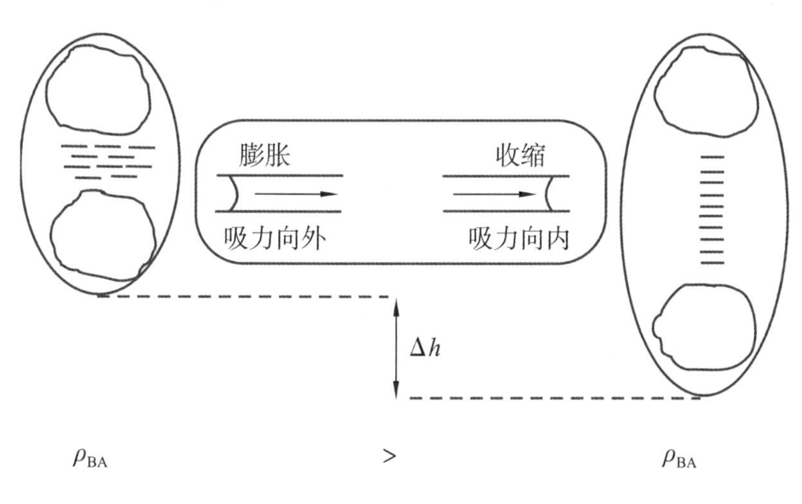

ρ_{BA} 是团聚体容重

图 4.24　干—湿交替模式导致土壤强度增加，直至最低熵

通过典型拉伸断裂机制，应力释放促进了板状结构的形成、水平断裂和具有弹性的团聚体压缩。板状结构与最大主应力方向呈直角（如受到冰川退缩、冰冻前缘的冰晶形成、农用机械行驶或动物活动的影响），取决于压力传播分布和强度。解冻过程释放了土体压力，产生与压力方向呈直角的断裂带。轴比是水平远大于垂直。

在显微镜下可以看到矿物颗粒排列形成的自然片状物，特别是在蚯蚓洞管周围（Schrader 等，2007）或生长根的周围。甚至根毛的短期生长也会使矿物重新排列和微弱压缩，导致根际周围板状结构的非饱和导水率增加（Vetterlein 等，1993）。

土壤中高浓度钠离子会导致土壤颗粒分散，这是因为钠离子周围可形成很大的水合物外壳。加水会引起土壤剧烈膨胀，形成典型的柱状结构，柱上端呈现典型的半球状（最低熵状态），取决于气候、土地利用和地质等条件。这样的柱状结构是某个区域土壤的基本特征，相当于低含盐量土壤中的棱柱体结构。

第 4.4.2 节讨论了收缩曲线，4 个收缩区域表明，水力学、力学、化学和生物学控制形成的团聚体具有最大强度。如果压力条件超过了土壤先前的受压范围，土壤变得更为干燥，则新形成的土壤结构体将反映这些新条件（Janssen，2006；Reszkowska 等，2011）。新土壤结构体影响其他土壤功能，甚至可能影响非饱和土壤中水流的各向异性。例如，一旦片状结构土壤暴露于风或高温引起的强烈干燥（具有较低的相对湿度和更小基质势）条件下，就会再次破裂。土壤容重增加（最大容重大于 2 g/cm^3）使土壤具有更高的稳定性，同时改变三维结构内的物质输运，更接近于孔隙表面促进化学交换的过程。

团粒结构和地穴是生物结构，通过强有力的胶合、混合以及有机—矿物化合物的稳定作用而产生，形成于生物活性高的土层。通常使用农业机械无法产生这些团聚体，即使整地破碎形成细小团粒。

通常肉眼可以看到蚯蚓排泄物中的黏结颗粒，在土壤切片中能看到微生物聚集在颗粒聚合体表面，以及在团聚体颗粒、根或根毛周围的真菌菌丝，这些都是黏结稳定作用的证据。根据土壤颗粒周围的有机物强度和类型，就可以判断其稳定作用（Mickovski 等，2009）。此外，这些有机物为土壤微生物提供食物，因此，微生物分解和其他反应产物具有间接的稳定作用。细菌、真菌、大型动物的代谢物，为土壤结构的稳定提供了最初物质（Dorioz 等，1993；Chenu 等，2000，

2007；Six 等，2000；Denef 等，2004，2007；Feeney 等，2006a，2006b）。除了颗粒状有机物和疏水性物质外，多糖和可溶性碳水化合物还起着特殊的作用（Cosentino 等，2006）。土壤中有机黏结物的分布，揭示了它们的作用方式。它们没有覆盖在矿物表面，而是黏合在一起；同时由于具有疏水性，它们能够减少或防止土壤膨胀。最终，这些物质稳定了土壤团聚体（Urbanek 等，2007；Smucker 等，2007；Steffens 等，2008）。脂肪族化合物和长链脂肪酸稳定土壤的作用特别显著（见第4.7节）。

与团聚体形成无关的无机化合物也有助于土壤稳定。新形成的碳酸盐、硅酸盐化合物、铁氧化物和氢氧化物沉淀，高浓度离子絮凝物，可促进微团聚体形成而稳定土壤。这些机制的稳定程度，也取决于有机物的存在，是否带有电荷的高效官能团。在国际土壤分类系统中，根据凝固程度将土壤命名为假菌丝体（pseudomycelium）、钙质层（caliche）、硅质硬结核（durinode）和硅质硬磐（duripan）等。

4.9.2 土壤团聚体的人为改变

田间的团聚体处于动态平衡状态。随着环境条件变化，土壤结构也持续变化。除了人为造成的土壤结构变化（土块和湿团块）外，农业机械荷载也会产生新团聚体，降低团聚体内部和团聚体之间的孔隙体积。在土壤水平剖面与荷载呈直角的情况下，土壤颗粒通过减少孔隙体积而重新排列和组合，增加土壤容重，直到团聚体最终断裂，与荷载呈直角重排成片状结构。这些片状结构导水率低，阻碍根系生长且刚硬，一旦受到的静态或剪切应力超过它们的强度就会断裂。此断裂可产生直至深层的压缩且高密度堆积的黏结结构，这样的团聚体类型形成大土块（Peth 等，2006）。

总之，在各个尺度上都可以形成团聚体。土壤团聚过程总是开始于收缩和膨胀过程，并通过改变颗粒空间排列而获得稳定。团聚体的稳定性在有机物和无机物的复合作用下得到增强。

土壤结构类型存在层次性，且一个层次建立在另一层次之上。每种结构类型都有特定的环境“边界条件”，只有在“边界条件”下结构才稳定。土壤结构稳定性形成的真正原因（水力、力学、化学或生物学过程之一）并不重要，任何土壤结构在固定的“边界条件”下都是稳定的，这会限制对土壤和土壤景观所有过程的认识，特别是在过程的重现性、计算结果的验证和田间观测稳定性的预测等方面。

4.10 土壤团聚体大小、形状、年龄对空隙和孔隙分布的影响

孔隙的大小、形状、连续性和分布特征，控制着单个团聚体或整个土壤内的水分、离子和气体的运动。初期，团聚体形成增加孔隙异质性，裂缝改善通气性，提高团聚体间孔隙的导水率。同时，收缩降低了新形成团聚体的导水率。这在最初会围绕着团聚体的外缘形成特别致密的、带有微孔隙的“壳”，而团聚体内部以较粗的孔隙为主（Horn，1994）。这些“壳”会减缓水分渗入到团聚体内部的速度。这样团聚体内形成了微小隔室，即使在土壤容重增加时，团聚体内这些孔隙空间还保留着。在生态学上，当土壤变为水饱和不充气时，会导致氧化还原过程发生。有证据表明这样的“瓶颈”效应也出现在最小团聚体内（Peth 等，2008）。确认孔隙大小分布只是对所考虑的土壤体积中特定大小的孔隙进行了量化。要量化流动过程，必须知道限定变化范围内不同孔隙的功能性，包括孔隙的连续性和可及性（Carminati 等，2007；Smucker 等，2007）。团聚体的形成能改善孔隙的连续性和可及性。由于低熵状态（如第 3 章所定义）与孔隙—颗粒表面可及性的改善相一致，所以一个稳定的团聚体可被认为是均匀的。因此，团聚体的稳定性可能来源于团聚体间孔隙的连续性，以及控制化学和生物吸附和解吸过程的颗粒、孔隙表面可及性。Wiesmeier 等（2009）在内蒙古草原栗钙土的研究表明（图 4.25），绵羊反复践踏与机械破坏形成的收缩团聚体相比，不受放牧影响的土壤碳储量显著增加。在气候变化的情况下，团聚体间的孔隙连续性越大，能储存的碳越多。同时团聚体稳定性还有利于增加有机碳在土壤中的储存时间。这个结论只有团聚体强度或其预压应力没有被超过时才成立。如果团聚体被破坏，将增加碳分解和二氧化碳形成的速率，从而增加土壤中封存碳的释放。

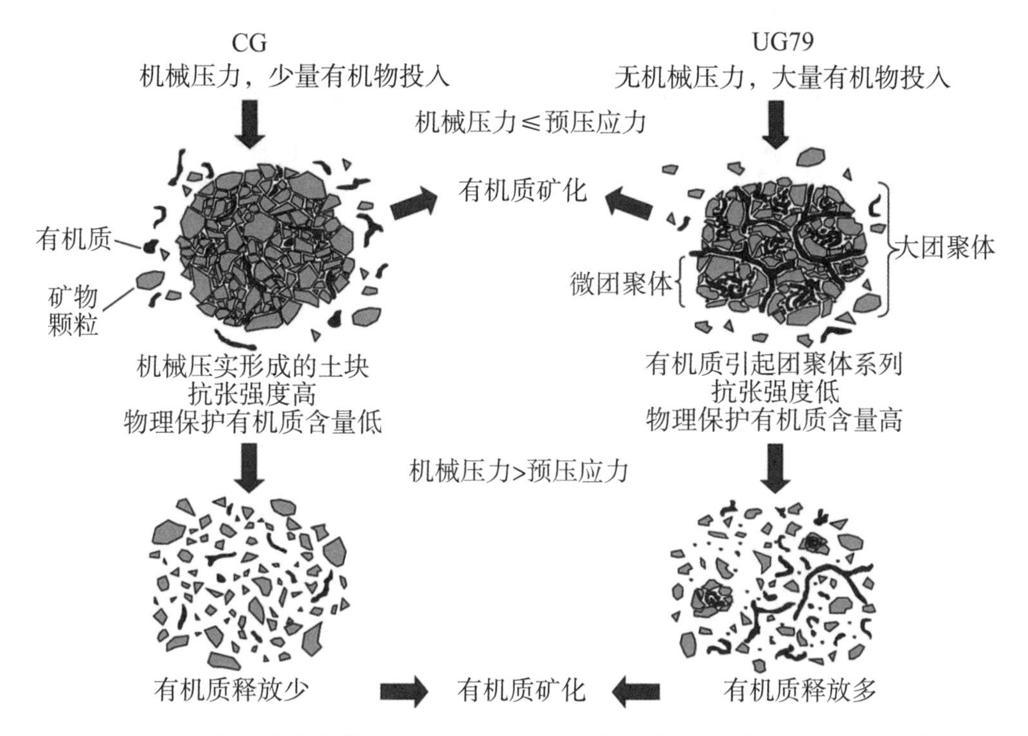

CG 表示连续放牧绵羊，UG79 表示自 1979 年以来围牧绵羊。只要团聚体稳定，碳储存能力 UG79 大于 CG。超过预压应力的机械负荷破坏团聚体，导致两个地块中的碳释放都有增加，碳释放量取决于连续的、有效的团聚体等级。多个团聚体黏合在一起，避免了被破坏到单个颗粒水平。然而，团聚体的完全破碎释放碳量比不断形成团聚体释放碳量大（Wiesmeier 等，2009）

图 4.25　放牧、围牧绵羊对土壤孔隙连续性和碳储存能力的影响

习题

4.1：有效应力方程定义了颗粒间作用力（有效应力）作为加总应力的函数。均质黏土比淤泥、中砂或粗砂能保持更持久强化作用是什么原因？

a. 请根据土壤持水曲线，画出χ因子作为基质势函数的相应曲线。

b. 形成大团聚体对χ因子作为基质势函数的影响有多大？依照该函数关系，反复膨胀和收缩对团聚体内和团聚体间模式会产生哪些影响？

4.2：内径分别为 4.5 μm、45 μm、450 μm 和 4 500 μm 的清洁圆柱形玻璃管，被垂直放置在一个水容器中。水密度为 1 000 kg/m^3，重力常数为 9.81 N/kg，表面张力γ为 0.072 8 N/m。

a. 假定接触角为 0°，确定玻璃管水上升的高度，并画出上升高度与管直径的

对数曲线（图 4.26）。

b. 如果接触角是 106°，计算 4 个玻璃管中的水位高度是多少？

c. 如果水上升了 5 cm，玻璃管中水的接触角是 10°，毛细管的半径是多少？

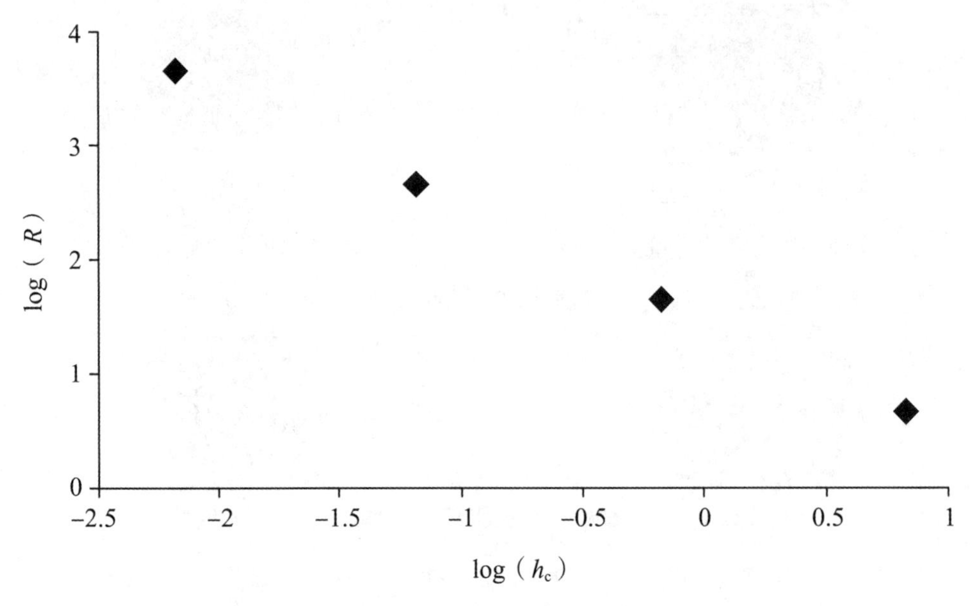

图 4.26　玻璃管上升高度与管直径的对数曲线

4.3：

a. 对于一定质量的球状颗粒（砂粒或淤泥），将其直径缩小 3 倍，对颗粒总表面积有什么影响？

b. 对于一定质量的片状颗粒（黏土），将其厚度缩小 3 倍，对总颗粒表面积有什么影响？

第5章

土壤水分分布与静水力学

第 4 章从容积和颗粒层面讨论了土壤与水的相互作用及其对土壤结构的影响。第 5 章将主要探讨土壤水，决定土壤水分运移和收支平衡的条件。

5.1 土壤水的来源及分布

土壤深处沉积物和沉积岩的孔隙始终被水所充满，除非被石油或天然气占据。一般水中的溶质含量随着深度而增加（von Engelhardt，1960）。淡水（即含盐量低的水）通常只分布于浅表地层，主要来源于降水入渗，就像被底层溶质丰富的各种水包围形成的一个巨大“水泡”（图 5.1）。这两种水体之间进行对流运动，因为深部孔隙非常细小而受到极大限制。两种水体间的溶质平衡仅限于扩散与水动力弥散。

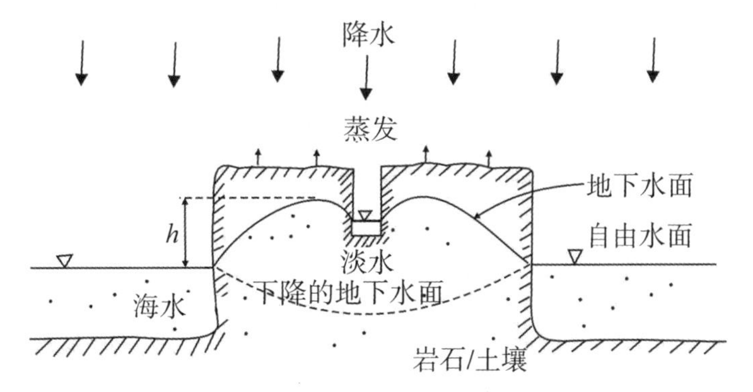

降水主导造成地下水面向上隆起（实线代表水面高度），植物蒸散造成地下水面下降（虚线），低于自由水面（▽）

图 5.1　陆地上由降水形成的不同淡水水体（透镜体）

由于土壤阻碍了降水入渗到地下水，因此，只要降水补给大于蒸发损失，土壤就会保持一定水分。如果地下水消耗大于降水补给，只能通过从更高水位的地下水或者周围的河流与湖泊得到补给，来维持地下水位。否则，将不能在地下形成淡水的“透镜体”结构，地下水将变成深层咸水。

图 5.1 展示了被海洋环绕的干旱/湿润气候区陆地上的淡水水体情况。该大陆表面是广阔的淡水水体（湖、河、沟）。如果水体的上表面是地下水面，则地下水面的水压压力p_w与周围空气的压力p_l相等。

$$p_l = p_w \quad （式 5-1）$$

这条实线（或者说是表面）称为地下水位或地下水面，该水位以下通常被称为地下水。这里地下水面的压力与自由水体表面的压力相同，对应于它所接触的大气压力p_l。由于海水与淡水体之间存在海拔差 h，地下水面（岩石内）压力相对低一些。海拔差对应于海平面和淡水表面之间的大气压差。因为降水从上方补给“透镜状”淡水水体，所以在地下水位以上也会有淡水存在。然而，无论是在向下渗透的过程中，还是在被土壤基质固定在土体中，这些条件下的水都不能被认为是地下水。

5.2 土壤水受到的各种力

土壤固相和液相都受到各种力的作用，液相传导压力三向均匀，被传导的压力就是所谓的静水压力。静水压力方程是：

$$p_w = p_l + h \cdot \rho_w \cdot g \quad （式 5-2）$$

式中，p_w 是水压，p_l 是大气压，h 是海拔高度（或另一个指定的参考高度），ρ_w 是水密度，g 是重力加速度。通常以标准大气压力（海平面处）作为测量水压的参考压力。这个方法可以简化测量且非常准确，因为大气压变化相对较小（±10 mmHg；±15 hPa）。水压则是单位面积重力对水的作用。该压力无处不在，是地下水位以下仅存的对不同孔隙均有效的力。在地下水位以上的非饱和区域，一旦弯月面形成，就会产生不同于水压的其他力（见第 4 章）。值得注意的是，弯月面力将水从各个方向“拉”向土壤孔隙。这些毛细管拉力最重要的作用是抵抗重力，把水向上拉。因为毛细管水上升在某点停止，可以想象这个点就是弯月面力和重力平衡的地方。发生这种平衡的高度 h 取决于其当量孔径［由杨—拉普拉斯方程（式 2-5）定义］。受溶解物的影响，土壤水表面张力可能与纯水大不相同，这主要取决于溶质类型（Holthusen 等，2012）。有机溶质降低表面张力，而无机溶质提高表面张力（Küster 等，1972；Schnitzer，1986）。这解释了所观察到的有机溶质集中分布在比表面积大的小孔隙中，而无机溶质主要存在于比表面积小的大孔隙中的现象。相反地，有机酸在颗粒接触位点通过黏结而产生稳定效应，其大小取决于脱水程度和有机酸的化学组成。另外，干土不完全膨胀（同时是疏水的）也能稳定土壤，稳定作用取决于干土中有机酸的类型（Bachmann 和 van der Ploeg，2002；Deurer 等，2008；Bachmann 等，2008）。

吸附水具有类似于毛细管水和弯月面水的作用。在容积土体尺度，吸附力在各个方向都是等效的，但在垂直方向与重力相互抵消。与毛细管和弯月面力类似，吸附力反作用于重力。但与弯月面力作用不同的是，它们在饱和土壤中作用相反。在水饱和状态下，土壤水移动不改变吸水膜的范围，这就产生了与吸附力的向量呈直角的水分移动，径直指向土壤颗粒表面。在这些情况下，只要水吸附力不改变其黏滞系数，就不会影响水的行为（Searle 和 Grimshaw，1959）。

与这些力最相关的可能是颗粒质量，第 3 章所述的应力平衡说明了这个机制。应力平衡是由于饱和或非饱和土壤中荷载挤压出的水分不能够快速排出所致（由于导水性和水力梯度的限制），而且部分荷载是施加于不可压缩的水，而不是被土壤颗粒所承受。应力平衡会短暂出现在车辆、人和动物行走之下，也可在富含黏粒的新成土和沉积物中持续较长时间。随着淤泥和砂粒含量的增加（颗粒支撑力增加），应力平衡在程度和频率上减少。

尽管在多数应用中可以忽略大气压的影响，但出现大气压差时，它就会像水压差一样影响土壤水分。这种状况在田间很少见，在测定 pF 曲线（土壤水分特征曲线的对数表达形式）压力室法中就考虑了大气压对土壤弯月面的影响（Richard，1941，1949）。

渗透力对土壤也有类似影响，正如 Pfeffer（1897）经典试验所示，渗透力可能会将水保持在地下水位之上的某个特定位置，或者能使水移动。如果盐颗粒不能在土壤中通过扩散而分布，也会起到类似作用。这些盐颗粒非常小，绝大多数具有过量负电荷。它们通常是交换性阳离子和可沉淀的盐，因此，有时土壤溶液与土壤水同义。

在土壤基质力场作用下，除了密度和表面张力有些许变化外，地下水中游离态、自由态的盐分性质基本不变。这一点非常值得注意，因为游离态盐对植物水

分有效性的影响相当大，在土壤水中盐分的分势（或水的分势）增加时渗透力作用显著。在半透膜（如植物根细胞膜）存在的情况下，渗透力是很重要的。半透膜不能限制水分运动，但限制溶质运移。

5.3 地下水表面作为参考平面

静水压力方程描述了自由水表面下的外部压力，p_1 是大气压，而 p_w 是水中某位点的压力（见式 5-2）。在地下水位以下，压力随着深度的增加而线性增加。在地下水表面，水深为零，水压分量也为零。这也同样适用于土壤中的自由水。

相对于地下水位或者大气，地下水面之上的土壤水分受到负压作用，称为基质势。静水压力方程中的高度参数 h（相对于地下水面）为负，使得基质势为负数。理解这种关系至关重要，它将仅受重力影响的自由水和受其他力影响的压力水区分开来（图 5.2）。

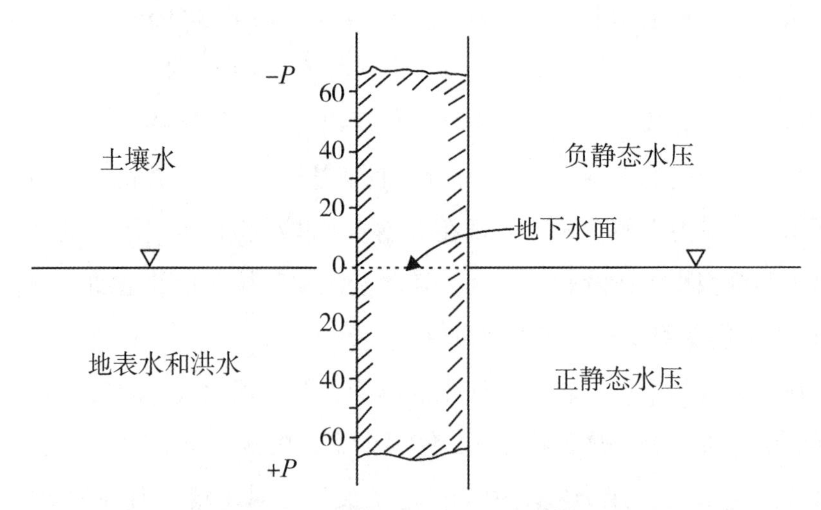

图 5.2　平衡条件下相对于地下水面的土壤水压力（P）

含水量无法从地下水位确定，这是因为地下水位之上也会存在水饱和区，称为连续边缘水或毛细管边缘水。一般土壤颗粒越细，该区域与地下水位的距离就越大。

选择地下水位作为土壤水能态参考面，则土壤中产生的与重力方向相反的压力分量都为负。由于这个力维持了与土壤水平衡，则在该参考系中与颗粒表面紧密结合的吸附水和毛细管水也为负压，因此，土壤水总是处于负压状态。当一个水体的顶部被密封且自由水能垂直向上移动时，特别是在倾斜的地形上可能会产生正压力。如果自由水的运动不受限制，地下水位将高于其实际水位，这种水被称为自流水（artesian water）（Eggelsmann，1981）。如果地下水经常存在正压力，它可能会显著影响土壤的水力形态特征，必须把这种处于半陆地的土壤与陆地土壤区别开来（Blum，2012）。

使用地下水位作为描述土壤中水分状态的参考面也会引起一些问题，因为地下水位也可能存在时间和空间的波动。这不仅影响一维水分运动（水渗透、毛细管水上升），而且对二维和三维水分运动也有重要影响。

5.4 土水势

土壤水的行为是作用于水分子所有力的合力所致。然而土壤中测定合力比测定这些力对土壤所做的功要困难得多。例如，对土壤做功 A，就能使与土壤结合的水分移出，且容易测量和计算。该方程为：

$$A=m\cdot b\cdot l \qquad \text{（式 5-3）}$$

式中，m 是移出水的质量，b 是重力加速度，l 是距离。因此，水可能从地下水面向上移动距离 l，并固定在那里。

如果距离 l 高于参考水位，则通常称为高度 h。在三维坐标系中，l 相当于垂直轴 z，两个水平轴是 x 和 y。在笛卡尔（二维）坐标系中，长度 l 相当于 z 轴。为了从土壤中取水，需要做一定量的功 A。这个功可将水分子从自由水参考面移动到预期的位置。为了将水固定在该点，土壤水具有特定势能，即土壤水势。从数学势能场理论出发，势能（能量）等同于力场中特定位置的力。因此，数学势能场理论可用于描述力场中水的能量状态。这个力场可以是一维的，从顶部到底部朝向地球的中心（见图 5.2）。它的实际意义是可以用来比较土层间的相对位置（图 5.3）。在大多数情况下，这种比较足以描述和跟踪渗透或蒸发过程。只要添加第二水平维度就可以考虑流向河流和排水管的侧向运动，就能在二维势能场中描述任意一个点的势能。添加第三维度就可锚定这些点的空间位置，定义它们与 x-y 表面的垂直距离。

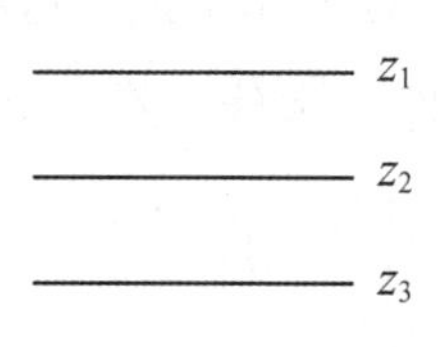

a. 一维模型，只有一个方向受约束，用一条线表示

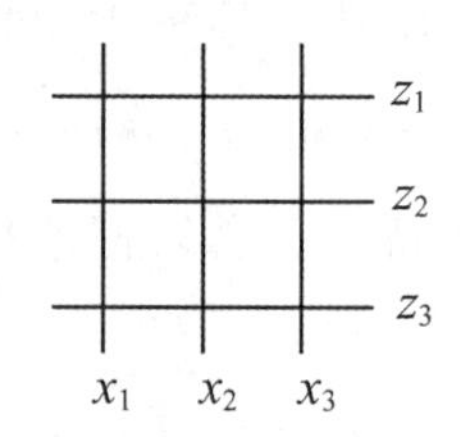

b. 二维模型，两个方向受约束，用一个面表示

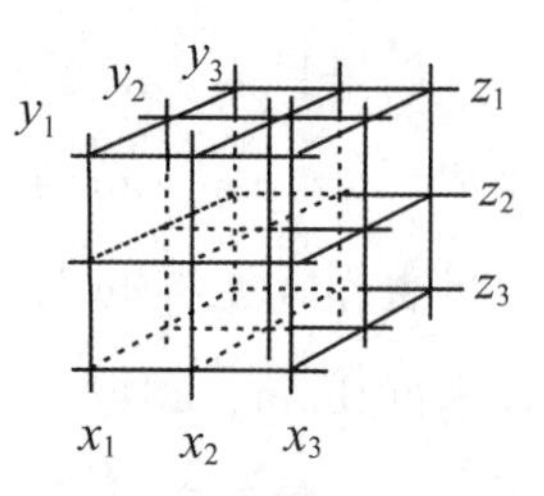

c. 三维模型，3个方向受约束，用一个体积表示

a. 单向的势能变化。例如，像 z 轴表示的降水入渗或毛细管水上升；b. 二维模型的势能变化。例如，土壤剖面（x-z 平面）上观测到的，流向排水管的水流，或者流向河流的地表水流；c. 三维模型的势能变化。例如，一个体积单元内（x，y 和 z 轴）通过一定土体流向根系或湖泊的水流

图 5.3　一维、二维和三维势场

土壤和土地景观单元的许多水文情况，都可以用一维、二维或三维模型来表示。我们也可以将三维问题分割成二维问题，单独考虑和建立模型。

前面关于水能量状态的描述，只涵盖了位置分量，不包括水分运动产生的动能，也不包括热能（实际上是分子动能/振动能量之比）。因此，势能场理论只定量描述了系统的静态和等温态。

知道了势能，即相对于参考面所做的功，仅对标准化特定量的水有意义，它可以用来比较不同土壤中水的能量特性。标准化也适用于重量、质量或体积。标准化后的土壤水势的维度和单位如表 5.1 所示。

表 5.1　标准化后的土壤水势（$m \cdot b \cdot l$）参考量纲

参考量值	量纲	测定量	单位
质量/m	$(m \cdot b \cdot l)$ /m		$J \cdot g^{-1}$
体积/l^3	$(m \cdot b \cdot l)$ /l^3	压力（Pa）	$N \cdot cm^{-2}$
重量/$m \cdot b$	$(m \cdot b \cdot l)$ / $(m \cdot b)$	水柱高度	cm

重量是最常见的参考量，可以直接利用水位控制管或者张力计测定的数值（高度）。当测量值具有多个数量级时，用 h 或者压力值十进制的对数来表示。这个量被称为 pF 值（Schofield，1935）。

5.4.1　总水势及其分量

因为作用于水分子所有力的合力决定了土壤水行为，所以必须考虑土壤水的

总水势。一般总水势可以通过测量随水势变化的分量而确定。例如，一个通用的量是蒸气压，反映了土壤水势的任何变化（见图 5.2）。不巧的是，蒸气压在高基质势（即接近 GWS）区域几乎不变，在其他区域的蒸气压变化很大。人们可以找到新方法来测定总水势，不是测量总水势，而是测定其组成部分。为了表示这种关系，考虑将总水势 Ψ 看作是各分水势之和（Ψ_m 为基质势，Ψ_z 为重力势，Ψ_o 为渗透势，Ψ_Ω 为上覆或荷载水势，Ψ_p 为压力势）。

$$\Psi = \Psi_m + \Psi_z + \Psi_o + \Psi_\Omega + \Psi_p \quad \text{（式 5-4）}$$

5.4.1.1　基质势

基质势（Ψ_m）是在当时的气压和温度下，从土体一定位置中吸取单位数量的土壤水所做的功（图 5.4）。例如，与自由水接触的土柱中吸取水所做的功 $A=h\cdot\rho_w\cdot g$。若非如此，在充满水的毛细管中汲取水所需要的能量，比从自由水表面吸取相同量的水所需能量更少，这与经验相矛盾。基质势来自水在矿物表面的黏附力和水分子之间的内聚力，后者形成弯月面。土壤中的水，如以固体表面上的吸附水膜或通过弯月面力保持在毛细管中的水，它们的基质势随着与固相相互作用而降低。

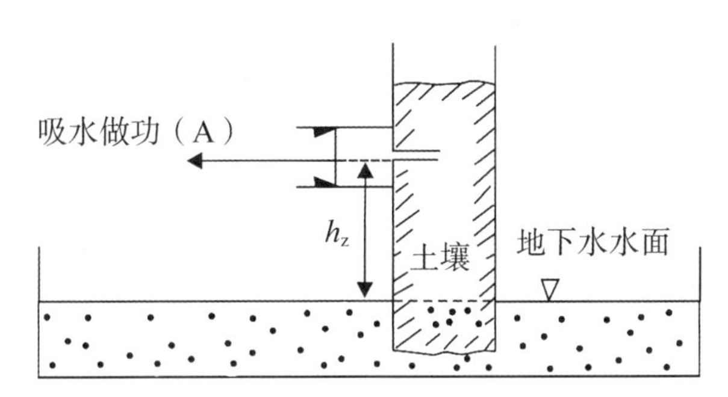

在高度 h_z 吸取土壤水，需要做功克服土壤基质对水产生的各种力

图 5.4　基质势

基质势包括固体土壤对水施加所有力的效应，这比毛细管势更能包含这些效应（Buckingham，1904）。土壤水势可以通过多孔陶土材料做成的张力计进行测量。在参考水位以上的土壤中，重力势为正，基质势就为负（在平衡条件下，基质势抵消重力影响）。基质势是土壤含水量的函数，是连续变化的。

5.4.1.2　重力势

重力势（Ψ_z）相当于为了将单位数量的土壤溶液移动到一定高度需要做的功。如果这个高度高于所选择的参考面（地下水面），则水就从该平面下流动而释

放势能。Ψ_z 在参考面高度处为零，高于参考面的高度设为正，低于参考面的高度设为负。通常重力势也被称为大地势或位置势。如果使用质量来衡量，则重力势等于相对参考高度 h_z（高度），并且与参考面的位置密切相关。

5.4.1.3　渗透势

渗透势（Ψ_o）为通过半透膜从土壤溶液中吸取出单位数量的纯水所需的能量(图 5.5)。渗透势来源于土壤溶液中离子和其他物质的水合作用。实际上，水分运移很少被归因于渗透势，并且很难用一般的仪器（诸如张力计）来测量。然而，渗透势控制着土壤中植物所需的有效水，所以显得十分重要。因此，它也是水势 Ψ_w 的关键组成部分，详见第 5.2 节和第 5.4.2 节。

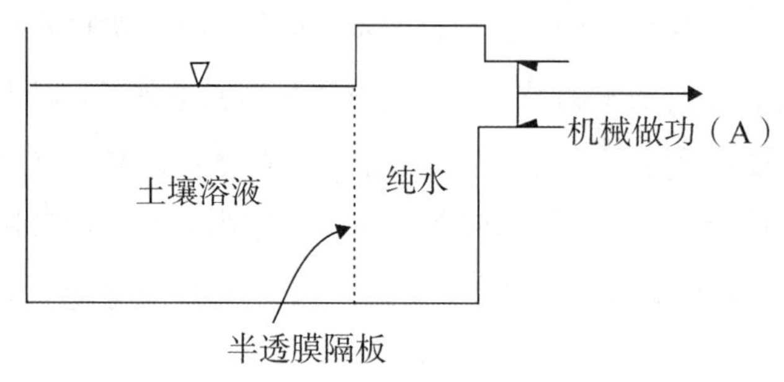

为了用活塞取出水，必须做功以抵消土壤水的渗透势

图 5.5　渗透势

在湿润气候下，土壤水盐度低，渗透势不明显；在干旱气候下，不同土层水盐度不同，渗透势很明显。除了这个一般性规律外，湿润气候下也存在咸水较多的沼泽沉积区、盐渍边缘区和海水淹没区，以及路边土壤水都存在明显的渗透势(Blume 等，2010)。

5.4.1.4　荷载势

荷载势（Ψ_Ω）来自施加外力对土壤颗粒产生的压力。由于土体中被压缩的水不能立即排出，则土壤水将承受部分荷载势。

图 5.6 左侧的连通管中发生水位上升，表示压力增加。压力增加就等于增加了水的荷载势，因此是正数。然而在部分水饱和情况下，孔隙可能会变窄，受弯月面作用孔隙水分仅在土壤中重新分布（见第 4 章）。这些水占据新形成的、尚未被空气填充且不平衡的孔隙，最后形成最小半球状的弯月面。以上情况发生时，图 5.6 中连通管（测压管）的水位下降到主活塞外壳的水平以下，Ψ_Ω 为负数。这两种情况都是瞬时的，当达到新平衡时荷载势就会消失。在黏土中，这可能需要

几年。达到平衡的时间长短还取决于荷载量、土壤结构和水饱和度，在颗粒较大的土壤中这种平衡可在数小时至数天完成。

荷载势与黏土具有特殊的关系，这是因为黏土水分饱和时基质势却常常不同。黏土导水率低使其水饱和，但不同基质势的状态会保持很长时间，因此，在该条件下不可能测定荷载势。在多数情况下，荷载势包含在基质势中。

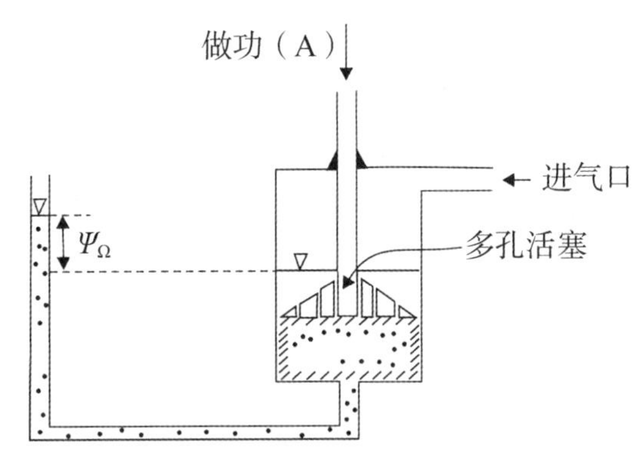

通过多孔活塞压缩固体颗粒，将土壤水分排出。为此，必须做功 A 压缩土壤基质，并对土壤水施加压力，这就会产生瞬时的反向压力Ψ_Ω。通过连通管中水位变化，可以证明Ψ_Ω的存在

图 5.6 荷载势

5.4.1.5 压力势

与对土壤固相加载（产生荷载势）影响总水位一样，压力势（Ψ_p）也受到高于参考值的气压或水压的影响。因此，压力势 Ψ_p 由气压势 Ψ_g 和水压势 Ψ_h 组成，分别反映了这两个因素的作用。测量气压势可用气压表，测量水压势用测压管。这种压力可用一个水柱（水压）或者加压气柱（气压）代替图 5.6 中的多孔活塞，来描述工作原理。图 5.7 模拟显示了荷载势来自作用在固体组分上的机械力，完全不影响土壤水分，压力势则仅来源于作用于水的力。简言之，压力势是水压和气压之和（$\Psi_p=\Psi_h+\Psi_g$）。

5.4.2 土壤水势组成

受测量设备的限制，测量总水势通常比较困难。大多数情况下用容易测量的各水势分量来近似确定 Ψ。根据所需数据的目的，可用不同组合方法估算总水势。特别在研究液态水流时，水势 Ψ_H 用于表征土壤中的液态水。在地下水位之上的位置，Ψ_H 为：

$$\Psi_H = \Psi_m + \Psi_z \quad \text{（式 5-5）}$$

通常基质势 Ψ_m 和压力势 Ψ_z 比较容易测量，Ψ_z 是测量高度，Ψ_m 用张力计测定。这种近似的计算方法用于比较不同位置的流体状态。这时荷载势包含在所测量的基质势中。

当测量点低于地下水位时，这时的基质势为零，所以总水势可以通过压力势（Ψ_H）来近似计算。

$$\Psi_H = \Psi_m + \Psi_z + \Psi_P \quad \text{（式 5-6）}$$

对弯月面上方的气体空间施加额外气压时所产生的压力势 Ψ_p，为气压势 Ψ_g。这常见于在压力室法中测量土壤水分特征曲线（Richards，1949）。

研究土壤液态水流动时，常忽略渗透势 Ψ_o。因为只在特定条件或干燥条件下，才会考虑土壤溶液和盐度差异（仅影响水分）对水力学性质的影响。

就自由水表面液/气界面的总水势（H_2O_{gas}）而言，根据定义 $\Psi_m = 0$。这时的总水势将由重力场中的水气压 p 和位置 z 决定：

$$\Psi_{H_2O\,gas} = \frac{RT}{M} \cdot \ln P + g \cdot z + C \quad \text{（式 5-7）}$$

式中，M 是水的摩尔质量，R 是气体常数，C 是积分常数。

由于水面总水势等于气压势 Ψ_g 和 $C=-(RT/M)\cdot\ln p_0$，则总水势为：

$$\Psi_{H_2O\,gas} = \frac{RT}{M} \cdot \ln\left(\frac{p}{p_0}\right) + g \cdot z \quad \text{（式 5-8）}$$

在平衡条件下，土壤溶液的总水势值必然等于土壤水的水势值：

$$\frac{1}{\rho_w} \cdot (\Psi_m - \Psi_o) = \frac{RT}{M} \cdot \ln\left(\frac{p}{p_0}\right) \quad \text{（式 5-9）}$$

式中，p/p_0 是相对湿度，Ψ_o 是溶液的渗透压。

由此得出相对湿度和对应负大气压力的温度函数方程（在 15℃ 下，$\rho_w = 1\ g/cm^3$，$RT = 2.4 \times 10^3\ J/mol$）：

$$\ln\left(\frac{p}{p_0}\right) = \frac{7.5 \times 10^{-9}}{P_a} \cdot (\omega_M - \omega_0) \quad \text{（式 5-10）}$$

考虑到土壤—植物系统中的水分运输时，总水势应包括渗透势，这时水势 Ψ_w 的计算方法为：

$$\Psi_w = \Psi_m + \Psi_o + \Psi_g \quad \text{（式 5-11）}$$

其中土壤渗透势需单独测定，采用渗透膜法或水气压法测定，所得值需加到式 5-11 中。

5.4.3 测量土壤水势的仪器

在描述了土壤水势组合关系后，需了解土壤水势各分量的测定方法，用到测量水势的仪器。

张力计用于测量基质势，如图 5.7 所示。一旦空气进入张力计，其中的水与土壤水的连接就被中断，所以多使用多孔陶瓷头来防止空气进入。陶土头中毛细管的弯月面小到足够持久稳定，使得基质势范围内没有空气进入水管中。张力计测量值与大气压相对应，最大值为-1 000 hPa，即在地下水位之上（Young 和 Sisson，2002）。实际上大多数张力计的测量范围都在 0～-850 hPa。如果张力计的陶土头位于地下水位之下，则可用作测压管。从图中 5.7 中读取水位的地方位于测压管下方，实际应用中可能存在问题。过去张力计使用了较短的水银柱（ρ_{Hg} = 13.543 g/cm^3）替代水柱（其高度高达 8.5 m），但在认识到汞的危害性后，水银柱已不再使用了。现在的张力计通常配有压力传感器，受设计、土壤水分以及陶土头孔径大小的影响，张力计能测量的水势可低至-400 kPa，在特殊情况下甚至

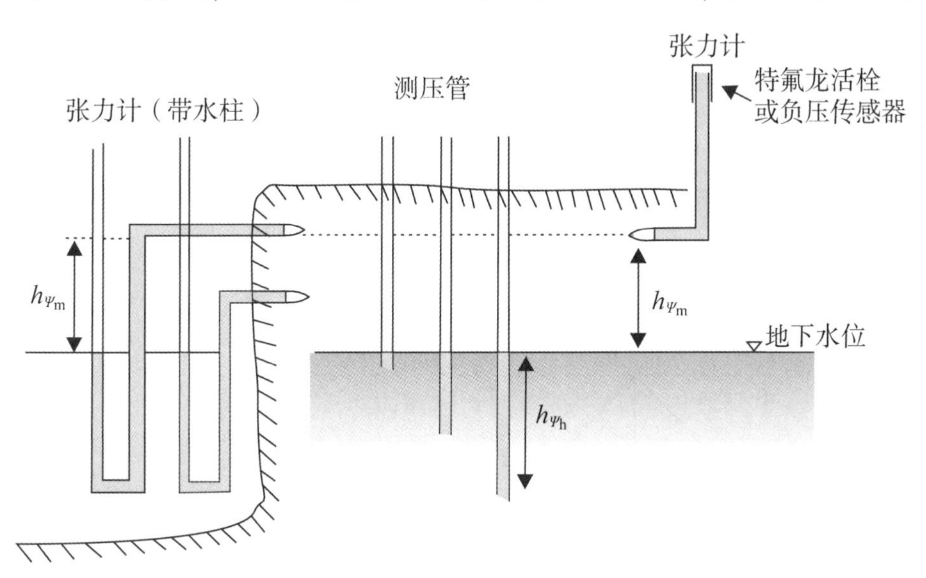

张力计反映了高于地下水面的高度，这个高度与张力计中水柱高度相等（地下水位以上）。测压管反映了低于地下水位的土壤水状况，如果水势平衡，这时测得的水位对应于地下水位

图 5.7 张力计和测压管

可达-1.5 mPa。在低于冰点的地下（水不会冻结），可使用非长管设计的张力计。关于测量土壤水势方法的综述可参见 Campbell（1988）和 Scanlon 等（2002）。

利用石膏块可以简单测量小于-850 hPa 的基质势，然后再校准。Hartge 和 Horn（2009）和 Noborio 等（1999）描述了仅用几个小部件就可以组装成测定基质势的简单仪器。

滤纸法可以简单、廉价、准确且与含水量无关地测定土壤基质势（Al-Khafaf 和 Hanks，1974）。滤纸法特别适用于测量表层土壤的基质势，通过称量放在土壤中或土壤表面带状滤纸的质量，根据滤纸质量、含水量与基质势的标定关系确定。

5.5 土壤水势平衡

势能场中存在势能差的地方，会出现水分运移以使势能差最小化（见图 5.7）。只要在地下水位上下的土壤水达到相同的水势，即可达到水势平衡。

以地下水位作为参考面（零水势），水力连续体中的总水势也为零，这时的水力势也为零。

$$\Psi_H = \Psi_m + \Psi_z + \Psi_h = 0 \quad \text{（式 5-12）}$$

图 5.8 描述了这种状态。左图显示了土壤水基质势为零处与地下水交界，压强势也是如此。图 5.8 还说明若将地下水位作为参考面（$\Psi_z = 0$），地下水面下的重力势是负值。两条线具有相同的绝对值斜率，符号相反，加起来为零。

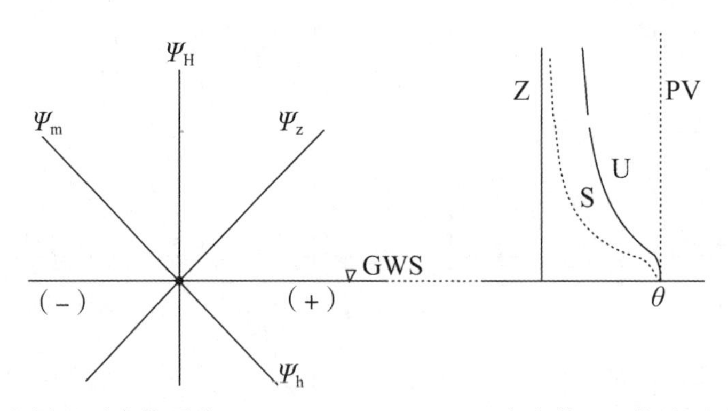

左图显示水势平衡 $\Psi_H = \Psi_m + \Psi_z + \Psi_h = 0$，水力势 Ψ_H 作为总水势。如果选择地下水位作为参考面（$\Psi_z = 0$），其下方的重力势 Ψ_z 为负。在地下水位的下方，压强势 Ψ_h 代替了基质势 Ψ_m。右图显示了对应的砂土（S）和粉砂土（U）的含水量分布。PV 是孔隙体积

图 5.8 土壤水势平衡

这种平衡状态表示了大尺度下土壤水的静态条件，这与田间持水量的含义基本相同，但“田间持水量”的定义不够严格。土壤水静态是个例外，也可以发生在春季植物生长之前的短暂时期，也可以发生在冬季过量降水入渗到土壤后。

水势平衡条件下，土壤含水量在地下水位上下都是相同的，这时土壤中所有孔隙（包括大孔隙）都充满了水。随着地下水位向上，土壤含水量也随之降低，且越来越多的孔隙被空气所填充。土壤含水量下降幅度（高于饱和水的区域，毛细管边缘区域）或下降过程，均由土壤孔隙系统的性质决定，也就是说随着土壤结构而变化。土壤基质势与土壤含水量的关系是土壤的一个重要性质，决定着土壤水分平衡特征。

地下水位是未知的，或者水力平衡是局部的，水力平衡就不能用式 5-5 表示。水静力学平衡状态可通过水势梯度的消失而进行推论，考虑到两个不同高度的差异，可采用的方程为：

$$\Psi_H^{Z_1}=\Psi_H^{Z_2} \text{ 或 } \Psi_H^{Z_1}-\Psi_H^{Z_2}=0$$

或者表示为 Ψ_H 的分水势：

$$(\Psi_m^{Z_1}+\Psi_z^{Z_2})-(\Psi_m^{Z_1}-\Psi_z^{Z_2})=0 \quad \text{（式 5-13）}$$

与高差相关的公式可写成：

$$\frac{\Delta\Psi_m+\Delta\Psi_z}{\Delta z}=0 \quad \text{（式 5-14）}$$

如果重力势梯度与基质势梯度相反，就用相反的符号表示。如果基质势差为负，表示水分从低值向高值方向移动，即水流向更低的能量状态，此时水势平衡条件为：

$$\mathrm{grad}\Psi_H=\left(\frac{\Delta\Psi_m}{\Delta z}\right)+1=0 \quad \text{（式 5-15）}$$

该方程常与两个高度 z_1 和 z_2 处测量的基质势或水位合用，判断该地区水势梯度方向或者是否达到水力平衡。当 $\mathrm{grad}\Psi_H$ 大于 0，表明水流向下运动；当 $\mathrm{grad}\Psi_H$ 小于 0，表明水流向上运动。

5.6 土壤基质势与含水量的关系

土壤基质势和含水量存在一种关系，即土壤水分特征曲线（土壤水分保持方程、基质势—含水量曲线或者 pF 曲线）。该曲线是个非常重要的土壤特征，除了用于理解土壤水分平衡，它还提供了植物有效水分的信息。在多数情况下，通过

该曲线还能推导出土壤孔隙大小分布。

土壤水分特征曲线随着土壤水势增加土壤含水量累积而形成（图 5.9）。即当整个土壤孔隙充满水时，达到饱和含水量。它定义了最小弯月面约束的状态。只要土壤中弯月面都是水平的，这些条件等同于在地下水位之处 Ψ_H 为零。图中描述了砂土、粉砂土（黄土）、冰川黏土和黏土等典型土壤的水分特征曲线。基质势沿横轴向右增加（正值），代表水分进入土壤的过程，土壤含水量达到最大值就是整个孔隙体积充满水的时候。自然界出现土壤水完全饱和非常罕见，因为当土壤吸水时总是存留有一定量的空气。此外，正如前面章节所示土壤容重也并不是恒定的。细颗粒土壤的容重还取决于水文历史。

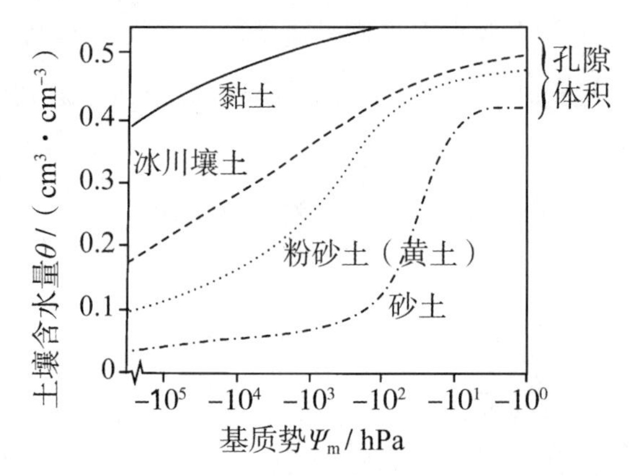

土壤基质势在−1 hPa 时，土壤孔隙被水完全充满。与常见的图形横坐标不同，该曲线从右到左是递减的，表明土壤含水量下降导致了土壤基质势的负值增大，负值越大说明基质势越低

图 5.9 4 种粒径分布不同土壤的水分特征曲线

土壤水分特征曲线通常在横坐标上以基质势对数的形式呈现。这是因为实验室测量中基质势是被控制的自变量。水饱和作为平衡状态（$\Psi_m = 0$ hPa）对应于基质势对数，pF = −∞。曲线与横坐标的交点为 -10^7 hPa，即 pF = 7（见图 5.9），该值对应于在 105℃ 条件下干燥后的土壤水势。

通常横坐标上显示的是土壤基质势绝对值，而不是其本来的负值。在较早的文献中，这被标记为水张力或吸力（张力意味着“负压力”）。另外，也有将土壤含水量（θ）作为横坐标的情况，这时是将水势绝对值的对数绘制在 y 轴上，其值从下向上逐渐增加。图 5.8 直观反映了地下水之上的土壤含水量分布。

利用土壤基质势来计算孔隙大小分布，要求土壤基质保持刚性（即不因收缩或膨胀发生体积变化)。但是，土壤体积变化是常见现象，正如第3章关于应力—应变关系的描述。静水压力也在第4章有所介绍，它与外加荷载的效果类似。非膨胀性土壤总是处于一种准平衡状态，土壤含水量在饱和至先前的最大干燥度(即初始收缩) 之间波动。这个变化的结果对应于应力—应变关系图中的初始直线(即再压缩线，图3.11)。对于黏土，上述过程发生了根本性改变，土壤结构的形成过程起着关键作用。只要在测量过程中不出现土壤孔隙系统改变，或者未发生重新膨胀 (这意味着孔隙系统的显著变化)，土壤水分和基质势的变化就没有出现初级压缩和干燥，这时体积变化相对较小。

5.6.1 粒径分布对土壤基质势—含水量关系的影响

比较图5.9 pF曲线与图1.3粒径分布曲线，可以看出明显的相似性，这意味着可以从粒径分布估算出水分特征曲线。该估算还需要知道土壤孔隙体积和土壤容重，可以通过画图 (Hartge等，1986) 和计算的方法获得 (Vereecken等，1992)。

pF曲线不是直接估算出来的，但水力学方程的参数是估算出来的。这个方程可用于描述很多土壤类型，但非常不适用于团聚性很强的土壤。两条曲线匹配的最终原因，实际上是毛细管水上升的高度不同引起土壤含水量的累加。对于颗粒间孔隙较大的砂土毛细管水上升较小。砂土毛细管水上升始于相对较高的水势(见图5.9)，土壤含水量上升曲线越陡，矿物颗粒的分选就越好，有机质含量越低 (见第1章)。土壤有机质使该砂土曲线更接近于壤土。粉砂土因为颗粒比较小，在低水势下也可以观察到毛细管水上升。粉砂土的水分特征曲线比砂土的更平缓，而黏土的曲线则是最平缓的。像冰渍物那样分选程度低、大小不一的材料，含水量变化没有明显的最大值。它们的形状与相应的粒径分布累积曲线相一致。

5.6.2 土壤结构对土壤基质势—含水量关系的相互影响

在成土过程中，土壤结构变化就像土壤容重变化一样。单个土壤颗粒的排列方向也随之改变，使得新形成的土壤结构比原始状态的异质性更大 (见第2章)，黏土变化尤为明显。通过这个过程，在富含黏粒土壤中形成的次生大孔隙具有真正的毛细管性质，次生孔隙对高基质势段土壤水分特征曲线的形状有很大影响(如图5.10中曲线的左上部，该曲线纵坐标在0 hPa的土壤含水量起点值较高，

表示较大的孔隙体积)。

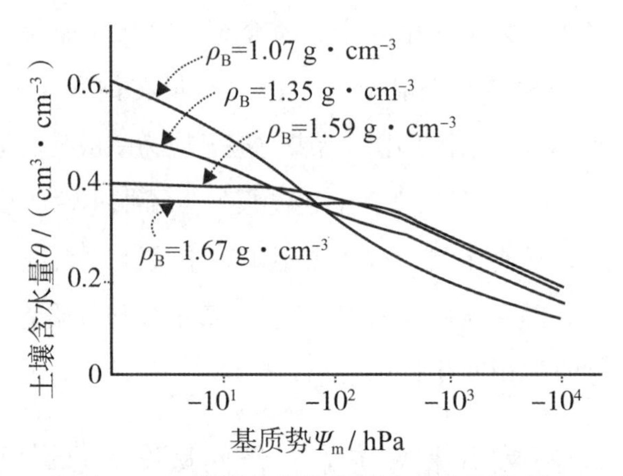

图 5.10　压缩黄土的土壤水分特征曲线

如图 5.10 所示，不同土壤容重下的 pF 曲线在−100～−200 hPa 相交，随着土壤含水量降低再次被分离。在高水势段土壤含水量随着土壤结构变化而增加，而在低水势段土壤含水量则是随着土壤结构变化而降低。在大的次生孔隙范围内疏松土壤会导致土层被抬起（见图 3.11）。该过程减少了单位孔隙体积中固体物质量，即中等和细小孔隙的比例降低。

如果土壤容重变化不使土壤疏松（即形成次生孔隙），反而是压缩土壤，此时次生孔隙消失表现为高基质势下的曲线形状是水平的。曲线的水平段越向右延展（低水势），说明该土壤含有更多细颗粒。这段水平曲线说明存在某个基质势，只有大于这个值时才可能发生土壤脱水。如图 5.10 中最平的曲线（$\rho_B = 1.67$ g/cm^3）上该点 $\Psi_m = -10^2$ hPa。即使土壤是饱和的，土壤水分也受土壤基质势的影响。换句话说，即使基质势小于零，该土壤也处于饱和状态。

土壤结构发育得越好，存在大的次生孔隙（团聚体间的孔隙）就越显著。这些孔隙形成于收缩、膨胀、生物活性（蚯蚓洞穴）或机械荷载（释放裂缝）过程。此外，团聚体密度变得更大，土壤总孔隙体积变得更小，最后以中、细孔隙为主。团聚体中孔隙大小分布比例与土壤颗粒的移动性有关，与水力学（如水流压力）、水文学（最大脱水程度）以及环境的边界条件有关，也与吸水/脱水频率、无处不在的机械荷载，如覆盖土壤的厚度、人为施加的荷载、冰压力及其他因素有关（Baumgartl，2003；Glinski 等，2011；Horn 和 Peth，2011）。

孔隙空间的异质性可以在团聚体尺度（团聚体内的孔隙）继续发生，也可见于团聚体内的弯月面力所引起颗粒的再分布。颗粒再分布发生在水分进入和退出团聚体时（Horn，1990）。团聚体外部由于黏粒含量较高而存在更多的细孔隙。由于团聚体内部质地粗糙，则以大孔隙为主。

5.6.3 土壤水分特征曲线的滞后现象

土壤水分特征曲线存在随土壤干湿交替的滞后现象。受孔隙水压和荷载关系影响，土壤水分特征曲线的形状并非固定不变，表现为向初始干燥的土壤中加入水（湿润曲线）和从最初的湿土中去脱水（脱水曲线）两种趋势（见图 5.10）。在极端情况下，会出现图 5.11 中的两条完整曲线。如果干燥或加水过程被打断，则后续的湿水/脱水过程可能会产生类似于图 5.11 所示条状曲线。该现象产生的确切原因至今尚未被完全理解，不同文献给出了不同解释（Klute，1986；Kutilek 和 Nielsen，1994；Hillel，1998；Jury 和 Horton，2004）。

首先，由于弯月面退缩的顺序与缓慢脱水的顺序不同（开始于粗孔隙，然后才是细孔隙），因此，变化的截面和孔隙的交叉连接起了一定作用。例如，当土壤的吸湿速率不同时，使得不同量的空气进入土壤中，影响到后续由压缩程度决定的其他过程（见第 7 章）。通常半弯月面与固相具有不同的润湿角，进入角大于脱水角（Wolf，1957；Bachmann 和 van der Ploeg，2002）。此外，地表几十厘米以下的土壤不像测定土壤水分特征曲线所必需的原位干燥，这意味着表层土壤位于初始压实上（见图 3.11）。除非额外给土壤加力，否则，再次湿润就难以达到上次湿润时曲线所处的位置（见第 2 章）。即使一个土壤的脱水强度超过前次，不同土壤含水量也会形成不同的应力，从而导致土壤结构的改变，并影响土壤水分特征曲线的形状。

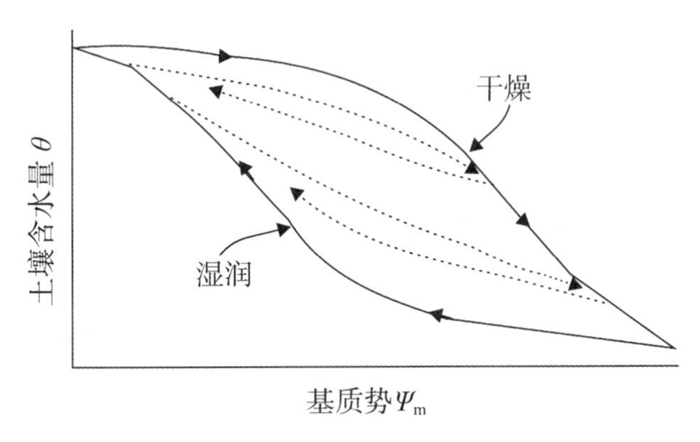

曲线范围上边界是土壤在饱和后的脱水曲线，下边界是在极端干燥后的湿润曲线

图 5.11 土壤水分特征曲线及其滞后环

由于这种局限性，pF 曲线是如何确定的就显得非常重要，一般使用的是脱水曲线（脱水曲线）。如图 5.11 所示，为了得到重复性较好的结果，最好以恒定的方式湿润土壤。

5.6.4 土壤水分特征曲线的测量

许多书上都详细描述了土壤水分特征曲线的测量步骤（Burke 等，1986；Klute，1986；Hartge 和 Horn，2009）。其主要原理是通过施加气压或吸力，使得土壤样品水的弯月面和水膜达到平衡（图 5.12）。平衡之后测定排出水量或剩余含水量，将所得到的点连接如图所示。按照一定次序控制土壤基质势，并在每个土壤基质势数值下测定平衡时的土壤含水量。

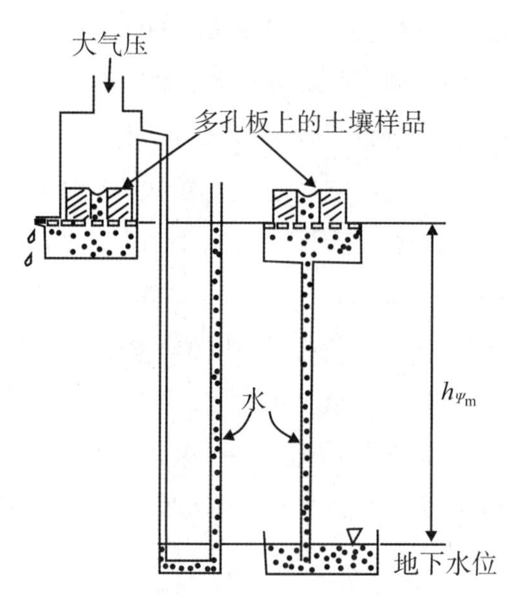

左图表示气压法，右图表示悬挂水柱法，左右图的基质势 Ψ_m 是相同的

图 5.12 土壤水分特征曲线的测量原理

土壤样品也可使用离心机脱水。如果某种土壤样品的粒径分布或者其物理性状使它与压力膜板不能保持紧密接触，最好使用离心法（见图 5.12）。该方法用离心势代替重力势Ψ_z。然而，这种方法仅适用于颗粒基质足够稳定的土壤（致密的单颗粒或黏结结构）。虽然基质和水分受到相同的重力加速度，但是由于基质重量比水更大，它们实际受到的力要更大一些。这种更大的力对基质势的改变，比只有弯月面时的影响更大。所以通常获得的结果，只有非常小的基质势范围内才与通过图 5.12 方法所获得的结果相一致。在计算脱水势能时，必须考虑弯月面在

样品边缘所产生的能量障碍。这个能量障碍是土壤样品底部的初级孔隙大小和粒径分布的函数。在图5.12所示的方法被开发出来之前（Richards，1941），1 000 G作用力平衡条件下的土壤含水量被看作是一个土壤参数（水分当量，Briggs和Mclane，1907）。

目前测定土壤含水量通常使用时域反射仪（TDR），代替对一定土壤基质势下平衡土壤样品（在105℃下）干燥和称量的传统方法。使用时域反射仪建立在土壤表观介电常数和土壤含水量的经验方程上，包括土壤水的介电常数（≈81）和干土的介电常数（≈3），允许湿土样品的含水量进行内插（Yanuka等，1988；Plagge等，1990；Topp等，1992）。使用TDR和内置的微张力计可以同时测定含水量和基质势（Gunzelmann等，1987；Plagge等，1990），就可以确定0~−900 hPa基质势范围内的pF曲线。使用计算机断层扫描（Hainsworth和Aylmore，1983）、切片方法（Bouma和Koistra，1987）、REM成像技术（Horn等，1978），可以计算出已知脱水程度的土壤体积含水量，还能评估孔隙的形状和连续性。未来应用X射线或同步辐射层析成像仪不仅可以确定孔隙弯曲性，还可以确定孔隙网络中的“瓶颈”点；推导出随孔隙大小而变化的函数，用来描述土壤水和气体的渗透性。目前通过这些方法能够获得的孔隙截面最大分辨率，是样品直径的1/1 000（Peth等，2008）。

5.6.5 土壤基质势—含水量关系的数学表达

目前已有很多土壤基质势—含水量曲线的数学描述方程（Mualem，1984），经常用于建模的是van Genuchten（1980）方程。

$$\theta(\Psi_m)=\theta_r+\frac{\theta_s-\theta_r}{[1+(\alpha\cdot\Psi_m)^n]^m} \quad \text{（式5-16）}$$

式中，$\theta(\Psi_m)$是对应于基质势Ψ_m（单位：cm）的土壤含水量，θ_s是饱和含水量，θ_r是残余含水量，即土壤样品中保持连续液态水的最小含水量，通常认为是pF值为4.2或更高时对应的含水量。n和m是描述s形曲线斜率的独立参数，没有直接的物理意义。在某些情况下，m可以设置为1（Haverkamp等，1977）。α是土壤基质势最大斜率的倒数，即拐点$\left(\frac{d\theta}{d\Psi}=\max\right)$，$\frac{1}{\alpha}$为进气值（空气首次进入土壤对应的水势值）。$\alpha$值（单位：$cm^{-1}$）介于0.005（黏土）~0.035（砂土），$n$值介于1.5（黏土）~4.5（砂土）（Woesten和van Genuchten，1988）。

习题

5.1：一支 U 型管充满水且压力平衡。该管的直径为 1.128 cm，长度为 3 m，管两端水位高度相同。假设 A 为左管水位，水柱总长度为 2 m。向左边的管子里加入 10 mL 水或者水银，用式 5-2 计算出右侧管子的水位上升距离。水密度为 1 000 kg · m^{-3}，水银密度为 13 546 kg · m^{-3}。计算出将水银或水位高度抬升 1 m，需要多少压力（单位：hPa）。注意：两种液体并未混合，大气压的影响可以忽略不计。

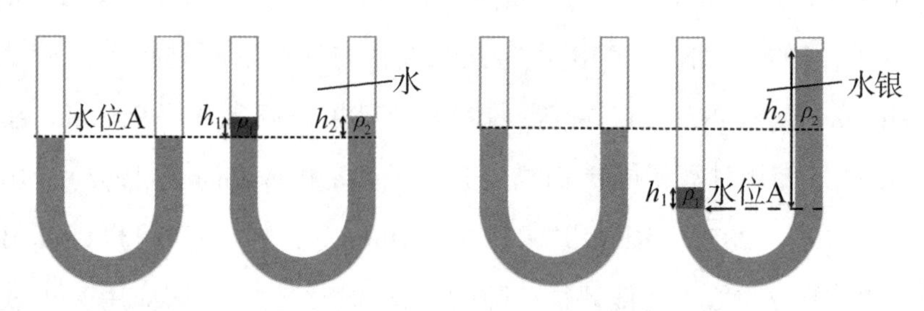

5.2：

a. 使用式 5-9 计算均衡条件下，温度为 20℃、相对湿度 RH 为 60%时的水汽势。单位：J · kg^{-1}，N · m^{-2}，kPa 和 pF 值，假设重力势为零。

b. 以 pF 单位，计算温度为 20℃、相对湿度 RH（%）为如下值的水汽势：100.00、99.99、99.00、90.00、50.00、20.00、1.00 和 0.01。绘制一个图表，显示 y 轴上的 RH 和 x 轴上相应的 pF 值。假设测量的是土壤气相中的蒸气压，且与土壤水势平衡，根据图表判断水汽势是否适用于估算土壤水势？

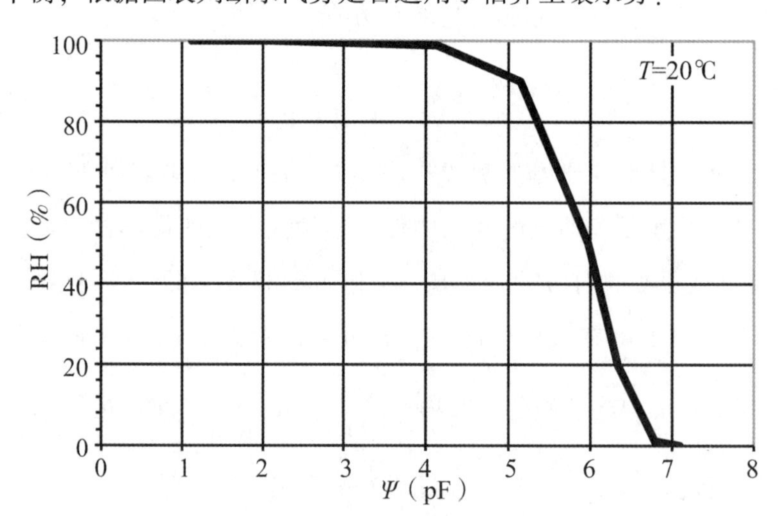

5.3：将两个 60 cm 长（从陶土杯的中心到压力计）的张力计安装在土深 50 cm 处。张力计 1 从土壤表面垂直安装，张力计 2 水平安装在沟槽中。两个张力计附近的基质势（Ψ_m）为-1.3 m。张力计压力表（Ψ_{gauges}）的读数是多少？答案用单位重量（水头）和单位体积（压力）的能量表示。

5.4：张力计 A、B 和 C 田间安装几天后，张力计顶部的读数列于表 5.2。使用测量数据，计算土壤剖面中 30 cm、40 cm 和 50 cm 深处的重力势、压力势和水力势。土壤水是上升，还是下降？

表 5.2 张力计测量数据

张力计	A/cm	B/cm	C/cm
张力计长度	40	50	70
张力计多孔头深度	30	40	50
张力计顶部测定的张力	153	358	452

5.5：在均匀分布的土壤中，用张力计测得 0.5 m 深处的基质势 Ψ_m 为-0.4 m。假设张力计和土壤水平衡且这个系统中没有水流，渗透势可以忽略不计，指定土壤表面作为参考水平，请确定深度为 2 m 的总水力势（$\Psi_p+\Psi_g$）和压力势（Ψ_p）？计算土壤剖面内地下水位的深度？

5.6：土壤 40 cm 深处的水势分量值分别为：$\Psi_g=-100$ cm，$\Psi_p=-400$ cm 和 $\Psi_o=-500$ cm。土壤中 40 cm 深处的植物根具有的水势：$\Psi_p=100$ cm 和 $\Psi_o=-1\ 050$ cm。水是从土壤向植物根部运动，还是从植物根部向土壤运动？

第6章

土壤水分运动

第5章我们讲述了平衡条件下土壤水的能量状态，即静止状态下的土壤水行为。但静止状态的水极少见，大多时间水分是运动的。本章将阐述决定液态土壤水运动的关系。

6.1 饱和土壤中的水分运动

6.1.1 土壤流体动力学现象

水分运动通常会影响其整个土壤孔隙系统（至少当水作为一个连续不断的液相出现时）。当所有孔隙充满了水，土壤即处于水饱和状态。因为水中压力变化向各个方向传导（静水力学），所以整个被水充满的土体都会受到影响。土壤中不同水体参与运动的程度，取决于它们在水流场中所处的位置和邻近的土壤孔隙性质，如形状、大小和连续性等。

土壤水分运动可能发生在恒定水势梯度作用下，也可能引起水势梯度变化。为了响应所受到的变化，水势梯度趋向于零，即形成潜在的水力平衡（见图5.8）。第一种情况为恒定流，第二种情况为瞬态流。为了简化描述瞬态流过程中的水分运输，可以将水流过程划分为非常短的时间段，并假定每一时间段的流动是恒定的。这种方法的准确性随着水势梯度变大及时间变长而降低，但在大多情况下是准确的。

土壤中水流的另一特点是单个水分子的流线相互平行而不交叉。这种类型的流动被称为层流。黏土、粉砂土和砂土田间条件下的水流速度非常缓慢，层流占优势。在较高的流速下，砂砾中则有交叉水流发生，这就是紊流。随着紊流的增加，更多的迁移能量通过摩擦而损失。图6.1显示了假定一个管道中全部是层流或者紊流的流速剖面。层流管道中心的水流速更快，水流因摩擦阻力降速最小。越接近水流的外围区域，水流速度越慢，水流线就越靠近管壁。在管壁上的水流可被认为近似于不动。水流层间流速差异大小，取决于水的性质、水管的几何形状及管壁的粗糙程度，这决定了水流间的摩擦力、水流与管壁之间的摩擦力。摩擦力的影响可通过两个平行的、距离为 d 的面板表示，上板运行速度为 U，下板保持静止（图6.2a）。在两板之间流体的第一层分子的流速与相邻面板是相同的。由于剪切运动，液体中产生线性速度分布。维持这种速度分布所需要的剪切应力，取决于两个面板间的相对速度和流体黏度。

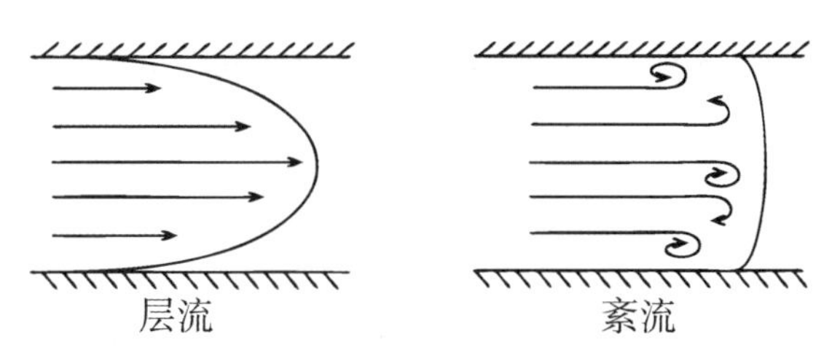

该图显示了流速剖面差异和流动线的不同形状。层流为抛物面，紊流为活塞形平流

图6.1 层流和紊流

$$\tau_s = \eta \cdot \frac{du}{dy} \quad （式6-1）$$

式中，τ_s 是剪切应力，u 是离开平板 y 距离处的流线速度，η 是动态黏度。黏度越大，抬起上平板达到水层等速分布所需要的力就越大。在土壤中，如果忽略机械变形，土壤固相是静态的，流体入渗到毛细管系统中。该过程引起相应的剪切应力则产生图6.1所示的抛物线形的流速分布（图6.2b）。

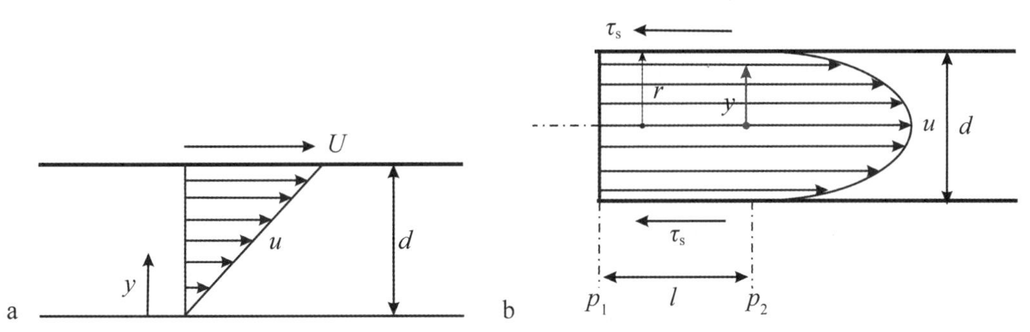

a. U 是上板的速度（下面板的速度 U 为0）；u 是流线速度；y 是从面板到流线的距离；b. 流体通过半径为 r 的毛细管的流速分布。τ_s 是剪切应力；$\Delta p = p_1 - p_2$，是水压差；l 是流动的距离

图6.2 相距 d 的两块板间流体的流速分布

黏度、毛细管半径和流速之间的关系可通过著名的哈根—泊肃叶方程（Hagen-Poiseuille）描述：

$$q=\pi r^{4}\cdot\frac{\Delta p}{8\eta\cdot l} \quad （式 6-2）$$

式中，q 是单位时间内流出水的体积，r 是毛细管半径，Δp 是压力差，l 是毛细管长，η 是黏度。q 对 r 非常敏感，在方程中达到四次方。在恒定压力梯度 $\Delta p/l$ 下，运移水体体积随流体黏度的降低而增加。

在紊流中，管壁处的摩擦力和由此造成的减速足以产生涡流。流动受阻的液体颗粒逐渐慢下来，而被水流中心快速流动的颗粒超越。快速流动的颗粒就会移动到流场边缘区域，而一些较慢的颗粒被冲到流体的中心。这样在横截面上不同区域的流动速度被高效的均质化，导致速度分布不再是抛物线，而是 U 形。涡流形成需要消耗能量，这也是在相同压力梯度下层流的输送能力大于紊流的原因。尽管土壤中通常不会发生涡流，但是类似的过程会控制狭窄毛细管中的液体流动。雷诺系数 Re 被用来评估层流损失的最小速度，它表示加速度功和摩擦力功的比值随管径大小变化的函数关系（Beck，1960）：

$$Re=\frac{\rho\cdot v\cdot l}{\eta} \quad （式 6-3）$$

式中，ρ 是流体密度，v 是单位时间单位体积下的流速，η 是黏度。由于孔隙形状的异质性，l 没有特定数值，但常用平均粒径分布代替 l 来表征孔隙长度。

由此得出黏土和粉砂的雷诺系数小于 1（von Engelhardt，1960）。根据图 6.1 中所示流线形状，可以看出层流过程中水分没有得到充分混合。由哈根—泊肃叶方程表示的运输量和毛细管尺寸的关系决定了土壤水，特别是其中可溶物质的运输过程。然而很难直接观察到土壤水的实际运动。有一些示踪剂方法（如同位素、染色剂、盐离子和孢子粉等）可用于跟踪水流，但只有示踪剂驻留一定时间得出结果才有说服力，且在大多数情况下非常费力。因此，就出现了尝试将流体动力学的一般原理应用于土壤液体流动。从这个角度出发，最重要的是要容易测得足够的数据，才能取得良好的结果。

有一种方法基于伯努利定理（E_{pot}、E_{kin}），是能量守恒一般定律的特例。

$$E_{pot}+E_{kin}=m\cdot b\cdot h+\frac{1}{2}m\cdot v^{2}=\mathrm{con\ st.} \quad （式 6-4）$$

如果这些能量组分除以单位水体积，则：

$$\frac{m \cdot b \cdot h}{h^3} + \frac{m \cdot v^2}{2 \cdot h^3} = \text{con st.} \tag{式 6-5}$$

式中，m 为质量，b 为加速度，h 为高度，v 为速度。b 可以替代重力加速度。通过取消左边的第一项，获得压力维数（$p = m \cdot b/\text{h}^2$）；通过在第二项中代入 $\rho = m/\text{h}^3$，获得 $\rho \cdot v^2/2$。由于压力取决于测量的高度，也需将该高度代入方程式。为了得到可兼容的维数，将伯努利方程变形得到：

$$\frac{p}{\rho \cdot g} + z + \frac{v^2}{2 \cdot g} = \text{con st.} \tag{式 6-6}$$

以上三者之和均是长度的维数（见表 5.1）。第一项被称为压力高度 $h_p = p/(\rho \cdot \text{g})$，第二项被称为位置高度（$h_z$），第三项被称为速度高度（$h_v$）。$h_z$ 对应于重力势 Ψ_z（长度）。假设流体（水）没有摩擦（理想流体），并且不考虑多相流动，就可以忽略摩擦偏差。用高度表示的伯努利定理可简化为：

$$h_p + h_z + h_v = \text{con st.} \tag{式 6-7}$$

这一关系所定义的流体势如图 6.3 中所示，说明测量高度和水压之间是相关的。

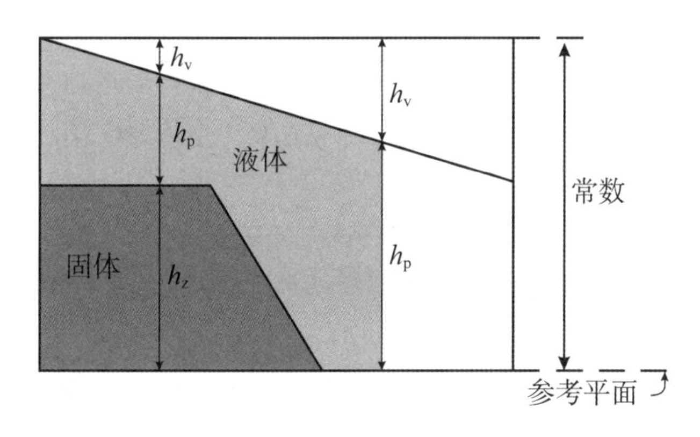

该图显示了总势能可能潜在的组合，包括位置势（h_z），压力势（h_p）和速度势（h_v）

图 6.3 伯努利定理

正如第 5 章关于土壤水的静态水力学的解释，重力场中的压力和位置被组合成一个参数（水力学压力）。一旦满足下列条件，水就会一直处于运动状态。

$$h_{p1} + h_{z1} \neq h_{p2} + h_{z2} \tag{式 6-8}$$

图 6.3 原则上显示了与图 5.8 相同的概念，但不同的是图 6.3 考虑了流动过程和由此产生的流动压力（h_v）。土壤中流动压力的影响通常可以忽略，因为孔隙网

络（毛细管）中的流速远远低于大管道中的流速，所以多数情况下不需要考虑流动压力。从能量的角度考虑，如果已知相对参考水平存在水力学水平的差异，就可以预测水分运动是否存在并判断其方向。测量 h_z 和 h_p 相对比较简单，所以这种方法对研究土壤水分运动和收支平衡意义重大。

6.1.2 流速场

基于上述考虑，驱动水体运动的力，即各种势能（压力势和重力势）可以在一定的体积单元中确定。一个简化的例子是观察装满水、单一出口的玻璃杯中水流线的形状（图 6.4）。如果玻璃杯中不仅有水，还在底部沉积了一层充满水的物质（如沙子），其水流线的主要形状还是相同的。

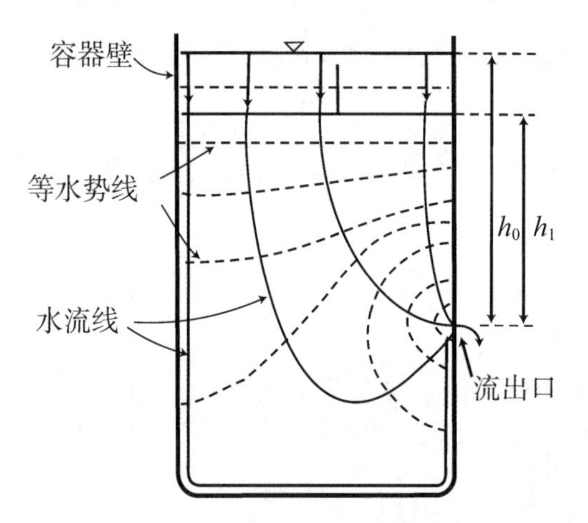

排水过程降低最初水位 h_0 可以通过测量出水口上方水位高度 h_1 获得。水流线记录了暂时流

图 6.4 装满水的带出口容器模型（显示整个流体体积中层流场及水流线的形状）

一个充满流线的整体形成一个流场。在一个流场中如果所有位置和方向上的流动受相同的边界条件影响（即各处流动阻力相同），则该流场就是均匀和各向同性流场。如果水力传导度在不同方向存在空间差异，就是非均匀和各向异性的流场。

在均匀和各向同性的流场中，流线和等势线（等水势线）彼此垂直；在各向异性的流场（具有优先流的方向，如分层土壤和/或有结构的土壤系统），流线和等势线（等水势线）并不垂直。第 6.4 节中将描述这一土壤特性。要充分进行流场参数化，就必须定量其范围和边界条件，这一点将在下节深入讨论。

6.1.3 流场的边界条件和空间限制

描述均匀流场的必需参数如图 6.4 所示，包括两个最外层流线的位置、水位信息和出水口位置。保持稳定状态的条件是，这些参数必须保持恒定，即容器中的水位保持恒定。这就完全定义了边界条件（压力场、几何体），产生了特定的流线和等势线。

通常土壤中的流线可以用于界定流场。在某个地方有一条流线形成某个势能汇，相邻的流线形成了另一个不同的势能汇。两条相邻流线形成了不同势能汇的地方被称为分水岭（集水区），这类似于描述地形要素时使用的水文学同名术语，指区分两个流域的分界线。该术语同样适用于地表水径流区的分界，但土壤中还存在另一种分界线。零通量面或深度区分了重力引起的向下水流与植物生长期蒸发和蒸腾引起的向上水流（Renger 等，1986）。这种分界线的位置在夏季不断向下移动，在冬季则恢复至初始位置或完全消失。

图 6.4 中流场的边界是水面和靠近底部的出口。根据水动力学，所有流线都必须垂直于等势线。最容易的实现方法就是假设容器的排水口无限小并且器壁无限薄，这样就可以排除出水口区域的影响。从各个方向到达出口的水流会均匀变窄到一个点。出口区的等势面呈半球形，这时的水面与出水口保持安全距离，就很容易确定与水表面垂直的流场。当水位接近出水口位置时，流场就变得弯曲并朝向出水口，一旦发生这种情况，这时的水面就不再是等势面，而变成了流线，水流就开始变得平行于倾斜着的水面（如在浴缸排水口涡流中的气泡）。在这种情况下，就难以分辨此时的水面是流线，还是等势线了。

产生这个问题的原因是，在各向同性和均匀的入渗基质中，流线和等势线只能相互垂直。在彼此相邻的地方渗透性不同时（通常在地下水表面），等势线和流线就不再相互垂直，这些情况需要单独考虑不同区域的渗透性。

6.1.4 一维流

在充满土壤的管内（即土柱），水流主要取决于土壤导水率，当然也受土柱形状和水势梯度的影响。因为土柱壁是不透水的，水流只能有一个方向，这就是所谓的一维流。假设一维流是层流，所有流线平行于相同方向。在水流方向上，土壤给水流施加一种水流阻力，限制了特定势能梯度下单位时间通过单位截面的水

流通量，这就是达西定律（Darcy's law）所描述的关系。该定律最早由法国工程师亨利·达西（Henry Darcy）在1856年提出。

$$\frac{Q}{F \cdot t} = q = k \cdot \frac{\Delta \Psi_H}{\Delta l} \qquad (式 6\text{-}9)$$

式中，q 是体积通量密度，t 是单位时间，F 是单位横截面积，Q 是所运输的水体积，k 是导水率，Ψ_H 是水势差（以厘米水柱表示），Δl 为水流距离（图6.5）。在描述水平流时，驱动水流的水势梯度仅由水压梯度控制（压力势 Ψ_p）。因为土柱的入口和出口的重力势（即高程 Ψ_z）相同，当入口和出口位置不同时，必须考虑高程 Ψ_z（见第5章）。$\Delta H/\Delta l$（或 $\Psi_p/\Delta l=1$，因为 $\Psi_z=0$）被称为水力梯度，表示一定水流距离内水势（Ψ_p）下降的速率（见图6.5下方的斜三角形）。

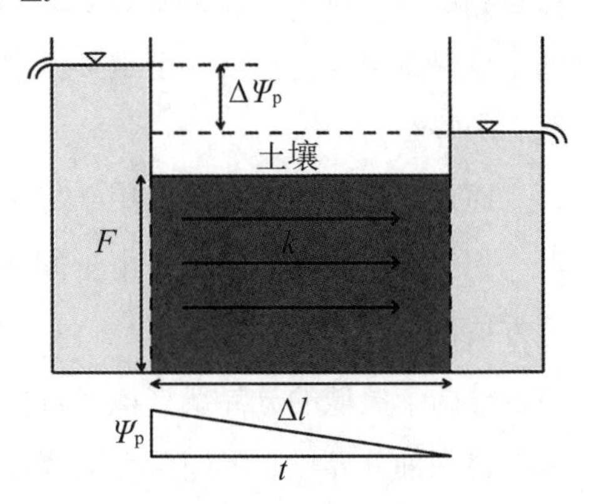

导水率 k 恒定时，沿着水流距离 l 任何点上的压力势 Ψ_p 都可以通过斜边三角形来描述

图6.5　流线平行的一维层流

水势梯度通常表示为 Ψ_H/l 的微分，缩写为i或者 Ψ 梯度（gradΨ）。由于水流的方向总是从高势能到低势能，所以有时用负数来表示方程右边的 k 值。参数 k 也被称为 k 值，是一个重要的土壤参数，它描述了多孔介质的传导性（第6.4节）。达西定律可看作是类似于描述电流的欧姆定律，其中 k 的倒数与电阻类似，与流动阻力相对应。这个公式与热传导与扩散过程也相似（参见附录）。达西方程是势能驱动流的特殊情况。在应用时，需要考虑只要有部分水体 Q 流过特定横截面积 F，即可获得水柱高度及其随时间产生的变化，即表观流速 v。

$$\frac{Q}{F \cdot t} = v = q \qquad (式 6\text{-}10)$$

表观流速，也称为通量或通量密度，是个宏观概念，并不代表单个水分子速度。由于孔隙空间存在曲率，单个分子与宏观水的运动速度可能会有很大的差异（见图6.1）。表观流速代表整个流动剖面的平均流速。

只有当土体中孔隙系统是均匀和各向同性时，才能确定单个流线路径和各个水分子运动的宏观路径。测量 Ψ 梯度（gradΨ）必须确定流场参考点，除非已知所有水流方向，否则，确定流场参考点比测定 Ψ 梯度更难。土壤中一维流动的评估方法如图 6.6 中所示。测压管 A、D 和 B、E 与这个流场中顶部和底部的流线接触，底部的连线划定了这个流动系统的下边界，定义 4 个测压管最下边的高度分别为 Ψ_{zA}、Ψ_{zD} 和 Ψ_{zB}、Ψ_{zE}。另一个边界条件由测压管 A、B、D、E 的底部连接线（两条虚线）所示，这两条虚线连接线是等水势线。

$$\Psi_{pB}+\Psi_{zB}=\Psi_{pA}+\Psi_{zA} \quad (式 6\text{-}11)$$

沿着两条虚线表示的等势线没有流动，因此，A 管和 B 管之间、D 管和 E 管之间的水位是相同的。如果假定另取一个 C 管插到它们之间，C 管的水位将处于这两对管的水位值之间，具体数值取决于 C 管的确切位置。

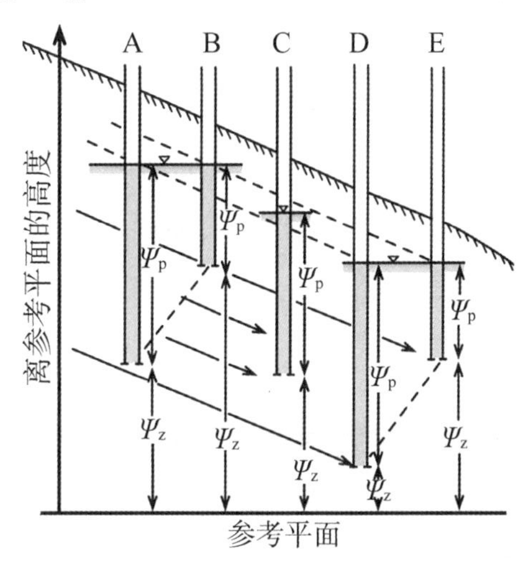

该流场的边界由流线 AD、流线 BE、等位线 AB 和等位线 DE 确定。测压管中水位由测地高 Ψ_z 和水压高 Ψ_p 组成。沿着等势线它们的和是恒定的（$\Psi_{pA}+\Psi_{zA}=\Psi_{pB}+\Psi_{zA}$）

图 6.6 土壤界面内的一维流场

图 6.6 显示，确定等势面可以在不同位置和不同土深中安装测压管，根据这些数据就可以构造等势面和流线。参考平面可以设定在任何地方，甚至可设定在高于土壤的某个地方，只要其位置已知就可以作为参考面。如果已知土壤导水率 k，则可根据这个流动系统的几何形状受其边界条件的限制而计算出输移水的体积。这些方法同样适用于测量地下水位之上的水分运动关系，但这种情况下不能使用测压管，因为水面低于测压管的开口端，需用张力计代替测压管来测量（见图 5.7）。

6.1.5 二维流和三维流

图 6.6 中 A—B—D—E 方向的水流中单个流线可以假设为是平行的。这种现象通常只出现在所考虑土壤单元在流场中足够小（图 6.7），一维流方法不适用于更大的土壤单元，因为会有多个方向流发生，包括三维空间和任何平面上的两个方向。图 6.7 显示了较大土壤单元的流场情况。

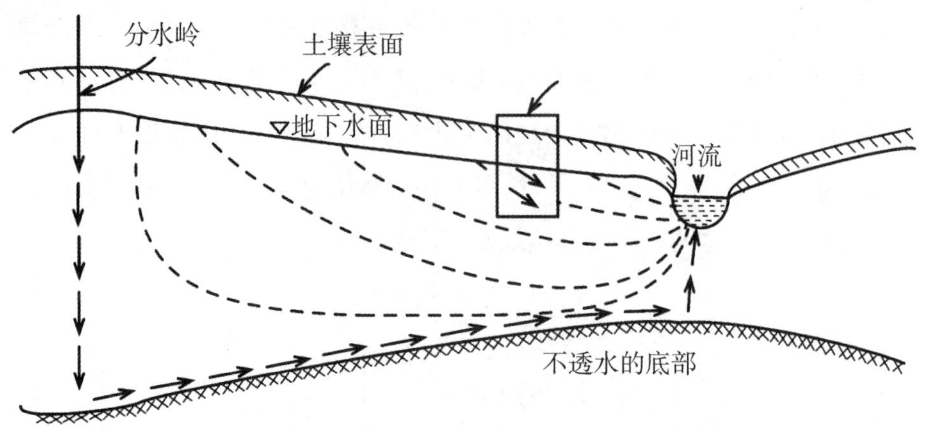

图 6.6 所示的一维流场如矩形。流场的边界定在左边水文分水岭的垂直流线和右侧的河流，底部的不透水层，所选择顶部的地下水面或土壤表面

图 6.7　土壤中水平的二维流场

与描述一维流一样，首先要确定流场的边界，但使用测压管或张力计确定流场区域的大小通常是不可能的，只能通过假设来引入一些限制因素。若假设支持的参数越多，它们的权重就越大。例如，最外层的流线遵循以下路径：从已知的水文分界线向下，直到下面水中的不透水层底部，再沿着不透水层直通到河流。

图 6.7 左边部分地下水面是一条等势线。当靠近河流时，地下水面不再是等势线，因而需要做出更多假设来描述这个流动系统。需要确定等势线和流线的位置，符合质量守恒定律（即恒定水量）。越靠近河流就意味着水必须流动得更快、横截面则减小。相应的，在横截面减小的位置会产生一个更大的压力梯度，这种关系可由连续性方程来表达：

$$F_1 \cdot v_1 = F_2 \cdot v_2 \text{并且} F_1 > F_2 \qquad (式 6\text{-}12)$$

因此，截面较宽 F_1 的流速 v_1 小于截面较窄 F_2 的流速 v_2，从而保持水流体积恒定。图 6.8 解释了这种关系。沿 x 轴移动流经两个圆柱形截面的水流在 y 位置的水流线都是恒定的。在漏斗形截面中水流变窄，且流线方向变为二维的。流入漏斗后水流的流线改变过程，必须用 x-分量和 y-分量来描述。在图 6.8 中，就用管道变窄区域的流线速度变化来描述这个过程。因为进入和流出漏斗的水量相等，沿着单个流线的速度变化 Δv 必将消除。

$$\frac{\Delta v_x}{\Delta x} + \frac{\Delta v_y}{\Delta y} = 0 \qquad (式 6\text{-}13)$$

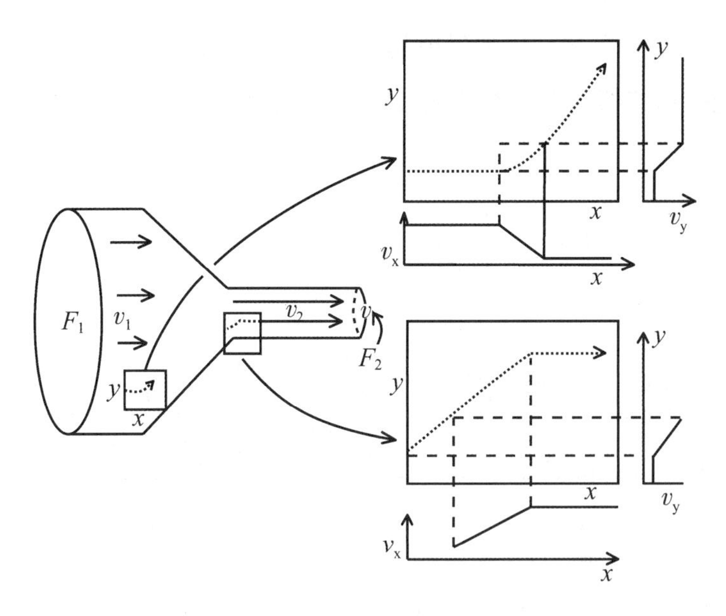

管道的宽窄部分都是一维流。右侧两个图显示了当水流从截面积 F_1 进入更狭的截面 F_2 时，水流 x 和 y 分量的变化

图 6.8　一维流和二维流的连续性条件（见连续性方程）

式 6-12 是二维流的连续性方程的另一种形式。如果需要考虑第三维，方程式需要一个额外项 $\Delta v_z/\Delta z$ 来处理 z 分量。将达西方程右侧（式 6-9）代入式 6-13，并将公式从差分转换为微分，得到：

$$\frac{\partial\left[k \cdot \frac{\partial \Psi_{\mathrm{H}}}{\partial_{\mathrm{x}}}\right]}{\partial x}+\frac{\partial\left[k \cdot \frac{\partial \Psi_{\mathrm{H}}}{\partial y}\right]}{\partial y}=0 \tag{式 6-14}$$

在各向同性的水传导条件下（所有空间方向上均相等），在消去 k 之后，可得到二维流动的拉普拉斯方程：

$$\frac{\partial^{2} \Psi_{\mathrm{H}}}{\partial x^{2}}+\frac{\partial^{2} \Psi_{\mathrm{H}}}{\partial y^{2}}=0 \tag{式 6-15}$$

这个偏微分方程可以描述整个流场位置与总势 Ψz 之间的关系。这个方程只有在少数情况下才有解析解（Kirkham 和 Powers，1972；van der Ploeg 等，1999），在更复杂的边界条件下则需在计算机上求数值解。或者，用图 6.9 所示的图形法构建流线网络。这里确定了 2 条流线 10 条等势线，另外 2 条流线由三角形定义。构建图形的目的是，将某些势能之变化看作步长，相应的横截面用图中正方形表示，用来描述矩形一维流场（图 6.9 左）。如果在这些正方形中画圆圈，则每个圆

圈都与周围4个圆矩形相切。如果流场是二维的，圆的大小必须调整，以保持有4个切点。连接这些切点的曲线不再是直线，而是曲线，并且它们划定的区域越来越偏离正方形。

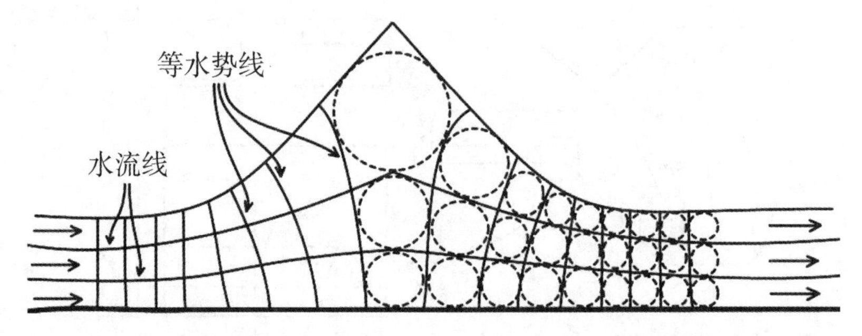

等势线之间的距离为一个压力单位，流线之间水流的体积不变，因此，大圆圈表示低流速区域，小圆圈表示高流速区域

图 6.9　使用正方形网格法构建截面变化条件下的水流线

尽管这种精确图形构造法非常耗时，但它可以很快描述出在复杂几何条件下流线形状的概况。为了更准确地模拟流场，必须使用基于模型或数值近似的其他技术（Jury 和 Horton，2004）。

6.2　非饱和土壤中的水分运动

到目前为止，我们假定水分运动是层流，并且影响整个土壤孔隙，即土壤水是饱和的。严格意义上讲这种情况仅出现在地下水位以下，即使可能存在空气泡。在陆地土壤中水分完全饱和只是个例。只有在半陆地土壤和水成土的底层才能观察到水饱和现象，而在其上层很少见到。

理论上，包气带和饱和带的水分运动受相同规律支配。在这两个区域，水分运动是由水势差引起的（见图 5.8）。这两个区域间水分运动是常态，停滞则是例外情况。

描述非饱和土壤中稳态水分运动或稳态非饱和流，同样要用到达西方程（式 6-9）。从理论上说，这个方程不能描述一定体积水流因气泡或矿物颗粒的堵塞而不能通过的情况。饱和流与非饱和流的区别在于，非饱和流发生时水压为负（负基质势，见图 5.2），而饱和流发生时水压为正。另外，它们的有效截面也因含水量或水分饱和度的不同而呈现明显差异（见第 6.4 节）。

达西方程应用于含水量低的土壤存在一定争议。试验数据表明，当水分主要被吸附在矿物表面时，即使存在水力梯度，也不能即刻发生水分运动（Wartzendruber，1962，1963；Miller 和 Low，1963；Markowitz，1968），这时达西定律不适用。相反，只有在水力梯度超过一定阈值后，水分才开始运动。超过阈值才能引起运动的不是牛顿流体（Newtonian fluid），而是宾厄姆流体（Bingham fluid）。在比表面积非常大的黏性土壤中，只有相对较大的水势存在时，才会出现符合达西方程的流动比例和水力梯度（Hillel，1998）。土壤中吸湿的盐具有类似作用，它们会导致低于正常比例的水产生流动（即宾厄姆流动）。

只有在超过最小梯度时才会出现与水力梯度成比例的水流（Bresler 等，1982；Das 和 Datta，1987）。限制达西方程适用性的另一个机制是电渗势（Ψ_e），它产生于经过矿物颗粒吸附阴离子的水运动。这些势能只在路径非常窄处起作用，如当 k 值小于 10^{-5} cm/s 时。

水力势效应和电动力效应共同起作用。电动力效应来自 ξ-势能（即非线性层中的电势），是相间及其附着的电荷相对移动产生的结果。电渗电荷产生于电流势并影响水流，反过来就可以根据给定水流来测量这些电荷。在饱和条件下，电流 I 与电势能 U_s 成正比；在不饱和条件下，电流 I 也是流动水量的函数。这是由入渗过程中不断变化的电阻和横截面积引起的，进一步引起土壤中电荷的不平衡（Nissen，1980）。据 Nissen（1980）研究，电渗势比水势差对水流通量的贡献低 10 个数量级左右。因此，在缺乏孔隙或颗粒表面相互影响的条件下，可以用以下方程描述该流动行为（Billib 和 Hoffmann，1965）：

$$v_{(H,e)} = v_H - v_e = k_H \cdot \text{grad}\Psi_H - k_e \cdot \text{grad}\Psi_e \qquad \text{（式 6-16）}$$

式中，下标 H 表示水力组分，e 表示电动力组分，其他符号与式 6-9 一致。在这种情况下，反向的影响用负号表示。因为电渗势是由水流引起，所以有相反的符号。

驱动不饱和土壤水和饱和土壤水的水势差是不同的。在饱和土壤中，压力势（Ψ_p）和重力势（Ψ_z）之和的不平衡是水流的驱动力；在非饱和土壤中，基质势（Ψ_m）和重力势（Ψ_z）之和的不平衡是水流的驱动力。

因为非饱和区域比饱和区深度更浅，所以非饱和区一维水分运动所起的作用更大（图 6.10a）。这仅适用于大型流动系统，在较小系统中所观测到的势能分布显然不与一维流动的假设相一致。例如，水分流入和流出植物根区、团聚体内外的非均质孔隙系统（图 6.10b、c）等较小流动系统，只能被假设为二维和三维的。

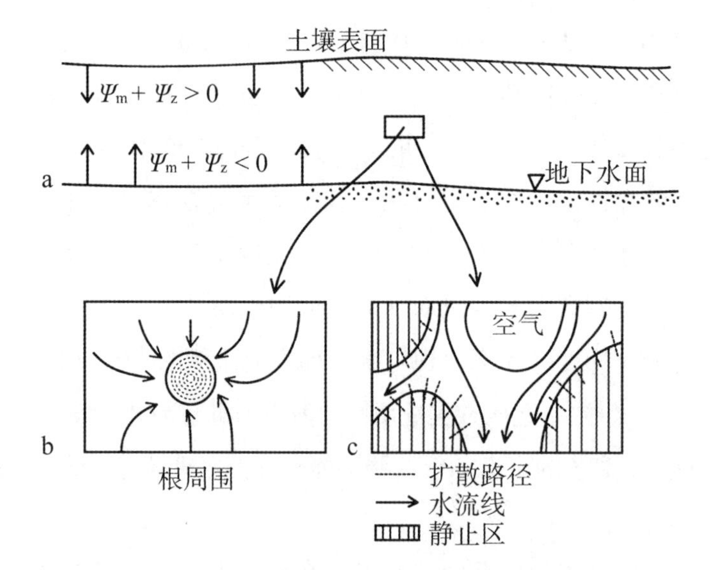

a. 非饱和土壤中水分运动的主要方向。非饱和区深度浅而广，宏观观测中该区水流为一维流；b. 较小流动系统中的二维流，如向根的径向流；c. 三维流发生在水环绕流动的气泡、矿物颗粒周围（Buchter 等，1990）

图 6.10　一维流、二维流、三维流

此外，还需要考虑基于质量守恒的离子运动、扩散、水动力弥散、化学溶解和沉降等重要过程（Beese 和 Wierenga，1980；Schulin 等，1986；Jury 等，1987；见第 11 章）。从宏观考虑，非饱和水膜可分为向下渗流过程和蒸发及植物吸水驱动的毛细管水上升过程两类。假设以地下水位为重力势的参考水平面，则向下渗流可描述为：

$$\Psi_m+\Psi_z>0 \tag{式 6-17}$$

对于毛细管上升流，可用下式表示：

$$\Psi_m+\Psi_z<0 \tag{式 6-18}$$

在稳态水力平衡条件下，可用如下公式：

$$\Psi_m+\Psi_z=0 \tag{式 6-19}$$

6.3　瞬态流

前面章节中所有的水分运动都被视为恒定或不随时间变化，但在自然界中水分运动不太可能是恒定的。它们仅是逐渐降低了水分梯度和流速以实现不稳定状态的平衡，降低越多就越接近于平衡状态。这个理论既适用于流经某个容积体的水流，又适用于流入或流出该体系的水流。这不仅需要考虑该容积体的形状限制，更要考虑其边界条件，特别是需要水流产生和结束、土壤含水量发生变化时的初始条件和边界条件。

经常出现的恒定含水量下沿着压力梯度降低而发生的土壤水流实际意义不大，描述这个过程只是为了说明存在解决这类问题的简单方法。这种方法是利用田间钻孔获得的数据推导导水率的基础（Luthin，1957；van der Ploeg 和 Huwe，1988）。该方法也是基于达西方程，只是用与时间相关的水势梯度代替恒定的水势梯度 Ψ_H。水势梯度变化导致入渗水的体积变化。图 6.4 描述了这一过程，假定离开出口的水没有排出，而是直接入渗到土壤中，在水入渗的过程中，容器中的水面下降。时间 t 期间入渗的水量（Q），通过记录的下降水位计算（h_0 和 h_1，图 6.4）：

$$Q=\frac{F}{t}\cdot(h_0-h_1) \qquad (式 6-20)$$

单位面积上的入渗水量可以改写为：

$$\frac{Q}{F}=\frac{F}{F\cdot t}\cdot(h_0-h_1)=\frac{h_0-h_1}{t} \qquad (式 6-21)$$

这个方程适用于水位上升和下降两个过程。对通过土壤上方有自由水面影响的水平层次垂直一维流而言（积水条件），水位下降可用以下公式表示：

$$\frac{\partial h}{\partial t}=-k\cdot\frac{\partial h}{\partial l} \qquad (式 6-22)$$

式中，h 出现了两次，它表示水量的变化，同时也表示水的体积和势能（用水柱高度表示）的变化，l 是水通过土壤的流动距离。对该方程积分，可得到：

$$\ln h_0-\ln h_1=\frac{-k}{l}\cdot t \qquad (式 6-23)$$

通常使用以下公式：

$$\ln\left(\frac{h_0}{h_1}\right)=\frac{-k}{l}\cdot t \qquad (式 6-24)$$

进一步，分别取以 10 为底的对数：

$$2.3\log\left(\frac{h_0}{h_1}\right)=-k\cdot\frac{t}{l} \qquad (式 6-25)$$

其指数形式对应了衰减曲线：

$$h_1=h_0\cdot e^{-k\cdot\frac{t}{l}}$$ （式 6-26）

如果不是考虑土壤上方的自由水面（积水），而是考虑地下水位，则计算要复杂得多。入渗水体积（Q）的计算依赖于土壤孔隙体积。入渗发生在地下水位之上时，水分运动速度随着含水量的降低而减慢。正是由于这个原因，地下水位的波动导致其上方土壤水分长期流动。水分容量和导水率就不再恒定，而是土壤含水量的函数。

地下水位之上的非饱和土壤中的瞬态流，通常意味着土壤含水量通过向地下水渗透而损失，或通过蒸发蒸腾引起的毛细管水上升得到补充。这导致有时水分运动会很慢，高出或低于平衡点的土壤水分需要数月才能达到平衡点。

与饱和土壤一样，描述这类过程可利用达西方程和连续性方程。在饱和土壤中速度变化之和为零；在非饱和土壤中，速度变化导致了土壤含水量的时空变化。图 6.11 显示了这种关系，描述了通过一个假定无限小体积元的一维水流动。图 6.11 显示了单位土体内随时间变化的土壤含水量，与通过该单位土体边界水量的关系：

$$\frac{\theta(t_1)-\theta(t_2)}{t_1-t_2}=\frac{q(x_1)-q(x_2)}{x_1-x_2}\Rightarrow\frac{\partial\theta}{\partial t}=-\frac{\partial q_x}{\partial_x}$$ （式 6-27）

把达西方程中（式 6-9）的 q_x 代入，得到：

$$\frac{\partial\theta}{\partial t}=\frac{\partial}{\partial x}\left[k\cdot\frac{\partial\Psi_H}{\partial x}\right]=k\cdot\frac{\partial^2\Psi_H}{\partial x^2}$$ （式 6-28）

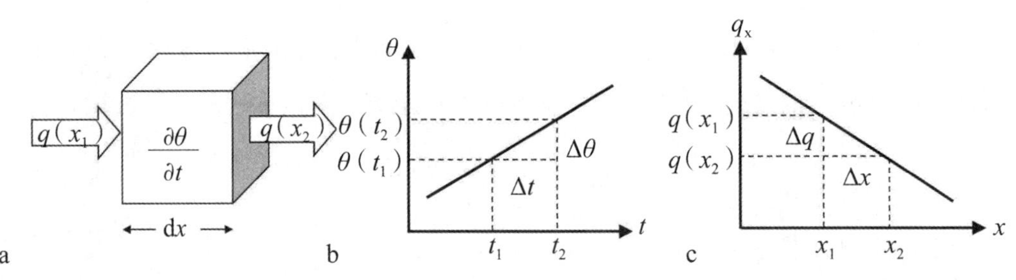

a. 描述一定土体的水流量和相应随时间变化的土壤含水量；b. 定义土壤含水量随时间的变化；c. 一定水流距离内的通量变化

图 6.11　一个非饱和土体中的水流

理查德方程（Richards equation）可描述非饱和土壤水分运移过程。在水力势（$\Psi_{mH}=\Psi_{mp}+\Psi_z$）中用基质势（$\Psi_m$）代替了压力势（$\Psi_p$），并将式 6-28 扩展到三维情况，就可以得到：

$$\frac{\partial\theta}{\partial t}=\frac{\partial\left[k\cdot\frac{\partial(\Psi_{m}+\Psi\Psi_{z})}{\partial x}\right]}{\partial x}+\frac{\partial\left[k\cdot\frac{\partial(\Psi\Psi_{m}+\Psi\Psi_{z})}{\partial y}\right]}{\partial y}+\frac{\partial\left[k\cdot\frac{\partial(\Psi\Psi_{m}+\Psi\Psi_{z})}{\partial z}\right]}{\partial z}$$

（式 6-29）

式中，土壤含水量是体积百分比，Ψ_m 和 Ψ_z 分别为基质势和重力势，k 为导水率，x、y 与 z 为位置坐标。由于水分水平运动时重力势不变，而水分垂直运动时，$\frac{\partial\Psi_{z}(\Psi_{m}+\Psi_{z})}{\partial x}=\frac{\partial\Psi_{z}}{\partial y}=0$，所以，式 6-29 可简化为：

$$\frac{\partial\theta}{\partial t}=\frac{\partial\left[k\cdot\frac{\partial(\Psi\Psi_{m})}{\partial x}\right]}{\partial x}+\frac{\partial\left[k\cdot\frac{\partial(\Psi\Psi_{m})}{\partial y}\right]}{\partial y}+\frac{\partial\left[k\cdot\frac{\partial(\Psi\Psi_{m})}{\partial z}\right]}{\partial z}+\frac{\partial k}{\partial z}\quad(式\ 6\text{-}30)$$

右式第三项和第四项的结果来自第一个方程式 6-29 的 z 项：

$$\frac{\partial\left[k\cdot\frac{\partial(\Psi\Psi_{m})}{\partial z}\right]+\partial\left[k\cdot\frac{\partial(\Psi\Psi_{z})}{\partial z}\right]}{\partial z}=\frac{\partial\left[k\cdot\frac{\partial(\Psi\Psi_{m})}{\partial z}\right]}{\partial z}+\frac{\partial(k\cdot 1l)}{\partial z}\quad(式\ 6\text{-}31)$$

正如有关非饱和土壤水分运动的章节所述，一维垂直流最重要（见图 6. 10）。如果 x 项和 y 项为零，可得到：

$$\frac{\partial\theta}{\partial t}=\frac{\partial[k\cdot(\partial\Psi_{m}+\partial\Psi\Psi_{z})]}{\partial z}+\frac{\partial k}{\partial z}\quad(式\ 6\text{-}32)$$

在稳定流的情况下，存在这些微分方程的求解方法。从文献中可以找到一些特殊情况的方程解法（Kirkham 和 Powers，1972；Zhu 和 Mohanty，2002；Wang 等，2003，2009；Radcliffe 和 Simunek，2010）。

解决这些问题的另一种方法是数值解，包括有限差分法和有限元法。土壤含水量（和相应的势能）随时间的变化可以用偏微分方程的近似解法来计算。其代数表达式为：

$$\frac{\partial\theta}{\partial t}\rightarrow\frac{\theta_{1}-\theta_{2}}{t_{1}-t_{2}}\rightarrow\frac{\Delta\theta}{\Delta t}\quad(式\ 6\text{-}33)$$

空间变量（如 Δx）用有限差分描述（图 6. 12）。本例中的土壤被细分为很小的格网（组分）。整个流动过程（水平流）用以下方程描述：

$$\frac{\Delta\theta}{\Delta t}=\frac{1}{\Delta x}(q_{x1}-q_{x2})\quad(式\ 6\text{-}34)$$

q_{x1} 和q_{x2} 是在时间段 t 中分别通过平面 x_1 与平面 x_2 的水的体积（图 6. 12）。

这两个通量都可用达西方程来近似求解。前提条件是需要知道特定含水量下的导水率 k_θ 和基质势 Ψ_m，或其中的某值以及含水量变化（$\Delta\theta$）。

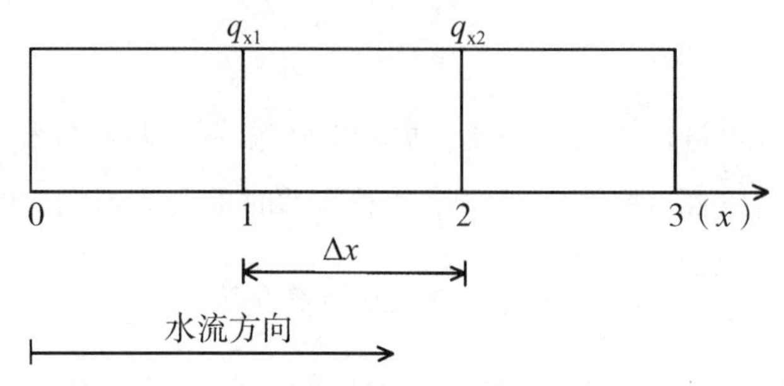

图 6.12　计算通过相邻土壤单元水流体积

在第一种情况下，两个通量约等于其算术平均值，q_{x1} 值为：

$$q_{x1}=\frac{k_{\theta1}+k_{\theta2}}{2}\cdot\frac{\Psi_{m1}-\Psi_{m2}}{\Delta x} \quad \text{（式 6-35）}$$

计算引入的平均值误差，随着空间离散度 Δx 的减小而减小。如果已知或已经计算了 $t=0$（初始状态）时所有的 k 值，则可以计算出任何时间 t 内土壤中相邻单元的土壤含水量变化。在添加准确水量到所有相应的土壤单元中并更新参数后，采样同样方法就可以应用于下一个时间的计算。通过设定合适的边界条件和调整土壤参数，可以模拟不同类型土壤的水流过程。根据需要，就可以计算出或者在模拟过程中调节整理通量、水势和土壤其他参数。Hornung 和 Messing（1984）综述了这些数学方法和如何建立这些数学模型。有关复杂水分运动问题的数值解法，如有限元法的更多信息，可参见 Bear 和 Verrujt（1998）和 Radcliffe 和 Simunek（2010）。

6.3.1　水力扩散系数

式 6-28 描述的水平、一维瞬态流实际上就是水分扩散过程，因为它描述了浓度作为时间和空间函数的变化。在非饱和区域，θ 与 Ψ 相关，构成了 pF 曲线，所以 Ψ 可以被含水量 θ 代替。如果这个土体是均质的，θ 可以是达西方程（水平流）右侧的分母，因此可推出：

$$k\cdot\frac{\partial\Psi}{\partial x}\cdot\frac{\partial\theta}{\partial\theta} \quad \text{（式 6-36）}$$

$$k\cdot\frac{\partial\Psi}{\partial\theta}\cdot\frac{\partial\theta}{\partial x} \quad \text{（式 6-37）}$$

水力扩散系数或土壤水扩散系数 D：

$$D=k\cdot\frac{\partial\Psi}{\partial\theta} \qquad \text{（式 6-38）}$$

D 是导水率 k 和 pF 曲线斜率 $\left(\frac{\partial\Psi}{\partial\theta}\right)$ 的乘积，反映了基质势差值变化速度特征。如果将 D 代入式 6-9 中，就得到福克-普朗克方程（Fokker-Planck equation），可以描述水平流。

$$\frac{\partial\theta}{\partial t}=\frac{\partial D\cdot\frac{\partial\theta}{\partial x}}{\partial x}=D\cdot\frac{\partial^2\theta}{\partial x^2} \qquad \text{（式 6-39）}$$

这样的推导方法表明非饱和土壤中的瞬时水运动与扩散过程基本是相似的。此外，该过程也与土壤热传导相似，由于技术原因，测定热量扩散或等值的导温系数要比测量土壤水扩散系数更为常见（见第 8 章）。

研究扩散可以通过只测量土壤含水量变化跟踪水分运动。对于张力计及其测定范围的局限性，测定含水量有时是非常重要的。

涉及扩散系数（D）时，必须始终记住它不是土壤常数，而是土壤含水量的函数（Kirkham 和 Powers，1972；Mcbride 和 Horton，1985；Nielsen 等，1986；Shao 和 Horton，1996；Wang 等，2004）。

6.4 土壤导水率

达西方程（见式 6-9）中导水率系数 k 是影响水分运动的重要土壤性质。k 的倒数 $1/k$ 描述了水流阻力（取决于孔隙度、粒度分布、孔隙连续性、连通性、弯曲度和比表面积）。根据表 5.1，水势 Ψ 可以用水柱高度表示，Ψ 的梯度（gradΨ）就变为无量纲，而 k 的单位就是速度的单位。式 6-9 中的 k 被称为导水率。因为田间可以测量水头，然后计算水势梯度和通量，所以使用这种形式的 k 最为方便。

各种各样的流体试验均能证明渗透系数 k' 与动态黏度 η 成正比，与密度 ρ 成反比（von Engelhardt，1960）。k' 是描述多孔介质传导流体固有特性的参数，与流体类型无关。由此可知：

$$k'=\frac{\eta}{\rho}\cdot k \qquad \text{（式 6-40）}$$

将其代入达西方程，获得与流体性质无关的达西速度 v：

$$v=\frac{\rho}{\eta}\cdot k'\cdot \mathrm{grad}\Psi \qquad (式 6\text{-}41)$$

如果不用水位定义水势，就可以用压力差作为水势梯度，得到：

$$v=\frac{k}{\eta}\cdot\frac{\rho\cdot g\cdot(h_1-h_2)}{l} \qquad (式 6\text{-}42)$$

该方程包括了流体性质（黏度 η 和密度 ρ），并允许考虑温度对流动介质（水、油和空气）的影响。为了求解 K，就将这个新系数称为（内在）渗透率 K，具有与面积一样的维度。K 与导水率系数 k 的关系如下。

$$K=k\cdot\frac{\eta}{g\cdot\rho} \qquad (式 6\text{-}43)$$

20℃下水的 K 值比其对应的导水率 k 值（单位：cm/s 或 cm/d）小 5~10 个数量级。图 6.13 显示了不同类型土壤基质的导水率 k 和入渗率 K 的变化范围及其定性分类。

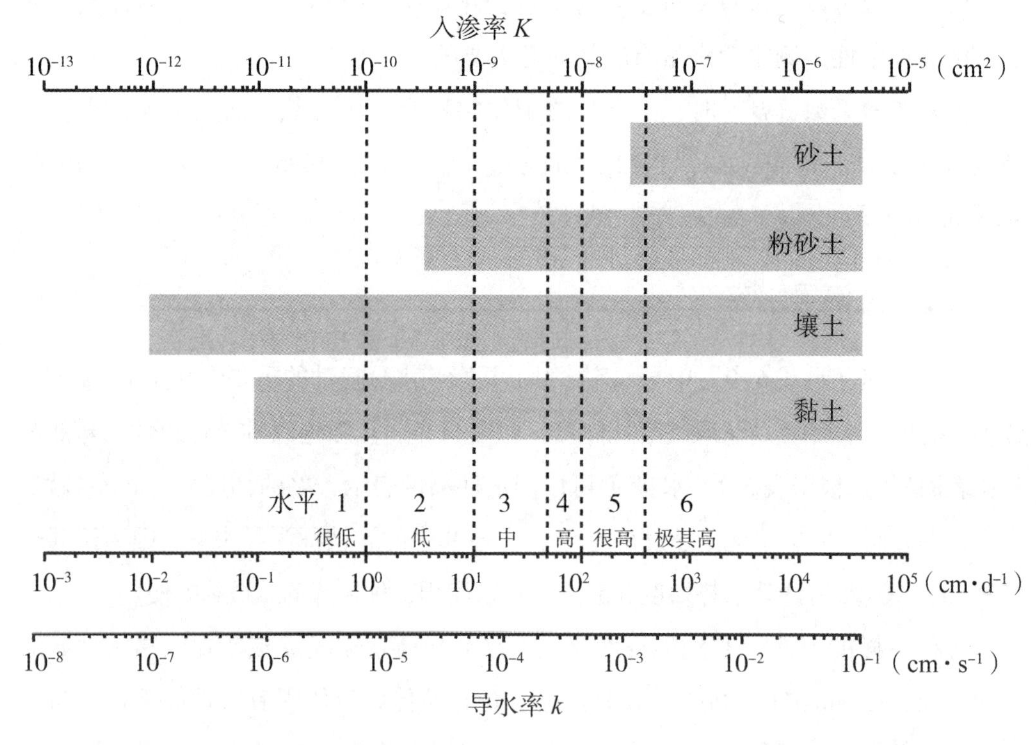

所有土壤类型导水率系数都可能非常高，只有壤土和黏土的 k 值很低。这些黏结力强土壤中的导水性是土壤结构发育的函数，反映了土壤质地

图 6.13　水饱和条件下不同土壤的导水率系数 k 和内在的入渗率 K 及其分类（Ag-Boden，2005）

土壤导水率是其内在物质属性参数。因为土壤结构和各种水流分布在时空中不断变化，土壤导水率可以是非常不均匀的。只有刚性的多孔物质的饱和导水率才为常数，只有均一物质的饱和导水率才不存在空间变异。这两种情况在土壤中都不常见。同时，水流梯度对土壤颗粒上产生的流动压力本身就足以改变导水率（Horn 和 Hartge，1977）。此外，土壤处于膨胀状态就说明土壤含水量没有处于平衡，且在水分充足条件下可能在长时间内缓慢膨胀（Mcintyre 和 Sleeman，1982）。这种情况常发生在水中阳离子与土壤中交换性阳离子、双电层厚度没有达到平衡时（Das 和 Datta，1987）（图 4.1）。

土壤稳定性和土壤结构是影响导水率的关键因素，因此，可以用导水率的变化程度作为衡量土壤结构稳定性的指标。需要注意的是，无论在何处测量导水率，在测量过程中都必须非常小心地避免压力震荡，即避免由此产生比自然条件下变化范围更大的影响。

由于土壤导水率关键取决于孔隙通道的形状和连续性，因此，整个土壤中导水率的空间变异非常大。此外，垂直方向的导水率通常不同于水平方向的导水率。土壤团聚体之间和内部的孔隙系统的变化，要大于土壤质地差异引起的变化（见第 2 章和第 4 章）。次生孔隙发育良好的土壤，如壤土、黏土（图 6.13），比以初级孔隙为主的土壤对导水率的影响更大。不同土层的导水率变异也很大。由于受粒度大小、毛细管形状和连续性的影响巨大，导水率呈几何级数的变化（参见哈根—泊肃叶定律，式 6-2）。即使是砂质土壤，也要对导水率测量数据进行对数处理后才会得到正常分布（图 6.14）。

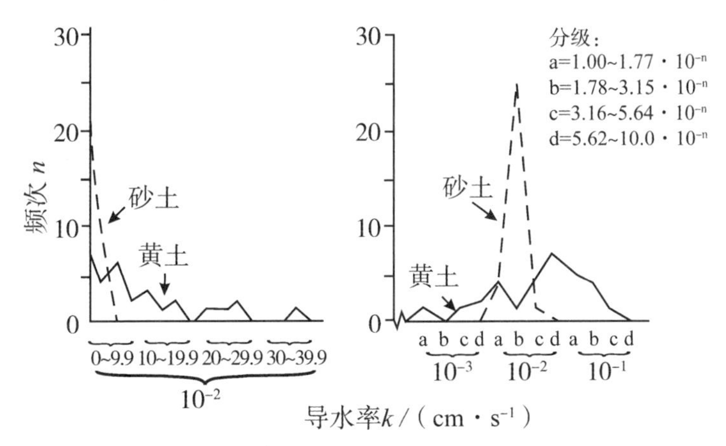

横坐标左图中为线性，右图中为对数

图 6.14 砂土和黄土的导水率系数概率分布图（每个土壤均测了 35 次）

在团聚体结构占优势的地方，土壤导水率的分布通常是不对称的。这是因为土壤导水率受控于团聚体的密度与大小，并最终受控于水流截面的次生孔隙的大小、形状和连续性。

图 6.14 是某种黄土（Hildesheimer Schwarzerde）A 层的案例，导水率数据呈离散分布，这是次生孔隙连续性及其不规则分布差异产生的结果。初级孔隙几乎不影响土壤导水率，其 k 值约为 10^{-4} cm/s（见图 1.9）。这些数据来自体积为 36 cm^3、高为 6 cm 的环刀土样测定结果。体积和高度更小的土壤样品导水率的高值比例相对偏大，主要是因为它们的连续的次生空隙暴露得更多。

土壤结构类型，尤其是次生孔隙的形状影响很大，以至于一些团聚性强的黏土、壤土或粉砂土的导水率达到了典型粗砂土的水平（见图 6.13）。当然，如此高的导水率并非存在于所有的方向。在团聚体间的大孔隙，或蚯蚓洞穴，或根部通道占主导的土壤中，k 值倾向于较大的各向异性。一般垂直方向的导水率大于水平方向，在顶层土壤中尤其如此，片状结构的土壤中情况相反。土壤发育过程中导水率会增加，但是 k 值并没有向更大的数值均匀偏移（见图 6.14）。相反地，导水率差异高达两个数量级的情形却频繁增加，这导致其分布形状发生改变。通常导水率的形状分布会先向右倾斜，一旦其值变高并占主导地位时，分布最终偏向左边。

除板状土壤结构外，水平饱和导水率通常低于垂直饱和导水率。至少用 15 个土壤环刀测量（垂直）值做频率分布图才可以得到近似结果，而水平导水率的数值大致对应于垂直导水率分布中的最小值。这些最小值说明了导水率取决于初级孔隙，基本上不受次生孔隙的影响（Hartge，1984）。最新研究表明，在许多情况下各向异性的比例（即垂直导水率和水平导水率的比值）也是基质势的函数，因此，随土壤水分饱和度而变化（Tigges，2000；Dörner，2005）。土壤从饱和状态向非饱和状态转变，基质势与导水率的下降趋势一致，即土壤孔隙系统不断排水（基质势降低）。这一现象反映了孔隙结构的复杂性及其运输功能，且受控于土壤结构的改变（收缩膨胀、生物扰动、机械应力）。因此，导水率应该表示为二阶张量（见第 13 章），特别是将其用于模拟界面运输过程时。将描述均质、各向同性介质的达西方程（式 6-9）改写，以描述异质、各向异性的介质时，通量 q 在 3 个正交空间方向 x，y，z 处为：

$$q_x = k_{xx} \frac{\Delta \Psi_H}{\Delta x} + k_{xy} \frac{\Delta \Psi_H}{\Delta y} + k_{xz} \frac{\Delta \Psi_H}{\Delta z}$$

$$q_y = k_{yxx}\frac{\Delta\Psi_H}{\Delta x} + k_{yxy}\frac{\Delta\Psi_H}{\Delta y} + k_{yxz}\frac{\Delta\Psi_H}{\Delta z} \quad (式6\text{-}44)$$

$$q_z = k_{zx}\frac{\Delta\Psi_H}{\Delta x} + k_{yzy}\frac{\Delta\Psi_H}{\Delta y} + k_{yzz}\frac{\Delta\Psi_H}{\Delta z}$$

不均匀介质的导水率 k_{xx}，k_{yy} 和 k_{zz} 可能会显示另外的空间变化。根据式6-44，描述导水率的二阶张量可用矩阵（K）表示：

$$K = \begin{bmatrix} k_{xx} & k_{xy} & k_{xz} \\ k_{yx} & k_{yy} & k_{yz} \\ k_{zx} & k_{zy} & k_{zz} \end{bmatrix} \quad (式6\text{-}45)$$

因为 K 是对称张量，即 $k_{xy}=k_{yx}$，$k_{xz}=k_{zx}$ 和 $k_{yz}=k_{zy}$，只要这6个分量就足以描述三维空间通量。

土壤发育不仅影响导水率的各向异性，还影响其在整个土壤中的分布。虽然团聚过程产生了大孔隙（Beven 和 German，1982），使得壤土和黏土中的水分可通过大孔隙排出，但团聚过程也增加了团聚体内部水分流动的阻力。来自变性潜育土的导水率测定结果表明，壤性—黏性团聚体（角块状结构）比其原状土的 k 值要低4个数量级。与原状土相比，发育程度较差和颗粒较粗的团聚体容重较小，团聚体间孔隙连续性较大（图6.15），但导水率却小了0.5~2个数量级（Gunzelmann 等，1987）。

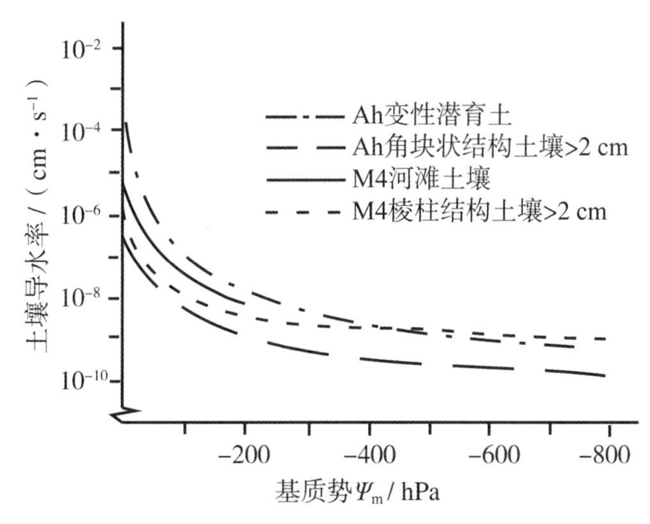

一种土壤是变性潜育土，具有角块状结构；另一种是河滩土壤，具有棱状结构

图6.15　两种类型土壤的原状土及其团聚体导水率和基质势的关系

截至目前，我们一直假设整个孔隙系统充满水并参与水分运动。然而在大多数陆地土壤中，只有一部分孔隙系统充满水并产生渗漏过程。当土壤含水量随着时间和空间变化时，导水截面也随孔隙大小而变化。相应地，导水率也随着土壤含水量而变化。根据土壤质地和结构的不同，导水率的变化范围可跨越几个数量级。

达西方程描述了饱和土壤与非饱和土壤的导水率。在两种条件下它们的边界条件相同，这已经在介绍层流和紊流时讨论过。由于土壤含水量变化取决于基质势的变化，所以研究者习惯性将非饱和土壤的导水率与基质势进行相关分析。然而，大多数情况下使用的是脱水（water desorption curve）曲线数值。这在田间研究水分平衡时就会出现问题，因为 pF 曲线存在滞后现象（见图 5. 11）。因此，考虑导水率对水流横截面和水分在土体中分布的影响就变得重要（Flüher 等，1976；Iwata 等，1988）。

图 6. 16 描述了导水率随着基质势降低而降低的过程。黏土和粉砂土中次生孔隙的导水率从初始高水势条件下较大数值开始下降，陆地土壤中仅在高饱和度时存在高导水率（如较长的降水期间）。在自然条件下土壤基质势变化范围内，黄土和团聚性好的黏土导水率较高。

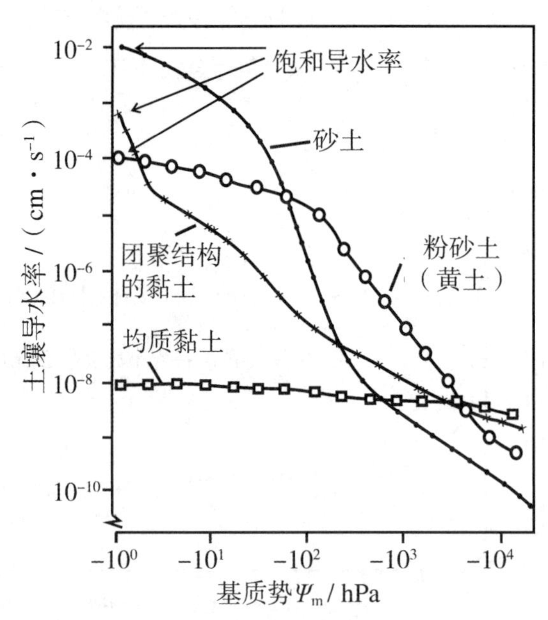

以排水次生粗孔隙为主、团聚结构好的黏土，与以原始大孔隙为主的砂质土大孔隙导水率对排水过程的影响，体现在基质势降低过程中 k 值突然变小（Becher，1971a，1971b）

图 6. 16　3 种类型土壤的导水率 k 值随着土壤基质势变化

只有在土壤基质势小于-10^4 hPa时，黏土的导水率才会超过其他土壤。不同土壤的导水率随着基质势下降的速率不同，这是由于不同土壤脱水、饱和过程不同。导水率受流动截面的直接影响，也受土壤含水量的影响。

因为团聚体内细孔隙占主导，在较高水势（较低的干燥程度）下它们的k/Ψ_m曲线低于原状土壤。随着干燥程度的增加，较细团聚体内孔隙的导水率最终超过这种土壤的导水率，而团聚体和原状土k/Ψ_m曲线的交叉点取决于团聚程度和团聚体内外的孔隙度（图6.15）（Horn，1990）。

虽然导水率是一个重要的土壤性质，但很难测量。因此，已经有大量不借助流动过程而估计导水率的尝试。这些尝试在只有一种大小且接近于球状颗粒的土壤中，特别是在砂土中取得了部分成功，下面就是简单的近似计算的哈森方程（Hazen，1895）：

$$K=C\cdot d_{10}^2 \qquad (式6-46)$$

式中，d_{10}是粒径分布累积曲线中累积百分比为10%的颗粒直径（单位：mm）（见图1.3）。C是均匀度U的函数，初始设置为100。Carman和Kozeny建立了一个更复杂的方程（引自von Engelhardt，1960）。这个方程中考虑了孔隙体积n和与流动介质接触颗粒的表面积S，以计算导水率k。考虑到流动通道形状的影响，引入了一个因子（c），这可通过堆积材料形态（球状、棒状和板状）确定。根据其容重，球体的c约为5，薄板的c介于3~6。该方程为：

$$k=\frac{n^3}{(1-n)^2}\cdot\frac{1}{S^2}\cdot\frac{1}{c^2} \qquad (式6-47)$$

如果不使用孔隙体积和颗粒表面积来描述土壤结构，可用土壤容重ρ_B和均匀度U代替进行计算（参见第1章，式1-2）（表6.1）。对于$U>15$的砂土而言，使用土壤ρ_B和均匀度U通过式6-46计算出的C值比使用Carman-Kozeny方程计算的数值，更接近于原始土壤样本的数值（Vetterlein和Clausnitzer，1976）。

表6.1　基于哈森方程赋予的C值

ρ_B（单位：$g\cdot cm^{-3}$）对应的C值						
U	1.50	1.55	1.60	1.65	1.70	1.80
1	150	13	127	115	111	1.08
5	113	105	96	88	82	69

（续表）

ρ_B（单位：g·cm^{-3}）对应的 C 值						
10	101	92	84	76	69	57
15	98	88	78	70	63	53
20	93	84	75	68	61	48
25	92	82	74	65	59	47

注：根据土壤 ρ_B 和均匀度 U 可计算 C 值，被用于计算导水率系数 k（cm/s）。数据来自 Vetterlein 和 Clausnitzer（1976）。

非饱和土壤的导水率 k（θ）可以按照饱和土壤的方法来计算。然而像饱和土壤水流一样，k 值必须通过实验室测量方法来验证。由于直接测量比较麻烦和复杂，对于非饱和土壤，试验数据比饱和土壤还要小得多，目前还没有系统比较过用于计算 k 值不同方法的优缺点。这些方法通常基于哈根—泊肃叶方程（式 6-2，第 6.1 节）和 pF 曲线计算的土壤孔隙分布。例如，Millington 和 Quirk（1960）的方法：

$$k(\theta)=\frac{\theta\cdot\sqrt[3]{\theta}}{8n^2}\cdot[r_1^2+3\cdot r_2^2+5\cdot r_3^2\cdots(2n-1)\cdot r_n^2] \qquad (式 6-48)$$

式中，θ 是土壤体积含水量（单位：vol%），n 是所考虑孔隙大小的等级数（优选约为 10），r_1、r_2，…，r_n 是相应孔隙大小等级的平均半径，可以用毛细管上升方程（式 4-13）计算或根据 pF 曲线的等效直径。如果不用 r，可以用相应的毛细管上升高度的倒数（$1/h$）代替。但这种方法计算和测量的 $k(\theta)$ 值通常并不一致。

因为这个原因，就出现了基于其他方法确定水流横截面的新模型。广泛使用的方法是 van Genuchten 方程（van Genuchten，1980）。该方程用数学方法表达了介于饱和含水量和残余含水量之间的 pF 曲线，其中液态水失去连续性（见第 5.6.5 节）。

van Genuchten 方程定义了一个相对的导水率，其结合饱和导水率 k_s 得到$k(\Psi)$：

$$k(\Psi)=k_S\cdot\frac{[1-(\alpha\cdot\Psi)^{n-1}\cdot[1+(\alpha\cdot\Psi)^n]^{-m}]^2}{\sqrt[2]{[1+(\alpha\cdot\Psi)^n]^m}} \qquad (式 6-49)$$

式中，k_s 的单位是 cm/s，Ψ 的单位是 hPa。参数 α、n 和 m 用于拟合计算测量

的 pF 曲线（见第 5.6.5 节）。

这些公式仅得到有限应用，尤其是对表层土，因为它没有充分考虑次生孔隙的性质。但该公式有助于说明哪些土壤性质决定了导水率（Woesten 和 van Genuchten，1988）。

最后，需要注意的是导水率不会影响均质的、各向同性土壤中的水流路径。无论是黏土还是砂土，只要水势场相同，其中的水流路径将是相同的。但相同梯度作用下被传输的水量很大程度上取决于其导水率大小。图 6.13 和图 6.16 所示的差异完全体现了这一点。

若导水率随着势场发生显著变化，就会对水流路径产生很大影响。因为导水率高的介质能够在单位时间和任意给定水势梯度下输送更多的水，所以在导水率较低介质中运移等量的水就需要更大流动横截面。因此，一旦导水率降低，水流线就会改变，产生更大的流动横截面。这就是图 6.17 显示的 k_1 和 k_2 两层的情况。由于 k_1 和 k_2 之间的差异变得非常大，渗透性弱的介质的水流横截面只能运移少量的水。因此，无法进入水流系统的流线必将绕过该区域，变得或多或少平行于该区域界面。

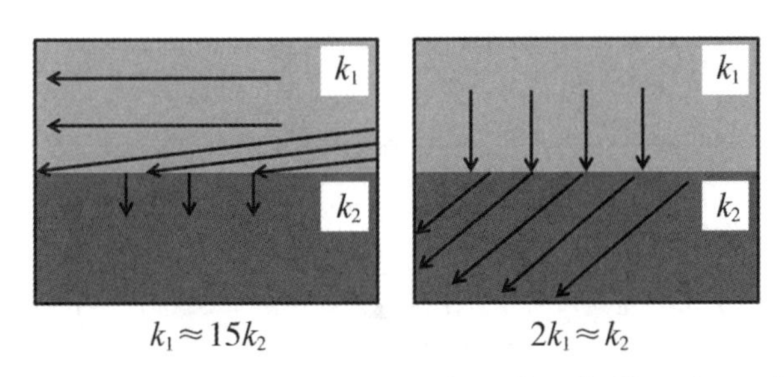

水流截面增加导致流速减少的规律（体积保持不变），使得与地表呈直角的水流线发生了偏离

图 6.17　不同层次土壤导水率对水流路径的影响

图 6.17 显示导水率下降了 10~20 倍后，水流显著偏离了不透水层。由于这种效应，许多流动系统和势场被认为带有一个不透水的底层（隔水层）。因此，一维水平流动的假设通常是合理的。如果将图 6.17 的左半部上下反过来，会出现毛细管边缘的非饱和流界面在上、饱和流界面在下的情况。显然，这些情况下饱和界面下有沿着界面的平行流动，或者这个界面就不再是等势面（Stephens 和 Heermann，1988）。

描述原状土样导水率的测定方法参见 Hartge 和 Horn（2009）、Dane 和 Topp

(2002)，原位钻孔法测定导水率的方法参见 Eggelsmann（1981）。原状土样品和钻孔法测定的渗透性结果只能在理想条件下进行比较（Benecke 和 Renger，1969）。这是因为涉及的流场及其描述差异巨大，导致局部异质性，特别是孔隙系统的连续性和各向异性的差异会影响测定结果。

6.5 水汽输运

与自由水面上的空气一样，水膜上和弯月面上的土壤空气也含有水蒸气。作为土壤空气的分压随着位置而变化会导致水蒸气移动。土壤中存在等温和非等温效应影响水汽压。水汽压差产生于表土比深土层干燥更快之时。这会导致土壤颗粒上的水膜更薄，水汽平衡时的弯月面曲率更大，并降低了气相中的水汽压（图 6.18）。这种梯度的产生就会导致补偿性水分运移过程。土壤中通过水汽运移的水量通常很小，因为只有表土层被蒸发干燥后才能产生明显的水汽压梯度。只有根系吸收引起失水的土层中，基质势很少下降到足以显著降低水汽压。当土壤冷却使得气相中水凝结，等温水汽压的变化发挥更显著的作用。凝结水滴具有较大的水势，可迅速移动到水膜和弯月面中。

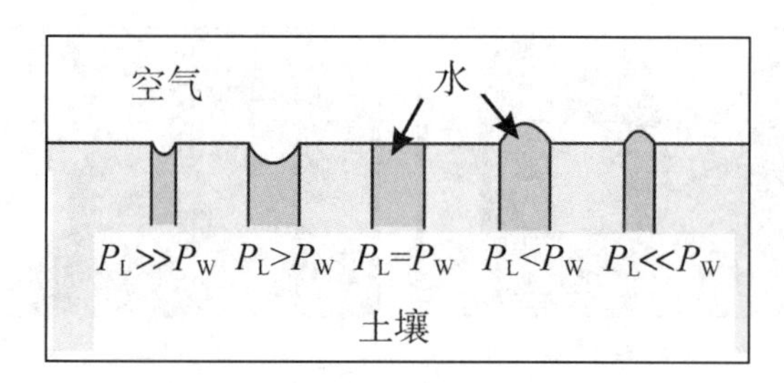

土壤中水—气界面的水汽压与水压的平衡取决于其表面的几何形状，即相关的弯月面曲率和方向（这二者又取决于大气压力 P_L 与水压力 P_W 的比值）

图 6.18 水—气界面的水汽平衡

非等温水汽压梯度是由辐射和反射率的节律变化和伴随的温度梯度变化而引起的，这对于土壤水分运移具有重要意义。非等温水汽压梯度可能导致大量水分运移，前提条件是土壤干燥到足以提供气体扩散路径（Grismer，1988a，b）。由于水汽扩散需要土壤中气相相通，它们仅在干燥条件下对土壤水分运移才有影响。考虑到液态水和水蒸气的扩散系数是土壤含水量 θ 的函数，这一点较为明显（图 6.19）。图 6.19 显示了随着土壤含水量的降低，弯月面的水流横截面减小，弯曲度增加，导致水分扩散系数呈指数下降，同时连通着的连续气孔比例增加。这些都是水汽运移的潜在通道，也是水汽扩散性适度增加的原因。

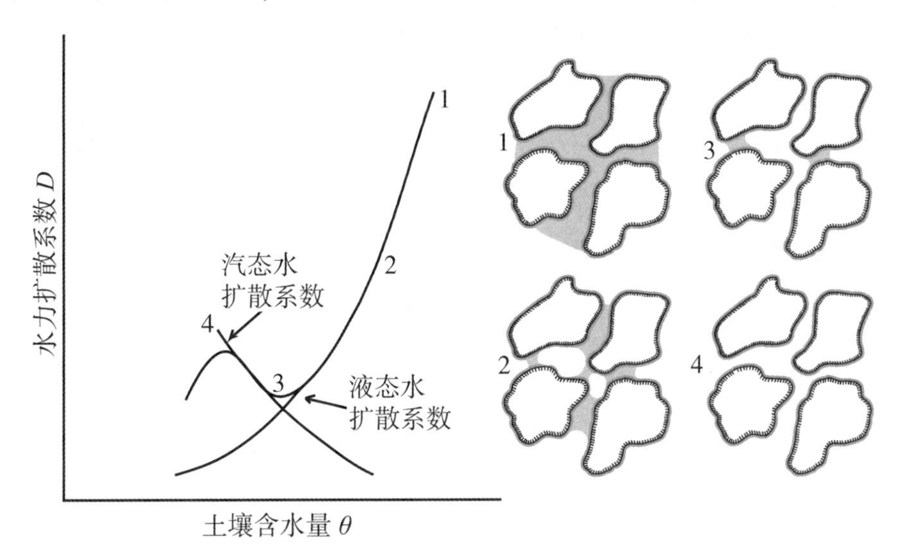

水汽运移的水量可能大于干燥条件下液相运移的水量，除了水汽压梯度外，还需要充分相连的气孔网络（Hillel，1998）

图 6.19 液相和气相中的扩散过程产生的水分运移与土壤含水量的关系

弯月面上的水汽凝结会使其曲率变平。这种扁平化趋势被传递到与之相连的弯月面上，会使这个区域的水蒸气压力比远处的更大（图 6.18）。这导致水汽蒸发并在最相邻的曲率较窄的弯月面上冷凝，从而产生不断重复的蒸发和冷凝循环。这种压力梯度引起的扩散过程逐步变化为冷凝过程，使得压力梯度变小。这个过程常被用来解释由温度变化引起的水分运移速率提高的现象。

6.6 水分入渗

降水（水平衡方程的 N 项）和地表水的流入通常是地下水位深的陆地土壤最重要的水源。本节将讨论降水渗入量和径流产生量。入渗的含义并非始终如一，有时表示水进入表土的过程，有时包含影响这一过程的其他所有过程。后者描述了地表恒定供水条件下湿润锋前进而进入土壤的过程。停止供水后达到新的水力平衡后再平衡过程，被称为水分再分布过程（见第 9.2.2 节）。

均质土壤水分入渗过程中水分的分布是连续的（Bodman 和 Coleman，1943）（图 6.20）。如果在地面保留了一层自由水，则可以观察到图 6.19 中所示的 4 个区域。润湿区最初快速推进，然后缓慢地进入深层；运移区（恒定含水量区）则逐

渐延伸到深层；饱和区水分不再向前推进，或者推进得非常缓慢。因此，有效的孔隙体积并没有完全被水填充。在初始含水量较高的情况下，湿润锋推进较快，而运移区土壤含水量受控于供水量。如果供水量超过入渗量（有积水），会在地表出现积水（水平衡方程中的 O 项，见式 9-7）。如果入渗量超过供水量，如低强度长时间的降水事件，运移区的土壤含水量就足以承载水势梯度为 $\mathrm{grad}\Psi_H=1$ 的供水量。这时就不会出现水分饱和，只要地表没有被泥封住，就不会形成过渡区。运移区内土壤含水量不变时，产生的水势梯度由下式可知：

$$\mathrm{grad}\Psi_H=\frac{\Delta\left(\Psi_m+\Psi_z\right)}{\Delta z} \tag{式 6-50}$$

式中，$\Delta\Psi_m=0$。

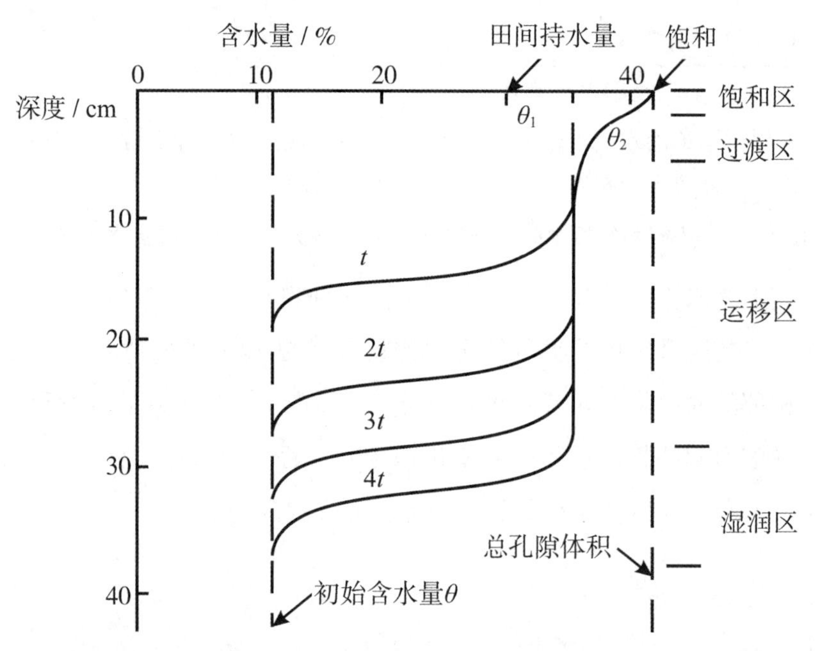

θ_1 是供水量与入渗量平衡时的含水量；θ_2 是供水量大于入渗量而产生积水时的含水量

图 6.20　在恒定含水量下水分入渗到均匀土壤中的过程（Bodman 和 Coleman，1943）

实际上，水势梯度还与基质势概念的假定条件有关，即在给定含水量下，任何吸水和脱水过程都会产生一个相关联的基质势。因此，某一深度范围内恒定含水量对应着一个恒定的基质势 Ψ_m。整体上看，土壤表面水分入渗过程只不过是一个瞬时的一维流动过程。相应地，可以用先前介绍的方程来描述这个过程（见第 6.3 节）。要计算沿着渗流路径的水分分布，就需要知道基质势 Ψ_m 和导水率 k_θ 的变化。因为这些数据难以获得，所以要首选基于其他数据的方法。

与入渗过程相关的 3 个参数非常重要：累积入渗量 I（单位，mm 或 cm）、入渗率 i（单位，mm/s）和湿润锋的深度 L（单位，cm）。计算累积入渗量最早的是 Kostiakov 公式（Baver 等，1972）：

$$I=c \cdot t^{a} \tag{式 6-51}$$

式中，c 和 a 是试验确定的土壤常数，t 是入渗时间。如果在水平入渗过程中，或者在垂直入渗到干燥土壤中时，基质势梯度的影响是绝对性的，重力的影响非常小，指数 a 约为 0.5。

式 6-51 准确描述了短时尺度的入渗过程。它的缺点是土壤常数 c 和 a 只能从已测定的入渗过程中获得，不能用简单方法来定义土壤性质。

基于水分饱和度概念与活塞式润湿锋推进的方法，也可描述这些过程（见图 6.20）：

$$I=n \cdot L_{z} \tag{式 6-52}$$

式中，n 为孔隙体积，L 为湿润锋深度。这种方法基于简化的假设（Green 和 Ampt，1911），与观测数据不完全一致，却成为 Philip 全面描述入渗过程的切入点（Philip，1969a）。

Philip 假设入渗开始于初始含水量不随深度变化（见图 6.20）。这时土壤水分通量只是总入渗通量的一部分。对于这部分入渗量，其公式为：

$$A=k_{\theta_0} \cdot t \tag{式 6-53}$$

根据达西定律，式中k_{θ_0} 是初始含水量对应的导水率。这时水势梯度为 1 时的水流通量（单位，cm/s）为：

$$q=k_{\theta_0} \tag{式 6-54}$$

另一部分 B 是：

$$B=\int_{\theta_0}^{\theta_n} z \, d\theta \tag{式 6-55}$$

累计入渗总量 I 是：

$$I=B+A=\int_{\theta_0}^{\theta_n} z \, d\theta+k_{\theta_0} \cdot t \tag{式 6-56}$$

该曲线形状可通过一系列初始项来描述，其中包含以时间 t 为幂（Philip，1968）。

$$z=a \cdot t^{\frac{1}{2}}+b \cdot t+c \cdot t^{\frac{3}{2}}+d \cdot t^{2}+e \cdot t^{\frac{5}{2}} \cdots \tag{式 6-57}$$

对于累计入渗量 I，可得：

$$I=S \cdot t^{\frac{1}{2}}+(a+k) \cdot t+a_2 \cdot t^{\frac{3}{2}}+a_3 \cdot t^2 \cdots \quad (式 6-58)$$

该方程式还包含通过入渗试验数据进行拟合的常数。该多项式中第一项的系数 S 被称为吸水率（Philip，1957）。S 描述了单位时间内的吸附势（单位，cm/$\sqrt{s}$），与水平或垂直方向均没有关系。吸水率随着初始含水量的增加而降低，最后接近于零。因此，随着时间的延长，式 6-58 的第二项变得越来越重要。其中系数 k 对应于运移区域的导水率（k_θ），该区域可能有暂时的水分饱和。其他不可测量的土壤参数用于描述垂直入渗过程，来自距离和水量数据的数学近似和转化（Kirkham 和 Powers，1972；Philip，1986，1987a，1987b；White 和 Perroux，1989；Kutilek 等，1988）。

根据 Kostiakov 方程计算的累积入渗量（入渗时间<6 h）比根据 Philip 方程计算的结果与试验数据更为一致（Canarache，1974）。但是 Philip 方程能描述涵盖长达 8 天的水分入渗过程，入渗率 i 为：

$$i=\frac{dI}{dt}=\frac{1}{2}S \cdot t^{-\frac{1}{2}}+a+k+\frac{3}{2}a_2 \cdot t^{\frac{1}{2}}+2a_3 \cdot t \cdots \quad (式 6-59)$$

水分入渗过程初始阶段非常快，然后减慢，最后发展为相当于均质土壤中湿润锋恒速前进的过程。运移区的导水率 k_θ 在这里至关重要，入渗率 i 变为：

$$i=k_\theta \quad (式 6-60)$$

长时间累计入渗量 I 接近于：

$$I \rightarrow k_\theta \cdot t \quad (式 6-61)$$

这个方程中没有考虑到入渗至关重要的两个方面。一是土壤中空气必须能够逸出，以便水分入渗，尤其是降水强度低时或者孔隙异质性高的地方。如果土壤中有受限的空气，将传递上面水层产生的压力，从而快速与土壤剖面中的水势梯度达到平衡，导致土壤水分运动停滞。当孔隙系统中空气再分配后，受限气泡逸出，这时水分入渗才能恢复（见第 9.4 节气体收支）。（Walker 等，1982；Ishihara 等，1987；Constantz 等，1988）。二是影响入渗过程的因素是地表泥浆覆盖产生的阻力（Wang 等，1999）。这种阻力（结壳或孔隙堵塞）取决于润湿程度和水滴对地表的打击程度（Assouline 和 Mualem，2000，2001，2002，2003）。湿润锋推进导致泥浆覆盖和固体颗粒物在土壤中输移（见第 5 章），这会增加水流压力（间歇性）（Boiffin 和 Monnier，1986）。

在潮湿气候条件下（如中欧地区），土壤含水量和导水率一样，随着土壤深度的增加而增大。湿润锋水势梯度减小时湿润锋下行更深（图 6.21）。这个过程导致了深层水流压力下降和泥浆沉积的风险，从而冲刷掉表土。这个过程对土壤演化过程中剖面的分化有着重要作用（Lessing，1989）。

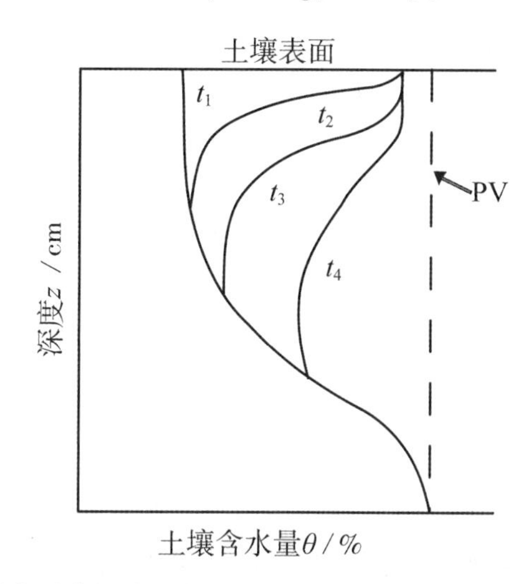

湿润锋斜度随着深度增加而减小，导水率随着土壤含水量增加而增加。假设地下水位处于横坐标上的竖线处，孔隙体积 PV 表示最大的孔隙空间。t_1，t_2，t_3，t_4 是入渗开始后的间隔时间

图 6.21　含水量随深度增加时的水分入渗过程

目前将水分入渗当作一维流，这符合田间降水的一般条件，并与土壤水分平衡相关。在灌溉时，水分入渗可能是多维的（Ilri，1974；Achtnicht，1980；Warrick，1985）。我们可以观察到一种渐进水分入渗和湿润锋推进过程，类似于图 6.22 中所示黏土、粉砂土和砂土的情况。这里的水分入渗过程表示为瞬态流。圆盘入渗过程也可能是二维的（在 z 轴即垂直方向和 x 轴即水平方向）。圆盘中的入渗$\frac{\partial\theta}{\partial t}$，根据第 6.3 节的描述也可看作是瞬态流。

$$\frac{\partial\theta}{\partial t}=\frac{\partial\left[k\cdot\frac{\partial(\Psi_m+\Psi_z)}{\partial x}\right]}{\partial x}+\frac{\partial\left[k\cdot\frac{\partial(\Psi_m+\Psi_z)}{\partial z}\right]}{\partial z}\qquad(式 6-62)$$

导水率与基质势、水分含量的函数关系曲线，$k=f(\Psi_m)$ 或 $f(\theta)$ 土壤间差异很大（见图 6.16），这与所观察到的湿润锋路径相一致。在黏土中，入渗很长一段时间都由基质势梯度控制，湿润锋的入渗深度仍然很小（图 6.22）。粉砂土导水

率高，湿润锋推进速度较快，在较短时间内基质势梯度则起决定作用。砂土非饱和导水率很低，与其他两种土壤类型相比，侧向运移更小；由于饱和导水率高，垂直入渗是主要过程。

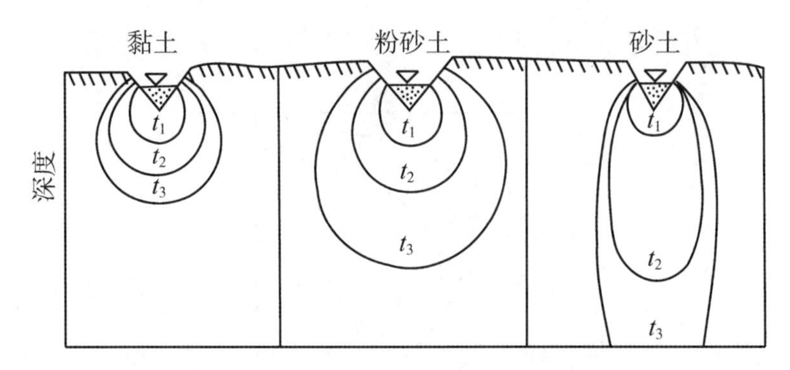

t_1，t_2 和 t_3 是入渗（t_0）开始后间隔的时间

图 6.22　灌溉渠水分入渗到不同土壤深度的过程

前面所有的讨论都是基于均匀推进的湿润锋这个假设，而在多数情况下观察到的是不规则和不稳定的水流空间格局，即水分在土壤内寻找的优先路径。沿着这些路径，水分能够快速地在垂直方向和水平方向入渗，这个过程就是所谓的优先流，是土壤内最重要的水分运移过程。优先流的复杂性是对水和物质运移模型研究一个相当大的挑战（Gerke，2006）。产生优先流的原因很多，包括大孔隙流、虫洞流、根导管流、收缩裂缝流，以及细土中产生的严重剪切裂缝流（图 6.23）。不稳定的和指状的入渗锋甚至会出现在看上去非常均质的土壤中。这个现象常发生在土壤质地变化对孔隙系统的毛细管现象有很大影响的地方，如细颗粒土层覆盖在粗颗粒土上（Jury 和 Horton，2004）。Baker 和 Hillel（1990）通过室内试验展示了最初的入渗锋匀速前行，在流过粗颗粒土壤界面停止了一段时间的过程。这是由于毛细管力不足以从上方细粒层汲取水分，入渗到底层较粗的孔隙中受阻所致。这时细孔隙中水饱和度提高，引起了基质势不断增大，直到与较小孔隙相邻的粗颗粒层能够接受水分并逐渐填充为止。由于粗粒层土壤导水率比细粒层要大很多（见式 6-2，Hagen-Poseuille 定律），需要产生更小的横截面才能排出来自上层的水。结果使得运移区域仅限于最先被润湿的区域，周围土壤还保持基本干燥，形成旁通流（bypass flow）。两层土壤的粒径分布不同造成的影响如图 6.23 所示，粒径差异越大，优先流现象就越明显。产生异质流场的其他原因是空气/气体夹杂形成的气泡和湿润抑制作用（Ritsema 和 Dekker，2000）。

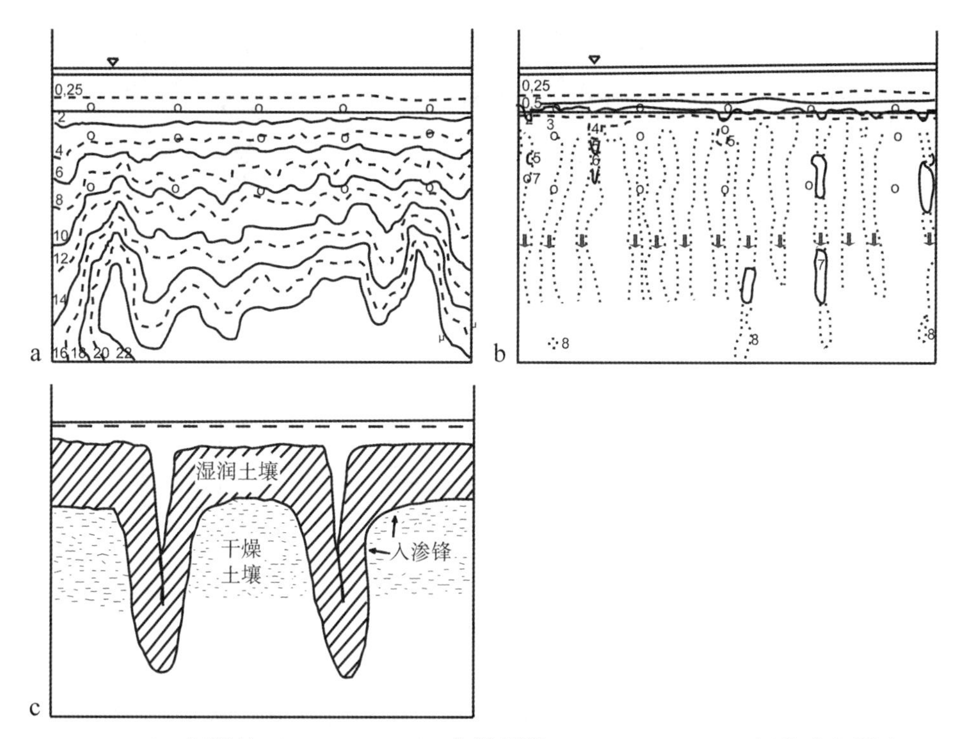

a，b. 细颗粒（45~106 mm）在粗颗粒（500~710 mm）上形成夹层中的入渗格局。入渗试验在有机玻璃箱中进行，箱子高 52.4 cm、宽 75 cm、深 1.3 cm。实线和虚线表示湿润锋，点线为玻璃箱后面的湿润锋。数字是自试验开始后经历的时间（Baker 和 Hillel，1990）。c. 出现收缩裂缝地方的湿润锋过程

图 6.23 优先流动形成原因

6.7 排水

排水是指土壤水分流入地下水的损失，或者人为降低田间的地下水位。前文瞬态流运动已经讨论了土壤水分流入地下水的损耗，所以这里主要讨论人工排水。人工排水的目的是帮助土壤通气，如果土壤中有足够多的粗孔隙，这些粗孔隙在地下水位下降时能够排水并充满空气，即可实现土壤通气。

在大多数情况下地下水位下降量是很小的，因为需要有个相邻水体能够接纳被排出的水。如果人工排水可以大大增加土壤中的空气占比，则非常有意义（图 6.24 左图），否则，就没有多少帮助（图 6.24 右图）。从细颗粒土壤中排水，湿润土可能会形成裂缝和次生孔隙。这个过程能持续数年，使其结构发生变化，最终充分通气。Kuntze（1965）将这个过程定义为沼泽地土壤的成熟过程。

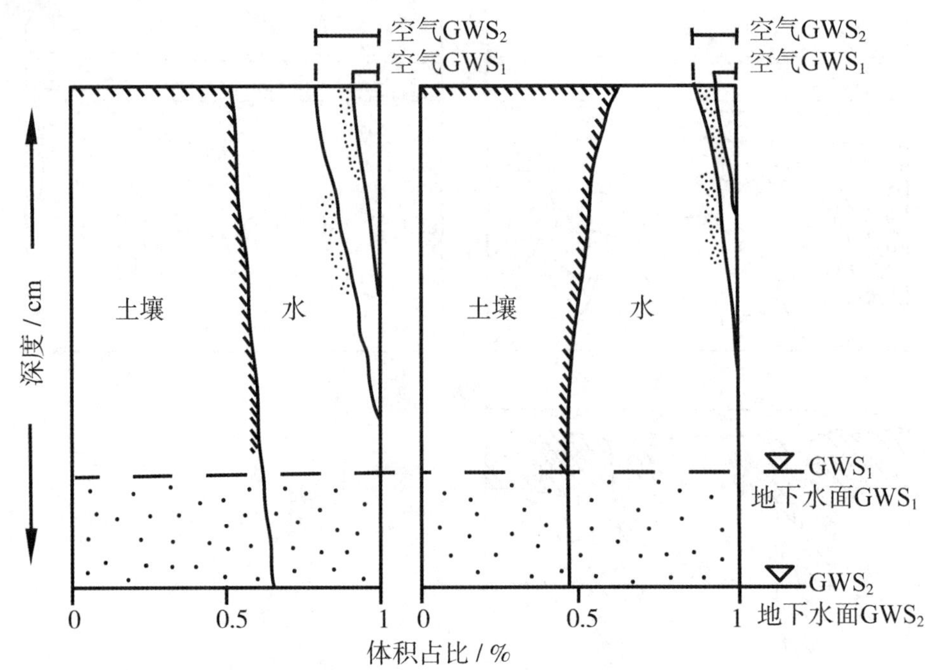

左图，与地下水面平衡的空气含量增加到土壤体积的15%左右；右图，土壤空气的增加量太小，无法评价是否发生排水

图 6.24　排水改良措施的成功性评估

通过缩短土壤水到达自由水面的通道距离，可以保持所需的地下水位。这样的通道可以是敞口的水沟或覆盖的排水管，重要的是要确定这种水沟或管道的最佳距离，以保持所需的地下水位。有两种方法可以确定排水沟或通道的最佳间距，这两种方法都提出了涵盖广泛可能影响的假设，因此表达式相对简单。当然它们的准确性取决于假设条件与现场情况的吻合程度，所以必须了解其适用的局限性。

最简单的是稳态方法，基于待排水土壤很薄且覆盖在不透水层之上，如果排水土层的导水率与下层土壤的导水率比值大约为 100∶1，则有理由认为水分按水平方向排出，结果不透水层的水量损失很少。这就是 Dupuit-Forchheimer 模型建立的基础，即只有水平流发生，且水流流速与不透水层的倾角成比例（Forchheimer, 1930）。如果这种假设成立，地下水位的曲率必须非常小。两条排水沟之间任何地方的通量 q 计算如下：

$$q_x = k \cdot y \cdot \frac{\Delta_y}{\Delta_x} \qquad \text{（式 6-63）}$$

式中，y 是透水层厚度，Δy 是驱动水流的倾角。该通量可以用降水量 N、时

间 t 和面积来描述，该面积对应于排水沟与分水岭的间距（图6.25）。

$$q_x = \frac{N}{t} \cdot \left(\frac{S}{2} - x\right) \quad （式 6-64）$$

通过合并式6-63和式6-64，然后积分得到：

$$\frac{y_1^2 - y_0^2}{2} = \frac{\frac{N}{t}}{k} \cdot \frac{(S \cdot x - x^2)}{2} \quad （式 6-64a）$$

$$y_1^2 - y_0^2 = \frac{N}{t \cdot k} \cdot (S \cdot x - x^2) \quad （式 6-64b）$$

如果将纵坐标范围内的 $y_0 = D + h$ 和 $y_1 = D + H$ 代入式6-64b，将横坐标 x 用 $D+H$ 处的 x 值代替，即 $x = S/2$，重新排列得到：

$$S^2 = \frac{4k}{\frac{N}{t}} \cdot [(D+H)^2 - (D+h)^2] \quad （式 6-65）$$

式6-65描述了地下水位（h 和 H）的曲面与两个排水沟间的间距 S（图6.25）的关系。这就是Dupuit-Forchheimer方程。它首先以有限积分的形式对应于椭圆形方程，即不同 x 值处的地下水位像个椭圆截面，它的两个焦点位于所考虑的流动系统之外（Kirkham 和 Powers，1972；van der Ploeg 等，1999）。Dupuit-Forchheimer方程是众多知名最佳排水距离方程的基础（Baver 等，1972）。图6.25设定 h 为0，表示排水沟上方没有积水。在计算剩余二项式并与相减项中的 D_2 组合后，得出：

$$S^2 = \frac{4 \cdot k \cdot 2 \cdot D \cdot H}{\frac{N}{t}} + \frac{4 \cdot k \cdot H^2}{\frac{N}{t}} \quad （式 6-66）$$

式6-66就是著名的Hooghoudt方程的基础（Hooghoudt，1940；Ernst，1950）。实际应用中的方程与列线图（DIN 1185）一起使用，与其他方程略显不同。这个方程适用于准稳态情景，即每天持续不断排水5~15 mm，不适用于偶然发生的极端降水事件。如果出现地下水位因为降水和连续排水而上升（图6.25），h 和 H 与 D 相比显得很小，则可以用以下方程代替式6-63：

$$q_x = k \cdot D \cdot \frac{\Delta y}{\Delta x} \quad （式 6-67）$$

代入 $q = (N/t) \cdot (S/2 - x)$ 后积分，得到：

$$y-y_0=\frac{N}{t\cdot k\cdot D}\cdot\left(\frac{S\cdot x}{2}-\frac{x^2}{2}\right) \qquad (式 6-68)$$

对于地下水表面的最高点，用 $x=S/2$ 代入，使得：

$$y=\frac{N}{t\cdot k\cdot D}\cdot\frac{S^2}{8} \qquad (式 6-69)$$

方程 6-69 是用 Dupuit-Forchheimer 假设代表瞬态流的简单方程的基础（Baver 等，1972）。这里进行简化，假设地下水位降低的速度 v 等于降水强度 N/t，以防止地下水位的降低并保持稳流。为计算 v，求解该方程得到：

$$v=y\cdot D\cdot k\cdot\frac{8}{S^2} \qquad (式 6-70)$$

进一步假设单位时间内排出的水量 f（单位，cm）等于恒定的孔隙比，此时地下水位下降 v 可以表示为：

$$v=f\cdot\frac{dy}{dt} \qquad (式 6-71)$$

两个 v 项相等，重新整理，得到：

$$\frac{dy}{dt}=y\cdot D\cdot k\cdot\frac{8}{S^2} \qquad (式 6-72)$$

积分后最终得到：

$$y=y_0\cdot e^{\frac{D\cdot k\cdot 8\cdot t}{f\cdot s^2}} \text{ 或 } \ln\left(\frac{y}{y_0}\right)=\frac{D\cdot k\cdot 8\cdot t}{f\cdot S^2} \qquad (式 6-73)$$

该方程可用于计算 y 作为时间 t 的函数，条件是已知 k 和 f，也可用于计算最初讨论的瞬态条件下的排水沟间距 S。

基于稳定流和瞬态流两种方法，就已经找到了特定排水问题的解决方案（Ilri，1974；van der Ploeg 等，1999；Skaggs 和 van Schilfgaarde，1999）。

虽然解决方案中假定了用刚性模型表示平行的水流线，但根据已掌握的情况，需要探讨基于二维流线或三维流线的替代解决方案。该替代解决方案基于第 6.1.5 节中介绍的拉普拉斯方程（式 6-15）。该方程描述了平面中任何位置（x，y）的水势 Ψ_H。这种方法比一维模型更好地反映了流线的真实路径。然而，这个方法只有在土层较厚或 S/D 较小时（图 6.25）才显现其独特性。

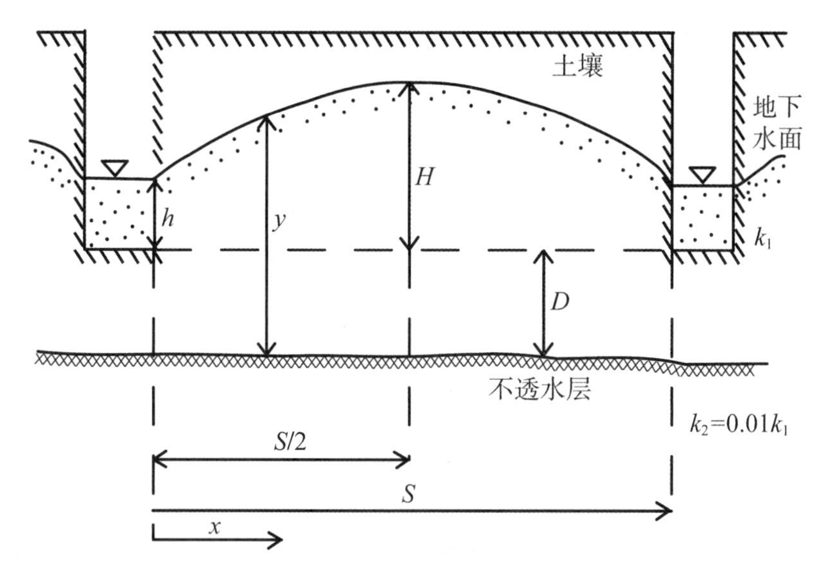

明沟用于排放径流

图 6.25　Dupuit-Forchheimer 模型模拟的不透水层之上均质薄层的排水

图 6.26 描述了这种情况，其中沟渠深达不透水层。图中的 3 条流线长度不同，但水势 $\Delta\Psi_H$ 的差异几乎相等，所以较长流线的水力梯度 gradΨ_H 较小。因此，靠近沟渠处的流速大于远离沟渠处的流速。这使得越接近于沟渠、排水管或地表水体，地下水位流速下降幅度越大。

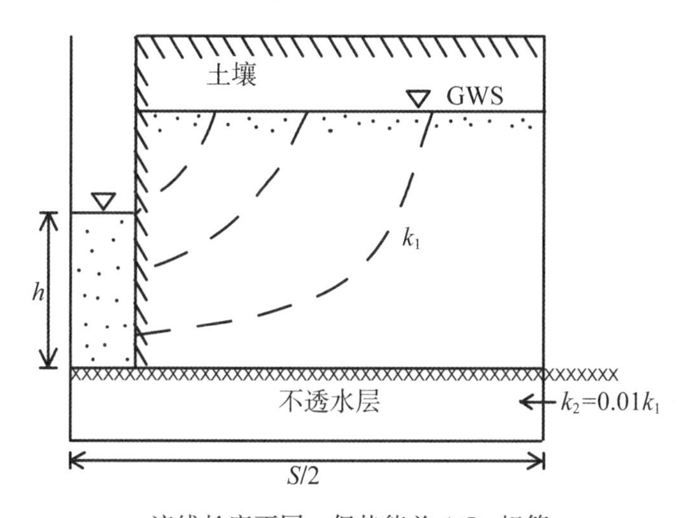

流线长度不同，但势能差 $\Delta\Psi_H$ 相等

图 6.26　均质土壤覆盖的不透水层土壤内二维内流流向排水沟

如果水流可以不受干扰地朝向圆形的水势汇延伸，这些流线路径会特别规则。这种情况出现在土壤水被垂直排水管用水泵抽出的时候，地下水面会形成锥形凹

陷，形状对应于势能高度。对拉普拉斯方程求解，可以计算出这个圆锥形状的体积：

$$Q=(H_R-H_r)\cdot\frac{2\pi k}{\ln\left(\frac{R}{r}\right)} \quad (式 6-74)$$

式中，Q 是抽出的水的体积，k 是导水率，而 H_R、H_r、R 和 r 是图 6.27 所示的几何参数。

式 6-74 和图 6.27 表明，在抽水速度恒定时，锥体越深，锥体壁越陡，导水率 k 越小。如果将锥体旋转 90°，排水管呈水平状，则会产生相同的水势分布，但此时不能根据地下水位确定势能高度。无论如何，只要流场的边界（即地下水位和不透水层）不能阻止这种情况，此时的径向几何形状就会保持。描述瞬态流的例子如图 6.4 所示，图中给出初始的结构，流入排水管的径向水流实际上是对称的。排水口处在相当于容器高度的低位时，会使得所有流线具有大致相同的长度和类似斜率。随着水位下降水压下降，水流强度也减弱，流场的深度和宽度之比也发生变化，这个关系产生的影响也增加了（图 6.26，图 6.28），最终将导致水面向出水口方向弯曲，产生漏斗形水体。

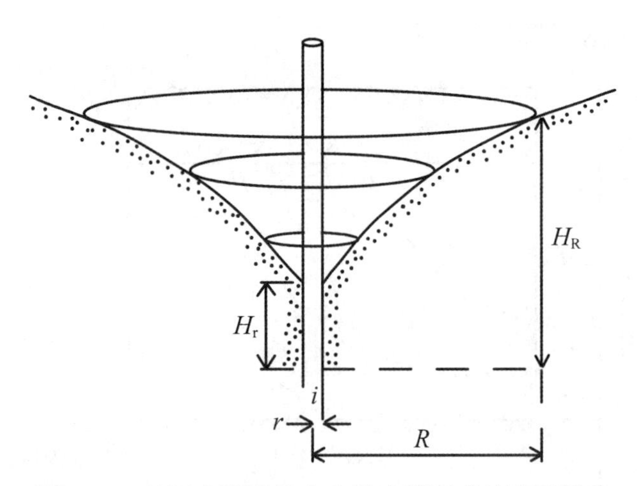

图 6.27　地下水面围绕中心抽水管形成的降落漏斗

同样的过程也会发生在充满土壤的容器中。整个流场在稳定状态下保持不变，这在第 6.1 节有所描述。由于出水流是 k 的函数，因此，容器内不同部位的水位下降速率和地下水面的斜率变化的时间跨度都是不同的。被拉向下的锥体的壁越陡，水流阻力 i/k 就越大，导水率就越小。

随着排水深度增加排水强度明显增加，相邻排水管道之间的流线曲率也会相应减小。图6.28进一步揭示了排水管直径的影响，靠近直径小出水口的水流线压缩最强，当出水口直径增大时流线压缩程度就会大大降低。这与图6.4中的半圆等势线一致。考虑到水流压力下地表断裂的危险（见第3.4.3节）和排水路线淤泥堆积风险，压实水流线与出水口直径的关系具有现实意义。如果排水管末端产生堵塞，可通过增大排水管附近的导水率而有效去除堵塞。这就是为什么要在排水管周围埋些砂砾或在其周围埋设过滤器和一些导水率高的物质的原因，这样可以有效提高排水速度。

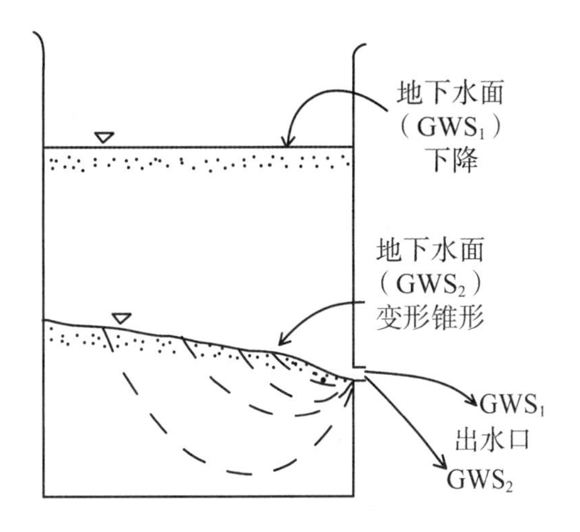

流线长度差异逐渐产生更大的势能梯度，使得地下水面（GWS_2）发生变形。出水口流量随着水位高度下降而减小

图6.28 带有侧向出水口容器中的排水（又如图6.4所示，但是填充了土壤）

在土壤水进入排水管表面，且排水管仅仅部分被注满水时，安装过滤器是最有效的。这样水流线集中在排水管的底部呈弯月形，使得静水压不足以使水从狭小的开口处流入管中被空气占据的部分（Burghardt，1977），这就降低了水势梯度并减少了地面塌陷的危险。如果通向自由水的界面之处没有出现流压缩现象，就不需要增加水势梯度来维持连续的水流。恒定的有限水势梯度没有集中在那里，而是均匀地分布在势能场的其他区域，这就是为什么排水沟比在同样深度的排水管道更能有效排水的原因。仔细研究流场还会发现，不透水层位置越深影响就越小。这是因为受不透水层影响的流线比例随深度的增加而减小。如果排水深度和不透水层之间的距离超过排水深度和地下水位最高点间距离的2倍，不透水层的影响就可以忽略不计。根据经验，如果排水管之间距离超过了7 m，排水管之间就不会相互影响；如果排水沟长度一定，排水区域的排水量则取决于排水沟的数量（Baver等，1972）。最终，研究流场还可以看出导水率对不同土层的影响（图6.17）。

为了满足质量守恒的要求，界面处流线会转向导水率较低的介质，水流更接近垂直于界面的方向。在导水率 k 差异非常大的情况下，只有很少的流线能够进

入较低导水率的区域，其他流线被迫改变方向以便继续运动，但不进入或接触到导水率低的界面，这使得势能场变形扭曲。当两个层次的导水率比例很小时，如1∶50或1∶100，可将导水率较小的层次称为不透水层。许多专业文献都描述了排水装置的技术细节（Ilri，1974；Achtnicht，1980；Eggelsmann，1981）。

6.8 水分蒸发

本节主要从气象角度研究水分蒸发过程。Geiger（1961）和Rijtema（1965）详细研究了水分蒸发与土壤的关系。经验和试验均表明，从土壤损失的水分进入大气不仅取决于气象因素，随着土壤表面干燥，水分蒸发在很大程度上受限于土壤性质（Heinonen，1965）。

图6.29显示了从土壤水分饱和开始的相对蒸发速率（实际蒸发/潜在蒸发）随时间的变化。该过程有3个阶段：第1阶段，水分蒸发强度（相对蒸发速率）与自由水面相似，接近于潜在蒸发。此时水分蒸发具有短周期性，主要是由太阳辐射（昼夜循环）变化所致；第2阶段，水分蒸发强度（水分蒸发速率相对降低）快速下降。这是由于从深层土壤运移到表层土壤的水量减少；第3阶段，水分蒸发强度非常低（水分蒸发率非常小），干燥土壤不能再从深层向表层供水，而干燥表层已经变成了蒸发的屏障。这时，土壤表面仅含有约为两个水分子层组成的水膜（Idso等，1974）。土壤水分蒸发曲线形状对于不同类型土壤都是特殊的，需要在土壤控制蒸发的作用部分进行专门讨论。

因为在土壤温度范围内水分汽化热变化很小（只随着温度升高而略有降低），所以土壤水分蒸发等同于热量和水分的损失过程来处理（Geiger，1961）。

$$E_{\mathrm{J}}\left(\frac{\mathrm{J}}{\mathrm{cm}^2\cdot\mathrm{s}}\right)\approx\left(\frac{\mathrm{cm}}{h}\right)\approx E_{\mathrm{Str+b}}+E_{\mathrm{vent}} \quad （式6-75）$$

该方程可以追溯到Sverdrup（Geiger，1961）。其右边有两项，第一项$E_{\mathrm{Str+b}}$称为热平衡项，第二项E_{vent}称为通气水分项。热平衡项描述了蒸发过程消耗的热量，来自辐射E_{Str}或以前的辐射事件和存储在土壤中的热（见第9章）。通风项描述了水分蒸发在很大程度上取决于通过水饱和空气去除才能维持的水压梯度。

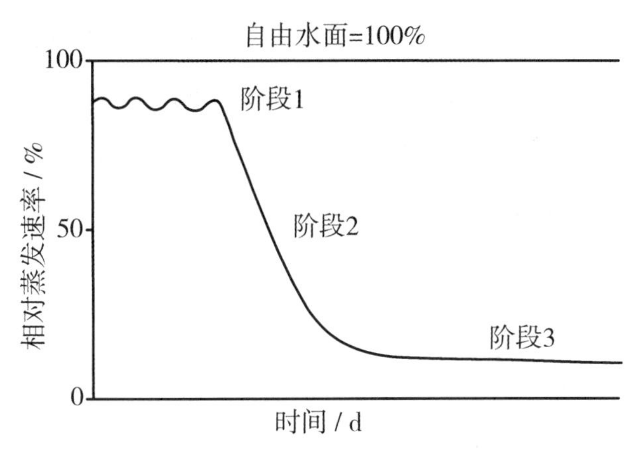

阶段 1，深层供水不限；阶段 2，土壤表面干燥；
阶段 3，干燥土壤成为深层供水的屏障层

图 6.29　无深层供水土壤蒸发随时间变化的过程

假设在地表之上存在 1～3 mm 厚的固定空气层（层流边界层）（Geiger，1961），则土壤中水汽流动与图 6.30 中所示的模式相似，即水分蒸发受到该层通风不良的限制，图 6.30 描述的过程被大大简化。有证据表明，高风速会影响 1～2 cm 深的裸露土壤剖面表层，这与风速波动有关。近土壤表面紊流对蒸发的影响，随团聚体粒级的增加而增加（Scotter 和 Raats，1969）。这是因为大团聚体内具有较大的次生孔隙。收缩裂缝具有相同的效果，提高了与土壤表面直接连接的通风途径，同时增加了湿润基质与大气之间的界面面积。图 6.31 显示了变性土原位的收缩裂缝对邻近的土壤含水量分布的影响（Ritchie 和 Adams，1974）。裂缝形成后只要增加蒸发面与湍流中的大气接触，就会加剧蒸发程度。蒸发区裂缝形成众多更小的团聚体，逐步成为深层土壤供水的障碍层，最终降低水分供

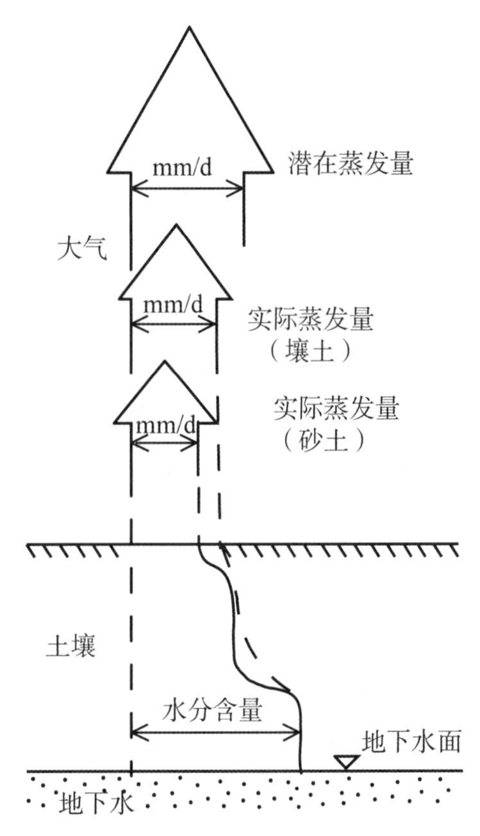

图中带宽表示水分蒸发强度，实际水分蒸发量取决于深层土壤供水速率

图 6.30　土壤水分蒸发

应（Koorevaar 等，1983）。不管发生什么现象，人们总能观察到土壤释放的水要比周围空气吸收的水少（图 6.30），式 6-75 所描述了这个过程发生的条件。为了理解水循环中的蒸发过程（见第 9 章），需要一开始就从势能场的概念出发，将其视为大尺度一维流的过程。在这种情况下，大气是潜在的汇，层流边界层和非饱和土壤是极大的阻力过渡区，地下水位则是潜在的源。

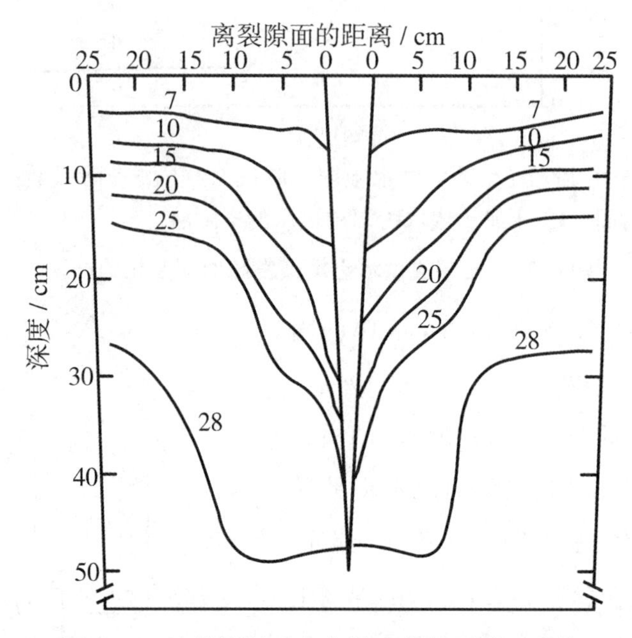

图 6.31　植被生长季末变性土收缩裂缝附近的土壤含水量变化（Ritchie 和 Adams，1974）

在饱和土壤中，第 1 阶段的蒸发率约为在相同条件下自由水面蒸发率的 90%（Penman，1956），绝对值可以高达 15 mm/d。土壤蒸发量减少的主要原因有：早期弯月面的形成和总势能的降低；土壤表面粗糙度增加，导致静态空气部分的增加；土壤反射与入射辐射的比例比自由水面的更大，后者可以从航空照片上得到证实。没有入射辐射的反射，水体越深颜色越深，几乎是黑色的。这是因为深水水体反射的可见光比浅层水体和土壤的要少，以致后者表现出有较浅阴影的颜色。

在水分蒸发的第 1 阶段（图 6.29），几乎没有土壤增温现象。土壤增温标志着水分蒸发第 1 阶段结束和第 2 阶段开始（Aston 和 van Bavel，1972；Heitman 等，2008a，2008b）。如果土壤没有地下水补充，第 1 阶段发生时间将会很短。这是因为靠近地表土壤颗粒上的水膜会变薄，与之相关的弯月面会变窄，就会引起土壤中液态水向上运动。正如本章开头所述，该水分运动的范围可以用达西方程式描述（式6-9），取决于导水率 k_θ 随基质势下降而降低的速度（图6.16）。局部土壤含水量降低，也会引起其附近水力梯度的增加（图9.7，图9.9）。这就出现了如图6.30所示的情况，即在水分蒸发的第1阶段，土壤水分蒸发量在很大程度上取决于深层土壤供水量。顶层砂土会因为输水障碍物的形成阻碍了深层土壤水分供应而迅速变干。在粉土和黏土中，这种障碍层形成更缓慢，使得蒸发量更大、干燥深度更深。

水分蒸发过程实际上是指水分从液相向气相过渡的过程，实际上最早发生在近土壤表面以下（Heitman等，2008a，2008b），相当比例（高达1/3）的入射辐射能量被消耗（EILS，1972）。只有在表层土壤强烈脱水时（基质势小于 $10^{4.7}$ hPa），土壤空气中的水压才会显著降低。这时水蒸气运动才占主导，蒸发向更深部的土壤中推进（Deol等，2012）。

蒸发来自更深土壤标志着蒸发的第3阶段开始（图6.29）。正因为如此，来自深层土壤液态水的补给变得微不足道，每天蒸发量就只有0.4~1.2 mm。蒸发主要受控于不同层次土壤的弯月面和水膜上的水汽压差，并且水汽扩散受限于到达土壤表面很长的曲折通道。

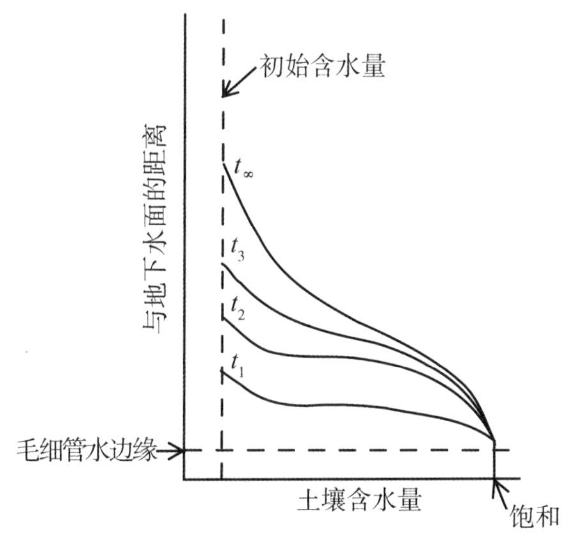

图中曲线显示干土底部与地下水接触开始后不同时间点的土壤含水量分布。t_∞ 时的曲线反映了平衡条件。如果水分蒸发速率小于从深层毛细管水供给的最大速率，t_∞ 时的曲线对应于水分特征曲线或pF曲线的吸水曲线（第5章；Hillel，1998）

图6.32 从地下水到初始干燥土壤的向上水流过程（毛细管水上升）

为了用数学方法描述水分蒸发过程，区分地下水位的深浅及其地下水是否能供应到表层土壤就变得非常重要。从根本上说，水分蒸发可以描述为水分从地下水向上部干燥土壤运动的过程。假设地下水位很浅且水分蒸发速率恒定，水分就沿着土壤毛细管从地下水位上升到干燥土壤（见第5章毛细管水上升）。最初，向上的水分快速流动且持续很长一段时间，直到土壤剖面中的水分达到平衡状态（图6.32）。田间条件下水分蒸发速率波动很小，稳态流持续时间很

短，难以达到这种平衡状态。即使如此，仔细观察与地下水相关的土壤蒸发过程，对理解水分蒸发的本质是有益的。

为了描述稳态条件下地下水位向上输送过程，可以运用描述一维入渗过程所用的运移方程（基于达西方程，即式 6-9）（第 6.6 节）：

$$q=k(\Psi)\cdot\left(\frac{\Delta\Psi_{m}}{\Delta z}-1\right) \quad \text{（式 6-76）}$$

或者，作为一个扩散过程：

$$q=D(\theta)\cdot\frac{\Delta\theta}{\Delta z}-k(\Psi) \quad \text{（式 6-77）}$$

式中，q 是蒸发通量，Ψ_{m} 是基质势，k 是导水系数，D 是水力扩散系数，θ 是体积含水量，z 是地下水位以上的高度。因为这个水流方向与重力势相反（向上），所以水势的重力项是 $\Delta\Psi_{z}/\Delta z=-1$，而不是+1。结果，维持水分蒸发量需要基质势超过重力势，直到 $\Delta\Psi_{z}/\Delta z=1$。当这两个势能完全相等时，垂直通量 q 变为 0（式 6-76 和图 5.8）。

$$k(\Psi)=\frac{a}{\Psi^{n}+b} \quad \text{（式 6-78）}$$

a、b 和 n 是土壤的特异性参数（Garder，1958）。合并式 6-76 和式 6-78 得到：

$$e=q=a\cdot\frac{\frac{\Delta\Psi}{\Delta z}-1}{\Psi^{n}+b} \quad \text{（式 6-79）}$$

式中，e 是水分蒸发速率。

考虑到只有来自毛细管上升到地表的水才会蒸发（本质上是非饱和导水率和地下水位深度的函数），必须定义潜在最大通量强度 q_{max}：

$$q_{max}=A\cdot\frac{a}{d^{n}} \quad \text{（式 6-80）}$$

式 6-80 表明，随着地下水位（d）的增加，毛细管供水速率和潜在最大蒸发量下降幅度最大。因此，通过确定参数 n、a 和 A，可以评估土壤质地对水分蒸发速率的影响。质地较粗土壤的 n 值更大。图 6.33 显示了使用式 6-79 和式 6-80 的计算关系，说明土壤类型和地下水位对水分蒸发速率的影响。

如前所述，水分蒸发过程中的稳定流条件只是个例外，即使在浅层有地下水也不常见。瞬时稳定条件的存在表明，水分蒸发只有在长时间处于干燥期内才能逐渐使土壤变干（Xiao 等，2011；Zhang 等，2012），干燥面随时间向土壤底层移动（图 6. 34）。瞬态条件下的等温蒸发被描述为扩散过程（Deol 等，2012）：

$$\frac{\partial \theta}{\partial t}=\frac{\partial\left[D(\theta)\cdot\frac{\partial \theta}{\partial z}\right]}{\partial z} \qquad (式 6-81)$$

式中，D 是水和水汽的扩散系数（图 6. 19）。Hillel（1998）提供了描述阶段 1 和 2 方程的解法（图 6. 29）。

蒸发释水过程主要受表层的土壤结构控制。我们可以通过改变表层土壤结构，最大限度地减少水分蒸发量和增加土壤中植物可利用的水量。图 6. 35 所示的例子表明，表层土壤结构显著减少了下层土壤的水分蒸发（Heinonen，1965）。这种结构最上面土层为直径 6～8 mm 的团聚体，该层不能减少水分蒸发，但保护了底层更小的团聚体（直径 1～2 mm）免受雨滴打击和产生孔隙堵塞。底层的小团聚体可以减少土壤空气流动，在其相对狭窄的孔隙中，水分仅通过扩散运动。为了保证这一点，土壤下层的粗粒层必须排出多余的水。由于较大团聚体间的接触点数量少，该层的非饱和导水率也非常小。因此，具有小孔隙的中间层就与下面致密的土壤中提供的水分隔绝（Poulovassilis 和 Psychoyon，1985）。

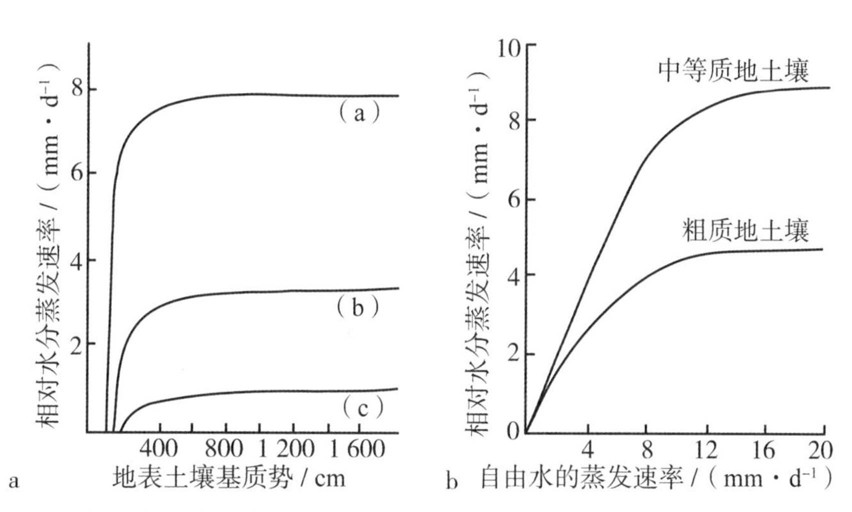

图 6. 33　a. 蒸发速率与表层土壤基质势的关系在三个地下水深度［90 cm（a），120 cm（b），和 180 cm（c）］的表征：地下水位距离地表深度越大，地表蒸发速率越低；b. 地下水位深为 60 cm 时，不同质地土壤与自由水面蒸发速率的关系：因为不饱和导水率足够高，深层地下水能通过毛细管快速补充蒸发损失，使得两个质地土壤初始蒸发速率相同。在更大蒸发速率下，从地表的蒸发量（真实蒸发）显著于水面蒸发量（潜在蒸发）。相比于中等质地，粗质地土壤比水面的蒸发速率更低（Gardner，1958）

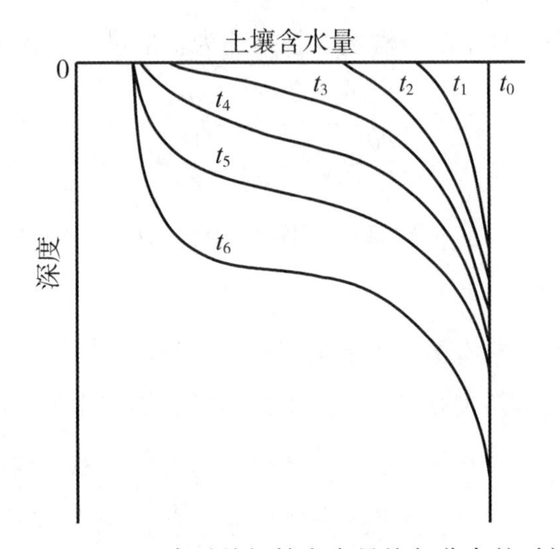

t_1，t_2，… t_6 表示从初始含水量均匀分布的时间 t_0 开始的土壤水分剖面随时间的变化。曲线形状及其随时间的变化让人联想到入渗过程（图 6.20），所以可以说成前进的干燥面（Hillel，1998）

图 6.34　瞬态条件下逐渐蒸发过程中的土壤水分分布状况

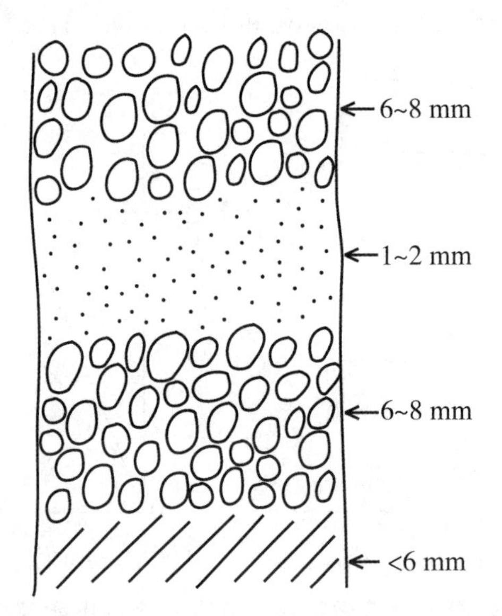

上面大团聚体层能保护下面的小团聚体层避免崩解。大团聚体层防止土壤的空气湍流运动，小团聚体层阻断与更底层的水力联系（Heinonen，1965）

图 6.35　能减少水分蒸发量的表层土壤结构

地表类型、耕作改变土壤结构和土壤覆盖物，都会影响水分蒸发。这可以通过观察管理的模式和应用材料，对入射辐射的吸收、边界层中的紊流以及向蒸发位点的水分供应来改变水分蒸发量。

土壤 pF 曲线的滞后现象非常特殊。受土壤干燥程度影响，它能在等量降水时产生不同的基质势差（Hillel，1976）。最初土壤越干燥，就需要损失更大的水量使其基质势降低。

保持高蒸发速率的先决条件是保持高土壤含水量，靠近地下水位的土壤会蒸发大量水分，因此对地下水补给作用不大。在这种情况下干旱地区就会出现显著的盐分积累，这是由于水流的优先流径和相应土壤结构形成的（Bresler 等，1982）。因为盐分富集是由水分蒸发所致，所以高浓度盐分分布区域的土壤水分蒸发量大。

习题

6.1：应用哈根—泊肃叶定律（式 6-2），计算通过垂直高度为 l 为 1 m 的毛细管及其上方 10 m 水柱的水流通量，单位为 L/d。毛细管出口处为自由大气状态，可以认为水流是稳态的。用表 6.2 所给出的毛细管直径和温度进行计算。注意液体（在这种情况下为水）的动态黏度 η 随温度变化，可以忽略空气压力的影响。

表 6.2　土壤毛细管直径和温度

毛细管直径/mm	0.2	0.4	0.6
温度/℃	5	10	20
水密度/（g·cm^{-3}）	0.999 96	0.999 70	0.998 20
动态黏性/（m·Pa·s）	1.518 8	1.307 7	1.005 0

6.2：

a. 一个长 50 cm 土柱，饱和导水率为 200 cm/d，垂直放置，底部通向大气。在土壤表面有 15 cm 深恒定水层。计算此时通过土壤的稳态通量密度？

b. 如果土柱横截面面积为 38 cm^2，则在 5 h 内从土柱底部排出多少水量？

c. 假设相同土柱水平放置，左端有 15 cm 的水层，而右端通向大气，计算通过水平土柱的稳态水通量？

6.3：一个垂直土柱长 80 cm，横截面面积为 20 cm^2。土壤饱和导水率为 2.5×10^{-5} cm/s。顶部压力势为 25 cm，底部为 0 cm。在稳定饱和流条件下，回答以下问题：

a. 达西通量密度是多少？

b. 土柱底部的水通量是多少？

c. 如果土壤孔隙比 ε 值是 0.40 cm^3/cm^3，水从顶部流向底部平均需要多长时间？

6.4：假设在稳态流实验中所测得的导水率为 1×10^{-2} cm/s。水密度为 1 g/cm^3，平均粒度直径为 50 μm，水的黏度为 1.307 7 m · Pa · s，土壤孔隙体积比 ε 为 50%。

a. 假定临界雷诺数为 1，计算水势梯度为 1 时的水流是层流，还是紊流？

b. 水流梯度达到多少，水流会变成紊流？

6.5：描述分层土壤中稳态垂直水流的方程为：

$$q=\frac{\Delta\Psi_{H}}{R_1+R_2}$$

式中，q 是体积通量密度，$\Delta\Psi_{H}$ 是整个土层中水势下降的总量，R_1 和 R_2 分别是土壤上层和下层的水力学阻力。

$$R_1=\frac{l_1}{k_1}\text{和}R_2=\frac{l_2}{k_2}$$

式中，l 是土层厚度，k 是土层导水率，$l_1=20$ cm，$l_2=80$ cm。$k_1=70$ cm/d，$k_2=10$ cm/d。假设土层表面有 2 cm 积水，且下边界与大气相通。计算两个土层各自的体积通量密度？

6.6：一个匀质垂直土柱高 100 cm，导水率为 5×10^{-5} cm · s^{-1}。土柱填好后，最上面 5 cm 用导水率为 2.5×10^{-4} cm · s^{-1} 的其他土壤代替。土柱底部总水势为 0 cm，柱顶总水势为 150 cm，体积含水量等于孔隙度，为 0.50。将土柱底部设置为参考水平面。

a. 整个土柱的有效导水率是多少？

b. 确定通过土柱的稳态通量密度？

c. 确定土柱中的平均水流速度？

d. 确定两层间的界面处的压力势？

6.7：式6-84描述了垂直渗入到一个很长土柱的累积水深度（cm）：

$$I=3.0\cdot t^{0.5}+0.4\cdot t$$

其中，t是入渗时间（h）。

a. 35分钟时，累积垂直入渗量是多少（单位，cm）？

b. 如果将该土柱水平放置（物理性质不变），3.5 cm水分入渗这个水平土柱中需要多长时间（单位，min）？

c. 在$t=25$ min时，进入水平和垂直放置土柱的水分入渗率分别是多少？

6.8：

a. 一个水平放置的均质土柱，一端压力势为+160 cm水柱高，另一端压力势为+35 cm水柱高，土壤饱和导水率4.1 cm/d，水通量密度为9.8 cm/d，水平土柱的长度是多少？

b. 一个垂直放置的均质土柱，顶部的压力势为+25 cm水柱，底部压力势为+15 cm水柱。饱和导水率为2.5 cm/d，水通量密度为2.84 cm/d，垂直土柱的长度是多少？

6.9：土壤非饱和导水率（$cm\cdot d^{-1}$）随Ψ_m变化，方程为$k(\Psi)=12.3\times e^{(0.031\cdot\Psi_m)}$。高30 cm垂直土柱底部具有多孔陶瓷板，通过陶瓷板可以排出土柱水分。在下边界$\Psi_m=-70$ cm时，土柱顶部的水流通量密度q需要达到多少，才能使得流过该土柱的水流是稳态的、单位梯度恒定的非饱和流。

6.10：您被委托在农田安装地下排水系统，以防止高水位。排水口排出速度q为1 $L/m^2/d$，工程目标是保持排水管间的地下水面比土壤表面低1 m。排水管半径$r_0=0.1$ m，安装深度为2 m。钻孔发现深度为9.2 m处出现不透水的黏土层。整个土壤剖面的平均导水率k为2.1×10^{-4} cm/s。

假设土壤是均匀的，可以使用Hooghoudt方程（式6-66）计算排水管间的距离。然而，必须修改方程来满足田间要求的条件。在第6.7节中有许多计算排水管之间距离所需的方程，这些方程都是基于Dupuit-Forchheimer模型及其基本假设，也适用于Hooghoudt方程。Dupuit-Forchheimer模型方程指出，在隔水层之上流向排水管的水流是水平的，并且流速与地下水位梯度成比例。如果排水管或开放排水管埋设深度未到达不透水层，流线将不再是水平的，而是向排水沟弯曲(图6.36A)，这将导致流线变得更长和额外的水势损失。

结果是，地下水位更高才能满足流入不同排水管水流量相等。为此，Hoog-

houdt（1940）提出了适用于水平流概念的两个假设。一是，假设一个虚构的不透水层存在于真正的不透水层之上。二是假想用开口渠代替排水管，而且沟渠的深度达到虚构的不透水层（图 6.36B）。有了这些假设，也还可以使用式 6-66，只是参数 D 不是真实的不透水层深度，而是被虚构不透水层等效深度（d）代替。通过替换，流过虚构不透水层上方较薄土层的水量与实际情况相同。由于较薄土层所需较高流速将引起水势额外损失，以弥补由水流线弯曲造成的水势损失，但仍然存在要确定等效深度的问题，而且该方程的分析解也非常复杂。尽管如此，仍可以通过表 6.3 确定不同尺寸的排水管道，推导等效土壤深度（Hooghoudt，1940）。表中仅给出排水管道半径 r_0 为 0.1 m 的数据。但是，由于排水管道的半径不会对排水管间距有显著影响，因此，表 6.3 适用于所有间距的排水管半径。

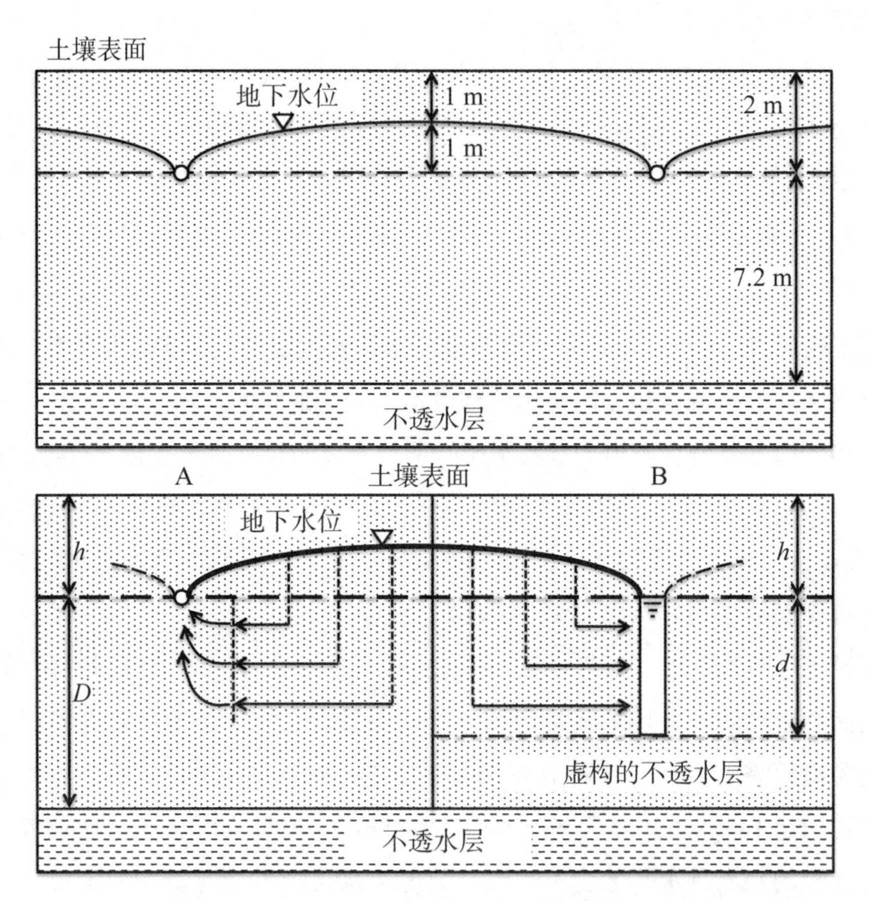

图 6.36　上图：水流流向排水管，但在没有到达不透水层时的流线形状；下图：引入假定的不透水层，使得水流流线保持水平，以满足 Dupuit-Forchheimer 模型的假设条件

表 6.3　Hooghoudt 方程推导的等效土壤深度（排水管道半径 r_0 为 0.1 m；D 和 L 的单位为 m）

L(m)→	5	7.5	10	15	20	25	30	35	40	45	50	L(m)→	50	75	80	85	90	100	150	200	250
D (m)												D (m)									
0.5	0.47	0.48	0.49	0.49	0.49	0.50	0.50	0.50	0.50	0.50	0.50	0.50	0.50	0.50	0.50	0.50	0.50	0.50	0.50	0.50	0.50
0.75	0.60	0.65	0.69	0.71	0.73	0.74	0.75	0.75	0.75	0.76	0.76	1	0.96	0.97	0.97	0.97	0.98	0.98	0.99	0.99	0.99
1.00	0.67	0.75	0.80	0.86	0.89	0.91	0.93	0.94	0.96	0.96	0.96	2	1.72	1.80	1.82	1.82	1.83	1.85	1.00	1.92	1.94
1.25	0.70	0.82	0.89	1.00	1.05	1.09	1.12	1.13	1.14	1.14	1.15	3	2.29	2.49	2.52	2.54	2.56	2.60	2.72	2.70	2.83
1.50	0.70	0.88	0.97	1.11	1.19	1.25	1.28	1.31	1.34	1.35	1.36	4	2.71	3.04	3.08	3.12	3.16	3.24	3.46	3.58	3.66
1.75	0.70	0.91	1.02	1.20	1.30	1.39	1.45	1.49	1.52	1.55	1.57	5	3.02	3.49	3.55	3.61	3.67	3.78	4.12	4.31	4.43
2.00	0.70	0.91	1.08	1.28	1.41	1.5	1.57	1.62	1.66	1.70	1.72	6	3.23	3.85	3.93	4.00	4.08	4.23	4.70	4.97	5.15
2.25	0.70	0.91	1.13	1.34	1.50	1.69	1.69	1.76	1.81	1.84	1.86	7	3.43	4.14	4.23	4.33	4.42	4.62	5.22	5.57	5.81
2.50	0.70	0.91	1.13	1.38	1.57	1.69	1.79	1.87	1.94	1.99	2.02	8	3.56	4.38	4.49	4.61	4.72	4.95	5.68	6.13	6.43
2.75	0.70	0.91	1.13	1.42	1.63	1.76	1.88	1.98	2.05	2.12	2.18	9	3.66	4.57	4.70	4.82	4.95	5.23	6.09	6.63	7.00
3.00	0.70	0.91	1.13	1.45	1.67	1.83	1.97	2.08	2.16	2.23	2.29	10	3.74	4.74	4.89	5.04	5.18	5.47	6.45	7.09	7.53
3.25	0.70	0.91	1.13	1.48	1.71	1.88	2.04	2.16	2.26	2.35	2.42	12.5	3.74	5.02	5.20	5.38	5.56	5.92	7.70	8.06	8.68
3.50	0.70	0.91	1.13	1.50	1.75	1.93	2.11	2.24	2.35	2.45	2.54	15	3.74	5.20	5.40	5.60	5.80	6.25	7.77	8.84	9.64
3.75	0.70	0.91	1.13	1.52	1.78	1.97	2.17	2.31	2.44	2.54	2.64	17.5	3.74	5.30	5.53	5.76	5.99	6.44	8.20	9.47	10.4
4.00	0.70	0.91	1.13	1.52	1.81	2.02	2.22	2.37	2.51	2.62	2.71	20	3.74	5.30	5.62	5.87	6.12	6.60	8.54	9.97	11.1
4.50	0.70	0.91	1.13	1.52	1.85	2.08	2.31	2.50	2.63	2.76	2.87	25	3.74	5.30	5.74	5.96	6.20	6.79	8.99	10.7	12.1
5.00	0.70	0.91	1.13	1.52	1.88	2.15	2.38	2.58	2.75	2.89	3.02	30	3.74	5.30	5.74	5.96	6.20	6.79	9.27	11.3	12.9
5.50	0.70	0.91	1.13	1.52	1.88	2.20	2.43	2.65	2.84	3.00	3.15	35	3.74	5.30	5.74	5.96	6.20	6.79	9.44	11.6	13.4
6.00	0.70	0.91	1.13	1.52	1.88	2.20	2.48	2.70	2.92	3.09	3.26	40	3.74	5.30	5.74	5.96	6.20	6.79	9.44	11.8	13.8
7.00	0.70	0.91	1.13	1.52	1.88	2.20	2.54	2.81	3.03	3.24	3.43	45	3.74	5.30	5.74	5.96	6.20	6.79	9.44	12.0	13.8
8.00	0.70	0.91	1.13	1.52	1.88	2.20	2.57	2.85	3.13	3.35	3.56	50	3.74	5.30	5.74	5.96	6.20	6.79	9.44	12.1	14.3
9.00	0.70	0.91	1.13	1.52	1.88	2.20	2.57	2.89	3.18	3.43	3.66	60	3.74	5.30	5.74	5.96	6.20	6.79	9.44	12.1	14.6
10.00	0.70	0.91	1.13	1.52	1.88	2.20	2.57	2.89	3.23	3.48	3.74	∞	3.88	5.38	5.76	6.00	6.26	6.82	9.55	12.2	14.7
∞	0.71	0.93	1.14	1.53	1.89	2.24	2.58	2.91	3.24	3.56	3.88										

第7章

土壤气相

土壤固体颗粒间的孔隙被液体或气体所填充，因此，土壤中的气相会与近地大气直接接触，或被固态颗粒和水弯月面完全包围并形成气泡。这两种情况都有特定反应和传输过程发生，并改变土壤气相的组成。土壤气体压强与近地大气条件也不尽相同。

7.1　土壤气相的能态

根据静水力学方程（式5-2），假设大气压（p_L）是一个常数，通过参考压力可以定义绝对水压（p_W）：

$$p_W = p_L + h \cdot \rho_w \cdot g \qquad \text{（式 7-1）}$$

在多数条件下这种方法产生的误差可以忽略不计。因为大气与水的黏滞系数相比非常小（表7.1），即使产生大气压差也会立即变得平衡。

表7.1　稳定条件下水和空气在100 kPa气压下和4种温度时的黏滞系数 η（D'Ans等，1967）

介质	黏滞系数 η/（$g \cdot cm^{-1} \cdot s^{-1}$）			
	0℃	10℃	20℃	30℃
水	1.80×10^{-2}	1.30×10^{-2}	1.00×10^{-2}	0.80×10^{-2}
空气	1.71×10^{-4}	1.77×10^{-4}	1.82×10^{-4}	1.88×10^{-4}

式7-1不仅适用于更大的连续的空气体积，也适用于仅部分水饱和土壤中相互交织的通道（孔隙）系统。因此，我们认为在研究灌溉或排水过程中计算水流

通量时，对作为非液相（见第 4.7 节）空气置换和流入的影响可以忽略不计。但从根本上来说，在土壤中的空气被前进的湿润锋逐渐压缩的情况下，这种影响不应被忽略。因此，气体压缩影响土壤水势，并作为土壤水势的一部分被定义为压力势（见第 4 章）。如果在土壤中空气的流动距离较远，通气速率较低，或是气体被土壤水包围形成气泡时，土壤中气体与近地大气之间便形成压强差，从而反作用于水分进入。这种情况主要发生在大面积的迅速积水过程中，如强降雨或淹水等。积水入渗速率取决于覆盖在土壤之上的水量或积水深度，土壤气压达到 20 hPa 就能显著降低积水的入渗速率，淹水中心区域所形成的土壤气压远高于淹水边缘区域（Dixion 和 Linden，1972）。

水一旦进入土壤中或与土壤接触产生压强，则土壤气压增加。如果这个过程允许水分补偿压缩空气改变的体积，就不影响水势平衡，也不引起土壤水流动。只要水—气界面不是弯曲的，即没有产生额外的毛细管力，则一定体积气体的内部压强等于外部大气压和土壤水压强之和（图 7.1）（Hartge，1973）。密闭气体压强 p_{L1} 等于水—气界面上的水面压强 p_{W1}。依据静水力学方程，水面压强可描述为：

$$p_{L1}=p_{W1}=p_L+h_1\cdot\rho_w\cdot g \quad \text{（式 7-2）}$$

式中，p_{L1} 是近地大气压，h_1 是水面高度，ρ_w 和 g 分别是水的密度和重力加速度。在图 7.1 中，高于水气接触面的水柱高度（h_1）为正值时，密闭气体的气压将随着其上方水柱高度的增加而增加。当水汽接触面高于自由水面时，也就是说在孔隙水压为负值的地方或是在土壤基质势范围内，水柱高度 h_2 越大，气体气压越小。此时，这个密闭气体的气压p_{L2} 定义为：

$$p_{L2}=p_{W2}=p_L-h_2\cdot\rho_w\cdot g \quad \text{（式 7-3）}$$

水槽中密闭气体的气压低于大气压。如图 7.1 右图，一个密封水槽与一个较低的敞口状水容器相连接。

图 7.1 模型假定密闭气体与水的接触面是水平的。与上述模型不同，非饱和土壤中存在小孔隙，水—气界面两侧的压强均存在一定压力差，使得土壤孔隙中到处存在弯月面。这些压力差与表面张力和曲率达到平衡。从几何角度来讲，从气泡观察都是凹型曲面。在固体微粒上覆盖的水膜形状有时是水平的或者凸起的，导致弯月面给定的空气内压力高于周围水压力。这部分压力差 Δp：

$$\Delta p=\frac{2\gamma}{r} \quad \text{（式 7-4）}$$

式中，γ 为水—气交界处的表面张力，r 是孔隙的当量半径。式 7-4（见第4.3节土壤收缩）表明，压力差越大，包围弯月面的半径越小。土壤中包含的气体由于其内部压强 Δp 的存在，使得这些气泡维系其圆球形状（Wolf，1957）。因此，这些气体使得固态土壤微粒处于分割状态，这有可能导致气泡结构的变化。即使土壤水与气泡之间的压力差变小，由于气泡趋于球形，半弯月面半径仍会增加，结果使土壤结构改变。土壤中气体破碎作用，是更细小团聚结构形成的重要机制。土壤中被封闭空气的压力差取决于半弯月面的半径，这反过来又受土壤颗粒分布和土壤结构的影响，最终导致土壤中气体体积的再分布。

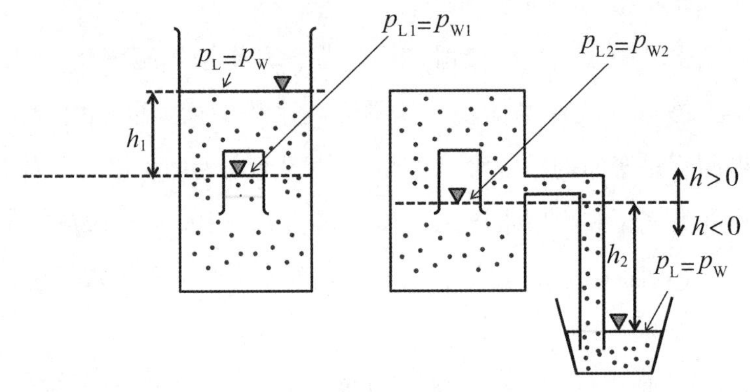

当密闭气体低于自由水面时，压强（p_{L1}）大于外界气压（p_L）；反之，其压强（p_{L2}）小于外界气压（p_L）

图 7.1　密闭气体中的压强（p_{L1} 和 p_{L2}）及其对周围水压的依赖

7.2　土壤气相的组成

土壤气相与近地大气的组成不同。通常土壤中 CO_2 与水汽含量较大气中高，而 O_2 含量则较大气中低。当土壤处于强还原条件下，特别是存在易氧化物质时，土壤可能产生大量的甲烷（CH_4）、少量的 H_2S、NH_3、H_2O 和 H_2 及其他烃类碳氧化合物，这些气体具有厌氧有机物分解产生的特有气味（Lind，1985；Kasparov 等，1986a，1986b）。甲烷等气体的产生仅限于淹水的土壤，如沼泽、泥潭、水稻田、污水淤渣等。这些还原性气体会被限制在淹水土壤中（Norstadt 和 Porter，1984；Holzapfel-Pschorn 等，1986；Moore 和 Knowles，1989）。土壤气体组成的差别主要源于各类植物、土壤动物和微生物参与的生物代谢过程。代谢过程一般伴随 O_2 消耗和 CO_2 产生，O_2 含量随着土壤深度增加而下降，CO_2

含量则不断增加。尽管如此 CO_2 的峰值并不产生于深层土壤，而是在接近地表处（Richter，1972）。

土壤气体的水汽含量相对较高。这是由于土壤孔隙空间相互交织，使得水—气接触表面具有很大的内表面积。因此，只有在极其干燥的条件下水汽浓度才会偏离饱和，即使饱和状态受温度的影响（图 7.2）。土壤中水汽饱和度高是导致高度进化的动物和植物无法适应低水压环境的原因。在湿润地区，不受温度控制的高水汽压梯度足以引起近地表显著的土壤蒸发（图 6.6）。

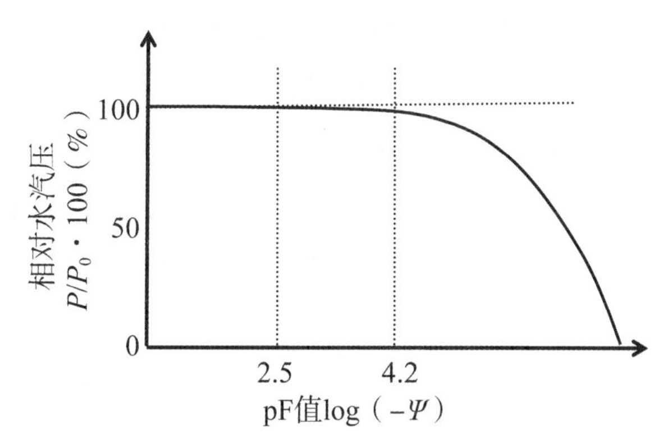

在土壤基质势占主导的地方，相对水汽压只有在基质势大于永久萎蔫点（PWP≈pF≈4.2）后才会显著降低

图 7.2　平衡状态下相对水汽压 $P/P_0\times$ 100%与土壤总水势（pF 值）

表 7.2　空气中水汽压与温度的关系

空气温度/℃	分压(相对水汽压)/%	绝对气压	
		mmHg	kPa
100	100	760	1 028
30	4	32	43
20	3	17	23
0	0.5	4.5	6
-10	0.3	2	2.5

一定体积气体中水汽压对总气压的贡献受温度影响。在温度范围内（-10~+30℃）水汽压的数值见表7.2。同样，土壤气体成分也直接受温度影响，因为温度会影响特定气体组成在水中的溶解度（Yamaguchi等，1967）。例如，湿润土壤中N_2含量在10℃时可高达90%，30℃时仅为85%。O_2溶解度随温度下降的增幅远超过N_2增幅。

7.3 土壤气相的运移过程

土壤气相中CO_2产生和O_2消耗持续进行，导致持续不断的日内乃至年内波动，在土壤中产生浓度梯度，引发气体流动，直到建立新的浓度平衡。一般气体在土壤中的传输过程主要分为扩散（无压强差）和质流（有压强差）。土壤中空气组分的空间分布变化及其分压变化，导致净扩散传输过程。而水分入渗、温度变化或大气压差使土壤中空气的总压强产生变化，导致土壤中气体对流传输过程。

7.3.1 气体扩散

就一定体积的土壤而言，扩散是土壤气相中平衡气体组分的最重要过程。例如，CO_2从土壤剖面深处扩散到表层，再到近地大气中。O_2从大气进入土壤的过程则与之相反。这两种气体扩散通量均产生于浓度变化，因而可以用分压来解释。气体的扩散通量可用菲克第一扩散定律进行描述：

$$j_g = -D' \cdot \frac{\partial C}{\partial z} \qquad \text{（式 7-5）}$$

该稳态扩散方程在结构上与达西定律（公式6-9）相似。j_g为某气体成分（如O_2）的扩散通量，即该气体成分被运移通过一定面积F的数量（以体积V_g或质量m计）。j_g与水通量q类似（见第6章）。C为气体浓度（如g/L），是在平均自由程z上产生的空间差异。D'是个比例常数，即所谓的扩散系数。式7-5中右侧的负号表明，气体通量是从高浓度流向低浓度。根据理想气体定律，理想气体在低浓度时的分压为：

$$p_g \cdot V_g = m \cdot R \cdot T \qquad \text{（式 7-6）}$$

式中，相应的气体浓度C可定义为单位体积V_g的气体质量m。C的表达式为：

$$C=\frac{m}{V_g}=\frac{P_g}{RT} \quad (式7\text{-}7)$$

或者，用分压来替代式 7-7 中的气体浓度，即可获得如下方程：

$$j_g=-D'\cdot\frac{\partial p_g}{\partial z}\cdot\frac{1}{RT} \quad (式7\text{-}8)$$

在研究土壤气体运移过程时，扩散系数$\left(D=D'\cdot\frac{1}{RT}\right)$常被用来量化土壤中孔隙网络的形状、大小，以及弯曲度等阻碍气体交换的程度，所以 D 常被认为是土壤的固有性质。土壤中气体的扩散路径不仅与其中土壤水的分布直接相关，而且由于土壤水分特征滞后现象导致土壤水分分布的变化（见第 5.6.3 节）。D 不仅与土壤含水量高度相关，而且对土壤水再分布过程历史和土壤发育也非常敏感。这种关系在一定的基质势范围内最为显著，在这个范围内大部分土壤孔隙没有被水充满（见第 5.6 节），并且土壤水分特征曲线的滞后现象最为明显。

土壤中 CO_2 的扩散性质对植物生存环境极其重要，所以研究难以实测的扩散系数 D 与其他性质的关系非常有意义。例如，人们常常研究充气孔隙的比例 n_L 与在相同温度下的土壤气体扩散系数 D_B 和大气中气体扩散系数 D 之比的关系。

描述这种关系的第一个经验公式发表于 1907 年（Buckingham，1907）：

$$D_B=D\cdot n_L^2 \quad (式7\text{-}9)$$

随后的研究表明，充气孔隙比的影响并不能完全以n_L^2 概括，而 $0.6\times n$ 这样的表达式能更好地与 CO_2 和 CS_2 气体的通量观察数据吻合（Penman，1940；van Bavel，1952）。总之，扩散系数取决于充气孔隙比、土壤温度及大气压强等。

由于土壤气体浓度在空间上的规律性变化，扩散过程不能完全用 j_g 来描述。应用质量守恒定律（连续性方程，类似于热流的能量守恒定律），土壤中气体运移方程实际上相当于傅立叶第二定律（热传输定律）。基于线性运移方程，菲克第二定律（Fick second law）描述了空间气体浓度变化与时间之间的函数关系：

$$\theta_a\cdot\frac{\partial C}{\partial t}=-\frac{\partial j_g}{\partial s}=D_B\cdot\frac{\partial^2 C}{\partial s^2} \quad (式7\text{-}10)$$

式中，θ_a 为充气孔隙度（air-filled pore space）。气体中各种组分的产生或消耗，可以用源（正号）或汇（负号）S 表示：

$$\theta_a \cdot \frac{\partial C}{\partial t} = -\frac{\partial j_g}{\partial s} - S = D_B \cdot \frac{\partial^2 C}{\partial s^2} - S \quad (式 7-11)$$

为了计算气体扩散通量，一般对土壤进行分层处理。已知特定土层中随时间变化的参数，如 θ_a、D_B 和 S。相邻土层之间的气体传输只有在浓度梯度存在且 D_B >0 时，即存在气体浓度梯度时才会发生，据此可计算其他传输参数（Richter，1986）。Han 等（2014）监测了一块玉米田地土壤中 CO_2 排放通量和 CO_2 浓度，随土壤深度变化而变化的特征。

仔细研究扩散方程 7-11 可以发现，只有在整个气体扩散路径出现浓度梯度或分压差时，O_2 才可能传输进入更深土层。反过来，这对于扩散路径中 CO_2 浓度或分压分布也同样适用。这就解释了为什么扩散率较低的障碍层，尤其是离地表较远的压实土层（如犁底层或压实土壤）会严重阻碍气体交换。

正是由于这些障碍层的存在，需要积蓄更大的浓度梯度以备“消耗”，才能最终穿越这些屏障。在这些屏障之下，残留气体浓度小到只能引发微不足道的气流。这就好像电压在串联电阻中逐步降低，或是流体压在不同渗透性的流动通道中随渗透性逐步降低。当孔隙直径小于扩散气体分子的平均路径长度时，气体分子的内摩擦力已不存在，分子与孔壁之间的碰撞则愈发频繁并将阻碍扩散过程。这一现象被称为克努森流（Knudsen flux），然而目前其对土壤气体扩散作用的影响仍无定论（Clifford 和 Hillel，1986）。

7.3.2 土壤气相中的物质流

扩散仅描述了单位体积中气体总量不变的运动过程，而质流则描述了总压强存在差异时气体质量变化的运动过程。一定体积的连续气体中存在压强变化是引发质流的必要条件。压强梯度可导致一定容量气体的体积或温度变化，气体分子数的增加或减少等。在式 7-12 中，m 表示某一气体的质量，R 为气体常数，P 为压强，V 为气体体积，T 为绝对温度（单位为 K）。大气压的变化可以改变土壤气体压强变化，但变化微乎其微，所以对传输过程几乎没有影响。大气压强在 25～50 hPa 变化时，土壤气体积的变化值为这些数值的 1/30。究其原因，有效压差变化实际上相当于 1 000 hPa 左右的平均大气压。对于 1 m 深的土层而言，这样的压差仅能使 2～3 cm 土层深处的气体进入或逸出土体。比这更有效的方式则是用水取代土壤空气，例如，当地下水位剧烈变动时（如在河漫滩），土壤中气体被地下水大面积快速取代，从而产生土壤气体质流。

$$P \cdot V = m \cdot R \cdot T \quad (式 7-12)$$

普适气体方程表明，温度的变化总能引起气体体积的变化。随之引发的质流数量级大小的变化，与上述大气压造成的影响类似（由式 7-12 中的绝对温度可得）。当温度从 10℃升高到 15℃时，1 m^3 气体的体积可增大至 1.02 m^3 左右。对 1 m 深的土层，这就相当于有 2 cm 厚的土壤空气被排出土壤。此外，风也能造成气压差，这是由于土壤空气与近地大气之间的速度差，以及由此引发的紊流造成的。这种情况有时只发生在裸地且只能影响 10 cm 厚的土层（Scotter 和 Raats，1969）。在防风林和其他地面建筑物附近，土壤空气对流的抽吸作用可能更为显著（Takle，2003；Takle 等，2004）。

厌氧条件下易分解的有机质所产生的气体，在土壤中可能造成可观的质流运动（Prade 和 Trolldenier，1989）。气压梯度造成的对流通量远大于进入土壤的反向的 O_2 扩散流量。这时的土壤氧化还原电位值很低（Kasparov 等，1986a），高等植物生长受阻，地表呈蓝灰色至黑色。这种现象主要发生在大量垃圾覆盖的填埋场或有地下天然气渗漏的管道周围等处。添加含钙物质（如石膏等）可能导致高浓度 CO_2 在土壤中形成石灰沉淀，造成土壤中 CO_2 总压强的显著降低（Robbins，1986）。

7.3.3 土壤气体的再分布

一旦水分从外部进入土壤，如强降雨、洪水或地下水位升高等，就会优先流入土壤中的大孔隙。这一现象已由哈根—泊肃叶公式解释（见第 6.1.1 节）。这时土壤水分分布规律与基质势变化引起的水分运动分布相反。水与土壤空气之间的接触面会因接触角弯曲度而变化，从靠近空气一侧看接触面为凹形，这使得气体内部压强高于其周围土壤水。压强差的计算（见第 5 章）如下：

$$p = \frac{2\gamma}{r} \quad (式 7-13)$$

式中，r 为决定气体体积最大弯月面半径的曲率半径。孔隙不论粗细，水—气交界面的曲率是一样的。这是因为对于封闭的土壤空气而言，压强在其内部各处保持不变。这些小孔隙的弯月面形状，较大孔隙弯月面的半球形更为扁平一些（图 7.3）。

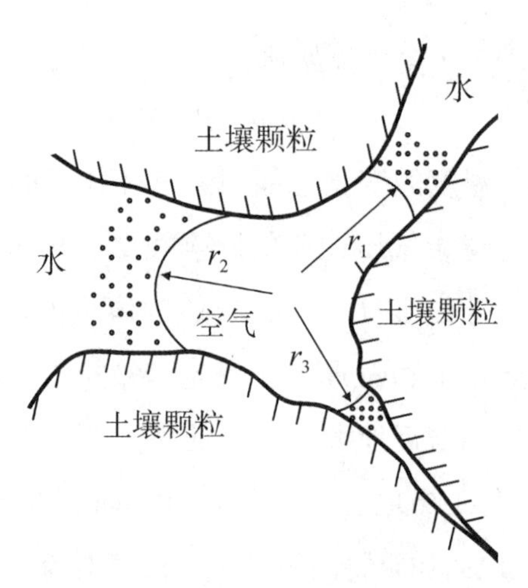

特定气压下所有的弯月面只有一个曲面半径，它决定了该气泡的形状及由其决定的接触角

图 7.3　由多个弯月面界定的土壤中的一个气泡

较平的半弯月面出现在不完全的毛细管上升前行阶段。这种状态使得气泡被挤压进入最大孔隙一侧，形成半球状弯月面，这里与周围水之间的压强差最小。这个过程迫使整个气泡向最大孔隙的方向移动。排水过程中，土壤气压重新分布，使得一些气泡沿着这些孔隙移动，最后到达地表并逸出土体，这些排空的空间将被土壤水占满。当密闭气体上下存在不同的土壤水压，并与不同大小孔隙半径处于平衡状态时，就在土壤中形成了受限气泡（图 7.4）。

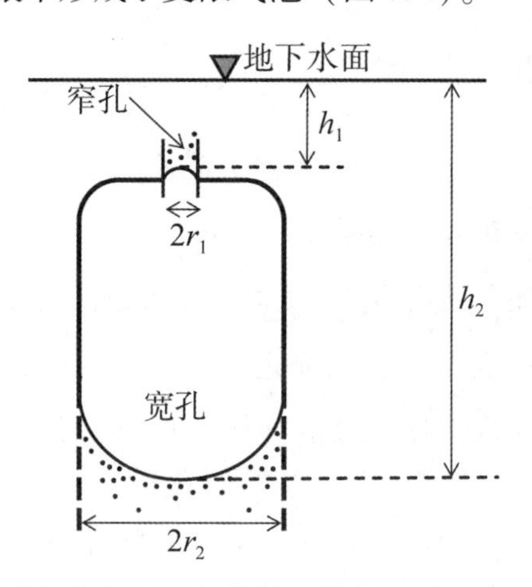

空气从小孔隙的底部进入的条件是静水压力差（受水位控制）大于弯月面半径决定的压力；弯月面不断移向小孔隙，直到 $\Delta p \approx \frac{2\gamma}{r_1}$

图 7.4　某气泡弯月面的曲面、毛细管半径和垂直方向大小之间的关系及其对气泡中空气逃逸的影响

为了使半弯月面进入一个密闭气体上方的较窄孔隙中，这个弯面必须变为半球形，同时还需要气体内部压强有所增加。如果密闭气体底部受到高静水压强，且决定该静压力的水面高度尽可能高时，密闭气体内部压强增加。式7-14可用来求解这一极值：

$$h_2 - h_1 = \frac{2 \cdot \gamma}{d \cdot g} \cdot \frac{r_2 - r_1}{r_2 \cdot r_1} \qquad (式7-14)$$

若是两个半弯月面的半径差过小或水位差过大，则上面较小的半弯月面将会被挤压进入较窄孔隙，密闭气体整体将向上移动。应用水静力学方程（见第5.2节）研究水—气共存的孔隙系统时，可以发现土壤水压的升高会导致密闭气体被压缩成球形。当其半径小到足够穿过较窄孔隙时，气体将最终逸出该孔隙系统。当密闭气体周围水压下降，且水压差（$h_2 - h_1$）增加时，一个较小的内部压强差就可使密闭气体向上运动并逸出至大气。

当水分进入土壤，土壤基质势变低，变成负值是时常发生的，所以后者较前者更常见（Hartge，1973）。这意味着，土壤中空气流通主要发生在降雨过后引发土壤水压增加时，而不发生在降雨过程中。水中粉砂黏性沉积物中气泡常产生于干燥初期引起的水压下降时（即负基质势变低），这些气体成分为CO_2和CH_4。在较软的土壤基质中，这些气泡呈圆球形。一旦基质势进一步降低，或受到揉捏和搅拌使气泡运移路径缩短时，这些基质中的气泡就逸出至大气。在土壤微形态分类中，称为多孔构造。

习题

7.1：应用下式估算穿过一个厚度为z的干土时的水汽扩散通量（蒸发）J：

$$J = \pi \cdot n_L \cdot D \cdot \frac{C_s - C_a}{z}$$

式中，π为弯曲系数（0.61），n_L为充气孔隙度（0.24），D为水汽扩散率（$2.62 \times 10^{-5}\ m^2 \cdot s^{-1}$），$C_s$为在干土层的水汽密度（$0.039\ kg \cdot m^{-3}$），$C_a$为在干土层之上的水汽密度（$0.003\ kg \cdot m^{-3}$），$z$为土体厚度（3 mm）。

7.2：充气孔隙与大气发生的气体交换通常表示为扩散（式7-5）和对流过程。气体对流性地进入或逸出土壤，主要受大气压或温度变化控制。

假设0～1 m深土壤的充气孔隙度为15%，地表土壤呼吸速率测定值为

0.15 kg · m^{-2}。利用理想气体定律 $P \cdot V = m \cdot R \cdot T$（式 7-12），求解大气压或温度的变化。其中 P 是压强（单位，Pa），V 是体积（单位，m^3），R 是气体常数 [8.324 5 J/（mol · K）]，m 是气体质量，用气体摩尔分子数表示（无单位），T 是温度（单位，K）。1 mol 的分子式数 $N_A = 6.02 \times 10^{23}$（阿伏伽德罗常数），$O_2$ 的摩尔质量为 $O_2 = 0.032$ kg · mol^{-1}。根据理想气体定律，1 mol 的理想气体在 p = 1 013 hPa 和 T = 273.15 K 时，体积为 22.41 m^3。大气中 O_2 浓度为 21%。请注意 R 的单位随压强和体积的单位变化而变化。

请计算土壤与近地大气之间 O_2 交换的对流通量？

a. 大气压强从 1 013 hPa 升高至 1 023 hPa（T = 273.15 K = 0℃）；

b. 温度从 20℃降低至 0℃（气压 p = 1 013 hPa）。

并比较上述两种方法的计算值与基于土壤呼吸（CO_2 释放量）估算的 O_2 对流通量。

提示：

1. 计算 0~1 m 深土层的充气孔隙体积。

2. 计算孔隙空气所含 O_2 质量。

3. 计算气压升高后 O_2 质量的增加量。

4. 与每天每平方米土壤的 O_2 消耗量比较。

5. 对温度下降重新计算。

7.3：考虑到一块果园土壤的气相 O_2 浓度变化如图 7.5 所示。同时测定的相应土层的土壤含水量展示在右图。假发生稳态扩散。土壤主要气体的扩散系数为 $D = 1.89 \times 10^{-5}$ m^2/s。利用式 7-9 计算部分饱和土壤中 O_2 的有效扩散系数（见第 7.3.1）。整个土壤剖面各层次的总孔隙度均为 0.45。利用菲克定律：

$$J_g = -D_B \cdot \frac{\partial C}{\partial z}$$

计算一维稳态时的气体扩散通量（式 7-5）。计算在 50 cm 和 100 cm 深处土壤的 O_2 扩散速率。利用白金汉经验公式计算有效扩散系数 $D_B = D \cdot \eta_L^2$，其中 η_L 约等于充气孔隙度 θ_a。计算 40 cm 和 60 cm 深处（$\Delta z = 0.2$ m）以及 90 和 110 cm 深处土壤的 O_2 浓度，然后据此估算 50 和 100 cm 深处的气体浓度梯度。请注意，标准状态（p = 1 013 hPa，T = 273.15 K）下 22.4 L 气体中正好有 1 mol 的气体分子。氧气浓度用 kg · m^{-3} 表示，大气中的 O_2 浓度≈0.3 kg · m^{-3}。

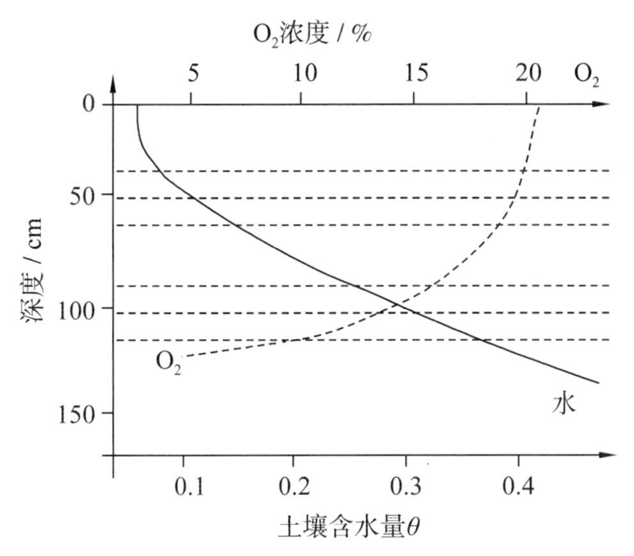

图 7.5 土壤的气相 O_2 浓度变化

提示：

1. 计算土壤 50 cm 和 100 cm 处土壤 O_2 的有效扩散系数。

2. 计算土壤 40 cm 和 60 cm 处土壤的 O_2 浓度。以此计算 50 cm 深处土壤的 O_2 浓度梯度。针对 100 cm 深处土壤再次计算。应用图上标注的信息。

3. 比较两个深度土壤的 O_2 扩散速率。

第 8 章

土壤热行为

温度几乎影响土壤的所有活动。温度不仅影响动植物的生存条件，也影响一些非生物过程（如岩石风化）。Q_{10} 作为衡量依赖温度的反应速率指标，被定义为温度升高 10℃ 反应速率增加的程度，通常为两倍（RGT-rule；Christen，1969）。在工程技术项目中，了解土壤和工程材料的热行为非常重要，如道路和垃圾场的建设、供应管道、土壤过滤器、土壤加热系统，以及地热发电。本章定义了一些重要的土壤热性质，描述了与土壤能量输运相关的物理过程，以及测量土壤热性质和参数的标准方法（Mcinnes，2002；Kluitenberg，2002；Bristow，2002；Horton，2002；Sauer，2002；Nassar 和 Horton，2002；Bachmann，2005；Horton 和 Ochsner，2011）。此外，关于土壤热平衡内容将在第 9 章（土壤水气热耦合）进行深入讨论。

8.1 土壤热性质

土壤热平衡主要受两个属性控制，向土壤输入一定热量后土壤温度的升高状况和热量沿着温度梯度传导热量的能力。这两个过程在很大程度上受土壤热性质影响。

8.1.1 定义

通常使用 3 个关键的物理参数描述土壤热过程：容积热容量 C_V（单位，$J \cdot m^{-3} \cdot ℃^{-1}$）、导热率 λ（单位，$J \cdot m^{-1} \cdot ℃^{-1}$）和热扩散率 α（单位，$m^2 \cdot s^{-1}$），

这3个参数相互关联，$\lambda=\alpha \cdot C_V$。容积热容量是指单位容积土壤每升高1℃所需的热量。温度 T（单位，K或℃）与热量 Q 的关系为：

$$Q=C_V \cdot (T-T_{ref}) \quad \text{（式 8-1）}$$

式中，T_{ref} 是 Q 假定为0的任意参考温度。通常很难测量土壤中所含绝对热量，因为它是一个从绝对零度（0 K=-273.15℃）到实际温度所有热之和的内在参数。由于技术限制，在考虑热容与温度无关的情况下，确定升高任意温度所需热量则更容易。因此，C_V 也被称为差分容积热容量，可以乘以系数4.197（单位，J/g）换算为常用的单位卡路里（1 kcal=4.197 kJ）。卡路里是指在标准压力（1 013 hPa）下将1 g水温度从14.5℃升至15.5℃所需的热量。

土壤导热率 λ［J/（s·m·℃）］是指在稳态的单位温度梯度作用下，单位时间内通过单位截面距离土壤的焦耳热量 J。热扩散率 α 是指导热率和热容量的比值 $\alpha=\lambda/C_V$。热扩散率与温度传导速率有关，热扩散率越大，土壤温度变化越快。图8.1显示了 C_V、λ 和 α 与土壤含水量的函数关系：

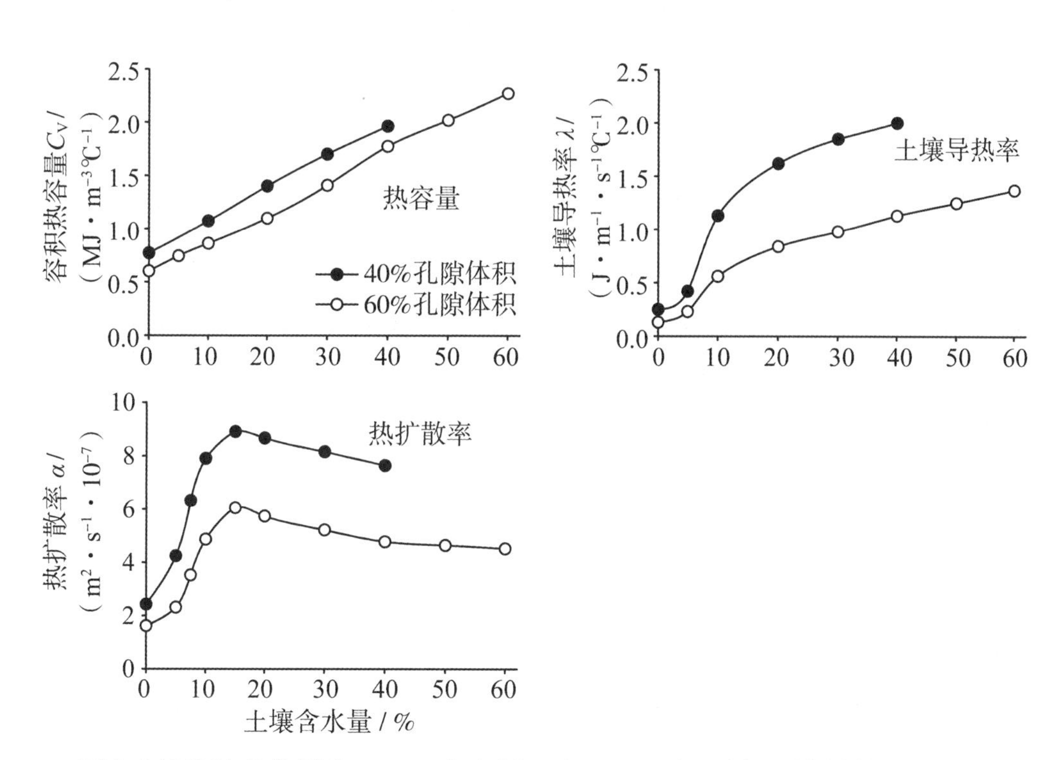

两个土壤孔隙度分别为40%（实心圆）和60%（空心圆）。该图是Jury和Horton（2004）的放大版（Bachmann，1997）

图8.1 两种砂土的容积热容量、导热率和热扩散率与土壤含水量的关系

土壤热性质受其各相的体积分数和组成、空间排列及土壤含水量的影响。这些与容积相关的参数在时间和空间上差异很大，尤其是在近地面，容积热容量（C_V）和导热率（λ）会表现出明显的、有规律的季节变化。

8.1.2 土壤热容量

不同于导热系数 λ 和热扩散率 α，土壤热容量 C_V 是指各组分按照其体积比加权的热容量之和（图 8.2）。在大多情况下温度对 C_V 的影响可以忽略不计。通常物质的热容表示为质量热容量。体积比热容量可以通过质量热容量乘以容重 $\rho(kg \cdot m^{-3})$获得，即 $C_x = c_x \cdot \rho_x$ [$J/(m^3 \cdot ℃)$]。除了少数例外，比热容量和原子质量的乘积几乎恒定为 25 kJ/kg（Gerthsen 等，1978）。

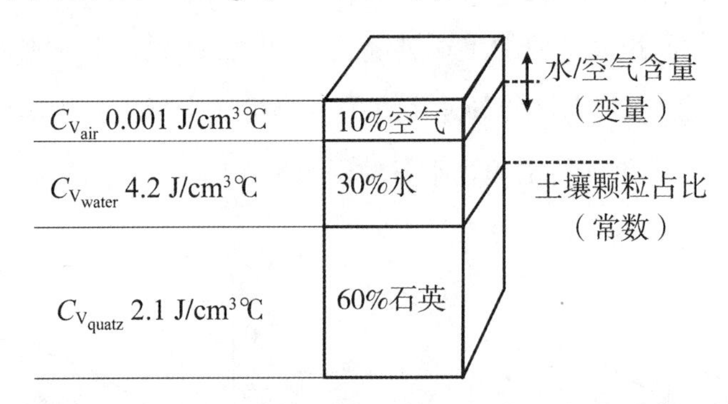

图 8.2 通过各个土壤组分的恒定热容量的百分数之和来计算土壤热容 C_V

计算颗粒的热容量或容积土壤（孔隙和不同组分降低了它的容重）的热容量，可以分别利用纯固体密度（ds）或容重（d_B），依据单个矿物成分（用指数 n 表示）固体体积比例计算对土壤的总热容量的贡献（de Vries，1963）。气相（θ_a）通常被忽略不计（式 8-2），而体积含水量 θ 和体积空气含量 θ_a 在饱和与干燥之间波动。

$$C_V = \sum_{i=1}^{n} C_{V_{min(i)}} \theta_{min(i)} + C_{Vw}\theta + C_{Vorg}\theta_{org} + C_{V_a}\theta_a \qquad (式 8-2)$$

式 8-2 表示干土的热容量 C_V，是由所有矿物组分的体积分数 θ_{min} 与有机相 θ_{org} 之和组成（表 8.1）

表 8.1 列出了土壤中各组成物质的热容量平均值（Blom 和 Troelstra，1972；de Vries，1963）。在列出的所有物质中，水的热容量最高，石英和硅酸盐的热容量相差不大，而铁氧化物的值比水略低。从体积上讲，有机物质有较高的热容量。一般土壤组分的热容量都比水的低，而空气的热容量通常忽略不计。我们也常将

水的热容量用作土壤溶液的热容值。矿物组分的热容量差异很大，主要取决于其化学成分或结晶程度。这意味着表中的热容量可能偏离实际值，有时偏差还很大。计算土壤热特性时，需要假设固体和液体组分的热容量不受温度的影响。然而，只有个别文献特别指出了这一点，当然温度变化对热容值的计算影响很小。根据 Neiss（1982）和 Olmanson 和 Ochsner（2006）的研究，每升高 1℃ 热容量仅增加 0.2%。

表 8.1 常见土壤组分的容积热容量 C_V、比重 ρ_F 及测定这些参数时的温度 T_m

土壤成分	T_m /℃	C_V /(MJ · m^{-3} · ℃$^{-1}$)	ρ_F /(Mg · m^{-3})
石英	10	2.01	2.66
黏土矿物	10	2.01	2.65
有机质	10	2.51	1.30
水分	10	4.19	1.00
空气	10	0.001 26	0.001 25
冰	0	1.88	0.92
石英	55~60	2.12	2.65
高岭石	55~60	2.44	2.6
碳酸钙	55~60	2.31	2.71
三氧化二铁	55~60	3.62	5.24
氧化铁	55~60	3.41	3.6
正长石	55~60	2.08	2.56
云母	55~60	2.53	2.9
大理石	55~60	2.09	2.6
玄武岩	55~60	2.69	3.0

注：注意温度对测量参数的影响（de Vries，1963）。

土壤冻结时，其热容量受两个因素影响。首先，由水转化为冰（0℃）时，C_V 值从大约 4.9（MJ/m^3 · ℃）降低到 1.8（MJ/m^3 · ℃），体积增加约 9%。由水到冰的相变并不是温度为 0℃ 时就立即发生，而是发生在从冰点到-20℃ 范围内，所以过冷却或超冷却现象随着黏粒含量的增加而增加（Hoekstra，1965）。

由于水的比热容高（作为互补相的空气比热容非常低），因此，土壤含水量

的变化对土壤热容量的变化影响很大（表 8.2）。在土壤物理研究中，通常假定其热容量随着含水量的增加线性增加（Bachmann，2005）。这对土壤排水具有重要的现实意义。表 8.2 列出了容积热容量与土壤含水量的对应关系，其中土壤含水量介于风干至饱和之间，土壤有机质介于 2%（矿质土壤）~60%。土壤颗粒的容积热容量比水的低，所以土壤的热容量一般小于 4.2 $J/m^3 \cdot ℃$。尽管有机物的热容量相对较高，但当泥炭的孔隙比为 80%时土壤固相物质比例低，所以一旦干燥，松散的层状的泥炭热容量值就会下降到非常低的水平。疏松土壤或压实土壤都会影响土壤固相的体积分数、排列方向和孔隙度，进而影响土壤容积热容量。

表 8.2 颗粒自然排列的土壤的容积热容量 C_V（Miess，1968）

物质组成	含水量/（$cm^3 \cdot cm^{-3}$）	C_V/（$J \cdot cm^{-3} \cdot ℃^{-1}$）
石英	0	1.26~1.67
	0.2	1.67~2.50
	0.4	2.50~3.30
泥炭	0	0.08~0.42
	0.4	1.67~2.10
	0.8	3.35~3.77

8.1.3 导热率

导热率 λ 是一个比例因子，以非常简单的传输方程描述了土壤对热量传导的影响。λ 类似于达西方程中的导水率 k（见第 6 章）。一维稳态热传输方程为：

$$j_{th} = -\lambda \cdot \frac{\partial T}{\partial x} \quad （式 8\text{-}3）$$

式中，j_{th} 是热通量（单位，$J/m^2/s$），∂T 是距离 ∂x 之内的温差（℃或 K）。类似于导水率，导热率 λ 受土壤内部导热性的几何分布影响很大，因此也受土壤结构和水分含量的影响（Cass 等，1984）。导热率和含水量呈正相关，对于非膨胀土而言，导热率没有最大值（如图 8.1。Hadas，1977；Ross 和 Bridge，1987）。土壤结构及土壤水分的空间分布对导热率具有明显的影响。

土壤导热率可以远低于纯固体矿物质和其他物质的导热率，因为土壤粒状结构只以颗粒接触的形式存在。如果土壤不含水分，则土壤颗粒接触点周围的整个空间将被气体所充满，这时土壤导热率很低，相当于热绝缘体。

当土壤孔隙中的空气以水蒸气形式存在时，除少数例外（如在干燥土壤表面），导热率随温度的升高而增加。除了受温度的影响外，导热率受土壤含水量的影响也非常明显。特别是在低含水量段，随着含水量的增加，λ 急剧增加（见图8.1中间部分）。当土壤含水量较低时，水分以圆形弯月面的水膜形式介于相邻土壤颗粒接触点中间，一旦圆形水分弯月面形成，导热率就开始显著增加，这是因为圆形弯月面会使导热截面增加（Ewing 和 Horton，2007）。初始阶段增加较快，变化范围为每 100 cm^3 土壤增加 5~15 cm^3。随着含水量进一步增加，导热率增量逐渐减小，这是因为此时弯月面的半径和体积变得足够大，土壤导热率几乎不再增加。因此，土壤导热率主要受土壤含水量及孔隙空间分布的影响，数值介于纯矿物质与水之间。Ochsner 等（2006）指出，土壤导热率受导热性能较差的充气孔隙体积的影响。富含有机质的土壤情况则完全不同。

干燥富含有机质的土壤导热率远低于石英（图8.3）。有机土具有较高的孔隙度，所以导热率特别低，接近于风干土中的空气，但随着含水量的增加而显著增加，从而接近饱和土壤的值。膨胀和收缩过程通过增加（收缩）或减少（膨胀）土粒接触数量来影响这种状况，因此，存在最大导热率值（Ross 和 Bridge，1987）。总之，土壤容积热容量（表8.1）和导热率（图8.3）均受含水量的强烈制约。

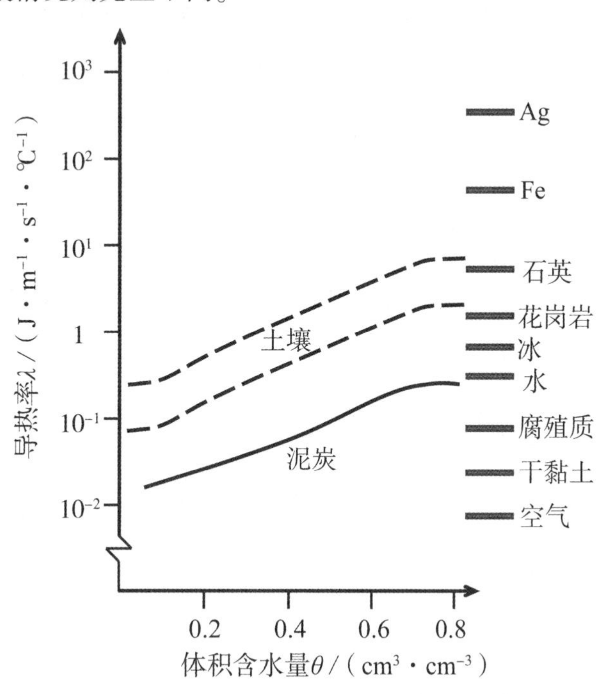

图8.3 土壤及其组分（空气、水、冰）和矿物的导热率（改编自 Kohnke，1961；Geiger，1961；di Gleria **等**，1962；Kuntze **等**，1988）

土壤含水量高于永久萎蔫点（相对湿度接近100%）时，

非饱和土壤中的温差会导致孔隙空间中产生局部的水汽密度梯度。随后，气相的补偿性运动与热扩散平行发生，水汽在冷端凝结，而在相邻液体—气体界面蒸发（Philip 和 de Vries，1957），最终导致额外潜热通过相变传递（图 8.4）。

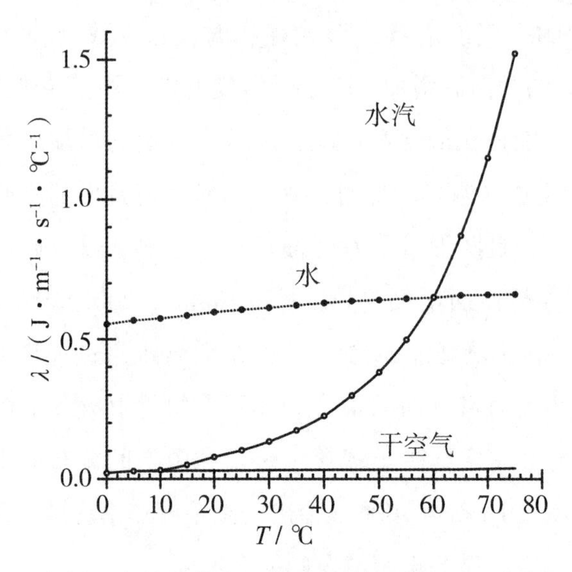

图 8.4　水汽、干空气和水的导热率 λ 与温度的函数关系（引自 de Vries，1963）

图 8.4 显示了水汽运移效率及其与之耦合的空气热能的运移。在温度低至 0℃时，可测得潜热输运发生；在温度高于 45℃时，潜热输运已经超过了相同横截面下水中的传导输运。有趣的是，这个过程不像输运其他气体那样需要空气的连续性，在孔隙局部断裂时也可以发生（图 8.5）。

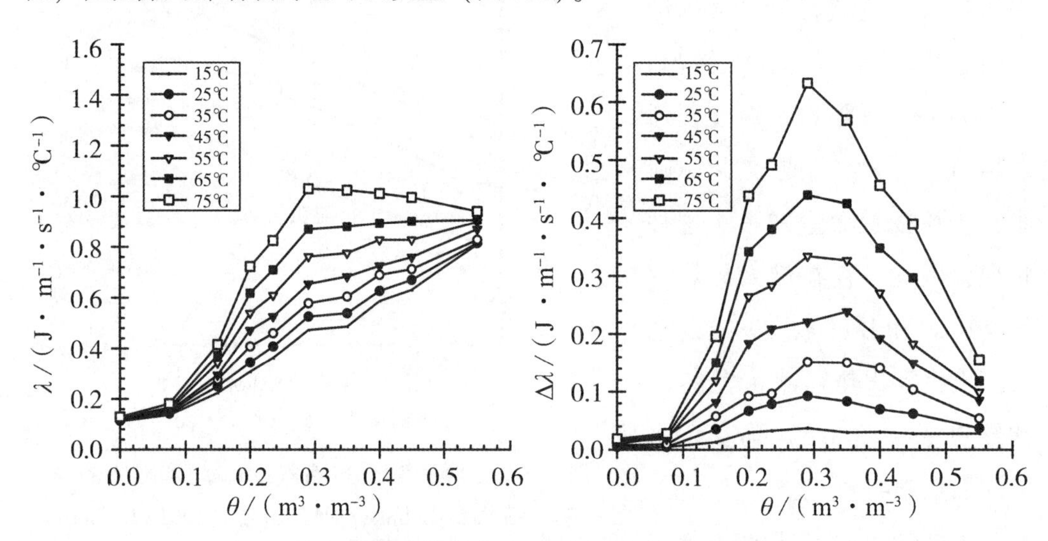

图 8.5　不同温度下土壤导热率 λ（左）、导热率之差 $\Delta\lambda$（右）与土壤体积含水量 θ 的函数关系（Hiraiwa 和 Kasubuchi，2000）

如前所述，水汽在弯月面的冷端冷凝，而在暖端蒸发，这种冷凝—蒸发过程被认为可以增强可湿润土壤中的水汽输送（Lu 等，2011）。从图 8.5 可以看出，75℃时潜热运移达到的 λ 峰值出现在土壤体积含水量≈30%之时。当然，该最大值因土壤而异，且在其他土壤体积含水量时也可观测到不同的值（Hopmans 和 Dane，1986）。

8.1.4 热扩散率

热扩散率 α(m^2/s)表示热量在土壤特定位置传播的难易程度。与导热率相比，热扩散率更容易测量。因为用测量温度随时间变化代替热通量，就无需知道土壤热容量。对于均质土壤，考虑到热能 Q 守恒，以 j_{th} 表示的热通量方程为：

$$-\frac{\partial Q}{\partial t}=\frac{\partial j_{th}}{\partial x} \quad \text{（式 8-4）}$$

$$\frac{\partial Q}{\partial t}=\alpha\frac{\partial^2 T}{\partial x^2} \quad \text{（式 8-5）}$$

热扩散率 α 相当于水分运移方程的水力扩散系数 D（见第 6 章），但热扩散率比水分扩散率更为人所知。热扩散率是导热率 λ 和容积热容量 C_V 的函数，其在初始干燥土壤中的数值随土壤含水量的增加而增加（图 8.1）。给干土供水后，导热率 λ 相比容积热容量 C_V 变化更大，从而提高热扩散率。热扩散率 α 随含水量的增加达到最大值。大多数情况下，热扩散率在基质势约为-1 000 hPa 时最大（10^{-7}～10^{-6} m^2/s）（Kohnke，1968）。

8.1.5 土壤热运移机理

土壤中热运移通过水分和水蒸气的辐射、传导和对流过程完成。辐射热传递在土壤表面发挥着重要作用，在土壤剖面中的影响却微不足道。热传导是低温下热传递的主要过程。在较高温度下，气—液相变相关的潜热传输（冷凝热）变得更为显著。热对流传导取决于流动介质的数量、流速和热容量。作为传递热量媒介的水分和空气是相互联系的。在多数土壤中，地下水的热运移是可以忽略的，因为地下水几乎不移动，温度的差异很小（热水井和地热能厂除外）。

水汽运输对土壤热平衡影响较大。由于其特定的输运机制，即使土壤孔隙的空气体积不连续而被隔离开来，水汽运输也是非常有效的。有研究表明，水汽运

移可能占土壤表层 2 cm 深整个输运能力的 40%～60%（Koorevaar 等，1983）。随着永久萎蔫点之上水分的温度增加，热传递会伴随着气相中的水汽压指数增加（图 8.3）。这会导致土壤中低温区的水蒸气冷凝，相当于使每克水中 2 500 J 的冷凝热被运移。当存在水分弯月面时，气体被分离，热传输将发生在相邻弯月面之间的微小距离（Lu 等，2011）。这种方式减少了途经两个弯月面的扩散距离，显著增加水汽和潜热的平均通量（图 8.6）。

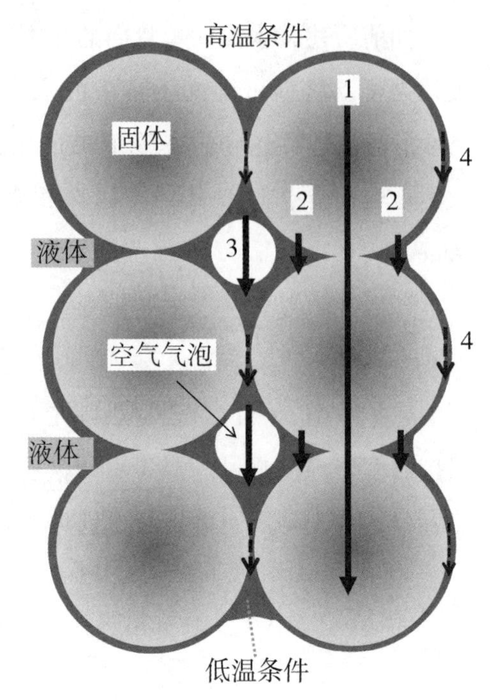

1 和 2 表示土壤颗粒和弯月面的热传导；3 表示相邻弯月面发生冷凝和蒸发引起的水汽运移产生的潜能通量；4 表示水分对流引起大量的热运移。球状颗粒仅接触点处的弯月面内相互紧靠

图 8.6　土壤热运移机制

弯月面处的水分冷凝会同时引起压力变化，降低基质势，触发水分子的蒸发。这个过程反过来有助于在弯月面冷端的水凝结。当水分子扩散通过气泡之后，该循环在下一个较冷的弯月面处重复出现。只要通过冷凝释放的热量没有减小驱动它的温度梯度，该过程就继续进行。温度梯度减小是由于温暖底层提供的水汽将热量运输出地表。在均匀加热的温室中，水蒸气沿着一个方向持续产生温度梯度。土壤表面的盐分积累就是很好的例证，该过程开始于水汽向下运动，矿化水反向朝着土表流动，水分蒸发后盐分就沉淀下来。在部分饱和土壤中，水汽和液体水的输运是相互关联且不分彼此的。在浓度梯度作用下，土壤溶液中的溶质运移往往是与水汽扩散同时发生的（见第 12 章）。水汽运移的重要特征是水热耦合（Nassar 和 Horton，1989，1992，1997）。

8.2　热传导模拟

有 3 种基础模型可用于描述土壤导热率函数。第一种是不考虑土壤粒径分布等数据的纯回归模型（Hopmans 和 Dane，1986；Horton，1989）；第二种是从基础土壤数据得出的回归模型（Campbell，1985；Lu 等，2007，2014）；第三种是基于特定土壤性质（如容重和矿物组分）的物理模型（de Vries，1963）。物理模型虽然灵活性高但很复杂，必须知道或准确估算多个物理参数。在物理模型中，导热率是关于土壤含水量和其他土壤参数的拟合函数，不是从基础土壤参数得出的，这限制了该函数应用于其他类型土壤。广泛应用的 Campbell（1985）模型比物理模型需要的数据少，也具有灵活的热传导函数，但其最大的局限性是没有考虑温度的影响。Horton（1989）引入以下经验方程计算热扩散率（$\alpha=\lambda/C_V$）：

$$\alpha = \beta_1 + \beta_2\theta + \beta_3\sqrt{\theta} \tag{式 8-6}$$

粉砂土的参数如下：$\beta_1=-0.905\times10^{-6}$，$\beta_2=-0.514\times10^{-5}$，$\beta_3=-0.566\times10^{-5}$（Kaune 等，1993）。这个模型使用方便，但是目前的数据集只能针对少数几种土壤类型。Lu 等（2014）引入了利用土壤质地和容重，来估算土壤导热率的简单模型。

8.3 土壤热性质的测定技术

众所周知，所有热性质造成的测量应尽可能快速地在较低温度梯度下完成，以避免由热量引起的水分再分布的影响。在过去几十年有两种非稳态方法得到广泛认可。较早的线源方法是将线状的电加热器元件引入土壤介质中，在施加恒定的热量输出后测量升高的温度。Bristow（1998）第一次引入了能够同时测量土壤中导热率、热扩散率和热容量的双针热脉冲法（DPHP）。该方法将至少两根平行的探针插入土壤，开启加热元件确定沿着这两根针的温度分布。实验室测量在室温下进行，因此，实际测量的导热率 λ 与该室温相关。在安装了由加热针和测量针组成的探针之后，加热针在固定时间内加热，通过测量针中的传感器（热电偶或热敏电阻）测量这段时间内温度的增加值，利用 $T(t)$ 曲线，可以计算出 λ、α 和 C_V。双针热脉冲法是一种简便且精确的测量方法，在原位和实验室都可以测量。此外，使用两根以上的探针还可以测量土壤中水分运动的方向和通量（Ren 等，2000；Wang 等，2002；Ochsner 等，2005；Kluitenberg 等，2007）。现有热脉冲法（HPM）结合了时域反射计（TDR），TDR 最初用于测量土壤体积含水量（“Thermo-TDR”，Ren 等，1999，2003），将二者结合可以同时测定土壤热和水性质。这种方法还可以确定土壤充气孔隙度（Ochsner 等，2001）、土壤热通量（Ochsner 等，2006）、土壤容重（Liu 等，2008，2014）和土壤含冰量（Kojima 等，2013）。

8.4 水分相变及其对土壤热的影响

热诱导的土壤过程，如土壤结构形成、水分再分配，常受到水相变的激发或强化。土壤水冻结的条件和土壤过程发生的温度，需要特别重视并将在下面讨论。关于冻土问题的全面回顾可参见 Perfect 等（1991）。

8.4.1 热通量下的水汽再分布

当土壤部分饱和且在具有温度梯度时，水分会发生再分布，其程度主要由土壤含水量和水力学特性决定。如前所述，水汽将从高温侧向低温侧迁移，导致基质势 Ψ_m 显著降低。在水力梯度增加的影响下，补偿性的水分再分布就会发生，即水向高温一侧迁移，而水汽则还是向低温侧迁移。一旦热和水力梯度处于时空平衡状态，这两个通量就会抵消（Nassar 和 Horton，1989；Nassar 等，1992a，1992b）。补偿性通量的大小和水分状况取决于相关梯度的绝对值及其相应的局部导热率。图 8.7 显示了土壤样品在一段时间内平衡后的水汽分布。

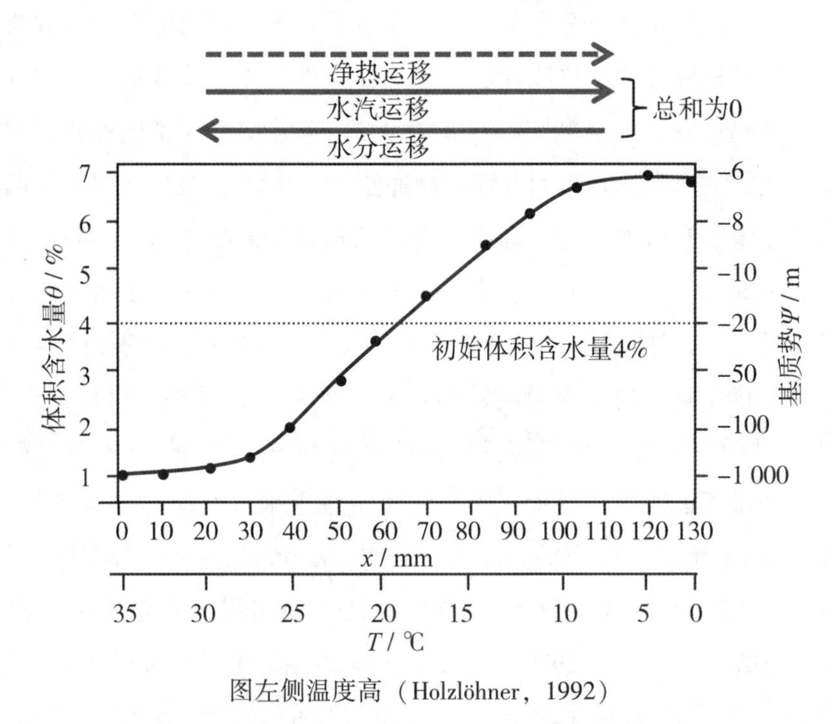

图左侧温度高（Holzlöhner，1992）

图 8.7 恒温梯度下平衡态的封闭土壤（粉砂土）水分分布

准确预测温度影响下的水分分布有重要意义。例如，关于填埋场密封矿物的导水率如何影响来自生活废物或炉渣等产热物质反应的问题。精确预测很难，因为它受许多因素影响。一些学者测出土壤温度差异造成的水汽输运速率，比用气体输送扩散方程计算的值高很多（Döll，1996）。试验研究发现，土壤温度升高后基质势将比通过毛细管上升方程（式 2-5）计算出的水表面张力降低 3 倍（Grant 和 Bachmann，2002）。与水汽通量相比，液相通量能够运输盐分，所以在长期温度梯度驱动下的水分循环，为盐基离子和肥料的运输提供了额外途径。

8.4.2 冻结和冰的形成

在标准条件下（空气压力为 1 033 hPa），水在 0℃下冻结，体积增加约 9%，通过相变可以释放 332 J/g 的热能。如果外部压力不使水体积发生变化，则相变不会发生。相变发生所需的压力会随着温度的下降而增加，当温度降低到-20℃时，压力可以达到最大值 220 mPa。如果压力高于该值，由于体积不再增加，所以不能形成普通的冰（Ⅰ型冰），而是形成体积较小但密度更大的冰（Ⅰ~Ⅶ型冰）。有些特殊的冰（图 8.8）甚至在更高压力下也能保持稳定（Kamb 等，1967）。在某些条件下水结冰可以延迟，称为过冷却水。当压力抑制Ⅰ型冰形成时（图 8.8），一定基质势下的水比自由水结冰的温度高。但经验表明正好相反，即基质势越小（充水的孔隙就越小），冻结温度越低。相同含水量的细质土冻结温度低于粗质土。冰点的降低，与水以水膜的形式通过黏附力而保持在土壤颗粒表面上有关。

从固相的角度来看，水承受的压力越高则离固—液界面就越近，吸附力越强。土壤平均粒径分布越小，这种效果就越明显。当孔隙狭小时，额外的毛细管吸附力就会将更多的水牢牢地固定到土壤颗粒上。一旦土壤温度降到冻结温度以下，大孔隙中吸附力弱的土壤水会先冻结，相当于等量的液态水从土壤中移出，土壤基质势降低，使得进一步冻结受阻（Bachmann，2005）。由于热能向上传递到土壤表面，土壤温度可能会进一步下降。这样的冷却过程引发土壤热流，并且通过传导或对流使现有温度梯度减小。如前文所述，热通量取决于土壤热性质、可移动的水量及其运动。

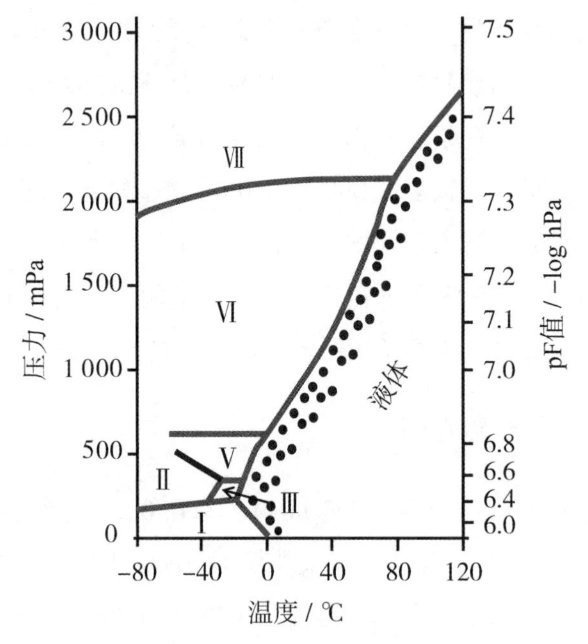

压力为 0 ~ 3 000 mPa。温度为 - 80 ~ +140℃。冰型为Ⅰ、Ⅱ、Ⅲ、Ⅴ、Ⅵ、Ⅶ（Kamb 等，1967）

图 8.8　稳态场下的冰相

8.4.3　冻结与水分运动

一旦土壤孔隙中形成冰晶，结晶热（融合）就会被释放且被运移，以维持现有的冻结过程。如果热量移出速度只够维持温度恒定和保持环境温度梯度，那么再负的基质势下水也不能冻结。因此，冻结过程需要继续从大孔隙补充额外的具有较高基质势的水。大孔隙中的冰晶继续增大，释放更多的结晶热，这些结晶热也必然在新的运输条件下被移出。冰的热容量相对较低（表 8.1），导热率则较高，将在这个过程中发挥重要作用（图 8.3）。冰结晶为六棱柱形，周围的水会流向冰，冰的体积增加。如果温度控制的冰结晶压力足够大，就会使得覆盖冰的土层被抬起（表 8.3）。冰晶不会在刚性的、狭窄的孔隙或在孔喉位置生长，因为靠近更大冰晶的界面张力较大，使得这些位置不稳定。冰晶生长导致局部脱水，即降低水势（Ψ_H），这将导致补偿性水流向冰面运移，进一步参与冰晶的形成。

表 8.3 冰晶的融点温度、最大结晶压力 p_{cryst} 与孔隙当量直径（Stackelberg，1964）

当量孔隙直径	(cm)	10^{-5}	10^{-4}	$3\cdot10^{-4}$	10^{-3}	$3\cdot10^{-3}$
	(μm)	0.1	1	3	10	30
融点温度	(℃)	-0.4	-0.04	-0.01	-0.004	-0.001
最大结晶压力 p_{cryst}	(hPa)	4×10^3	4×10^2	1.3×10^2	4×10	1.3×10

随着环境脱水导致供给结冰的水分减少（图 6.13），对流热的输入将不再持续。同时脱水土壤的热容量也逐渐降低，导致温度下降，使小孔隙中的水也冻结。在更深的土壤剖面中有大孔隙区域，不断重复着冰晶生长和环境水分流向冰晶的过程（Czeratzki，1956）。冻结区向下行的深度，取决于土壤的热量。如果通过传导（J_λ）和对流（J_k）供应的热量与天气引起的土壤表面热损失相等（$J_{ofl}=J_\lambda+J_k$），则生长成柱状冰晶（冰针）。如果水分供应较低，气温下降时土壤将会出现霜冻。冰形成的程度和解冻后水的累积程度，主要受土壤非饱和导水率和水分供应的影响。

封闭层中土壤孔隙系统的结构异质性，会促进冰晶的生长。大孔隙覆盖小孔隙的土壤冰晶生长速度最快，这就是为什么富含淤泥的粉砂土常见到冰晶的原因。这也是粗粒材料（如道路砂砾）能够取代表层土的原因。在砂土等粗粒土壤中，冰形成于水汽运移受阻的土层之下（如有机质含量高的 A 层）。这时水汽在温度梯度的影响下冷凝到土壤表面的下方。与前面描述的液相运输相比，该过程运移的水量较少，因此，砂土冻结深度更深。即使在有冰晶存在且-20℃的条件下，也可以探测到液态水的运动，在细颗粒土壤中更是如此（见图 8.8）。这是因为水分被牢固地附着在土壤矿质颗粒表面，即使低温下也没有冻结。尽管有冰晶存在，这部分水仍能入渗土壤。因为冰晶作为相互连接的水膜网络，使得水在水势梯度下发生移动（Hoekstra，1965）。这意味着冰层形成的底部边界把两种不同水分状况分隔开来。这对解释该边界层和在田间观察到的特征层具有重要意义（Müller，1965），也可用来区分冰透镜体形成（初级冰生长）和孔隙空间中发生的单冰晶生长（次生冰生长）（O'Neill 和 Miller，1985）。初级冰生长体积增大，直接导致土壤表层的抬升。必须注意的是，表土抬升不仅是水转化为冰的结果，更主要是由于土壤内的水分运动所致。冰透镜体并不常见于粗石砾和沙子中，因为粗石砾和沙子中缺乏毛细管水或深层水分的毛细管上升过程。这就是粗质土壤不会遭受

冰冻膨胀冻害的原因。此外，冰透镜体是粉土和壤土的主要特征，黏土中毛细管供水太慢难以形成冰透镜体（Czeratzki，1956；Mitchell，1993）。

8.4.4 土壤结构的形成

由冻结和结冰引起的水分运动，迫使冰晶周围形成脱水区域。如其他脱水过程一样，这意味着液相中基质势的下降，进一步通过弯月面传递到土壤颗粒，导致相邻的颗粒彼此接近。这个收缩过程的原理类似于液态水的蒸发脱水。然而与冻结不同，蒸发区域是土壤水分的汇，通常局限于表土，而通过冰晶生长导致的势能汇将均匀地分布在整个土体中。在冻结过程中，棱形或者半棱角块状的团聚体就会变成片状透镜一样的团聚体，这些片状团聚体更加稳定。这是因为更多与颗粒结合的水变成了冰，或者温度下降形成的冰晶而高效除水（图 8.9）。冰晶的形成可能会影响团聚体和土壤结构的形成，甚至影响当量直径小于 2 μm 的土壤粒径分布（Thompson 等，1985）。

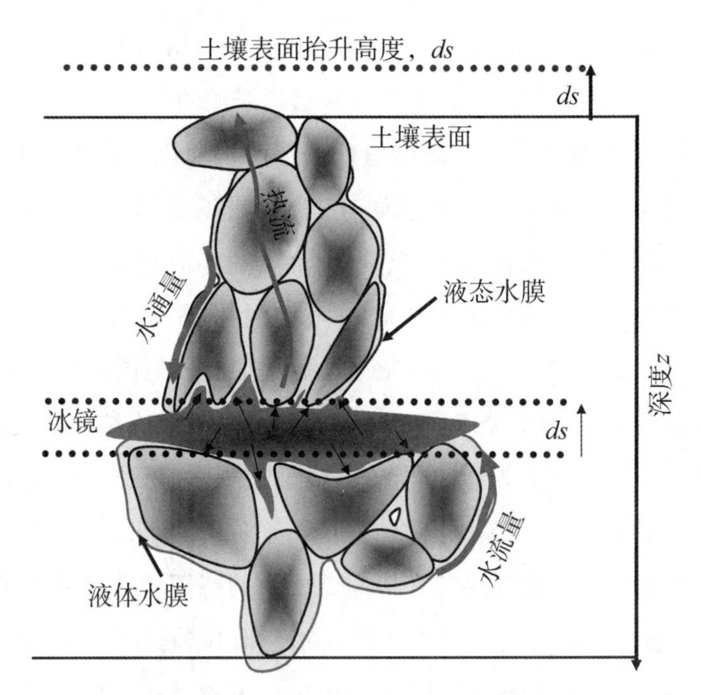

该过程源自水沿着小孔隙流向冰，不断为其供水。冰晶生长需要从底部的水分供应并能抬升表土。冰晶生长的程度由热通量（J）和水通量控制

图 8.9 次生孔隙中冰晶的形成和生长过程

通过冻结稳定团聚体的现象在农业中被称为霜冻固化（frost curing）。除了蒸发对团聚体形成有影响之外，霜冻固化通常是唯一能够使大土块和意外踩踏形成的团聚体破碎的方法。因为霜冻固化是由大冰晶生长引起的，所以这个过程只能发生在热流引起的土壤水分运移并产生脱水的情况下。供水太多、冰晶附近不可能局部脱水时，就不能发生霜冻固化。霜冻固化是使土壤中致密的板状结构变得松散的重要方法，就像耕作一样，松散效果越好，底层土壤与冰晶相抵触的就越坚固，以致冰晶生长不仅会导致土壤结构单元的内部重塑，还会引起表土抬升（Horn，1985）。

表土被抬升的程度，取决于温度梯度及其前进速度、冻融交替强度和持续时间、土壤含水量，以及土壤黏土矿物类型等（Schambaberle，1988）。霜冻固化持续存在的条件是土壤解冻后的水不再重新回到土壤基质中，否则将导致土壤膨胀。这就意味着融水必须通过新形成的大孔隙流失，或者在融水之前通过升华将水从土壤中除去，否则，过度湿润将导致农田或道路失去稳定性。

冻结过程，水流与热流的特殊相互作用，会产生冰结岩石露出地表的现象。岩石因为孔隙少，导热率稍高于周围土壤（见图8.3），而岩石底部的温度必然低于周围细粒土壤物质的温度（势能汇），这样会导致冰晶优先形成在岩石底部。由于岩石导热率高，结晶相关的热释放速度要比周围土壤更快，这导致岩石获得高压力而比周围土壤优先隆起（表8.3）。该过程必须沿温度梯度的方向发生，因此常与垂直方向呈一定的角度（Lundquist，1948）。

严格意义上说，由水冰相变过程中体积增加引起的冻结塑形，在土壤中的作用很小。它发挥作用的前提是结冰发生时土体是刚性接触，但这点通常难以满足。但在各个土体侧面均匀冷却的条件下，该现象也可以出现在松散的层状表土团聚体中。如果土体中的水从外部到内部均匀冻结，就可能形成一个刚性的隔离体，但在水分完全冻结时可能会破裂。

习题

8.1：如果土壤容重为1.3 g/cm^3，土壤固体比热为0.85 $MJ/m^3 \cdot K$，含水量为0.25 cm^3/cm^3，土壤容积热容量是多少？

8.2：一个10 cm厚的土层，导热率 $\lambda = 0.2$ W/m·℃。如果表土（$z = 0$ cm）温度为27℃，底土（$z = 10$ cm）温度为24℃，使用傅立叶方程求稳定的热通量密度。

8.3：5 cm 厚的土层，容积热容量 $C_V = 2.5\times10^6$ J/m³ · ℃。$z=0$ 时，土层的热通量密度为 200 W/m²，深度 $z=5$ cm 时土壤热流密度为 100 W/m²。计算 1 s 内土层温度的变化？

8.4：如果土壤容重 ρ_B 为 1.2 g/cm³，平均含水量为 0.32%，土体的容积热容和导热率是多少？如果土壤具有上面计算的热容量和导热率，假设热量均匀分布在整个土层，固体土壤颗粒的比热容为 0.85 J/（kg · K），热扩散系数 $\alpha = 14$ cm²/h。请问需要多少热量（J/m²）才能将 8 cm 厚土壤温度升高 0.7℃？

第9章

土壤水气热耦合平衡

土壤最鲜明的特征是与大气圈、岩石圈、生物圈和水文圈耦合构成相邻系统。与纬度相关的太阳短波辐射和降水，奠定了土壤中水、热、气及其相关的平衡基础，确定了土壤形成和发育的边界条件。太阳辐射周期性的年、日变化和降水差异，打破了土壤中能量和化学物质的静态平衡（平衡势能）。这确立了因时间和地点而异的周期性土壤温度和浓度梯度变化，进而在土壤中产生各种通量，使其得到补偿。从辐射平衡来看，近地表大气是控制土壤气体和热量平衡的重要因素。通过水热平衡的紧密耦合，这些土壤过程也会与区域水文和地形发生联系。土壤含水量对孔隙中的气体扩散率，土壤温度对土壤微生物活动的决定性影响，是土壤水分、热量和气体紧密耦合的重要原因。本章将介绍这些平衡及其耦合过程。

9.1 大气—土表界面控制土壤的水气热平衡

9.1.1 辐射组成和辐射平衡

在全球范围内，太阳辐射强度多由纬度高低决定，这导致赤道地区年均气温高于30℃，极地年均气温低于-20℃。在地球大气层的极限外层，1月观测到的太阳辐射最大值约为1 415 W/m^2（太阳常数）。太阳辐射与地球表面的平均入射角因纬度而异，使得太阳辐射面积随着与垂直线夹角（I）的增大而增加。因此，土壤表面的太阳辐射强度 $R_{S(Bd)}$ 取决于太阳位置、地表的倾斜度及其受光情况。相

对于太阳辐射的垂直入射，角度为 I 时的入射辐射强度为：

$$R_{S(Bd)} = R_{s0} \cdot \cos(I) \quad \text{（式 9-1）}$$

在太阳直射且无云条件下，散射和吸收可减少 10%～20%的太阳辐射强度（Bristow 等，1985），因此，最多只有 1 100～1 200 W/m^2 的总辐射到达地球表面。考虑到地表还存在 10%～15%可见光的反射（反向散射），太阳光向地表提供的最大能量将会减少到 1 000 W/m^2。

仔细研究辐射通量，就要区分短波辐射（可见光）和长波辐射（热辐射）。温度高于 0 K 的任何表面，都会发出电磁辐射的特征光谱。辐射能 E（单位为 W/m^2）取决于表面温度 T，与材料相关的长波辐射特异性 ε（理想黑体的值为 1）和斯特藩—玻尔兹曼（Stefan-Blotzmann）常数 $\sigma = 5.67 \times 10^{-8}$ W/m^2 · K^4。斯特藩—玻尔兹曼定律（Stefan-Blotzmann law）描述了平坦表面辐射的能量总量为（VDI，1994）：

$$R_t = \varepsilon \sigma T^4 \quad \text{（式 9-2）}$$

到达表面的实际热辐射由于 $\varepsilon \leqslant 1$ 而减小，地球表面的平均温度约为 300 K。该温度下 95%的辐射能来自波长 0.5～80 μm 的辐射，最大辐射处约为 10 μm。相较而言，太阳光有相当的短波辐射，等效于 5 760～6 090 K 下的理想黑体放出的短波辐射。这两个光谱仅在 3～4 μm 有非常小的重叠，可以轻易区分不同波段的通量。短波地外辐射的波长 $R^{\downarrow}$ 为 0.25～4 μm 和长波地面辐射的波长 $R^{\uparrow}$ 为 0.5～80 μm。因此，地球表面的辐射平衡由 4 个独立的通量组成：

$$R_{\pi} = R_s^{\downarrow} - R_s^{\uparrow} + R_1^{\downarrow} - R_1^{\uparrow} \quad \text{（式 9-3）}$$

净辐射通量 R_n（W/m^2）是单位时间、单位面积提供给土壤表面并将转化为其他形式的能量，主要是入射的，由直射和散射分量组成的短波辐射 $R_s^{\downarrow}$；其次是大气层反向散射的向下直射热辐射 $R_1^{\downarrow}$，其贡献取决于温度和大气情况（如夜间云量）。无云的夜晚导致反向散射较低，因此，地表温度较低，甚至会在早春出现土壤霜冻（如在德国北部的沿海沙地）。部分短波辐射被地面反射 $R_s^{\uparrow}$，地面发射出长波辐射 $R_1^{\uparrow}$。当入射辐射占主导地位，没有其他热源和热汇存在时，地表温度会明显升高；相反，土壤则会失去热量。辐射收支和辐射分量的近似百分比如图 9.1 所示。

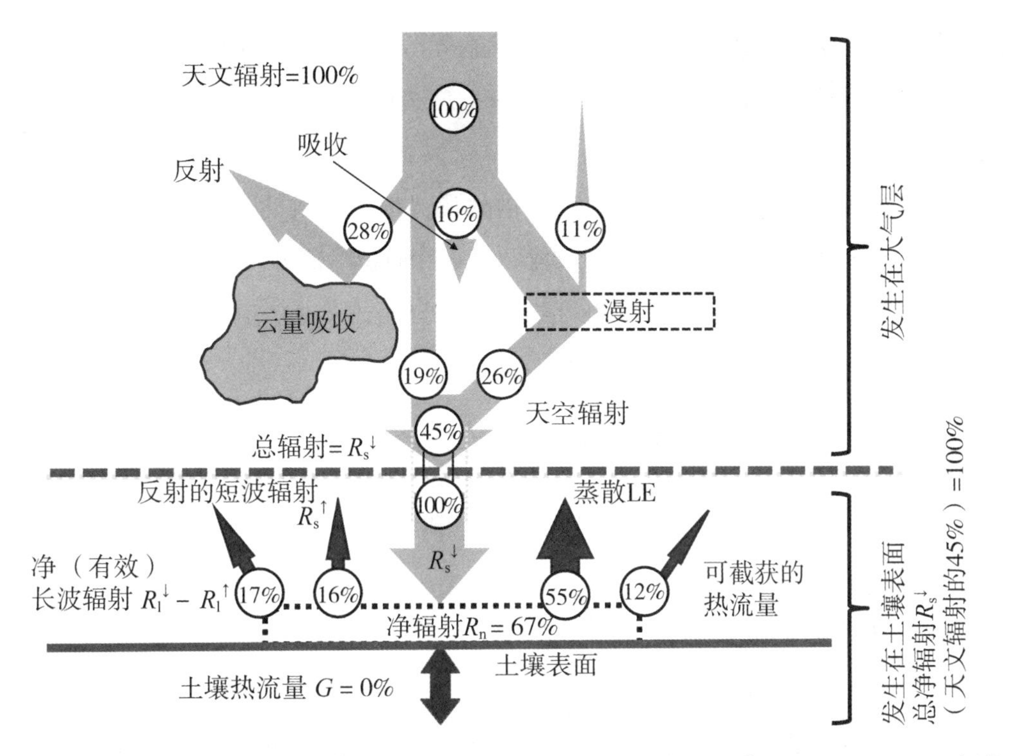

大气圈上限的地外天文辐射为 100%（Bachmann，1997；Jury 和 Horton，2004）。年均综合净辐射通量 R_n、可感知热能 H，蒸发所需能量 LE 和土壤热通量 G 的总和为零

图 9.1 中纬度地区大气和岩石圈辐射通量

无量纲的地表反射率 α_A 是反射的短波辐射 $R_s^{\uparrow}$ 与入射的短波辐射 $R_s^{\downarrow}$ 的比值。

$$\alpha_A = \frac{R_s^{\uparrow}}{R_s^{\downarrow}} \qquad (式 9-4)$$

定性地说，反照率对应于表面的亮度。例如，从飞机上观察到暗的水面对应低的反射率区域；相反，稻田或雪地则比较明亮（后向散射光），反照率较高。地球表面的平均反照率值 α_A 约为 0.43（van Wijk 和 Scholteubing，1966）。黏土的反照率为 0.02，牧场为 0.1，白色干石英砂为 0.35，粗糙的花岗岩表面为 0.88。极地的反照率高于其他地区（Horton，1954；Jury 和 Horton，2004）。

与反照率相比，地球表面辐射率 e（式 9-2）受地球表面物质性质的影响要小得多。一般地球表面可视为灰色发射体，自然表面的 $\varepsilon > 0.9$。潮湿土壤表面的发射率可近似计算为 $\varepsilon = 0.9 + 0.18\theta$（Chung 和 Horton，1987），其中 θ 为土壤层的体积含水量。

不受时间变化的单个变量影响，入射辐射和反向散射交替主导，使得表土温度与其 2 m 之上或更接近地表的大气温度显著不同，这是由于地表温度对辐射平衡的快速响应所致。此外，最低温度值并不总在地表，也可出现在地表以上 1 m 处（Geiger，1961）。

为了准确地计算辐射通量，在任何由地形或植被造成的永久性或间歇性的阴影区域，都需要区分短波的直射和散射。对于叶面积指数 $BI=2$（叶面积为 2 倍表土面积）的植被覆盖度，可观测到穿过植被层的直射值为 0~40%，而散射值则全天恒为 25%（Weiss 和 Norman，1985）。

9.1.2 土壤表面的能量平衡

在很大程度上，净辐射通量 R_n 决定了土壤在其初始形成地是否具有足够能量用于土壤转化过程。

式 9-5 总结了地表辐射收支为：

$$R_n(T_S)=G(T_S)+H(T_S)+ET(T_S)+\Delta \quad (式 9-5)$$

该公式基于能量在土壤/大气界面的保存（Chung 和 Horton，1987）。该公式中 T_S 为土表温度，并考虑到了土壤热通量 G，进入大气的可感知热通量（显热）H，以及水分相变（如蒸发、冷冻）产生的潜热 ET（单位均为 W/m^2），都受 T_S 影响。Δ 代表所有化学和生物化学过程需要的能量总和（如光合作用），但这类能量收支通常忽略不计。其他可能的能量流动未包括在式 9-5 中（如含水量或温度变化引起的空气对流）。从赤道到南北纬 60°的平均年辐射收支为正，因为南北回归线之间水域面积超过陆地面积，该水面区域对海洋和大气中传输潜热和热量对流具有十分显著的作用。

图 9.2 显示了两个位置植被开始生长时的辐射通量 R_n 及其相应的能量分量（3 月 29 日至 4 月 2 日）。

由定义可知，所有进入土壤表面的通量都为正值。除日落日出期间，春天的潜热 ET 通常小于进入到大气中的显热通量 H。在海边砂质原野地区水分蒸发量为 0.8 mm（占耗能总量的 18.2%），在高位沼泽地区，平均蒸发量是 1.5 mm（占耗能总量的 34.5%），二者的显热 G 分别占耗能总量的 58.5%和 53.5%。高位沼泽地区获得更多能量（热通量 G），且在海边砂质原野地区进入大气的夜间辐射能比在高位沼泽地区高 50%左右。研究期间，入射的短波辐射能补偿长波辐射的能量损失，如果太阳光的水平方位角>9°，长波辐射的能量损失最大值出现在日落后 3 h 左右。

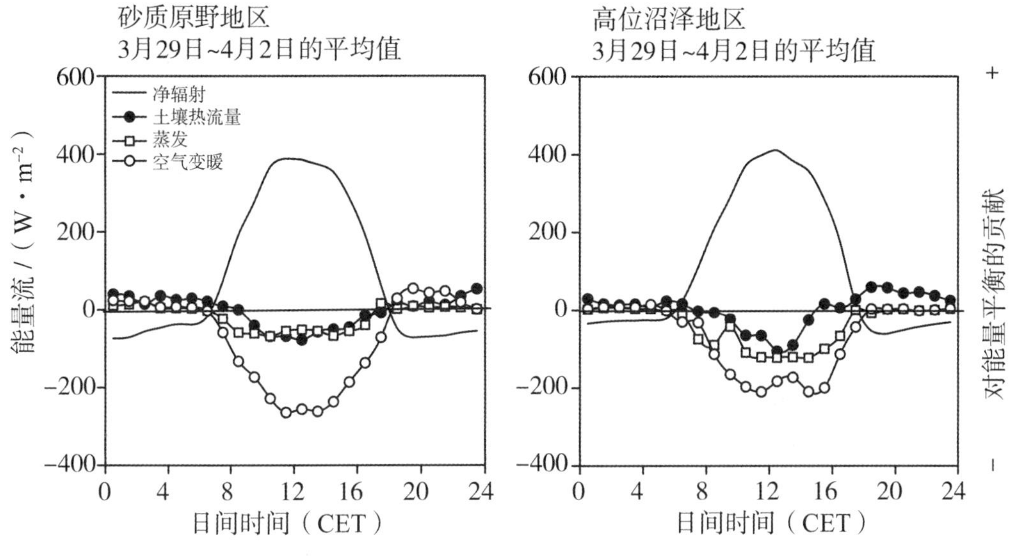

图 9.2 两地的能量通量和净辐射通量R_n(无标记实线)

(Bachmann, 1997; Miess, 1968)

蒸散是式 9-5 中一个重要的概念，它消耗了温带气候中入射辐射的大部分能量。水从液相变成气相需要消耗 2.2 MJ/kg 的能量，这将消耗净辐射能 R_n 中的很多正值部分。如果有足够的水可用，潜在蒸散或蒸发需求就达到植物（蒸腾）和土壤表面蒸发的最大值。潜在蒸散从极地（≈200 mm）向赤道增加（>3 000 mm）。蒸发是指水分不经植物参与而直接在孔隙空间或者叶片自由表面进行。有植被覆盖的土地，蒸发量通常低于蒸腾量。维持蒸发的先决条件是将蒸汽输送到空中气团中，水汽的分压低于饱和值。因此，蒸发发生的条件是需要有足够的能量，空气中水分不饱和而存在空气的平流。在满足这些条件的情况下，可以根据水分供应的位置来区分蒸发的 3 个阶段（见第 7 章）。即使在理想条件下，实际蒸发量也不会超过潜在蒸发量（发生平流除外）（Ehlers, 1996）。

潜在蒸发量（也称为蒸发需水量）可由多种方法确定。Penman（1956）将潜在蒸发量定义为最佳供水量时（土壤含水量在田间持水量和饱和含水量之间）密集生长的草坪平均蒸发的水量。潜在蒸发量是通过试验确定的，如使用蒸渗仪，并且可以作为不同区域比较的参考方法（Schrödter, 1985）。Penman（1956）提出了包括净辐射通量 R_n、温度 T、风速和地上 2 m 处相对湿度等的方程，来计算潜在蒸发量（式 9-6）。

$$L \cdot E_P = \frac{\frac{\Delta}{\gamma} \cdot (R_n - G) + L \cdot E_a}{\frac{\Delta}{\gamma} + 1} \quad (式 9\text{-}6)$$

式中，L 为潜热，E_P 为潜在蒸散率[g/(day · cm²)]，Δ 为饱和水汽压—温度曲线的斜率（mbar/℃）。γ 为干湿球常数（mbar/℃），R_n 为净辐射通量，G 为土壤热通量[J/(cm² · day)]。E_a 为水面附近的空气干燥力，是一个与风速 U（km/d）相关的函数，$E_a = 0.263(0.5 + 0.00622U) \cdot (e_s - e)$（Ehlers, 1996）。式 9-6 计算出的 E_p 单位为（mm/d）。

与未种植（裸露）土壤的蒸发相比，植被覆盖的土壤表面叶面指数大于 1 时，土壤蒸发量会大大提高。叶面积指数增加了可用于蒸发的有效表面，导致土壤蒸发量显著提高。

风速随着距地面高度增加而增加。类似于自由水表面，用式 9-6 可以计算植被覆盖的地表蒸发量。不同之处在于 E_a 计算为 $0.263(0.5 + 0.00622U) \cdot (e_s - e)$。蒸发量计算得到进一步改进，例如，van Bavel（1966）建议赋予 E_a 更大的权重。在不利于植物生长条件下（土壤含水量低于田间持水量或接近饱和含水量），当潜在蒸发量相对较大时，实际蒸发量可能会大幅下降，甚至趋近于 0（Ehlers, 1996）。因此，蒸散与土壤含水量和根区水分特性密切相关，这两个因素控制了下层土壤的供水。

9.2　土壤水分的时空变化

第 5 章与第 6 章已经介绍了土壤水分运动的物理规律。本节将系统介绍由这些物理规律直接引起的水分平衡变化及其系统随时间的动态变化。

当计算水分平衡时，地表之上的所有水源主要为降水量 P、蒸发量 E、蒸腾量 T、地下水渗流量 V 和径流量 O。对于短时间段和高时间分辨率时，经典水分平衡方程中也考虑土壤储水量收支变化 ΔW：

$$P = E + T + V + O + \Delta W \quad (式 9\text{-}7)$$

式中，降水量的单位为 mm，1 mm 水相当于每平方米土壤表面有 1 L 的水。式 9-7 中右边的所有变量都取决于土壤性质，而 P 是纯粹的气象参数。如果水量是恒定的，降雪和结冰都包括在降雨和土壤水分储存变化 ΔW 之中，则在较长时间和一定集水区内（例如，相关分水岭的某个地方）的水分收支必然总是平衡的。

式 9-7 的所有参数都具有年度变化规律，因此，若时间不足 1 年，不能预测完全的水分平衡。最明显水分平衡季节性变化是土壤的潮湿与干燥度，以及地下水位。在水文学中，编制水分平衡是以水文年为单位，即从 11 月开始到翌年 10 月结束。

土壤水分平衡是水文循环总体的一部分，包括蒸发和冷凝降水。蒸发和冷凝降水的位置在空间上是分离的，循环不仅受气象因素的影响，而且受地形地貌的影响。目前气象学和地理学研究中，这个空白区域正受到越来越多环境研究者的关注（Overmann，1971；Sigg 和 Stumm，1989；Wilhelm，1993；Herrmann，2001）。

潮湿气候下的水分平衡必须考虑地表水与渗流，因为在 1 年中降水量超过了蒸发量，渗流通常会补充地下水。在森林重建时，必须知道植被类型和土地利用方式，因为它们会导致或高或低的蒸散和渗流。一般牧草和杂草之下的渗流比森林之下高一些，部分原因是拦截度不同（直接由叶面蒸发而不进入植株内），另外原因是土壤直接水分损失（如深根系吸水）。气候条件、土壤条件、地下水埋深和植被类型不同，使得到达地下水的渗流水绝对量变化很大。例如，荷兰 Castricum 的沙丘在 25 年内平均降水量为 830 mm，其中 200 ~ 300 mm 渗入到地下水（Schröder，1970）。在瑞士，1971 年 4 月 ~ 1972 年 10 月总降水量为 1 220 mm，随植被类型不同，渗流的变化范围为 50 ~ 100 mm（Germann，1976）。Wessolek 等（2008）建立了水力—土壤传递函数，以一种相对简单的方式，将年均地下水补给量作为粒径分布、降水或地下水距离的函数来估算。

在干旱气候区，渗流只会偶尔发生在局部地区，这是因为 1 年中水分蒸发大于降水。地下水补给仅发生在强降雨期间的河流和溪流结合地区，水分可能在蒸发之前通过大孔隙（优先流）快速进入土壤深处。由于该区域蒸发占主导地位，水分主要来自深层供给，因此导致水分不断向上移动。缓慢移动的水含有可溶性盐，在蒸发过程中盐会结晶积聚。盐分的累积取决于水的供应速度及其蒸发的可能性，可以通过盐分积聚区域判断蒸发发生的微小区域（如小洼地）。

蒸发通常与水分的植物输送联系在一起。蒸发主要受气象条件影响，其次才是植被和土壤的影响（Rijtema，1965；Renger 和 Strebel，1982；Wessolek 等，1985；Wessolek，1989）。尽量使用未受扰动土填装的蒸渗仪来测定渗漏量（Schröder，1976）。在田间条件下，通过中子仪、γ 射线仪、TDR 探针和张力计等能够准确测定土壤含水量和基质势的变化，以计算水流通量，确定水流方向和位置（Strebel 1975；Beven 和 Germann，1982；Hauhs，1985；Roth，1989）。数学模

拟越来越多地被应用于计算一维和多维的水和物质通量，以便定量描述详细的水分平衡、部分水分平衡、定量水流系统输入，解释正在发生的过程（Nielsen 等，1986；Renger 等，1986；Bresler，1987；Nieber 和 Sidle，2010）。建立数学模拟必须具有时空分辨率高（小时到分钟）的环境数据和土壤参数。

9.2.1 地下水与洪水

如图 5.2 所示，在一定深度以下存在自由水（不受毛细管力约束的水），地下水位很少与地表水位重合。根据蒸发 E（水平衡方程）是否超过降水 P，地下水面的高度或多或少有规律的波动。在中欧气候条件下，一般数年间降水量（P）会超过蒸发量（E）和蒸散量（ET）。因此，渗透（V）和地表径流（O）或多或少会发生。在土壤表面和地下水表层之间的非饱和区域，由于地下水水平移动相对于垂直移动较慢（水平流运输距离较长，但导水率很低），使得地下水面隆起。这时就可能发生地下水位高于地表水位的情形，使两个水位处于不平衡状态。随着降水量的减少或蒸发时间的延长，地下水位与地表水位高差将越来越大。

一般地下水位变化会导致其上方非饱和区域的含水量的变化。地下水波动区域和地下水位以上的土壤含水量变化，必然反映在水分平衡方程的 ΔW 项中。在土壤更深处地下水位受季节变化影响，且地下水位越深影响越明显。图 9.3 用 4 种初始组成不同的土壤说明了这个过程（Wohlrab，1970）。1~4 月观测到的地下水位最高，4~9 月（植物生长期）地下水位下降至较低水平。与常年周期相反，

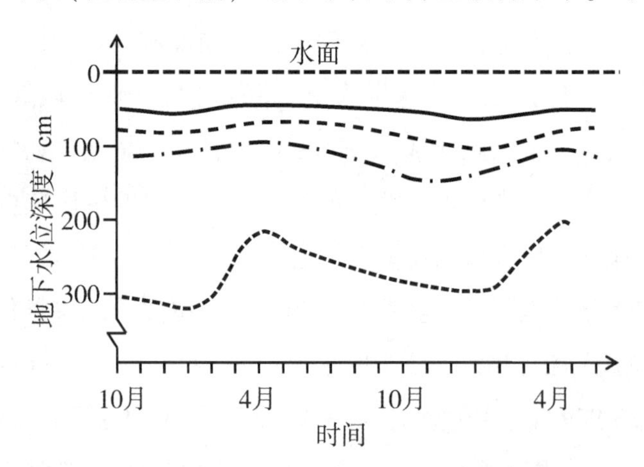

数据为 2 年间的月平均值（莱茵河谷），地下水位越深，年变化越显著

图 9.3 地下水位的季节性变化

地下水表面的细微波动受到短期气候变化的影响。由于测量点间距太大，故在图9.3中看不见这些微小变化。水文图只显示出一个较弱的季节性影响。由于是在较短时间内发生，这些影响也会显示短期天气诱发的波动。

地下水位波动变化的原因是在地下水面和土壤表面之间的薄土层中存在少量水体，即使在快速脱水的情况下也能产生足够大的势场，使降水能够迅速补充地下水，地下水位立即上升。如果部分饱和区域较厚，则需要更多的水，以产生足够大的水势差，将降水输送到地下水。夏季大部分入渗降水储存在非饱和区，不会补充地下水，但可用于蒸发。与土壤导水率相关，土壤水势也受到孔隙系统的影响。在仅具有少量粗孔隙的土壤中，地下水的短期波动大于具有多粗孔隙的土壤，这是因为后者能够容纳降水带来的瞬时增加的大量水。短期波动的程度取决于非饱和区域的厚度及其持水量，接近地下水位的土层为黏土时波动最大，为砂土时则不明显。

若仅为短期波动（如洪水时），阶地土壤中的地下水位与附近的流动水体的波动无关，然而在典型的洪泛区情况并非如此。每次洪水产生的回流水以波浪或楔形向前推进（并随着水平入渗）流向河流。冲积平原土壤越向下变得越粗，即使在冲积平原下游末端或在距防洪堤很远的地方也是如此。这种土壤剖面使得土体中迅速形成压力，导致土壤水上升到洪泛区的沉积物表面并涌出，有时还含有气泡。这种水伴随着粗砂砾层从河床的中心流向冲积平原，通过一个低导水率的土层并上升（图9.4）。

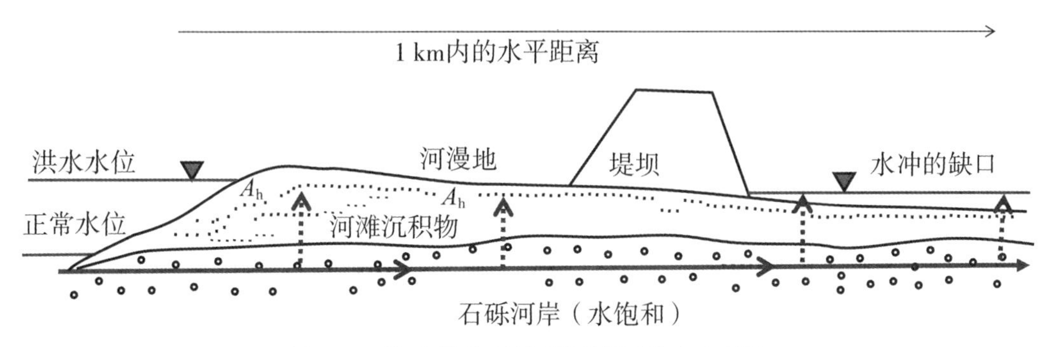

图9.4　洪水发生时冲积平原区的水文状况

洪水退却后，上升的地下水迅速排出。一致的、强烈且短期的水位变化是洪泛区土壤的特征，比其他类型的土壤更能有效交换空气。在短暂的洪水期间，由于流入的水富含氧气，所以几乎不形成还原条件，这就是土壤发生分类学区分潜育土和洪泛区的依据。

地下水表面不仅是波动的，而且还有一个显而易见的倾斜特性，水平的地下水表面非常罕见。在多数情况下，地下水表面形态与地表地形的变化相一致。土壤及其下垫面物质的透水性越好，地下水表面形态与地形的一致性就越弱，如在砂土中的一致性就比较差。相反，较大倾斜的地下水表面在土壤渗透性低的地方比较常见，特别是当土壤以下存在隔水层时。

在未固结沉积物中，如果交替出现高导水率与低导水率的层次，可能会形成多个自由地下水位。因为每个低导水率层都会阻止水分向下运动，且需要克服高压才能产生水分运动，这样水分便聚集在弱透水层之上（图 9.5a）。不透水的底部形成了上面高度透水的水体深层。颗粒极细的晶体也可以作为隔水层，并导致

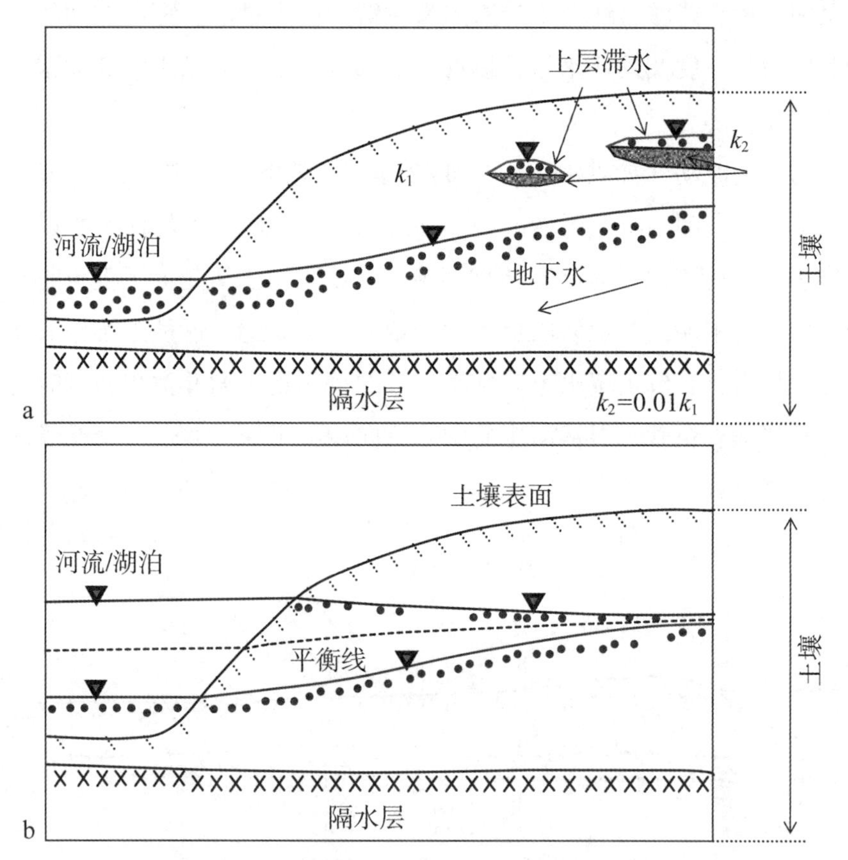

a. 弱透水层（k 为渗透系数）导致的不同地下水位，小的局部的（透镜形）地下水常被称为滞水；b. 地表水面急剧变化而影响临近的地下水位。在高水位时水进入土壤，导致地下水面隆起；地表水位低，会导致地下水排入地表水

图 9.5　不同地下水位水体的形成

局部“上层滞水”的形成（其向下迁移被抑制）。这样的小水体主要在春季和初夏形成，但最终由于植物吸水和水分渗漏而消失。这是导致斑块化、泥灰岩化土壤剖面形成的原因（Blume，1968）。

一种较为特殊的情况是，由于土壤导水率低，地下水位滞后于相邻水体中水位快速变化（例如淹水），导致地下水面隆起（图9.5b）。在水位迅速下降时，水从其顶点流向相反方向（朝向河流、湖泊和腹地）。顶点本身向腹地移动，直到河流或湖泊的水位和腹地的地下水位处于平衡状态。

如前所述，河流和湖泊水位变化会引起地下水位迅速变化，这是冲积平原土壤的特征。这些土壤发育于新的沉积物，导水率高。当河流或运河流经干旱地区时，地下水面凸起就成为能观察到的普通特征。在低海拔地区，地下水位可影响很长距离（可达100 km）。接近地表的地下水位将受到蒸发的影响。

地下水面以下的水体可被视为三维流场。问题在于地下水表面是否为等水势面。如前所述，尽管地下水不是以水分含量变化为特征，但地下水表面在大尺度上可以被看作区分垂直流动的非饱和水通量与饱和地下水通量的边界。与地下水流动区域和过水断面相比，饱和水的毛细管上升区很小，可以忽略不计。

因为导水率是水饱和度的函数，所以当某个地方水饱和度变化时，一定量的水流横截面也将变化。这里观察到的相同现象是两个相邻层界面处的导水率变化（见图6.7）。在这些情况下，地下水表面也是一个等水势面。然而，流线却在地下水面以下且不与水面垂直。随着导水率的变化，流线与地下水面间产生的偏差也会发生变化。如图6.7显示，地下水流动方向受地下水体几何形状的强烈影响。如果地下水体薄而宽阔，则地下水主要发生水平移动；若地下水体较厚，地下水将趋向于二维分布运动，这包括了从地下水面向下的垂直流动分量。

9.2.2 基质势变化轨迹

同地下水一样，上部非饱和区也会受长期或短期基质势（单位：hPa）变化的影响，与受导水状况影响的周期性水流通量有关。与地下水不同的是，其上方非饱和区域存在负水势，地下水表面为零水势面0 hPa。地下水平面上方的毛细管边缘仍然是饱和水，但基质势却小于0 cm。

通常在没有根系的均质土壤中，可以观察到等势线具有规则的形状（与紧密间隔的张力计网格测量的基质势具有良好一致性）。在根系分布非常均匀时等势线也呈有规则的形状，这时要通过调整负压计头保证所观测的根系网格小而密。当团聚体内与团聚体之间的孔隙体系具有不同的孔径，根密度比较低的时候，基质势的时空变异性会显著增加。有证据表明，土壤中存在部分异质的多维梯度场（Bohne，1986；Horn，1990）。

图 9.6 为 4~10 月砂土、粉砂土和黏土 25~30 cm 深度的基质势变化。这个深度的基质势变化几乎与土壤质地无关，最大值 100~200 hPa 实际上与相应的地下水位间处于平衡状态。植被生长期开始基质势下降，土壤质地越粗下降幅度越大。

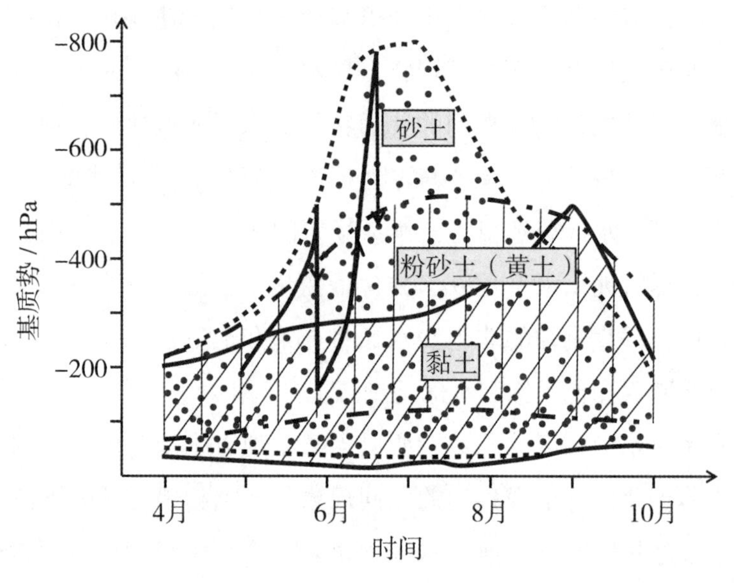

脱水和润湿由气候引起，而高低极值的一般分布是土壤特征。作为脱水和湿润过程的例子，砂土曲线说明了两种气候导致的基质势增加和减少

图 9.6　砂土（点线）、粉砂土（断线）与黏土（实线）25~30 cm 深度基质势的季节性变化

虽然 25 cm 处砂土的基质势为较大负值的时间较短，并产生显著的最小值，但粉砂土和黏土的基质势却比较均匀。粉砂土中基质势多处于中间值，秋季前基质势逐渐变大，9 月后略有下降。变化原因可能在于，黏土在水饱和范围内的低导水率延迟了水的流入。图 9.6 显示了多年测得的平均极值，体现了各种土壤的特殊性，并包含曾经测量的所有过程。这二者之间基质势的分布反映了气候和植被的影响，使得个别年份间的轨迹有非常明显曲折，峰值缓慢增加，但下降突然（如图 9.6 中砂土曲线）。图 9.6 所示的基质势变化范围不能代表整个土层的变化。土壤深度为 25~30 cm 属于浅层，随着深度增加基质势波动会变得更小，越接近土壤表层基质势波动会变得越大。夏季 10 cm 深土壤的基质势会超出负压计的测量

范围（降至 900 hPa）。

图 9.7 为三类土壤的脱水过程。它显示了各类土壤在表层土壤含水量不同时，土壤基质势随着深度变化的过程。相对于砂土和黏土，黄土脱水深度最大且水力梯度斜率（Ψ_h）较小（图 5.8）。虚线是基质势为 $\Psi_h=0$ 的斜率，即在所有深度该基质势与重力势平衡，表明局部平衡（图 5.8）。对于所有深度，这个斜率说明 $\mathrm{grad}\Psi_h=0$。根据达西定律，由于 $q=k_s\cdot\mathrm{grad}\Psi_h=0$，所以在这个深度上没有水分运动。比这条线 $\Psi_H<0$ 斜率更小的等基质势线（$\mathrm{grad}\Psi_H<0$，意味着向上的水势梯度，即该土层的水朝向土壤表面移动；如果曲线更陡（$\mathrm{grad}\Psi_H>0$），则该土层的水向下移动。土壤中各个区域的位置可能会快速变化。

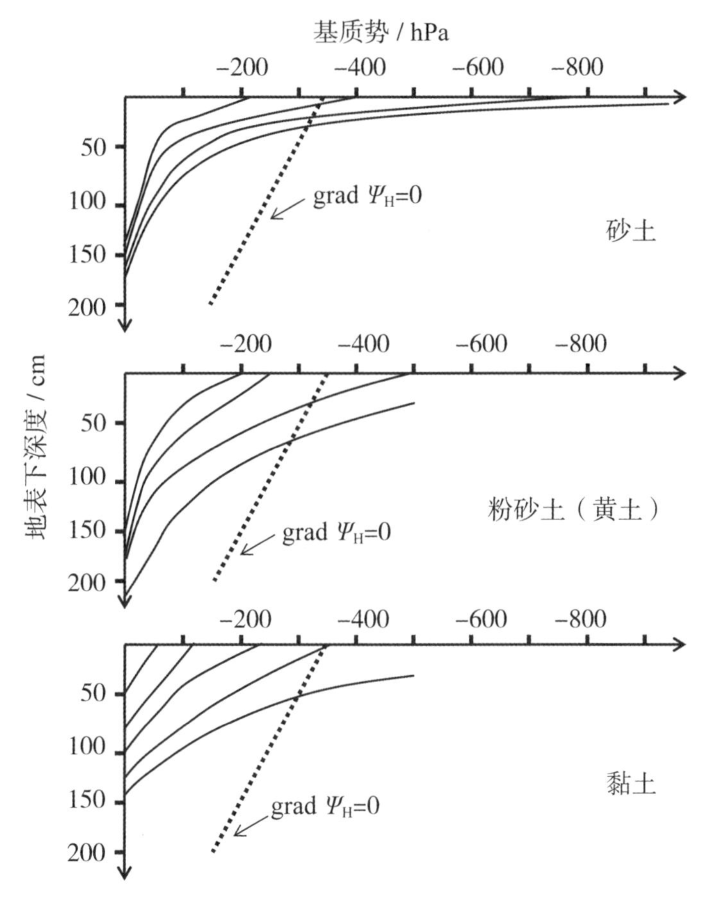

当这些随深度变化的剖面曲线比虚线［即平衡线（grad = 0）］更陡时，水向下渗；相反，则水分通过毛细管上升

图 9.7　同时测量的 3 种土壤（砂土、粉砂土与黏土）基质势的剖面曲线

相对于其他土壤，粉砂土的水势梯度（gradΨ_H）更小。这主要是由于其基质势范围内的非饱和导水率较高（见图 6.13）。补偿性水分运动会导致水分向水势梯度小的方向流动。尽管随着土壤表层逐渐干燥，砂土和黏土的表面水势梯度变化加剧，但是它们仍向土壤深层排水。不饱和时砂土和黏土的导水率低，可防止它们像粉砂土一样快速获取深层供水。因此，它们的底层土壤水势梯度仍然保持在较低水平。

图 9.7 中的曲线表明了连续脱水过程中基质势的变化。在整个测量区域内，基质势都在下降，即等势线向右移动。将这些等势线与 grad=0 的线相比较，就会发现这些条件下砂土和粉砂土的表层土壤水流向上，但底层土壤水流则向下。试验中黏土的情况并非如此，水流一直向上运动。

随着水流方向的变化，砂土与粉砂土中的等势线上存在一个水势梯度方向发生变化的转折点，该点的水势梯度正好为零，因此，在该剖面中此时没有水流动。如果存在这种零梯度面，它将像一个水平分界线把水流向上的流动系统与水流向下的流动系统区分开来。这个零梯度面在土壤剖面中的位置是不断变化的，理解这一分界线的位置对于估算地下水补给率和评估地下水污染风险非常重要。在植物生长期，零梯度面深度增加（春季至夏季）；在粉砂土阶地的砂砾覆盖区，零梯度面深度可达 2 m（5~8 月，Renger 等，1970）。在风化的砂岩中，分界线的深度从 20 cm（4 月）移动到超过 100 cm（8 月），到 12 月又开始上升（Strebel，1970）。

图 9.7 所示的是不同时段不同土壤剖面的典型基质势深度变化。然而，在降雨之后水势剖面向右转（基质势的负值变得更大）的变化速度逐渐稳定下来，并达到最小值，直到下次降水。图 9.7 中最左边的曲线在 11 月至翌年 4 月反复出现；最右边的曲线仅在夏季出现过，与之对应的是随后干旱过程中的最小基质势（见图 9.6）。

基质势增加时期（通过降水或灌溉）和基质势降低时期（水分从土壤中蒸发）交替出现。基质势反应很迅速，需要每小时或更短时间间隔的测量才能揭示该过程的细节变化。图 9.8 表明，由降水引起的表层土壤基质势变化，仅需 1~2 天就能影响 75~100 cm 深度土壤。表层土壤水势下降时，其下层土壤的基质势还在继续增加。非饱和导水率低会延迟土壤中毛细管压力的传递。导水率越低，毛细管压力的传递受阻时间就越长（见图 6.13）。

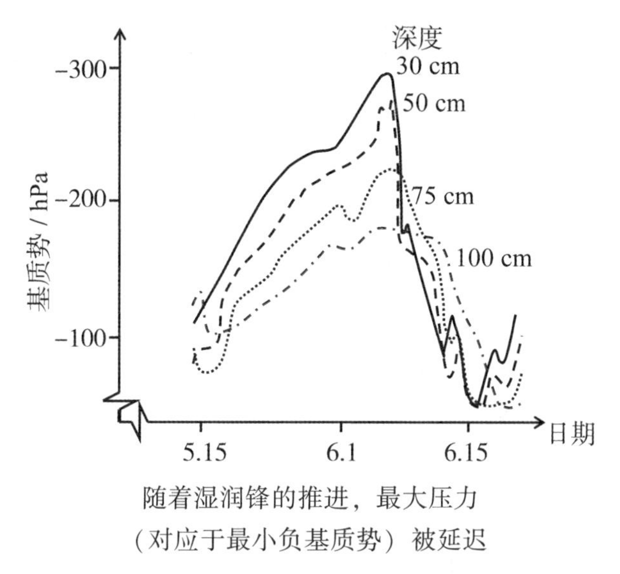

图 9.8　降水引起的基质势突变及其随时间和土壤深度的变化

当压力变化传导到土壤深层时，随着受影响的体积增大，基质势剖面曲线将逐渐消失。深层水势线更平缓是因为深层土壤比表面土壤有更多可利用的水。因此，深层土壤的导水率更高，一定水量运动所需的水力梯度要低于干燥的表土。图 9.8 所示的时间 t 越长，曲率越小，表明波幅在变宽，这是多种当量孔径抑制补偿性水分运动的结果。这种机制被称为水力学扩散作用，它在土壤中物质输运和位移过程中起主导作用，将在第 12 章中详述。

降水结束后，土壤中压力或基质势分布趋向平衡，地下水位比降雨前升高。这种水位上升是水分再分配的结果，且上升高度远大于实际降水量（单位：mm）。这是因为只有非饱和土壤的充气孔隙才能保持得住水分，即使基质势接近零（水分饱和）时土壤中仍然存在空气。

与快速传播的压力变化相反（图 9.9），在水分经过没有次级团聚体内部孔隙或由土壤粒径分布决定的粗大孔隙时，水分运动是非常缓慢的。在 1.0~1.5 m 深度的水体位移可能需要长达 1 y（Blume 等，1968）。请记住这种再润湿发生在基质势曲线的润湿分支上（见图 5.11）。湿润过程的土壤含水量总是低于相同基质势下脱水过程的土壤含水量，这也降低了驱动水分输运的有效水势梯度。

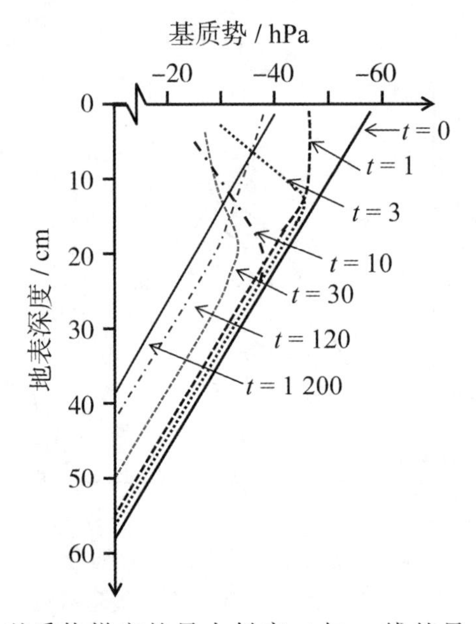

基质势梯度的最大斜率（与 t_0 线的最大偏差）随着深度和时间（min）增加而减小。基质势越高，斜率越小

图 9.9　由降水引起的基质势向深层推进

除一般规律外（如发生在粗孔隙中的优先流），水分传输是缓慢的，优先流通道可能是蠕虫洞或根孔（Ehlers，1975）和较小的收缩裂缝（Beven 和 Germann，1982；Becher 和 Vogel，1984）。在团聚体内部导水率通常很低，但只要有自由水存在，也可能发生通过次生孔隙的快速水分传导。在团聚体内或孔壁处水压梯度很大，可能超过基质势范围而变为正值。这可能发生在水分饱和的团聚体中，没有水平方向水压梯度存在。这时水分运动发生在由重力驱动（$\mathrm{grad}\Psi_H = 1$）的完全充满水的大孔隙内，或者发生在由局部水流驱动的土壤表面，通常被称为动力学波动（$\mathrm{grad}\Psi_H < 0$）（Beven 和 Germann，1982）。尽管水力梯度（重力）为 1 不算大，但由于大孔隙表面的水流阻力小于毛细管中的水流阻力，所以水流速度很快。毛细管中的水与其周围的毛细管壁完全接触，所以水流阻力大。优先流也可能发生在水分没有渗透到团聚体中的时候。这是因为团聚体的导水率过低，或在团聚体表面湿润受到抑制（图 9.10）。

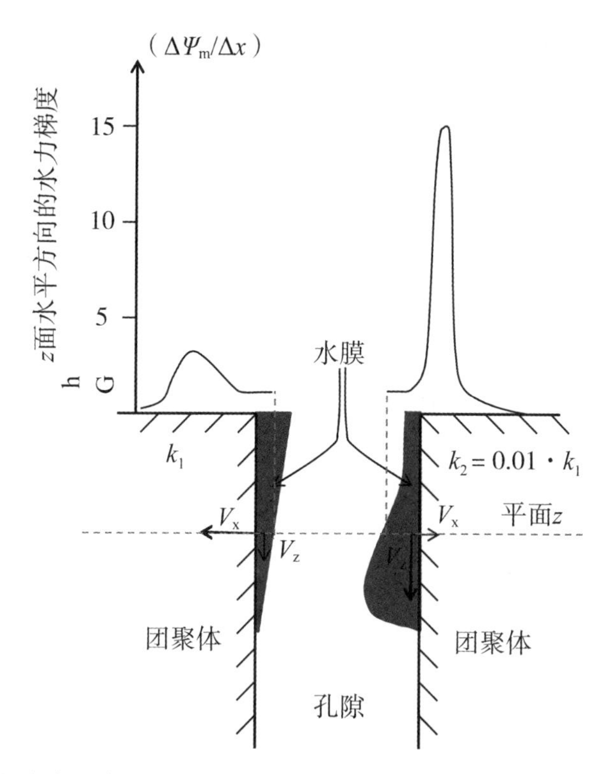

左边孔隙边缘（k_1）比右边（k_2）具有更高的饱和与非饱和导水率。v_x 是进入团聚体的水量，v_z 是沿孔隙边缘到深层的水量

图 9.10　强降水条件下次生孔隙边缘的水势分布

9.2.3　水分平衡的特征参数

一般土壤含水量会持续变动，但随着时间推移含水量的变化会趋于平稳。基于此，可以计算出土壤水平衡参数，最常见的是田间持水量和凋萎系数。

9.2.3.1　田间持水量

田间持水量（FC）是常用于灌溉管理的一个参数，它表示重力水释放后土壤含水量不受蒸腾和温度的影响。通常用单位土壤或整个土壤剖面的水分体积含水量或质量含水量来计算 FC。

如果从势能理论（见第 5 章）角度出发考虑土壤水分的能量状况，土壤含水量与导水率之间的关系（见第 6 章），显然在地下水水面的任何指定位置只有一种静态平衡状态（见图 5.8）。显而易见的是，实现这种平衡是一个缓慢过程，这是因为水分传导会降低深层的水分渗透量（见图 6.17）。在田间情况下，尽管水分缓慢地沿着土壤剖面向下移动，但是通常被认为处于准平衡状态。与地下水位有

一定距离的土壤含水量变化极小，可忽略不计，与土壤中总储水量相比亦无足轻重。

因此，多种土壤的田间持水量，无论是基于质地，还是基质势，都难以准确计算。然而 FC 可用于描述一定水分收支条件下的静态或动态平衡（图 9.11）。当地下水位低时，土壤非饱和导水率较高，水分平衡状态（式 9.8）可快速形成，且相应形成地下水表面稳定的能量平衡（图 9.11 左）。

$$\mathrm{grad}\,\Psi_H = \left(\frac{\Delta\Psi_m}{\Delta z}\right) + 1 = 0 \qquad (式 9\text{-}8)$$

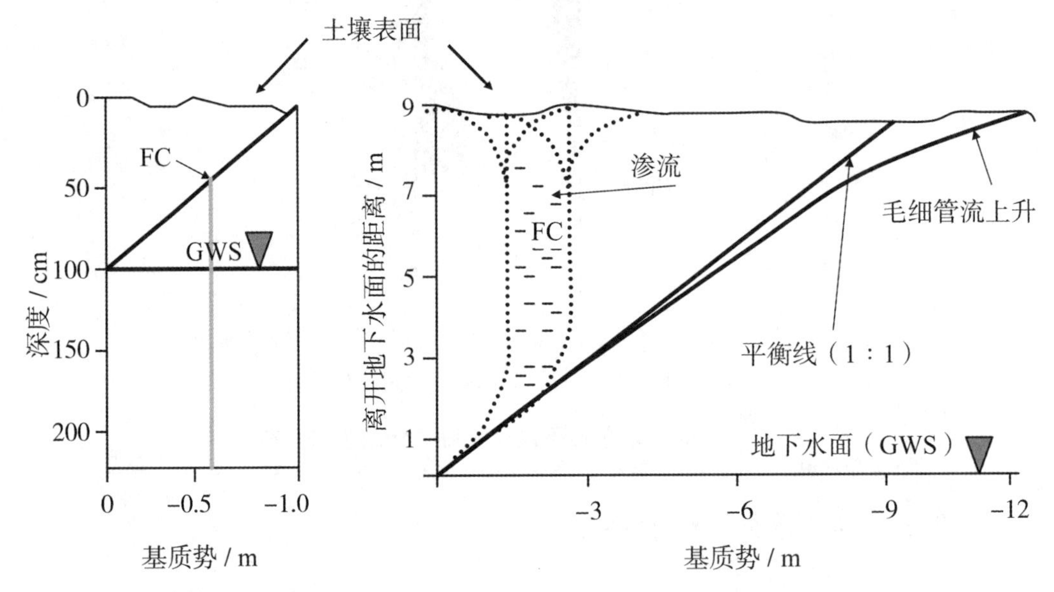

田间持水量反映了浅层地下水的水力平衡状态（左）；在湿润气候下地下水较深，形成缓慢稳态流（右）

图 9.11　田间持水量（FC）

如果地下水表面远低于土壤表面，由于降水后土壤脱水时导水率下降过快，两次降水补给土壤的水分无法连续，以致田间持水量难以达到平衡状态，一年中也可能出现不了田间持水量平衡的条件。这就解释了一般 FC 只存在于拥有深层地下水土壤的表层（Bohne 和 Wegmann，1986）。与田间持水量相对应的基质势变化很大，为-60~-300 hPa。

达到田间持水量的基质势，取决于常规脱水循环中导水率下降程度（见图 6.17）。在富含黏粒的土壤中，如果横向裂缝形成，导水率下降对田间持水量基质势的影响可达几个数量级（见图 2.2 中的 B 层）。

因为多个因子对土壤水分影响的叠加，使得土壤粒径分布与田间持水量的相关性不明显（图 9.12）。用黏粒部分作为粒径分布的近似值，数据越分散，统计相关性越弱。因此，田间持水量并非确切的土壤物理性质或特征，而是一个在众多田间和地理生态问题上具有实际应用价值的概念。据此，尽管在定义与测量方面存在诸多问题，但田间持水量仍被广泛使用。在实际应用中，经常不再采用其原始定义，而使用降水后土壤中接近最大基质势的水分含量来表示。

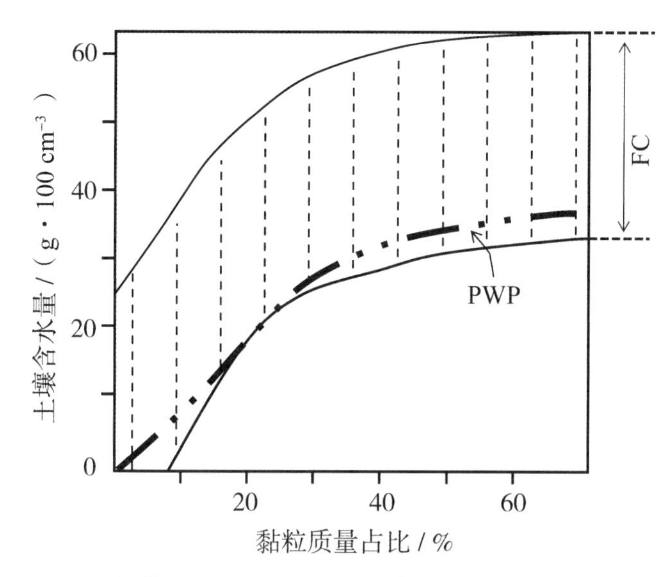

图 9.12　田间持水量（FC）和永久萎蔫点（PWP）的变化范围与粒径分布的函数关系（粒径分布由黏粒质量占比表示）

总之，田间持水量标志着重力驱动、快速流、非毛细管水运动（渗水）和通过毛细管作用缓慢运输的界限。只有在年平均降水量超过蒸发量，并能够使土壤恢复到其田间持水量（例如，中欧的土壤通常在冬季结束时达到临界容量）的湿润气候地区，这些相互关系才适用。

9.2.3.2　永久萎蔫点

永久萎蔫点（PWP）是一个应用于植物学和植物生态学的术语（Streubing，1965），是指引起植物不可逆萎蔫的土壤水势。与田间持水量一样，永久萎蔫点也可以指相对于一定质量、体积土壤（wt.%，vol%）的水分比值，或作为水柱高度与土柱高度之比。

在土壤研究中，PWP 通常指基质势为 -1.5 mPa 时的土壤含水量，这是植物生态学中最早对向日葵的研究结果。今天我们知道植物，特别是旱生植物，能够以更低的基质势从土壤中汲取水分。除了静压环境外，与环境含水量有关的导水率也起着重要作用。PWP 通常与黏粒含量密切相关。

基于水分收支平衡，PWP 和干燥条件发展均受到蒸发影响。这要求土壤中相对湿度低于 100%，土壤基质势才能小于-1.5 mPa。在中欧气候影响下，一般经常达到如此干燥情况的土壤只有几厘米深度。

9.3 热量平衡

在影响土壤各种物理、化学和生物过程的因素中，温度是最为显著和重要的。温度和热量平衡，与微气候、植被、地貌和水文等生境因子密切相关。另外，土壤物理性质（地表土壤组成、质地、结构和颜色等）会影响上述因素的时间变化和能量转化过程，从而影响土壤温度的日际和年际变化。土壤对气温的极端变化有缓冲作用，这对植物和土壤中的动物来说至关重要。一些依赖温度的重要成土过程，如矿物风化、矿物形成或腐殖质形成（及其质量），导致不同气候条件下形成不同的土壤类型。

土壤热量平衡与土壤表面的净辐射、当地水分收支及其变化密切相关。如冰的形成或水的蒸发，与大量的能量有关。相反，土壤表层和土壤中团聚体的含水量对热性质、热通量和土壤温度的影响较大（见第 8 章）。因此，必须同时考虑水分平衡和热量平衡，因为其通过能量平衡可以非常紧密地在地球表面耦合（见式 9-1，图 9.1）。

直接影响热量平衡的因素为温度和热能，因此，必须了解热容量和土壤含水量及其随时间变化的相关知识（见第 8 章）。

9.3.1 土壤温度的分布

土壤是岩石圈边界的薄层。在多数情况下，土壤热平衡研究仅限于几米深度，属于非平稳热流过程的范畴。除火山活动区域和地下煤火外，地球热流作为底部边界条件的重要性是有限的。如果把土壤热量分布看作是土壤下岩石连续体和土壤上部大气连续体的一小部分，则很好理解土壤中热量分布。即便如此，由于不是所有地区都能获得等质同量的数据（尽管近年来可以使用的地热能量数据大量增加），所以当前对土壤热量分布的研究仍是在一定前提假设条件下展开的。

图 9.13 为地壳上层 1 000 m 的温度分布。该区域的温度受地表、地质变化

（放射性衰变产生的热量）、表面热流、地形、气候（包括古气候、地质气候、年平均气温）和人类活动（农业、地表密封和建筑物覆盖）的影响。定量模型显示，年平均气温是影响上层 100 m 土壤温度的主要因素，而地热因子（如热流、热量和导热率）的作用深度大于地下 1 000 m（Slagstad 等，2008），所以影响不大。

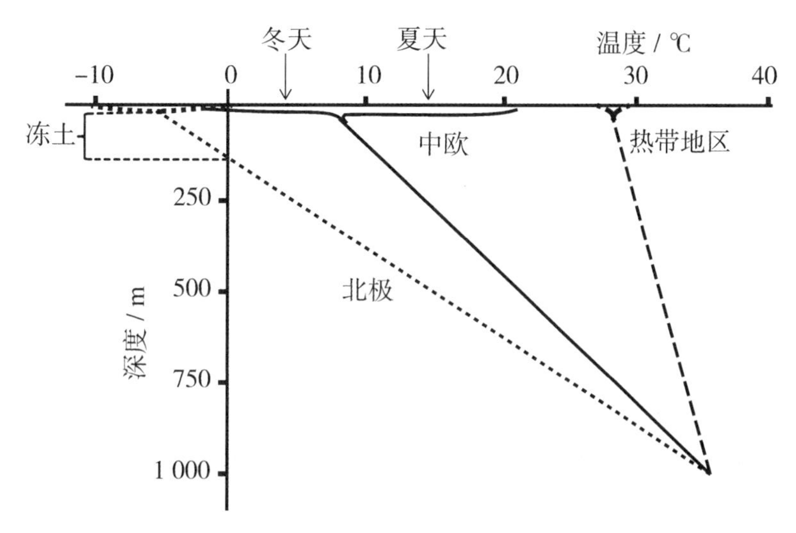

靠近地表，夏季和冬季的地下温度差异明显。由于夏季解冻，冻土层仍存在于地表以下

图 9. 13　不同气候带土壤及其地下温度分布

图 9. 13 说明，在靠近地表的狭窄区域比更深地方的温度波动强烈得多，这种差异被称为地热梯度 $\Delta T/\Delta z$。它的深度可变，且一般是非线性的。如果假定地表处的每个地方都是 35℃ 恒温，则热带地区的温度梯度比极地地区要低得多。图 9. 13 还显示，存在底土温度始终低于 0℃ 的地区（主要在北美洲和亚洲北部）。常年冻结区域可能达到 400 m 深度，称为永久冻土。永久冻土区域占陆地面积的 20%，分布在远离海岸的低纬度地区，甚至存在于地球最南端沼泽之下（Brown 和 John-Ston，1964）。苔原和森林所覆盖的永久冻土在夏天可能解冻。

图 9. 13 显示了土壤温度的常年变化。冬季降温导致表层土壤地热梯度比底土高，而夏季因辐射则情况相反。在德国北部，在深达 25 m 的土壤中可能检测到这种季节变化（Egyed，1969）；在潮湿的热带地区，季节性温度变化要小得多，在雅加达（爪哇岛）温差仅为 3. 6℃（Baak，1948）。一旦没有更多的液态水进入土壤，多年冻土区的温度就会下降到−7℃以下，这是因为冻土结晶热可

阻止更低温度的形成。加拿大寒冷地区（埃德蒙顿、温尼伯，1月平均气温≈-20℃）6~15 m 土壤深处存在+5℃恒温区，2 m 以下的温度始终高于零度（Toogood，1976）。

土壤温度变化的规律表明热量分布不是静态平衡的，这意味着补偿性热量几乎随时随地发生，而水静态平衡只在少数情况和局部存在。

9.3.2 热源

图9.13的温度剖面显示它们受热源控制。就本质而言，热源包括太阳辐射、地球内部的热流和土壤中微生物分解有机物释放的热量。由于反应的热量最终是“储存”太阳能，有机物被认为是太阳能的汇。这3种热源中，太阳直接给地表提供的能量通量最大[≈8.4 J/(cm^2·min)]（见图9.1）。

岩石圈放射性衰变产生的热量，取决于不稳定同位素的类型和活性，及其在岩石中的含量。在德国黑森林的岩石中，地下300 m 深处岩石产生的热量约为0.8 μW/m^3（Stiefel 和 Wilhelm，1986），相应的陆地热流量为4×10^{-4} J/(cm^2·min)（Hurtig，1977），其强度比太阳辐射强度低4个数量级。在火山活动区域，尤其是热水和温泉热的对流运输时，贡献可能会更大。

有机质的微生物分解不是自主的能量来源，然而有机物的输送可能会导致能源集中在某一特定土壤区域。在极端情况下，如园艺公司使用的有机肥料包，可使土壤表面产生高温。在正常A层的条件下，有机物分解释放的热量很小。假设在最适温度和湿度下，有机物分解速率为50~100 mg/100 g 土壤。如果假设平均热值与褐煤相等，厚度为20 cm A层所得到的热通量为4×10^{-4} J/(cm^2·min)（Schachtschabel，1953），真正的热值远低于陆地热流的贡献值。

9.3.3 土壤温度的变化

以热容量和导热率的差异（见第8章），入射辐射的日变化和季节变化（见图9.2），绘制了土壤典型的温度、时间曲线。近地表观察到的梯度比从地球内部热流引起的梯度要大得多，这直接证明了太阳辐射对土壤剖面温度分布具有决定性作用。

日照强度的周期性日变化和季节性变化相对应，温度时间曲线与日照曲线非常相似，这两种变化都具有特定频率和不同振幅。二者均表明给定深度的土壤温度最大值小于表面温度的最大值，深度越大，差值越大。在50~100 cm深度，最高温度出现在午夜。年周期仅在几米深度才会逆转，季节性温度变化在超过12~20 m深处消失。

图9.14显示了温度的日变化（8月高压期10日内平均数值），展示了相移性质和曲线振幅扁平现象，即温度最大值与平均温度的偏差。相对于高压环境，低压环境使得曲线振幅变小，沼泽地区变化范围为40~15℃，砂质原野地区为17~11℃。

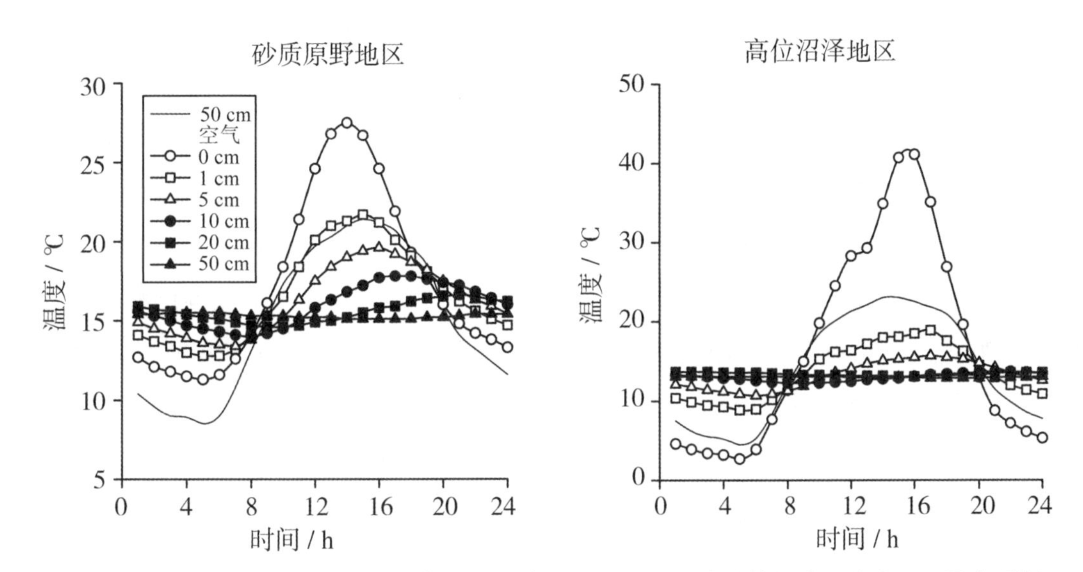

图9.14 德国北部砂质原野地区和高位沼泽地区0~50 cm深度土壤温度日变化（8月高压期）

土壤表面逐日和逐年的温度变化，可通过24 h和365 d的正弦波叠加来描述。在无限厚度的均质土壤中，需要用平均温度 T_A、振幅 A、热扩散系数 α 和周期长度 $P=\frac{2\omega}{\pi}$ 等参数，来描述土壤温度、时间与土壤深度的函数关系（Horton等，1983）。深度d处的温度 T 在周期长度 P 时通过式9-9计算。

$$T(x,t)=T_A+\sin\left(\omega\cdot t-\frac{x}{d}\right)\cdot e^{\frac{-x}{d}} \qquad (式9-9)$$

在这些条件下，式9-9结果是热传导方程（式8-5）的精确解，描述了温度波及其向下传播到土壤的过程。由式9-9可以得到重要结论：温度幅度 A 随深度 z 增加而减小。$d=\sqrt{\frac{\alpha}{\pi}\cdot P}$ 是衰减或阻尼深度与周期长度 P、热扩散系数 α 的方程（见第8章）。当土壤具有相同的热性质时，年温度振荡的衰减深度约为日振荡振

幅的 19 倍。

温度波的可探测深度为 3 m，日常温度波动可深达约 0.5 m，年振荡可达约 10 m。平均温度 T_A 和周期长度 P 对于所有深度都是常数，并且有一个深度为 z/d 的相移，对应每天在 10 cm 深度 2~4 h 的移动；年温度最大值以 3 倍的衰减深度移动，12 月达到最大，日波动与年波动叠加在一起。

不同地区同一天的两条温度曲线存在差异，这是由土壤特征差异引起的。通过观察温度等时线，这一点尤其明显（图 9.15）。由于高位沼泽地泥炭土的热容量和导热性低，热量向下传导较弱，导致热量在近地表处积累，从而增加了地表温度和近地表气温。所储存的热量主要以热排放散失，伴随着地表温度的下降，近地空气也会逐渐冷却。泥炭越干地表温度越低，晚上结冰，直至春末。在砂质原野地区的空气温度差异远小于沼泽地（见图 9.14），砂质原野地区的温度波动向深度渗透是显而易见的。由于砂质原野地区的热扩散率比泥炭高，在 50 cm 深度最低和最高温度差仍然为 1℃。在花岗岩等致密材料中，由于低热容量和高导热率的组合，温度变化可延伸到更深的土层（见第 8 章）。Homen（1897）指出在 50 cm 深处花岗岩最低和最高温度的差异，该差值是砂中测量值的 1/3，说明岩石下的最大结冰深度比邻近的土壤更深，这对于岩石的冻胀作用具有重要意义。

由此，年温度曲线规定了基本进程，在此基础上添加了日温度变化（见图 9.15）。

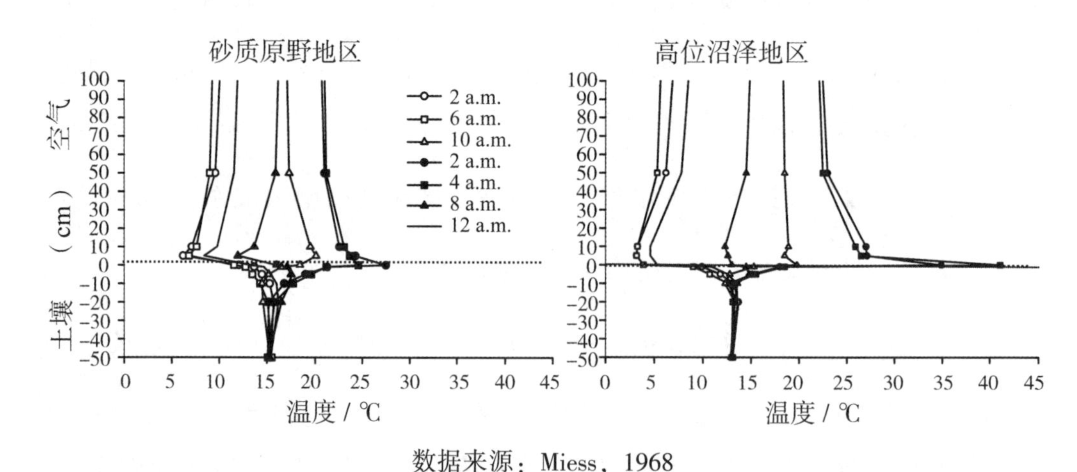

数据来源：Miess，1968

图 9.15　德国北部砂质原野地区和高位沼泽地区的气温和土壤温度曲线（等温线，8 月高压期）

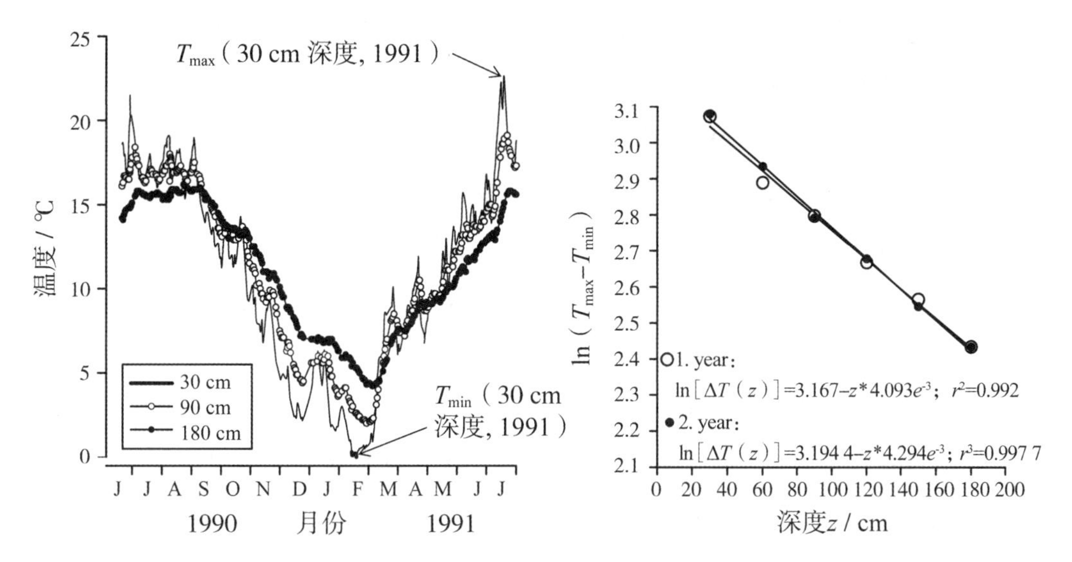

图 9.16 汉诺威—赫伦豪森园艺区年温度曲线（左图），土壤深度与温度极值对数的线性函数曲线（右图）（Pagel 等，1995；Bachmann，1997）

图 9.16 左图的年温度曲线是在德国汉诺威市一园区测量的结果（Pagel 等，1995），研究发现，土壤深度与温度振幅的对数线性相关，证实了式 9-9 的有效性（Bachmann，1997）。由图 9.16 右图可知，土壤深度增加导致温度幅度减小，根据此线性关系 $\ln \Delta T=\ln(2A)+\dfrac{X}{d}$，可以确定振幅衰减和相移。衰减深度 d 用于表征土壤性质，可直接通过测量温度得出（Jury 和 Horton，2004）。虽然该地区的土壤含水量年变化不同，但通过分析两个夏季和一个冬季的数据，得到了数据点的大致线性排列，相同方法也适用于日常温度曲线的绘制（Bachmann，1997）。通过分析纪录温度极值，可以确定平均衰减深度 d 和热扩散系数 α，该方法仅需使用简单的数字温度计记录每小时的温度数据，也适用于偏远地区。

含水量与热量平衡的关系，同样适用于温暖—干旱气候的土壤。随着土壤含水量的降低，温度极差增大，而流入底土的热量往往会下降。温度波与土壤剖面中水的运输密切相关。Kaune 等（1993）指出，在具有粉质土壤的温暖半干旱地区，51%热量是由土壤剖面中表层 10 cm 内的水汽输送的。Westcot 和 Wierenga（1974）和 Heitman 等（2010）也指出水汽输送对浅层土壤热传导的重要性。以天为周期（24 h 循环的温度变化梯度），白天的水汽输送比晚上更加密集（因为温度梯度较高），因此，进入地下的水汽量需延迟几天才可测得。

含水量也会影响土壤温度达到最大值所需的时间。土壤越湿润，入射辐射的

吸收比例越高。浅色土壤（含水量高）减少了反射（反照率），使得更多的能量进入土壤，达到土壤温度最大值的时间短。

数值模拟越来越多地用于理解土壤中的复杂过程（Horton 和 Chung，1991）。Van de griend 等（1991）采用了水—热传递模型与土壤表面能量平衡模型，揭示了土壤含水量和地下水深度对砂壤土表面温度的影响。他们还发现，低于 1.50 m 的地下水位对地表温度的影响是不对称的，最高温度比最低温度所受的影响更大（图 9.17）。

土壤含水量低于田间持水量会导致最低温度降低，而最高温度基本保持不变。随着土壤含水量进一步下降，最高温度快速上升，最低温度基本保持不变。也就是说，最高温度对土壤含水量的变化比最低温度更敏感。

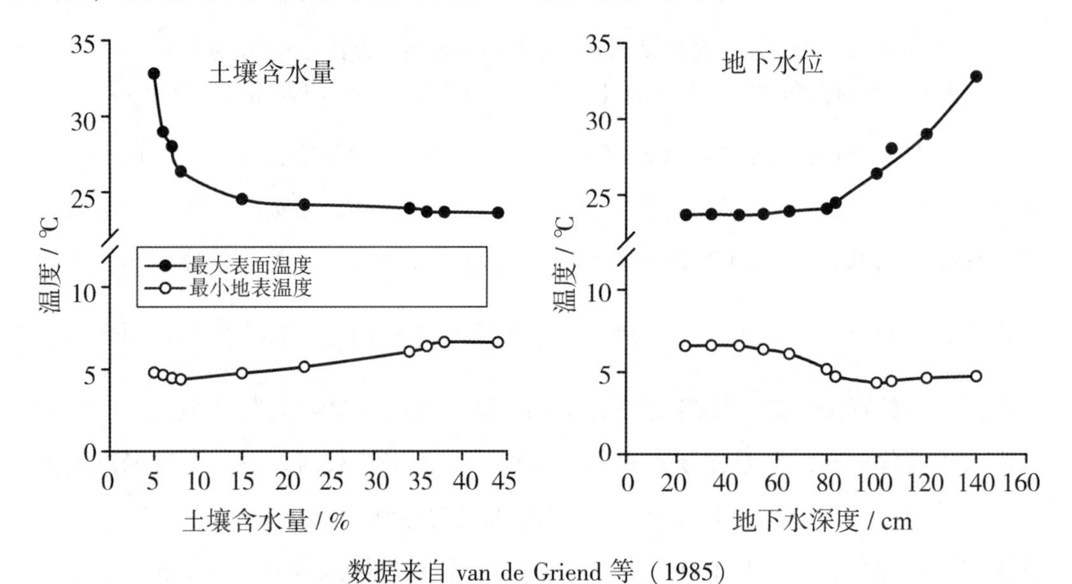

图 9.17　模拟的砂壤土表面日内最低温和最高温与 5 cm 深度所测定的土壤含水量的函数关系（左图），以及与地下水水位的函数关系（右图）

9.3.4　热平衡的积累效应

我们可以得到关于控制土壤温度的结论：一般通过改变热容量或导热率，可以在一定范围内增加引入土壤的热量。这通常发生在农业的微观、中观或宏观气候措施和解决地表技术问题的背景下，如地面硬化覆盖或者霜冻对柏油路和其他小路破坏等情况（Horton，1982；Bristow，1987；Grismer，1988）。图 9.18 显示了不同土壤类型的地表硬化覆盖，如何影响夏季与冬季的平均地表温度。夏季地表覆盖类型显著地影响平均表面温度，而冬季的温度更为稳定。

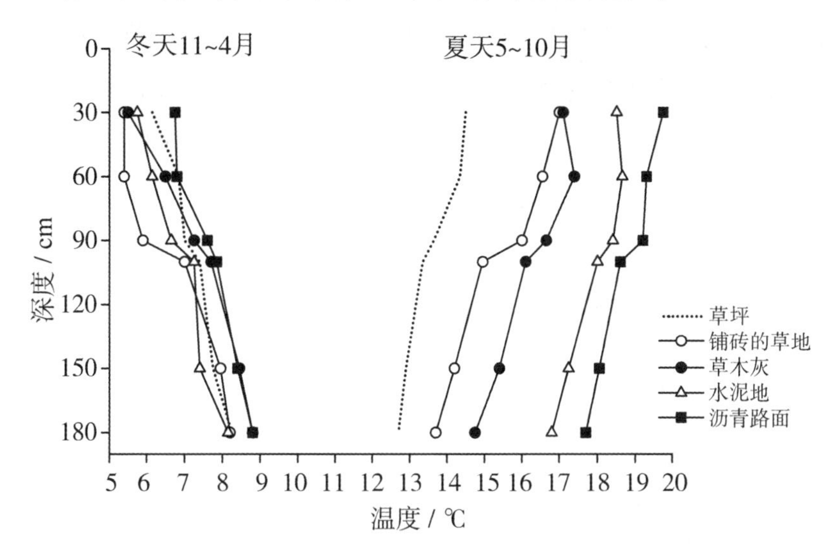

图 9.18　冬季和夏季德国汉诺威市区内 5 种用地类型的平均土壤温度与深度的函数关系（Pagel 等，1995；Bachmann，1997）

如果任何方向的热输送和对流停止，气态水和液态水（由于结冰）及其传输方式将被切断。例如，含有机质层（泥炭）或矿物材料等低导热率的疏松团聚土抑制热量传导。采取措施疏松土壤或排水会抑制热量输送，降低导热率，导致土壤在春季低温下升温较慢，而在地表附近可能会产生霜冻(Wierenga 等,1982)。

春季增温缓慢会影响作物生长。这是由于春季土壤的热容量和导热率大（土壤含水量高)，需要大量辐照来提高地表温度。

为了将辐照能量最大限度地保持在土壤中，理论上可在早晨压实和湿润表土，促进热量从表层输送到深层。下午可疏松或干燥土壤表层，以限制热量传输回土壤表面，从而减少地表的长波辐射。但是，这会导致土壤表面冷却，对于低温敏感的植物（如幼苗）生长没有帮助。人们可以通过维持土壤表面尽可能高的导热率，而减少热量损失。例如，保持土壤表面较高的湿度或压实（Fritton 等，1976）。

人们已经无数次尝试通过加热提高土壤温度来满足农业需求。结果表明，与未加热的情况相比，加热能提高土壤表面温度。由于日温度循环（辐照）保持不变，影响了年温度曲线。在冬季，热源和土壤表面间有较大的温度梯度，而夏季则不明显（Keschawarzi，1973）。

在阳坡耕种可以增加土壤的暴露面积，从而接受更多的太阳辐射（Mahrer 和

Visser，1985；Benjamin 等，1990）。在直径为 2~3 m、深度约为 1 m 的圆形小洼地中种植植物，也可将长波辐射造成的夜间热量损失及其对植物的有害影响降到最低。土壤遮阴也可以增加热能的吸收，有不少人研究了行作作物冠层遮阴对土壤水分和温度的影响（Horton 等，1984a，1984b；Horton，1989）。在无光高湿的条件下，亚表层土壤比干燥和浅色土壤提高了 3℃。地表覆盖已被用于土壤水分和温度管理（Horton 等，1994，1996；Bristow 和 Horton，1996）。温度差异会影响土壤中所有生物有机体，直接影响生物代谢和土壤中气体的反应。

9.4 土壤气体平衡

土壤固体颗粒孔隙间充满了水或空气。土壤气相可直接与大气连接，或被土壤颗粒和水的弯月面阻隔和包围。被包围时，气泡中的压力条件与大气中的压力条件显著不同。

图 9.19 展示了微生物在恒定体积内将 O_2 转化为 CO_2 的有氧反应，以及根系代谢过程（第Ⅱ块地）。当大气中的氧气几乎耗尽时，有机质开始发生厌氧分解，产生甲烷。虽然这个过程并不恒定，但是增加了体积导致压力增加（第Ⅲ块地）。O_2 的消耗导致土壤中的气体组成不同于大气。由于气体体积与土壤的耦合紧密，

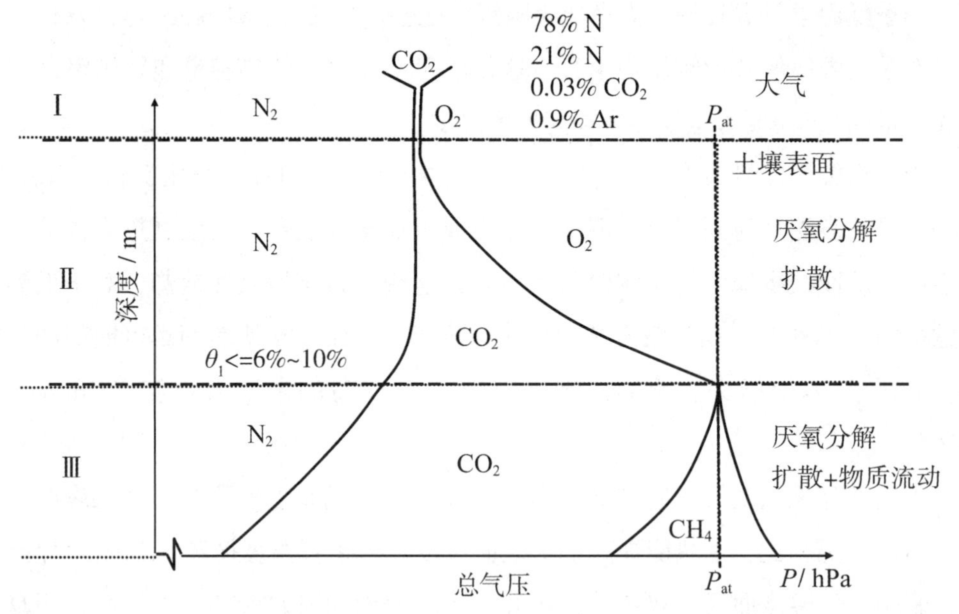

图 9.19 大气（Ⅰ）、通气良好土壤（Ⅱ）和通气不良土壤（Ⅲ）的气体组成（分压）

土壤气体参与了许多与土壤水运移同步发生的反应。虽然气相的体积比土壤固相和液相小很多，但是气相影响整个化学环境和生物环境的pH及氧化还原电位。这些参数控制着土壤的许多化学反应过程，也可能导致土壤固相的改变，例如铁氧化物的再分配、沉淀或溶解（氧化还原形态）。

9.4.1 含水量对土壤剖面气体分布的影响

回顾第5章关于土壤水的相关内容可知，田间条件下土壤中固体颗粒通常被水膜所包裹，该水膜能与大气中的水汽保持平衡。这意味着大气与土壤颗粒之间没有直接接触，而气相与水膜表面完全接触。随着土壤含水量的增加，土壤孔隙中的气体逐渐被水所取代，这些充水孔隙能有效阻止除水蒸气外其他气体分子的扩散（气体在水中的溶解度较低）。

通常越靠近土壤表面，土壤中所包含的空气量越大，土壤水分含量越低。由于土壤孔隙系统的异质性，水和空气间的边界位置很不规则。另外，土壤中有与大气相连接的连续或阻隔的气腔，这些气腔形成的原因是土壤中的水分入渗锋形态不一致，必然会阻隔大量气体。厌氧生物分解有机物产生 CO_2 和 CH_4 等气体，也是包裹气体产生的原因。这些过程发生于低水压（基质势降低）的情况下，气体溶解度降低，促使气泡从溶液中析出。

通常情况下，从表层到深层土壤含水量呈增加趋势，土壤基质势也同时增大（见第9.2节）。这一规律并不适用于降雨后和洪水发生时。这意味着，随着深度增加，充气孔隙体积比例降低。因为只含有空气的孔隙曲率最大，导致聚集在气泡中的压力最小化，这样就使得孔隙系统中的水分分布也发生变化。这种趋势在有机质包裹矿物颗粒的区域被增强，因为这些有机质阻碍了固体颗粒的表面湿润（见第4.7.2节），最终导致不断增加的大气泡中的空气越来越集中。图9.20描绘了两种情况：在团聚土壤的多孔系统的网络特性和理想状态下，土壤的毛细管上升高度。

图9.20表明空气体积不仅随距离地下水表面高度变化而变化，而且在土壤基质中的分布也不同。土壤越湿润（距地下水表面越近），不含空气的地带延伸得就越长，相邻的、孤立的气泡以及与大气接触的连续空气柱间距就越大，这就影响了气体在多孔隙体系中的扩散。

当气体含量为4%~6%时，O_2 的扩散系数（见第7章）与空气中的扩散系数数量级相同（0℃时为 1.8×10^{-1} cm^2/s）。不连续气体体系的变化范围，取决于水中 O_2 含量的扩散系数（0℃时为 2×10^{-5} cm^2/s）（图 9.21），因此，O_2 扩散受土壤水分控制影响较大。作为扩散的潜在途径，充气孔隙的体积对扩散的影响，不如充气通道的连续性重要。这强调了垂直大孔隙（如蠕虫洞穴、根通道）对底土通气的重要性。相反，孔隙体积的减小（如车辆压实）主要破坏气体扩散，因为它减小了粗的、充满空气的孔隙体积。

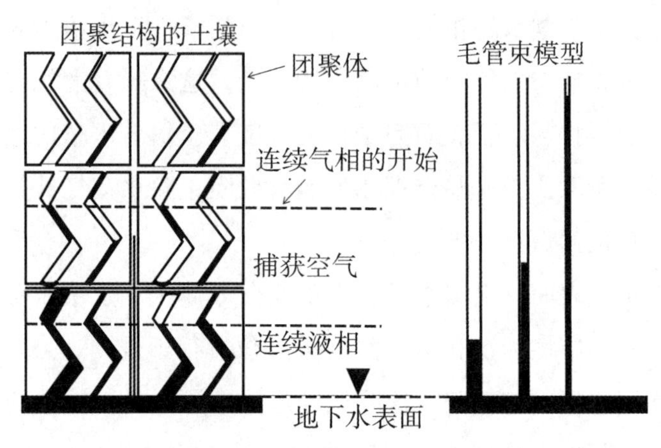

左图为孔隙系统，用与大气相通的直径不同的管子及管中不同水量表示。右图为用不同上升水高度的毛细管表示的孔隙系统

图 9.20　土壤中气相分布与地下水表面深度的关系

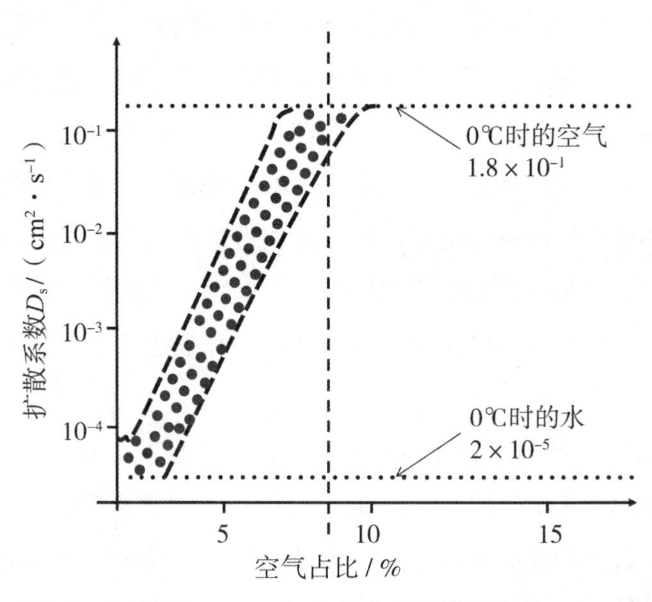

图 9.21　土壤中 O_2 扩散率（D_s）与土壤含水量的函数关系（Flühler，1973）

通过增加土壤容重来降低孔隙比例，会阻碍 O_2 的扩散，因为这会破坏土壤中细长且连续的气孔，如通过剪切破坏较大的充气次生孔隙，即使土壤结构均匀化且容重不增加（如揉捏富含黏粒土壤），也会阻碍 O_2 扩散。

再次指出，实际上水会阻碍 O_2 扩散（水中 O_2 扩散率约比空气中低 4 个数量级）。这恰恰说明土壤含水量对土壤 O_2 收支有显著的影响，对土壤中需氧生物的生存环境有间接影响（Drew，1983）。土壤中空气含量为总体积的 4%~6%时，单个气泡开始形成连贯的孔隙网状。如再继续提高气体比例，只能微弱提高扩散率。当土壤空气中 O_2 的分压低于 18%时，开始发生厌氧过程（Blume，1968）。

土壤空气含量为 4%~6%，这与大多数农作物正常生长的需求下限是一致的，集约化农业下限为 10%。当空气含量低于 6%时，可以观察到气体分压和 O_2 分压。原因有二，一方面是微生物的好氧分解和根系呼吸导致的 O_2 强度变化，另一方面是如图 9.20 所示的连续的土壤气相特性。由于高度连续的充气次生孔隙的存在，土壤中高氧分压将被限制在有限的狭窄区域内。正因如此，即使容积土壤中看似有足够多的空气，但陆地土体中还是存在厌氧区域（Zausig 等，1990）。

值得注意的是，由热梯度引起的水汽输送（在第 8 章与热量平衡一起讨论过）不同于 O_2 和 CO_2 的输送机制。与这些气体（土壤中其他气体）不同，水的弯月面不会对水汽扩散形成阻碍。随着相变发生（部分饱和气孔体系中，发生的水分冷凝和蒸发），在平均含水量条件下，水蒸气通过充水通道的输运会得到加强。这是因为沿着扩散梯度的路径被缩短，即气压平衡要快于水汽在气泡中的扩散（Philip 和 De vries，1957；De vries，1958；Bachmann，2005；Lu 等，2011）。

地下水表层之下也有气体，这些气体可能会溶入水中或在降压时分解成气泡。在水流横截面上存在有机质时，在厌氧条件下生成气体，如 CH_4、N_2O 和 CO_2 的混合物。在缺少有机质时，土壤气体中 O_2 和 CO_2 含量可以保持很长一段时间，尤其是在酸性土壤中没有 O_2 消耗和 CO_2 形成，也没有发生显著的溶解时。对露天煤矿堆积物的研究表明，O_2 和 CO_2 含量会稳定保持很多年（Jaynes 等，1983）。

9.4.2 土壤气体的季节变化

土壤气体收支反映了土壤气体总量及其成分的变化特征（Flühler，1973）。这种变化是有规律的，并与季节变化同步。气体含量变化是土壤水分变化的直接结果，因此，土壤气体反映了土壤水分的收支变化（见第 9.2 节）。图 9.22 显示了不同植被覆盖情况对土壤中气体含量的影响，全年最大、最小气体含量是随着土壤深度变化的函数。所考虑的土壤剖面均高于地下水水位。随着植物的生长进程，土壤中气体含量增加。这也证实了观察到的结果，即与裸地土壤相比，森林土壤脱水而产生的通气效应更为强烈、深入。

土壤水分特征曲线的滞后效应（见第 5.6.3 节）有助于解释土壤中气体含量随含水量变化而变化。随着毛细管水上升（湿润支流）（见图 5.11），空气很少从土壤中溢出。在相同基质势下的土壤含水量，要低于较高饱和状态脱水分支的土壤含水量。这意味着不同含水量都可以与地下水面达成平衡，但要取决于土壤含水量变化引起的湿润/干燥历史。与水动态和土壤总空气含量变化的背景不同，平衡条件下也会发生扩散过程，包括 O_2 进入土壤的运动和 CO_2 排出土壤的运输过程。

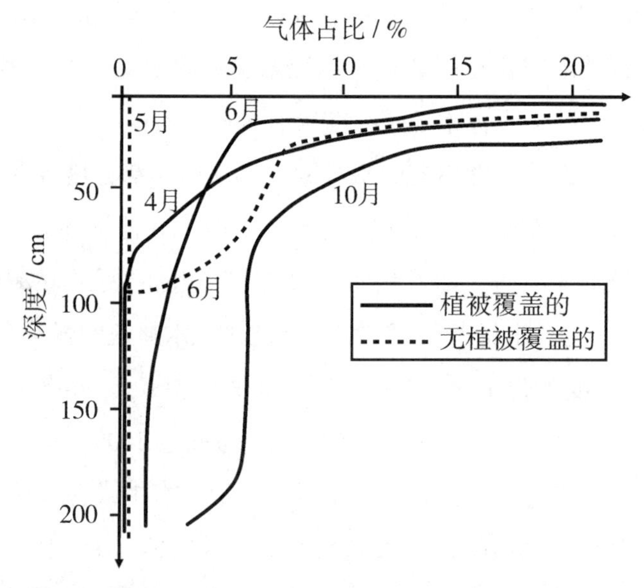

随着脱水程度的增加，土壤中气体含量增加，促进植被生长和森林覆盖度增加

图 9.22 瑞士巴塞尔—苏黎世地区源于冰碛物（Riss）的半潜育土中，气体含量与植被和季节的函数关系（Flühler，1973）

土壤中 O_2 和 CO_2 分布表明，净气体运动总是从高浓度流向低浓度。图 9.23 中两条浓度特征曲线表明，气体含量和扩散系数沿着扩散路径变化。对 CO_2 而言，因为在更深层土壤产生的气团向上运动，所以扩散流在土壤表层最大。假设气体恒定流动且状态平衡，表面通量直接对应整个剖面中产生的 CO_2 量总和。CO_2 通

量从深层向表层线性增加，与其浓度梯度增加相对应（Jury 和 Horton，2004）。在这种情况下，增加的通量与靠近表层的更高扩散系数 D_S 是不平衡的；反之，O_2 从土壤表层到任何深度的扩散都会被消耗一部分。由于随着土壤深度增加空气浓度降低（含水量向下增加），底土中的扩散系数减小，O_2 分压梯度增加（或 O_2 浓度降低）。最终，O_2 分压梯度会随深度增加而过度增加。

在理想条件下（扩散系数为恒定常数，每个深度间隔的 O_2 消耗量恒定），气体通量可用一条直线表示，气体含量作为土壤深度的函数遵循二次方程（Jury 和 Horton，2004）。与此理想状态的偏差，都是我们之前讨论过参数的空间变异性所导致。

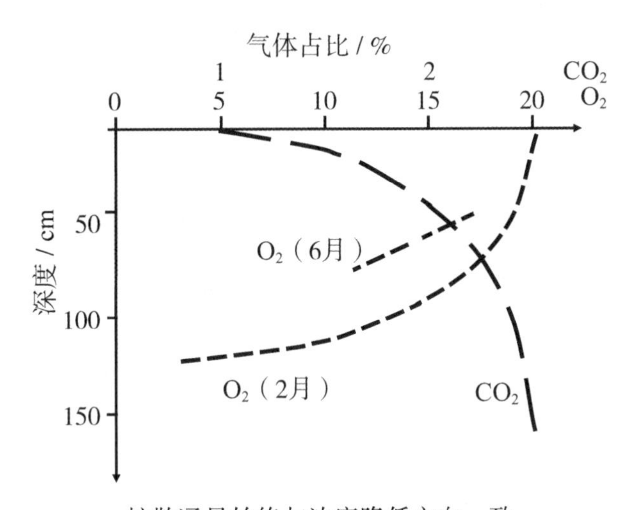

图 9.23 土柱中 CO_2、O_2 浓度与土壤深度的函数关系（Richter，1972）

一方面 CO_2 产生和 O_2 消耗有密切相关性，另一方面这种关系得到扩散过程的补充。这一结论也可通过其他观测得到证实，如覆盖深厚的积雪导致 CO_2 分压增加，避免了土壤温度的下降（Solomon 和 Cerling，1987）。

习题

9.1：一个来自田间深为 70 cm 的土体，总孔隙度为 0.483 $cm^3 \cdot cm^{-3}$，可利用水上限为 0.343 $cm^3 \cdot cm^{-3}$，下限为 0.152 $cm^3 \cdot cm^{-3}$，且容重为 1.37 $g \cdot cm^{-3}$。灌溉指南允许灌溉前消耗最大值为可利用水的 65%。在达到最大允许消耗量时，需要灌溉多少水（cm）才能使土壤剖面可利用水达到最大值？

9.2：假定某天，最低温为 18℃，最高温是 33℃，露点温度恒定为 15℃。饱

和水气压为 e_s（$e_s = 6.1078 \times e^{\frac{17.269T}{T+237.3}}$，$e_s$ 单位是 mbar，T 单位为℃），绝对湿度（AH，$g \cdot m^{-3}$）、水气压（e_s，mbar）、温度（T,℃）的方程如下：

$$AH = \frac{217 \times e_s}{T}$$

求最高温、最低温时的相对湿度和绝对湿度？

9.3：

a. 计算在 0.01℃、20℃、40℃、60℃、80℃和 100℃条件下，自由纯水水面上的饱和蒸汽压（e_s）？通用气体常数为 8.32 $J \cdot mol^{-1} \cdot K^{-1}$，水的摩尔质量为 18 $g \cdot mol^{-1}$，1 个标准大气压为 101.3 kPa。

b. 绘制饱和蒸汽压与温度的关系曲线。

c. 计算在 20℃、40℃、60℃、80℃和 100℃和 1 个大气压下，自由纯水的绝对湿度？

9.4：请根据夏季（4~9 月）与冬季（10~3 月）长期天气数据估计平均流量 D（mm）。长期降水值和蒸散量（1961—1991）是来自于德国弗赖堡和马格德堡附近的气候站。要估算每个地点的两个田块（粉砂土和壤土）的降水值和蒸散量。粉砂土的田间持水量为 0.15 $cm^3 \cdot cm^{-3}$，壤土为 0.26 $cm^3 \cdot cm^{-3}$。两种情况下植物吸水深度均为 1 m，3 月底初粉砂土含水量为 15 vol%，细砂土为 17 vol%。进一步假设，当地下水位较深时，根区不会有毛细管上升水。

表 9.1　平均长期降水值的蒸散量

地点	mPs/mm	mPv/mm	mPa/mm	mEo/($mm \cdot a^{-1}$)	$mE_{o,s}$/mm
弗赖堡	610	412	1 022	680	528
马格德堡	315	240	555	555	447

注：mPs 是夏半年长期平均降水量，mPw 是冬半年长期平均降水量，mPa 是长期平均年降水量，mEo 是长期平均年蒸散量，$mE_{o,s}$ 是夏半年的长期平均蒸散量（Wessolek 等，2008）。

a. 考虑到不同质地，计算两地不同气候条件下的排水量。

b. 夏季结束时，土壤剖面的平均含水量是多少？

9.5：裸地能吸收入射到其表面的大部分辐射能。若土壤表面的净辐射通量为 400 $W \cdot m^{-2}$，其中 20%能量（J）转移到土壤中，且土壤导热率为 0.25 $W \cdot m^{-1} \cdot ℃^{-1}$，则在土壤表层0~5 cm深处的温差为多少（假定傅里叶定律适用于表层5 cm范围内）？

9.6：式9-9描述了日温度$T(z,t)$。其中，z是深度（cm），t是时间（h），α是热扩散系数（14 $cm^2 \cdot h^{-1}$），ω是角频率（$\pi/12$）。

$$P = 2 \cdot \pi/\omega$$

$$T(z,\ t) = 18.3 + 9.2 \cdot e^{\left(-z \cdot \sqrt{\frac{\omega}{2\alpha}}\right)} \cdot \sin\left(\omega \cdot t - z \cdot \sqrt{\frac{\omega}{2\alpha}}\right)$$

a. 土壤表面的最高温与最低温是多少？

b. 15 cm深处土壤的最高温与最低温值是多少？

c. 假定上式描述了两种不同类型土壤的温度，一种土壤的热扩散系数α小，另一种土壤的热扩散系数α大。哪种土壤在12 cm深处的最高温度更高？请解释原因。

9.7：给定地点的土壤表面温度年变化如下式：

$$T(0,\ t) = 17 + 13 \cdot \sin(\omega \cdot t)$$

如果该土壤的热扩散系数为0.029 $m^2 \cdot d^{-1}$，请计算：

a. 0.8 m深处的土壤温度变化范围是多少（最大值与最小值之间的差异）？

b. 0.8 m深处的土壤温度最高值比土壤表面的晚多长时间出现？

第10章
植物生境及其物理修复

土壤是植物生长的场所，植物必须扎根于土壤，叶子、花才能充分沐浴在空气和阳光下。如果植物扎根较浅，遇风雨时容易倒伏。次生根的生长（或者变粗）疏松了根系上部的土壤，而根系周围的底土却被压实（见图3.23）。

植物主要通过土壤获得水和氧气，用于根系呼吸，部分由根呼吸产生的二氧化碳，也会通过土壤中的充气大孔隙排放。此外，土壤微生物的活性和植物根系对养分的吸收能力，受温度影响显著。结构良好的土壤可以直接向植物提供水、氧气和养分（Marschner，1995）。栽培植物的生长状况和产量在很大程度上取决于土壤性质。通过优化土壤对水、氧气、养分的供给和运输条件，可最大限度地提高作物产量。实现这一目标的前提是了解植物的需求和土壤条件。

10.1 基于供水条件下的植物需水量

当一种植物种植在不同基质势的土壤中，在土壤通气不受限且土壤对植物根系的生长阻力适中时，土壤所能提供的可利用水达到最大值，此时植物的产量最高（图10.1）。Boone（1986，1988）在大田研究中记载了这一交互作用对植物产量的影响，指出分层土壤中根系生长主要受土壤容重、土壤强度和干湿状况的影响。

在相同的基质势条件下，土壤容重越大，孔隙结构越不均匀，则土壤持水能力越低，土壤能供给植物的水量越少。如果水分是植物生长的限制因素，植物就会加速根系生长，减少水分到达根系的流动距离。在特定的水势梯度条件下（梯

度 Ψ_H)，缩短流动距离（达西方程的分母，Kirkham，2005）能增加土壤中植物可利用水的比例。因此，植物生态学家引入蒸腾系数（也称为蒸腾率或水分利用效率）来衡量植物单位生物量所需要的水量。蒸腾系数是土壤、植物、气候和水分供应的函数，为 200～800 L/kg 干重（C3 植物：500～650 L/kg；C4 植物：220～350 L/kg；豆科植物类：700～800 L/kg；落叶树：200～350 L/kg；针叶树：200～350 L/kg。Larcher，1980 和 Heyland，1996）。

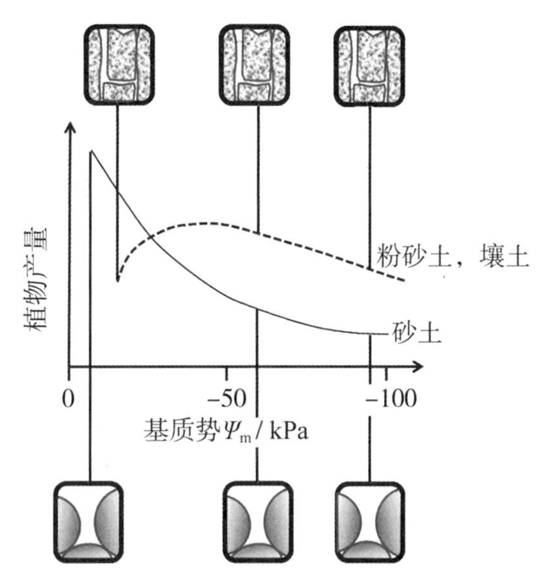

图 10.1　砂土、壤土和黏土中栽培的作物产量与基质势的关系

图 10.1 表明，植物的水分供应不仅取决于基质势。在等基质势条件下（<-50 kPa），砂土中的作物产量低于壤土。如果想在砂土中获得相同的作物产量，需要提高砂土中的基质势。通过增加基质势来提高作物产量是为了让植物从土壤中吸收更多的水分，这与水势（Ψ_w，见第 5 章）相关。

$$\Psi_w = \Psi_m + \Psi_0 = \Psi_m + \Psi_0 + \Psi_g \quad （式 10\text{-}1）$$

像水力势一样，水势的符号可正可负。一般植物吸收水分所需的能量越少，生长速度越快，作物产量就越高。

水从土壤进入植物，再从植物进入大气，伴随着一个水通量过程（类似于土壤水的流动），是由土壤、根、茎、叶、叶尖等流动阻力和对应水势梯度组成的函数。

植物水势是渗透势 Ψ_0 和压力势 Ψ_T 的差值：

$$\Psi_w = \Psi_T - \Psi_0 \quad （式 10\text{-}2）$$

当 Ψ_T 和 Ψ_0 相等时，水势 Ψ_w 为 0，植物无法吸水。随着植物蒸腾耗水，膨胀压力下降，植物水势随之降低，并将进一步降低渗透势。因此，水势在大气—植物—土壤系统中起的作用与水力势在土壤中起的作用一样。

尽管日内大气水势在不断变化，但土壤和叶片之间的水势差仍然存在（图10.2）。只有当水气压饱和差接近零，即接近露点时，土壤和叶片之间的水势差才会消失。为了能够持续从水势下降的土壤中吸收水分，植物的水势也会相应下降，这可以通过降低植物汁液的渗透势，即增加溶质浓度来实现。相对于水的重力势，渗透势是一个负值。随着液流浓度的增加，渗透势降低，相当于降低了其在地球重力场的高度。

植物能追踪空气水势变化的昼夜节律（叶片比根更明显，见图10.2）。土壤水势 Ψ_w 值越低，根周围土壤势能节律变化越明显。土壤水势的降低是脱水导致的，而脱水是蓄水量持续消耗造成的。如第6章所述，脱水会降低土壤导水率，并间接增加土壤与根系之间的水势梯度。

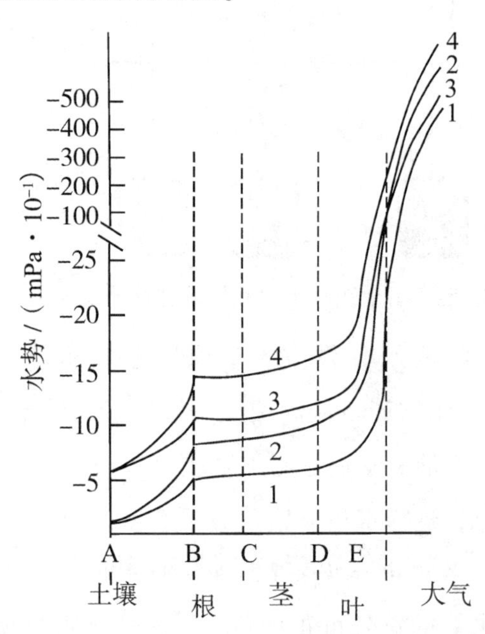

1为土壤低吸力，在低蒸腾速率时的水势；2为土壤低吸力，在高蒸腾速率时的水势；3为土壤高吸力，在低蒸腾速率时的水势；4为土壤高吸力，在高蒸腾速率时的水势（Hillel，1998）

图10.2　土壤、根、茎、叶和大气在不同蒸发状态下的水势

土壤水势较低时，植物需要消耗能量产生势能梯度。如果能提高土壤水势，植物不用保持其低水势就能够正常吸水，可以帮助植物更好地生长。

如图10.1所示，土壤水势对植物生长速度和产量存在最大阈值，超过该阈值，植物生长速率和产量反而会降低。此外，植物生长和产量也受土壤通气性的影响，土壤通气性会抵消水分补充对植物生长和产量的促进作用。当根系生长非常活跃且土壤中氧扩散受水分弯月面的强烈阻碍时，土壤供氧不足对植物生长和产量的影响，即使在低水分含量时也非常明显（见第7章）。

土壤供氧不足对植物生长有显著的抑制作用，主要是由于氧气在水中的扩散速率仅为在空气中的万分之一。即使扩散路径很短，水对氧气的扩散仍会形成很大障碍。

随着生物活性的增加，根系需氧量随之增加，又会反过来增加土壤水势，抑制植物生长。即随着水势的增加和氧气供应的减少，根系生长强度降低。为了解决这个问题，在植物生长阶段可以保持土壤粒径较粗，土壤水势较高的状态。

10.2 机械和水力过程的相互作用

在前面的章节，我们说明了土壤中水的状态取决于土壤基质。我们假定，基质不受流动水和脱水作用的影响（即土壤是刚性的），其孔隙度、孔径分布、导水率和抗剪性能等参数均为常数。上述假定客观上默认土壤停止发育，且不受外界因素的影响。但实际上，即使土壤表面被完全封闭，这种现象在几十年的时间范围内也很少出现。无论目前的土地利用情况如何，即使不是最大压实（颗粒接触数等于12时的等量球体），也可能进一步导致土壤颗粒重新分布、孔隙细化和/或孔隙横截面减少。因此，当水力（比例收缩）、机械（初级压实）、溶解或物理化学过程（或两者的结合）达到平衡（即土地利用和气候条件接近稳定）时，土壤就有可能建立新的平衡。

在农业、林业和园艺领域中，刚性孔隙系统是不可能存在的，因为任何土壤耕作措施都可能改变孔隙的数量、粒径分布和几何形状（弯曲度）。因此，孔隙功能是多变的而非固定的。土壤连续和间断的收缩和膨胀过程，以及因水面张力导致的矿物再排列，都具有与动物穴居、土壤颗粒胶结、土壤疏水等同的效果。

各种梯度反复的产生或变化会引发补偿流（平衡流的状态例外），它是非规律性的（Horn和Dexter，1989）。如今可采用的技术手段多种多样，但技术的应用常相互冲突，加之耕作和栽培方法的频繁变化，实际上妨碍了植物稳定的生境条件。相反，植物生境受到各种机械、化学、热力、生物和水力过程的影响，其性质在不断改变，范畴也在不断更新（Gräsle，1999）。Gräsle（1999）的研究考虑了

6个过程多种耦合作用的影响，而非只考虑单个因素随时间的变化。

土壤力学稳定性和基质势的相互影响非常重要，尤其是在短期和长期荷载频繁变化的情况下。这会引起弯月面形状改变，导致内聚力降低，特别是在弯月面形状从凹变凸时，会破坏土壤稳定性。土壤变形加剧导致孔隙连续性的变化，最终改变了土壤中的热量、气体和养分通量。增加荷载会导致土壤吸力增加，卸载后水可能会向变形土体流动。

10.2.1 机械和水力过程导致的土壤变形

如第3章所述，土壤稳定性可以用抗剪强度、应力—应变关系和压力传播来量化，用预压应力和集中系数来表示。此外，瞬时机械荷载会影响与植物生长相关的因素，而且这些影响是可变的。与此类似的是脱水产生的收缩力，它会导致更大的半月面弯曲度。根据土壤水力历史，土壤发生变形后，我们要将弹性结构收缩及强脱水引起的塑性变形比例收缩区分开来。

应力—应变曲线与收缩曲线的形状具有可比性（Baumgartl 和 Horn，1999），因此，应力—应变曲线的再压缩部分等于结构收缩曲线的对应部分。任何情况下，再次压实和复水的弹性区域与初始压实和初始收缩的弹性区域存在显著差异。当土壤再次压实和复水过程中所承受的最大机械或水力压力超过先前，就会出现额外的土壤变形（图10.3）。

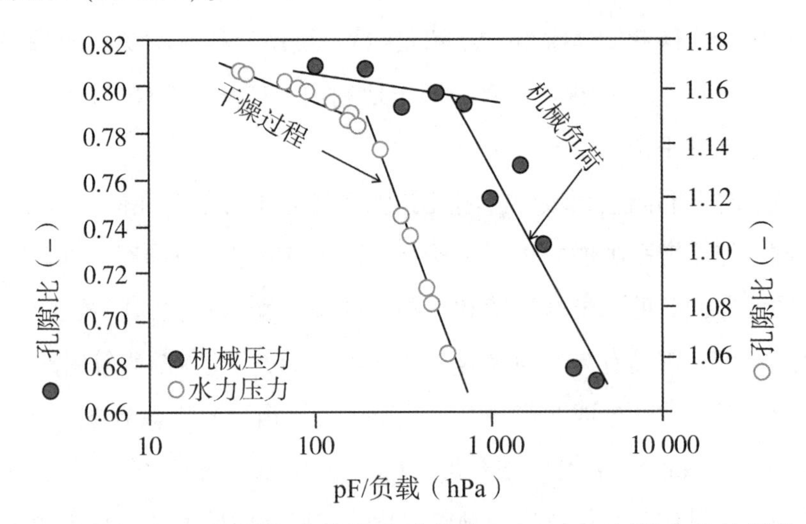

结构收缩和再压缩部分曲线的斜率明显小于初级压缩和收缩部分（Baumgartl 和 Horn，1999）

图10.3 应力—应变曲线（实心圆）和收缩曲线（空心圆）

增加力学荷载（应力—应变曲线）和由脱水引起的土体变形应力（收缩曲线），对新生土壤功能的影响不同。因机械荷载而使土壤容重增加、土壤孔隙比降低（孔隙比较高）时，首次收缩会导致土壤团聚体间的孔隙变大，团聚体内的孔隙变小。因此，土壤预压应力决定了该土层在不被破坏的前提下，所能承受的最大机械荷载（与水力荷载相比）。目前尚无法确定土壤稳定性的提高是由于机械压力或水力压力（即收缩造成的机械压缩或聚集），还是由于化学沉淀或生物胶结。土壤在一定含水量下具有一定的稳定性，只有在超过预压应力后，土壤才会进一步变形或收缩。与稳定性有关的因子（见压力传播方程，式3-21），可评估地表荷载和土壤变形（孔隙函数）对深层土壤的影响（Dvwk，1995，1997）。仅在超过预压应力后，压力才会对土壤物理参数和功能产生显著影响。但是再次压缩和再次收缩机械应力会影响弯月面的形状和连续性，形成泵吸作用，降低了土壤的机械稳定性（Krümmelbein 等，2009，见第3章）。

由于土壤耕作，除静态变形外，必然引起剪切变形、孔隙重排，次生孔隙因局部颗粒排列或位移被封闭，形成了很多新的无效孔隙（气孔和终端孔）。与高度连续性孔隙相比，这些无效孔隙的生物有效性很低。图10.4显示了剪切作用对孔隙连续性的影响。

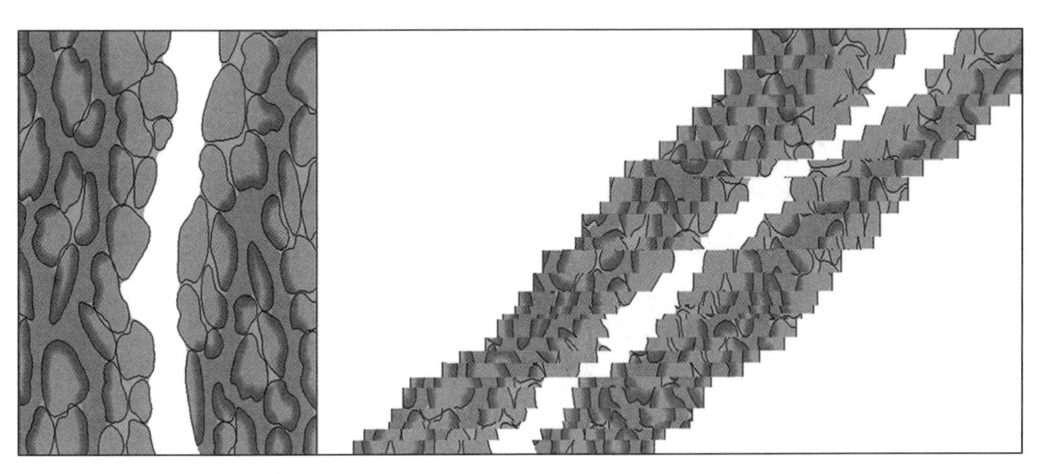

左图为土壤中连续的孔隙系统，由一个粗的空气填充的孔隙（浅蓝色）、被水饱和的细孔隙（深蓝色）和被水饱和的土壤团聚体（灰色）组成。右图为因剪切作用而形成的土壤不连续孔隙系统

图10.4 在恒定体积和恒定孔径分布条件下，剪切作用对团聚土壤孔隙连续性的影响

耕作机械轮胎直接接触的土壤，应变强度特别高。由于应变空间减少，土壤应变强度随着接触面积的增加而减小。应变强度的减小幅度除了取决于土壤性质和含水量，还取决于土壤变形程度（Horn 和 Peth，2011）。当压力超过土壤稳定性时，土壤变形会深入到底土。例如，拖拉机轮胎下肉眼可见的剪切滑动，是由单个土壤颗粒或周围土壤移动引起的。图 10.5 显示了当车辆经过土壤时，传感器捕捉到的土壤内的运动。即使车辆只产生很小的滑动且恒定、低速行驶时，前后轮胎下土壤颗粒也会向下和向前移动。当荷载较低时，土壤会稍微向后和向上反弹，直到车辆后轮以更重的荷载重复这一荷载/卸载循环。轮胎传递的压力越大，土壤被轧得次数越多，就越容易变形，导水和通气能力下降就越明显，越接近临界破坏阈值。Zink 等（2011）认为土壤被轧压 10 次，且荷载大于 6.5 Mg 时，会造成不可逆的孔隙连续性损失，损失深度达 40 cm（土壤导气率小于 5%，导水率小于 10 cm/d）。

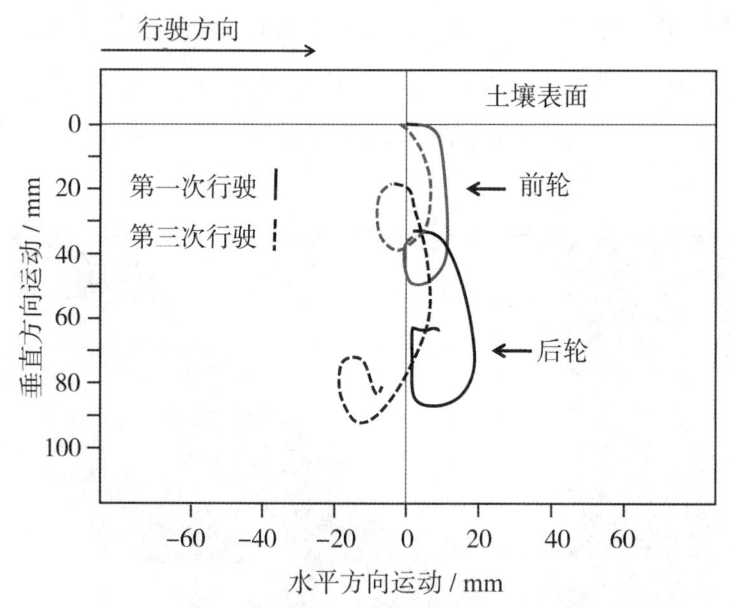

虽然滑动很小（大约 5%），但土壤变形明显（Wiermann，1998）

图 10.5　黄土母质的淋溶土受到第一次和第三次装载（5 Mg 轮载）车辆驾驶前后轮胎轧压下的运动

10.2.2　机械压力和水压引起的孔隙功能变化

土壤的首次荷载和收缩会导致与植物有关的土壤生态参数（水气热输送、氧化还原电势、孔隙功能等）变化。土壤阻力会影响植物扎根，间接影响养分对植物的有效性。

一般情况下，多孔系统处于准动态平衡状态。一旦三相系统的边界条件发生变化（例如，通过收缩、凹陷、矿物/有机相的变化），系统会形成新的平衡。第2章和第3章描述了收缩和膨胀是土壤结构形成的主要机制。在结构收缩的范围内，可以假定土壤大体上是一个刚性孔隙系统。任何超过先前结构收缩的收缩（比例收缩），都会导致额外紧实，从而改变土壤孔隙体积、孔径分布和孔隙函数。忽略了这点，会与用以描述水和溶质运移的 Richards-Darcy 方程的必要条件冲突（见第5章和第6章）。因为其假设多孔系统是刚性的，这会错误估计土壤在生态系统中作为缓冲和过滤器的有效性。

土壤的收缩和膨胀都会导致土壤体积的变化。粗砂土的体积变化较小，粉质、壤土、黏土和富泥炭土壤的体积变化较大（Stange 和 Horn，2005；Dörner 等，2010；Horn 等，2012）。土壤团聚性越弱，体积增幅越大，系统中各相差异越明显。因此，含水率与基质势的关系曲线同含水率与非饱和导水率关系一样（室内实验测定 pF=7），具有很大的不确定性（图 10.6）。

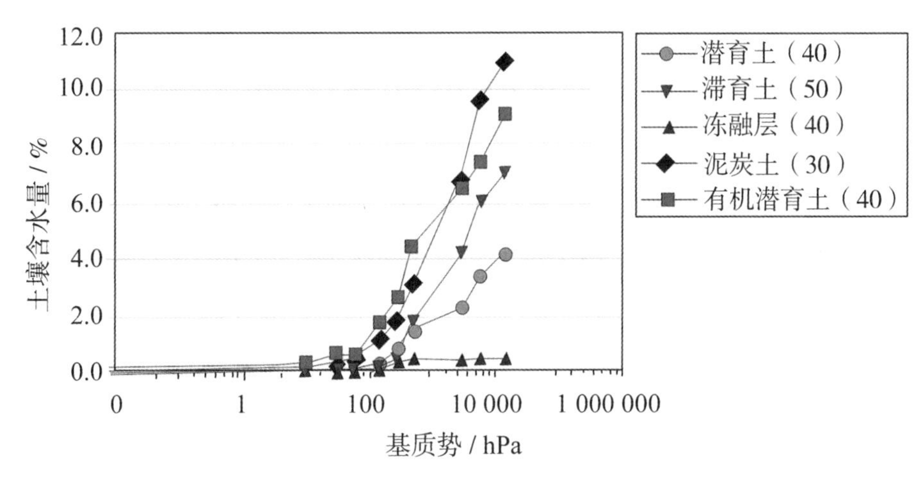

图 10.6　脱水过程中团聚土壤样品的收缩失水量（假定参照体积为试验条件下完全填充的圆柱体，不考虑收缩引起的土壤体积变化）

当超过先前脱水/收缩（结构收缩）的最大限度时，土壤质地成为主要影响因素。随着孔隙系统越来越不稳定，这将不利于基于刚性孔隙系统（van Genuchten 方程）的模型参数化。

土壤的一次荷载可能会导致通气量和土壤含氧量等的长期变化，这种变化取决于所采用的耕作方式（Weisskope 等，2010）。瑞士地区的大范围野外试验结果表明，与无荷载区域相比，荷载 1.5 年后底土中的氧浓度显著降低。在恒定的容重条件下，只有通过深根植物的生长，才能恢复孔隙连续性（图 10.7）。

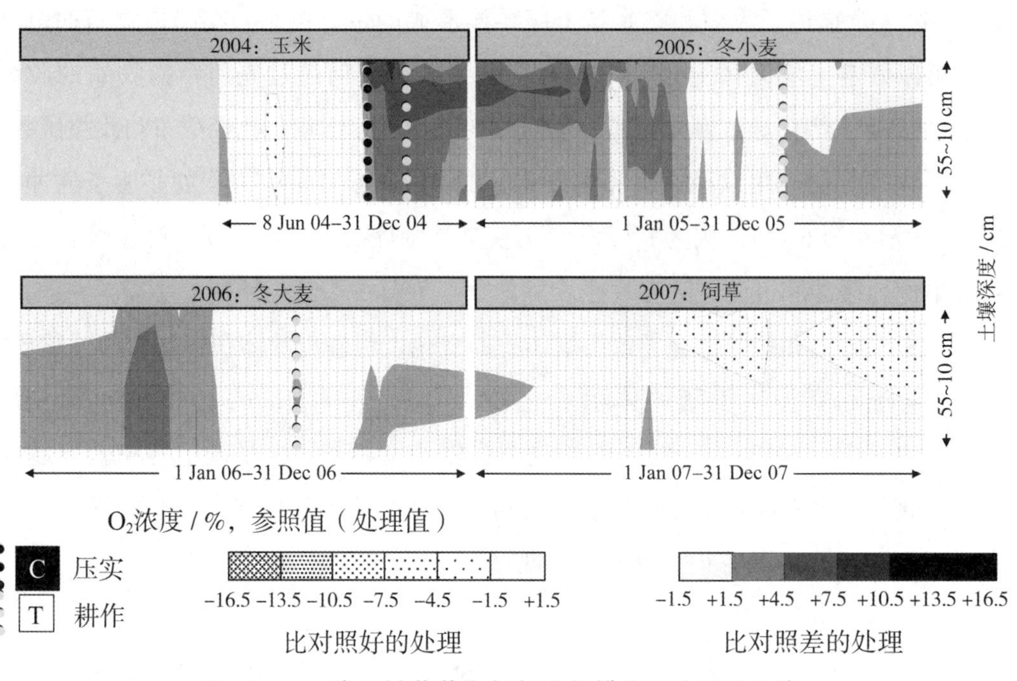

图 10.7　一次机械荷载和每年重复耕作下的相对土壤 O_2 浓度年际变化曲线（Weisskope 等，2010）

通俗地说，荷载使土壤变浅，伴随的生态位参数变化被称为机械性土壤退化，这个变化大多是不可逆转的。由于土壤平均变形深度太大（根据荷载强度的不同为几厘米到几分米），因此，无论是蠕虫（如龙胆虫）的深层挖洞，还是土壤深层冻结，都无法改善土壤变形。在生态养殖土壤中，蠕虫密集挖洞（密集的最佳条件）最多能以 70 mg/h 的速度将土壤移动到地表，这相当于在土壤平均容重为 1.5 g/cm^3 时，蠕虫能移动 2~3 mm 高的土壤。这种蠕虫挖洞并不能完全恢复土体变形的高度。虽然蠕虫挖洞能改善土壤干湿状况，提高非饱和导水率（Schrader 等，2007）和毛细管水的上升高度，但同时也降低了土壤团聚体内部孔隙的可进入性。Reszkowska 等（2011）发现，内蒙古草原的土壤每年都有几个月被冻结（约 60 cm 深），但在近 30 年禁牧情况下并没有因为冻融而变得很疏松，这与土壤冻融会疏松土壤的说法相悖。这主要是由于水在相变时，体积会膨胀 9%，水平裂缝与温度梯度垂直，容易形成板状结构，解冻后不稳定。这种冻融过程并不能持续改善土壤，因为当冰融化成水后，土层之间的水平空间会被垂直荷载（覆盖土壤和机械荷载）重新压缩。

土壤板状结构具有较强的各向异性抗剪强度和导水特性，因此，土壤导水率的垂直分量比水平分量低两个数量级。在非饱和条件下，达到预收缩或预压应力时，水平各向异性变为垂直各向异性，即土壤质地和孔隙函数取决于土壤耕作历史（Dörner 和 Horn，2009；Reszkowska 等，2011）。

机械或水力过程形成的土壤板状结构限制了植物可利用的水分和养分。就作物产量而言，这种土壤变形基本上是不可逆的，受影响的土壤会永久退化。关于作物产量与不同土壤管理方式和应力程度下的大量研究表明，片状土壤结构导致作物长期减产和产量稳定性下降，深层土壤易受到风和水的侵蚀（Ehlers，1996；Horn 等，2005）。

10.2.3 水力孔隙功能与力学参数的相互作用

随着土壤干燥化机械稳定性增加，至少在土壤孔隙表面稳定弯月面力被传递时，机械稳定性没有减少（见第 4.6 节）。我们可以将饱和含水量 x 和孔隙水压 u_w 两个参数列入有效应力方程。这一关系进一步表明，除了基质势是各向同性的，机械力有方向（见式 4-8）和张力性质（见第 3.6 节）之外，水力和机械应力基本是等效的。因此，土壤的最小机械强度可以通过测量（最大程度近似的）田间基质势来确定（Baumgartl 等，1998）。反过来，孔隙水压力的测量也是如此，就像基质势依赖于土壤膨胀/收缩一样，土壤应力—应变曲线依赖于压实和再压实。在一定的含水量范围内，正常收缩会导致首次脱水，部分再膨胀会出现残余收缩，随后发生二次脱水。在这种状态下，一旦有额外的机械荷载（车辆荷载或耕作），弯月面的形状就会变得扁平，导致基质势局部上升，土壤丧失稳定性并局部塑性变形（即形成不可逆变形），产生新的收缩过程（Toll，1995）。

充分利用土壤机械力、淹水动态机械力、水力梯度的组合，可以实现土壤预期的均质化，这种方法在水稻栽培中应用较多，即广为熟知的黏闭作用（puddling）的过程。为了利用沉积下来的细颗粒盖住犁底层土壤，可通过人工或机械捏碎表层土壤，从而防止稻田中下渗的水分过早流失。在还原条件下（不含 O_2），相应的紧密土壤结构恢复不会影响水稻生长。排水后出现的正常收缩和形成的裂缝，有利于土壤后期结构成熟。

10.2.4 土壤管理对土壤物理参数的影响

各种耕作方法的优劣，通常是以土壤物理参数为标准来评判的。耕作强度越低，对自然土壤发育的负面影响越小，在干湿交替的季节性变化影响下，就越容易形成稳定、宏观均质的结构单元。在压缩的初始阶段，团聚结构形成后，才会出现促进土壤演化的张力断裂和剪切断裂（见第4章），从而形成一个稳定、低熵的团聚系统。这种团聚状态是矿物和有机物质的结合，是热力学的一种表达方式。

在自然土壤演化过程中，与作物相关的土壤特性也会发生变化。例如，活性表面交换过程的有效性提高，粒度分布和有机物质组成更合理，通气性和团聚体中微生物的活性更好。从传统耕作改为保护性耕作，最初增加了土壤容重（反复灌溉—失水循环使颗粒重新排列，见图4.24），使团聚体松散，随后减少了次生孔隙的比例，使孔径分布更加均匀有效。少耕土壤稳定性的增加，使得生长期植物吸水更加稳定、层次更深。深层水的弯月面力使土壤的稳定性进一步增强（由于有效应力方程式3-5的 x 因子较大，有效应力增加）。有机物的生物作用和分解过程，可能使干燥的团聚体表面变得疏水，抑制土壤的再膨胀过程（Zhang 和 Hartge，1995；Bachmann 等，2008）或增强土壤的胶结过程（Hallett 和 Young，1999；Feeney 等，2006a）（见第4.7节），从而进一步增强了土壤结构的稳定性。

每一种土壤结构都代表了土壤内外过程达到稳定时的准动态平衡。超强度的机械荷载会破坏土壤结构中最薄弱的部分，从而减少团聚体间的孔隙体积（部分与土壤颗粒边缘棱角移除或变圆有关）。密度较大、渗透性较差的土壤结构，可能完全受团聚体内孔隙系统的影响。土壤结构的断裂和重新排列（在变形的剪切分量的帮助下），最终会导致土壤板结。土壤板结限制了作物根系生长，减少了水、气、热和养分供应，一般表现为作物减产。土壤侵蚀加剧和温室气体释放，改变了微生物活性和土壤有机组成，导致土表大范围积水。图10.8描述了土壤变形对各种生态系统相关过程的影响（Van Der Ploeg 等，2006）。

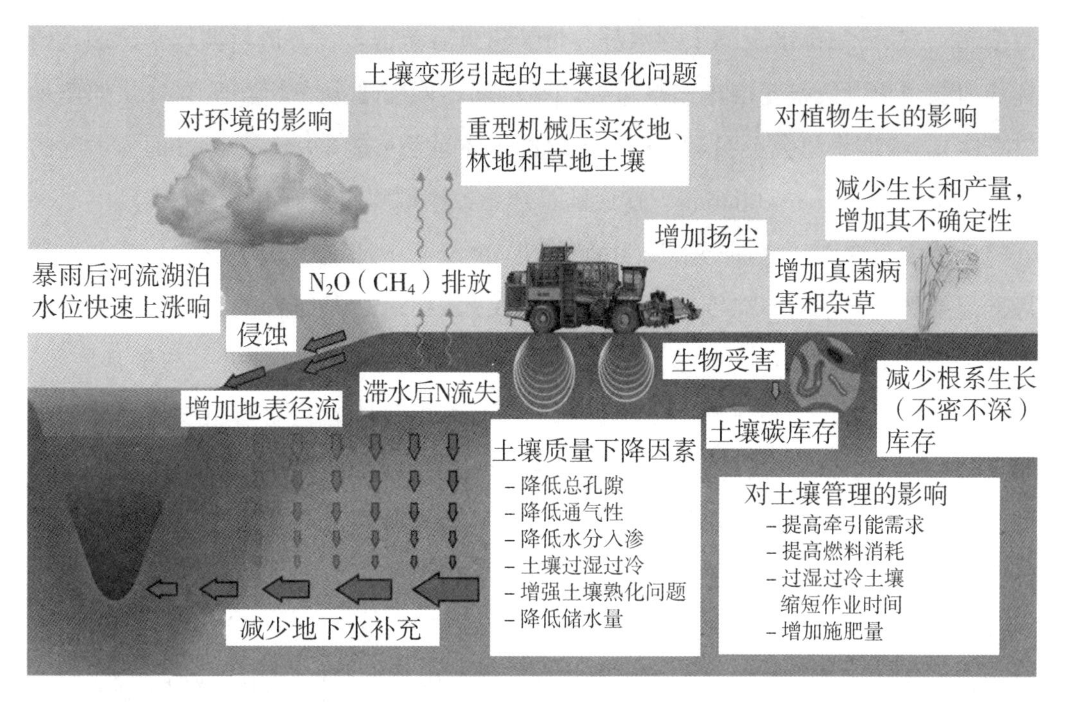

图 10.8　土壤变形及其对土壤功能的影响（改编自 van der Ploeg 等，2006）

10.3　水力应力状态的修正

直到几十年前，人们还一直认为水分供应良好的地方才适宜种植作物，水分供应可能是影响作物种植区物理性质的唯一因素。在远古时代，人们就认识到了适宜作物种植区的重要性，为了争夺这类种植区经常会发生武装冲突。希腊作家修昔底德在其关于伯罗奔尼撒战争的书中记载：由于“土地质量”，色萨利平原、维奥蒂亚平原和伯罗奔尼撒平原的财产所有权经常发生变化（Thukydides，1993）。

目前关于改善土壤整体水力状况的方法很多，包括水文和其他措施。例如，与各类建筑工程（如矿山、垃圾场、堤坝）有关的大规模清除、土壤整治、重新改造等，极大影响着土壤性质及其作为环境要素的所有功能（Fredlund 和 Rahardjo，1993；Kutilek 和 Nielsen，1994）。

10.3.1　排水

当土壤孔隙系统中的有效空气太少而导致植物无法正常生长时，就需要排出土壤中的水分。另外，农机耕作措施和放牧会增加土壤荷载，或者为了防止在路堑、海岸或人造斜坡、堤坝等地发生滑坡（由水流压力或土壤水量导致的额外压

力引起），都需要排出土壤中的水分。由于建筑活动增多，人造斜坡越来越多，研究如何能防止滑坡就变得越来越重要。在层间不同粒度分布相互影响时（如复垦过程中），滑坡趋势会更明显，这时大量的土体运动可能是由水分弯月面力引起的水力固结（hydrocon solidation）造成的，会导致潮湿材料沉降和基底破坏。

土壤表面形态，特别是沼泽表面形态，决定了土地能否用于农业生产。在潮坪区需要修建排水沟，以维持一定的水力梯度，促进土壤结构的成熟。在堤坝的石灰性潜育土中，对水力梯度有利的多面体或团块结构中具有更大的负基质势，更容易形成平坦、容易耕种的土壤表面。具有黏土性质且富含有机物质，能增强抗剪切性能，形成稳定且通气良好的土壤，可充分排水。在始成土和内生潜育土中，由于缓慢酸化和黏粒迁移的影响，这些势能差已不足以为表层土壤提供足够的空气和水，但河床下切增加了基质势梯度，再加上底土排水、通气，土壤基本可以用于农业种植。

第 6 章描述了土壤通过大量排水来促进作物根系的呼吸作用。必须再次指出，排水能力及其必要性取决于导水率、大孔隙的数量和连续性。另外，进入排水管的水通量通常是三维的。一般都会通过排水渠道或排水管道排水来降低地下水位。但是，由于排水会导致整个水势场发生变化，因此地下水位几乎不可能降到一个很窄的范围内。第 6 章详细讨论了水力场及其相互关系。排水是一个专业领域，需要结合专业书籍来分析（Eggelsmann，1981；Skaggs 和 van Schilfgaarde，1999）。

种植所使用的机械越重或者放牧的草场越密实，对土壤的承载能力（取决于含水量）影响越大。排水降低了地下水的基质势，加大了弯曲水面的接触面，增强了抗剪能力，需要承受荷载的土壤厚度也相应减少，因而描述应力分布的集中系数 v_k 也逐渐减小（见式 3-2）。

由于细孔隙的导水率往往很低，不能很快地将水输送出去，因此，在部分饱和土壤上的任何变形荷载，都会导致水从细孔隙再次分配到粗孔隙中去，使弯月面变平，甚至由凹变凸，局部形成正水压。这时水分主要起润滑剂的作用，土壤的有效抗剪能力（承载力和抵抗揉捏）几乎为零。如果这时有荷载，则支撑最少的边缘粗孔隙首先受到破坏。与在低应变的高地下水位相比，这种荷载变形对植物根系通气条件的影响更严重、更持久。

垃圾填埋、矿物填埋场等土壤覆盖逐渐变成了独立的水力系统，这就必须考虑有利于植被绿化或农业生产。

在湿润气候条件下，土壤中不可避免地会积累水分。如果下层粗糙材料的非饱和导水率较低，表层土壤没法排水，就会出现土壤泥泞、洪水泛滥以及坡面上径流等现象。这种现象若出现在垃圾场中没有问题，但若出现在堤坝上却很危险，可能造成大规模滑坡，甚至会掩埋整个建筑物。如果农田发生淹水，则会导致土壤丧失稳定性和抗压性。

当表层土壤底部的基质势为零（即饱和）时，水就开始流入粗质底土，这时不能通过排水沟或排水管排水。当车辆荷载（由于变形）降低土壤强度，增加土壤挤压程度时，为了确保土壤有较高的承载力，表层土壤必须足够厚实，以保证其水势接近或超过零（负基质势不可能排水）（图 10.9）。此外，还能保证根系的通气性。但表层土壤密实受制于交通和供水条件，对农业用地的改善作用非常有限。

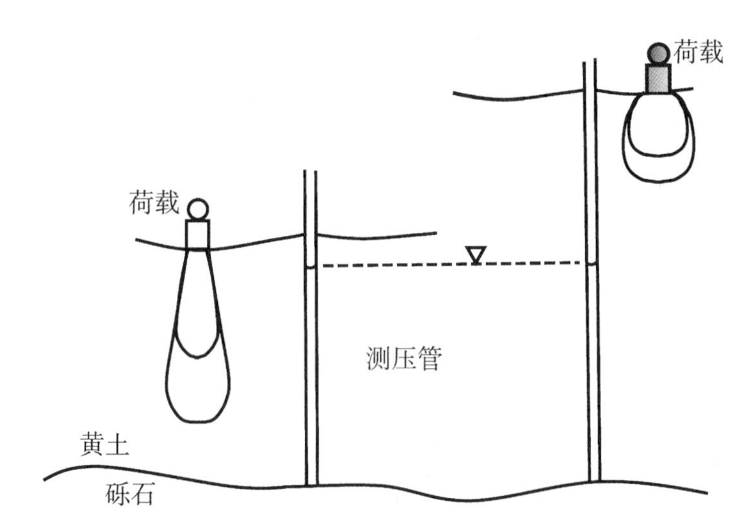

左图：在到达土壤表面之前，毛细管上升力没有突破弯月面力。随着饱和含水量的增加，荷载量降低，集中系数 v_k 增加。右图：达到强制脱水的毛细管水高度。排水提高了机械稳定性，使集中系数保持在较低水平

图 10.9　粗底土上面细粒表土的厚度与蓄水荷载下稳定性损失之间的关系（“无下沉”的毛细管水在底部形成悬浮弯月面）

为了测定无侧向径流表层土壤的最小厚度，必须以主导孔径支持的自由水柱高度作为饱和带的上限。需要指出的是，弯月面力能支撑的毛细管水柱高度是自由水的两倍（Hartge，1998）。

垃圾填埋场的建设广泛采用了覆盖层的毛细管屏障效应。由于气候条件和有效基质的粒度不同，导水率与基质势截然不同，但当粗糙底层（毛细管阻塞）的导水率低于细密表层土壤时，在微倾斜覆盖层会产生侧向径流（Gräsle，

1999）。当覆盖层成为毛细管屏障时，在一定的斜坡长度、坡度和气象条件下，水在流入斜坡底部之前可能会渗到下层，导致雨水渗入垃圾场而被废弃物污染。由于雨水未及时通过细密表土的侧向径流流走，随后需要花费昂贵的费用来处理污水。一般垃圾场会安装排水渠，以确保覆盖层的长期抗渗性。图 10.10 表示了表层土壤（质地较细）与毛细管水障碍层土壤（质地较粗）边界处导水率的关系。

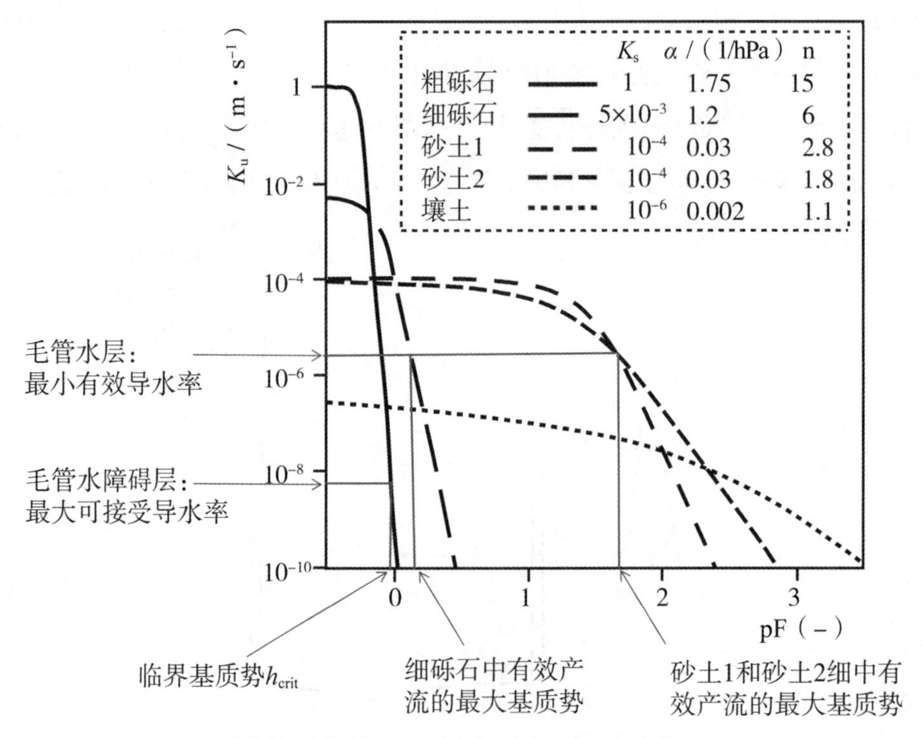

图 10.10　砂砾、砂土和壤土的导水率（K_u）与脱水程度（用 pF 值表示）之间的关系

只要覆盖层顶部的基质势位于毛细管屏障材料交叉点的右侧，水就不会进入垃圾场，而是从侧向流走。垃圾场覆盖层顶部的年度基质势曲线证实，覆盖层被烘干后，水是完全横向流动的，仅在特殊情况下水才会渗入垃圾倾倒物中。因此，只要粗砂砾层（毛细管水障碍层）是干燥的，导水量就会随之减少，水就不会渗入垃圾倾倒物中（Gräsle，1999）。

为了保证堆填区密封层的长期抗渗性能，应及时记录密封层的水力和机械应力的耦合效应。只要密集排水（气候变化和根系深扎）或过度荷载未超过覆盖层的机械力和水力稳定性，即使出现最大脱水，也能保证静态多孔系统不会发生渗漏。但在潮湿的压实矿物填埋场中，不仅会形成剪切和沉降裂缝，而且会随着瞬时孔隙水（超）压力的增加出现再膨胀和浸湿，容易形成张力断裂，使水分缓慢流走，增加密封层的渗透性（TA Siedlungsabfall，1993；Junge 等，2000；Horn，2002）。

10.3.2 灌溉

水分散失和灌溉（补充水分）的直接驱动因素均为水势场变化。灌溉过程与第 6 章中讨论的入渗过程基本相同。

在干旱地区进行大规模灌溉保障了农作物种植。供水对植物的生长非常重要，即使在湿润气候地区，灌溉也可能有助于植物生长（Achtnicht，1980；Heyland，1996）。通常集约化农业都需要灌溉（Krug，1991）。

究竟采用哪种灌溉方法，则取决于农业类型。经济用水，即对水量进行优化控制是非常必要的。由于蒸腾系数增加，在充足的供水条件下，过多的水分损耗降低了水分利用效率（Ehlers，1996；Kirkham，2005）。灌溉效率越高，灌溉系统的成本就越高。常灌溉技术（包括漫灌、沟灌、滴灌等）还在进一步完善和发展。对于漫灌和沟灌，需要在地表修建田埂或灌水沟，若应用在斜坡上，则需要修建梯田才能灌溉。但对于喷灌和滴灌，则不需要修建这些设施（表 10.1）。

表 10.1　各种灌溉方法及其利弊（Ellrich，2009）

灌溉方法	地下灌溉	地面灌溉	喷灌	滴灌
具体分类	毛细管灌水	漫灌 沟灌 蓄水	农田灌溉 局部灌溉 点灌	点源灌溉 滴灌
技术措施	抬升地下水位 修建地下管道	控制淹水深度 建造堤坝和输配水系统	按时间和数量，由水泵、管道和灌水器控制水的分配	通过滴水器（滴管、滴头）向四周散布少量水分
优点	减少蒸发 不会因地表起伏而不能耕种	适合于大多数平坦地方 小区域使用不需太多投入 简单	地形适应性强（平坦和起伏地面均可） 多用途灌溉 节水 防止因灌溉而结冰	适宜于作物生长 节水 减少蒸发 年运行费用低 及时供给作物肥料

（续表）

灌溉方法	地下灌溉	地面灌溉	喷灌	滴灌
缺点	不适合浅根作物 盐分累积 需要额外给耕层浇水	高蒸发速率 需水量大 需要大量的费用修建堤坝	受风影响大 需要设备和管理经验 高能耗 花费高	需要干净的水（防堵塞） 有技术挑战性 地面或埋地管道可能会影响耕作

地下灌溉要求对地下水位进行有效控制，并建设与维护一个明渠系统；或安装一定距离的排水管道进行渗水，但管道间距要比沟渠更近。不管采用哪种灌溉方法，均要求土壤具有较高的导水率，因为改变沟渠或排水管的水位只会引起很小的土壤水力梯度变化。当土壤渗透性较低时，灌溉网络必须紧密排列，这意味着需要将种植规模降低到地块水平，这会大幅影响经济效益和作物种类的可选择性。优质的灌溉需要有一个传导性好且较深的土壤多孔隙系统，这样才能储存足够的水分以供植物生长。只有细粒土壤有足够数量粗孔隙时，才能避免供氧不足的情况。中等孔隙所占比例高的土壤，可进行更大强度的灌溉，以减少灌溉次数，加厚土层也有同样的效果。

灌溉补充土壤中的水分，然后水分被蒸散消耗。在湿润气候条件下，水分只是暂时性会透过底土，所以地下灌溉技术要长期坚持使用。而在干旱气候条件下，这种水分补给作用通常会使盐分在表层土壤中积累。为了防止积盐，除了满足作物蒸散所需的灌溉水量外，还应加大灌溉强度，使水分到达更深土层以促进排盐。必须将沟渠中30%的入渗水（因为高含盐量）排走，以防止土壤永久盐渍化。这种土壤冲洗是实现土壤改良和复垦的重要措施，过去主要用于盐碱地灌溉。已有大量的文献较为详细阐述了土壤冲洗的可能性和局限性（Bresler 等，1982；Achtnicht，1980）。

10.3.3　渗流

在湿润气候条件下，降雨或补充灌溉后，不仅能将土壤水分补充到最大田间持水量水平（FC），而且有相当一部分水分会渗透到下层土壤中，形成或补给地下水。从长远来看，土壤会被一直冲洗，将可溶性的和/或易悬浮的物质冲洗下来。这有利于为植物供水，但同时也损耗了土壤中的营养物质。水会不断向下移动，减少了夏季可供植物利用的水量。因此，渗流是土壤剖面垂直位移的驱动因素，也是土壤演化的重要因素之一。

渗流对立地土壤参数的影响主要受局部流动条件的控制，而降水引起的水分压力脉冲起着重要作用。在孔隙均一的土壤中（由于粒度分布均一），会形成湿润锋（见第5章）。湿润锋前沿的水力梯度越陡（会促使流动压力增高），含水量越低。在具有次生孔隙的土壤（即由收缩裂缝形成的团聚体）中，部分水分会从孔隙边缘流出。这种优先流受到团聚体和孔隙边缘饱和导水率的限制，也受含水量和水流引起的基质势梯度($\partial\Psi_m/\partial x$)的影响（Kutiler 和 Nielsen，1994）。这种水力梯度随着湿润锋的推进而减小，因为土壤的含水量及其非饱和导水率会逐渐增加。在单位时间输送给定水量的过程中水力梯度影响很大，随着水力梯度的降低，渗流速率也降低（达西定律）。

这种水力脉冲关系是同一种土壤在短距离内位移强度不同所致。入渗事件后水力脉冲更弱的地方（同一孔隙系统），维持这种关系需要更长时间迁移更少量的物质，如滞水土（Stagnosol）比邻近干燥淋溶土的淹水更强烈。在湿润锋的水力脉冲达到一定深度后，会从土壤表面开始脱水，这也是一个渗流过程。对渗透流速来说，渗流过程中孔隙大小的比例至关重要。在地下水位很深的地方，一定水力梯度下会产生缓慢稳定流，这时的水力梯度阻力低，不会阻止土壤水的流动，还有利于排出土壤中的可溶性物质。

在干旱的气候中，整个土壤剖面没有向下的渗滤作用，高蒸发潜力会使土壤水向上移动，渗滤引起的水运动主要取决于孔隙系统。含水量与非饱和导水率$K(\Psi)$的关系决定了向土壤表层供水所需的水力梯度，也控制着土壤含水量与深度剖面的关系。

土壤水中非挥发性组分的沉积受限于土壤深度，愈接近地表，则其表面的含水量（即导水性）就越大。因此，地下水埋深较浅的土壤中盐分累积量大于地下水埋深较深的土壤。

肥料或加入的其他物质很有可能在地表积累。因此，水势 Ψ_w 会随着渗透势 Ψ_0 的减小而降低（见第5章）。

渗滤也是一种去除土壤污染物的方法。要想大规模应用渗滤方法，首先需要漫灌。土壤水动力弥散由其质地和结构决定，有时漫灌也不一定需要大量的水。

通过浸灌去除土壤污染物时，反而有可能污染渗滤水。污染物最终到达的位置，取决于污水与最近的排水槽（河流、湖泊、井集水区）之间的渗透路径，以及沿途土体的过滤特性。

10.4 机械应力状态的改变

讨论诸如自然和最佳土壤组成、土壤适应性管理等术语，需要事先确定目标和为实现目标而付出的可接受的尝试，还必须考虑土壤变化限制（土壤疏松或压实，基质的添加或去除）。

这节我们将讨论一些与位置和底物相关的标准，以评价土壤压实、疏松或重新排列措施的有利或不利影响。本书只讨论物理关系，已有农业文献描述这些问题（Baeumer，1993；Heyland，1996）及其改善方法（Eggelsmann，1981；Jayawardane 和 Stewart，1994）。

10.4.1 压实

据观察，在机械荷载作用下，压实使土壤平均孔径、孔径分布和孔隙连续性逐渐减小，已有不少学者研究了压实对农业生境（Soane 和 van Ouwerkerk，1994；Pagliai 和 Jones，2002；Horn 等，2000；2006）和林业生境（Teuffel 等，2005）的影响。对农业生境而言，只要在干旱过程中增加细孔隙的数量（细孔隙会使水流向树根），且由此产生的土壤硬化不妨碍植物生长，则土壤压实是可以接受的。使生境条件恶化的压实作用，通常包括压缩压实和由于剪切变形引起的结构破坏和孔隙重排，其中孔隙重排往往导致严重的土壤结构退化。在 200~400 kPa 荷载下，孔隙变小会使黄土（pF 2.5~3）的非饱和导水率提高几个数量级，使黄土的饱和导水率下降几个数量级，最终导致干旱时毛细管水大量上升。特别是在缺水地区、干旱或半干旱气候区或在非常松散的土壤（碎屑）中，如在沼泽和火山灰中，人工压实发挥着重要作用。在这类地区，疏松土壤和改变耕作规程（如犁地）会降低作物产量。

由于压实后湿润土壤的导热系数较高，因此，与松散土壤相比，压实的湿润土壤不容易冻结；压实后湿润土壤的升温速度慢，更容易造成农作物产量损失。

不仅在中欧，在其他采用农机来收获作物（如收获玉米和甜菜）的地区，也会造成越来越严重的、不可逆转的、深度超过 80 cm 的土壤变形。随着收获作物拖架质量的不断增加，对接触面施加的压力逐渐增大，并向土壤更深处传播，使深层土壤发生变形。Duttmann 等（2013）通过原位测量发现，超过 70%的农田表面经历了每年 10 次以上不同质量农业机械轮胎的碾压，这不仅会影响田边地角的土壤性质，而且随着碾压次数的增多（特别是在收获期间）会逐渐影响农田中心地带的土壤。“今日良田，明日地角”正逐渐变为现实。

如果疏松土壤的耕作方式不当，就很难补充土壤水分。此时压实土壤会出现表土被压缩，底土仍然松散的现象，而且卸载（或膨胀）后容易形成块状结构。压实也会减少毛细管水的供应，增加孔隙的非均质性。如果在垃圾场中出现这种情况，从安全方面考虑，需要采用复杂的方法在整个黏土层中创建同质土壤，密封垃圾场。尽管使用了压实装置并且均匀填充，但计算机断层图像分析表明土壤中依然存在着不均匀结构。这种土壤非均质性，通常会影响溶质运移和孔隙系统的滞留能力，成为消除裂缝应力传播的中心点。利用压实技术的例子，如利用压轮使土壤与刚播的种子接触，通过有控制的压实技术增加土壤和种子的接触率；再如使用控制性局部压实技术和氮肥带表面隆起技术。局部压实和隆起会使入渗水仅在施肥区域周围流动，而不流经施肥区域，从而减少氮肥的淋溶损失（Ressler 等，1997，1998a，1998b，1999）。

10.4.2 疏松土壤

适合作物生长的土壤，一方面必须能储存大量的水，另一方面要允许充足的空气进入。此外，还应具有根系生长的阻力较低，孔隙系统较均匀的特点，既不会阻碍毛细管水上升，也不会影响多余的水渗透入底土。

我们可以采取犁耕（如用铁锹或沟犁松土）等措施，来改良容重过大或在耕作过程中压实的土壤。犁耕时耕具必须能在松散土壤上行驶，这就需要创建松散土壤的狭窄平行区域。这些措施成功与否，主要取决于松散土壤含水量的分布情况（即土壤达到脆性断裂）。如第 10.2 节所述，水力和机械应力的相互作用会产生塑性变形，因此，在大多数情况下土壤很难实现脆性断裂。另外，土壤改良过程中应避免重新压实的情况。在大多数情况下，可以采用不同的作物栽培方法。

评价土壤改良方法是否成功的步骤如下：首先，要确定底土特定含水量处的土壤预压应力。其次，应根据被抬升的土层厚度（z）、其含水量（θ_v）和容重（ρ_b）来计算某处的过大荷载（$\rho_b+\theta_v$）$\cdot z \cdot g$。压实比越大，预压压力与过重荷载

比值越大，土壤改良措施就越有可能成功。评价土壤改良措施是否成功的参数为有效土壤压力值，可用剪切参数作为近似值（Dvwk，1995；Grasshoff 等，1979）。

在所有土壤中，疏松作用对毛细管水供应的影响都是相似的。在基质势为 -3～-30 kPa 时，黄土的饱和导水率会升高 1～2 个数量级，非饱和导水率会降低 1～2 个数量级。孔隙缺乏连续性会阻碍水分的持续供应。要使孔隙发挥作用需要很长的时间，所以短期内的改善措施不一定能达到预期效果。

10.4.3 材料重置

在开采原料（褐煤、砂砾、砂土、黏土、泥炭）和建筑工程（建筑堤坝，废物沉积，建设港口、渠道、道路和铁路设施等）时，应预先去除表土，很多时候底土也会被移走。采矿或建筑工程结束后，再重新把表土铺到粗糙的路基上。粗糙路基与开挖深度有关，主要由采矿坑填筑物、地质材料或者建筑碎石组成，在后两种情况下材料会被松散或液压回填。不同粒度的沉积特征（沉降方程见第 1.2 节），取决于沉积的位置、类型和形成层性质。因此，松散回填可能会出现结构不均匀的现象，而液压回填可能会导致分层现象。

通常情况下，推土机行驶会导致轮胎或履带下的强烈剪切，粗糙路基会逐渐被压实。黄土中铺设的粗糙路基容重约为 1.8 g/cm^3，压实深度达到 80 cm（Lebert，1993）。因此，在黏土区、淤泥区及有机质含量较高的压实区（无论表层是否被移除），都容易出现蓄水区，而且是永久湿润区，因为这些区域大多位于粗糙的路基顶部或下方。因此，我们一般从具有各向同性孔隙系统的基质开始研究。这种系统中没有连续性的次生孔隙，仅有一层薄的表层土壤覆盖。

当粗糙路基表面的孔隙系统与覆盖表土的孔隙系统有很大差异时，水文情况与第 10.3.1 节类似。由于土壤粒径分布和容重差异很大，阻止了水分从表土流向粗糙路基，导致基质势增加和自由水形成，土壤抗变形能力不断下降，任何车辆荷载都可能导致表层土壤被压实。在这种恶劣环境中，植物的生长受到抑制。改良过程中可通过种植植物来保护土壤，降低风和水对土壤的侵蚀，增加土壤中有机质的含量。

使受损土壤如同自然发育的土壤一样，恢复成具有次生孔隙的土壤结构，可能需要几十年。这种土壤结构是无数次膨胀和收缩循环的结果，在此期间，不可逆的收缩，有机质的缓慢积累，有助于稳定土壤结构的黏土—腐殖质复合体缓慢形成，均能防止再膨胀的发生。

尽管人工排水（使用排水管）会产生低基质势，但由于这类土壤没有自由水，因此，使用人工排水方法改良土壤不太可能成功。利用机械松土会降低土壤稳定性，导致压实，而非土壤基质脆性断裂，这会降低松土的正面效果。

从完整性出发，必须指出的是，地基和岩石材料在土壤重新排列过程中会被直接带到地表与大气接触。但垃圾填埋场建设时需要密封各种有机材料，由于氧化还原条件的变化，可能会导致土壤酸化、气体产生以及热量释放，这些过程会对植被覆盖和土壤结构造成相当大的影响。

有关复垦措施的讨论，可参阅专业出版物（Darmer，1978；Kuntze 等，1994；Jayawardane 和 Stewart，1994）。

习题

10. 1：以下是砂土、粉质土和黏质土的水分特征表。

表 10. 2　砂土、粉质土、黏质土的水分特征（Ψ 为水势，θ 为含水量）

Ψ/hPa	砂土 θ/%	粉质土 θ/%	黏质土 θ/%
-0	45	50	55
-10	40	46	52
-60	10	40	48
-300	5	30	44
-1 000	4	20	40
-15 000	3	10	30

a. 绘制土壤水分特征曲线并计算 3 个土层的空气容量（AC）、田间持水量（FC）、植物有效水（PAW）和永久萎蔫点（PWP）。

b. 假设固体密度为 2. 65 g/cm^3，计算 3 个土层的土壤容重。

c. 假设土壤剖面由 3 层土壤组成：0～30 cm 砂土、30～70 cm 黏质土和 70～100 cm 粉质土，计算 1 m 深土壤剖面中的储水量（L/m^2 和 mm）。

10. 2：

a. 如图 10. 11 所示的孔隙空间排列，在相同的孔隙体积下代表不同的土壤结构（$\varepsilon=20\%$）。左侧单孔半径为 1.8 mm，右侧 16 个孔半径为 0.5 mm。假定三维孔隙长度为 1 m（Δl），1 m 水柱出入口的压力差为 Δp。利用 Hagen-Poiseuille's 定律计算两种情况下的孔隙流速。

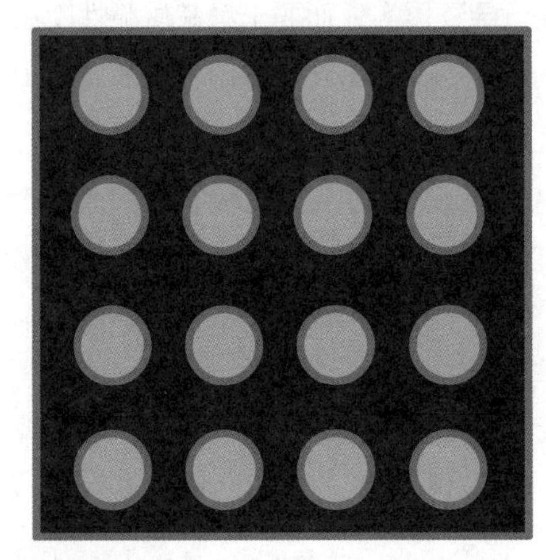

图 10.11　孔隙空间排列

b. 将孔隙体积减少 5%，模拟没有剪切作用的土体压缩（体积变形）对流速的影响。重新计算两种情况下的流速，并将结果进行比较。

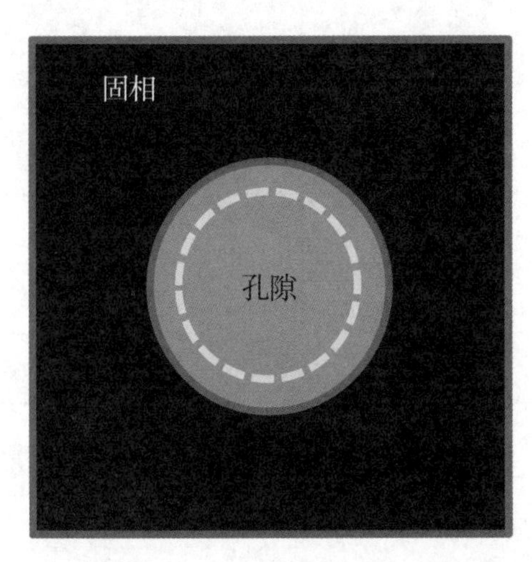

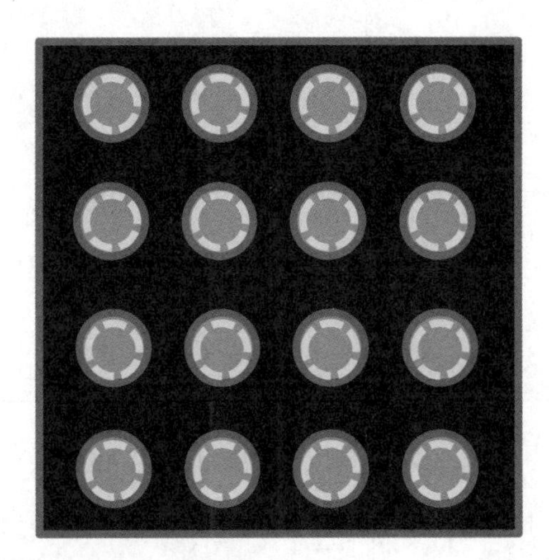

图 10.12　孔隙体积减少 5%后的空间排列

c. 当孔隙体积保持不变时发生剪切变形，假设剪切应变为 0.28，只考虑单孔的情况，再次计算变形后的流速，并与未变形时的结果进行比较。

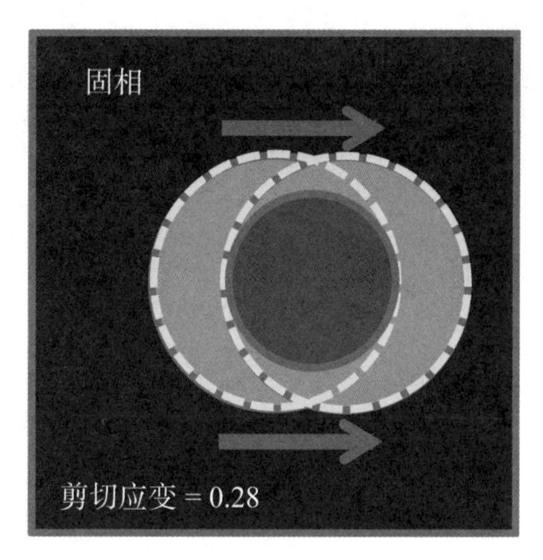

图 10.13　孔隙体积不变时土壤发生剪切变形

10.3：黄土压实前后测定的土壤水分特征曲线值如表 10.3 所示。

表 10.3　土壤水分特征曲线值

Ψ/hPa	粉土 θ/%	黏土 θ/%
-0	50	55
-10	46	52
-60	40	48
-300	30	44
-1 000	20	40
-15 000	10	30

a. 确定压实前后的空气容量、植物可用水和永久枯萎点。

b. 绘制土壤水分特征曲线，观察压实变化。

10.4：一个已被密封的危险废弃物处理场，黏土垫层厚度为 1.05 m，饱和导水率为 4.7×10^{-8} cm · s^{-1}。危险废弃物（液体）在垫层上方的平均深度为 0.24 m。如果废物处置坑面积为 2 240 m^2，可计算一年内进入垫层的废水量。一年后废水会移动多远？假定垫层体积密度为 1.48 g · cm^{-3}，并假定垫层下有砂砾层来排水。

10.5：灌溉前后在两个土壤剖面处采集的土壤样品。样品在 105℃烘干 16 h。

表 10.4　灌溉前后采集的土壤样品信息

采样时间	样品编码	取样深度/cm	土壤容重/（$g \cdot cm^{-3}$）	土壤湿重+器皿重/g	土壤干重+器皿重/g	器皿重/g
灌溉前	1	0~40	1.2	160	150	50
	2	40~100	1.5	146	130	50
灌溉后	3	0~40	1.2	230	200	50
	4	40~100	1.5	206	170	50

a. 计算灌溉前后土壤质量和体积含水量。

b. 计算灌溉在土壤剖面中增加的水量（L）。

第 11 章 土壤侵蚀

我们在第 2 章中阐述了土壤等粒状物质的堆积高度差异，对应于在重力场中各自的势能。通常这些势能会引起土壤补偿运动，如变形、位移和块体运动，直至运动消除势能差异，这一过程必须克服土壤的阻力。

即使土壤颗粒处于相互平衡状态，地表的空气和水流也可能触发物质运移。土壤颗粒的分离和位移所产生的结果被称为土壤侵蚀。根据形成原因不同，分为风力侵蚀和水力侵蚀。土壤耕作也会因土壤稳定性降低及风力侵蚀敏感度提高而促进土壤侵蚀，这个过程称为耕作侵蚀（van Oost 等，2006）。

土壤侵蚀及其侵蚀物质在邻近区域的再沉积过程，可能对土壤演化过程产生很大影响。此外，土壤侵蚀与农业密切相关，因为它会破坏大片的农田，限制粮食生产潜力。在侵蚀过程中，农田因表土层剥离或被侵蚀物质覆盖而受损。侵蚀物质可通过河流运移和沉积，使得河流变得弯曲，甚至整个港口向下游迁移。许多曾经是“粮仓”的古代农业景观，都因为侵蚀或被土壤掩埋而退化。据估算，全球每年人均导致 3 000 kg 土壤被侵蚀（Morgan，1999）。不论是风力还是水力引起的土壤侵蚀，防控原则和关系都是一样的。

11.1 土壤侵蚀的基本原理

任何流动物质在与其材料不同的接触界面处都会出现减速现象（参见第 6 章：管内或土壤孔隙中的水流，图 6.1 显示了层流和湍流的流动剖面，该章也包括水流对通道边缘不同颗粒结构稳定性影响的详细描述）。水流在土壤剖面中运移物

质，造成局部物质损耗和其他区域物质富集。其中，黏粒和有机质的位移是土壤演化过程中最受关注的特征之一。这一过程类似于侵蚀，可以称为内部侵蚀（internal erosion）。类似情况在水或空气流过土壤表面的地方随处可见。我们之前强调了颗粒对通量的影响，即颗粒抵御位移的阻力。这一章我们将重点关注土壤颗粒位移和运输相应的详细机制。

11.1.1 颗粒物或团聚体的剥离

假设土壤表面为1号平面，与2号平面距离为 y，2号平面黏附的层流颗粒以一定流速运动，可用描述黏性流动的牛顿方程（式3-27）量化层流对颗粒的拉力。这种拉力所对应的剪切应力，可根据黏滞系数 η 和速度梯度 $\left(\frac{dv}{dy}\right)$ 计算。

$$\tau = \eta \cdot \frac{dv}{dy} \qquad \text{（式 11-1）}$$

颗粒将受该应力作用，沿着流水方向与土壤表面平行运动。受颗粒形状的影响，流速差导致颗粒发生滚动或推挤（图11.1）。

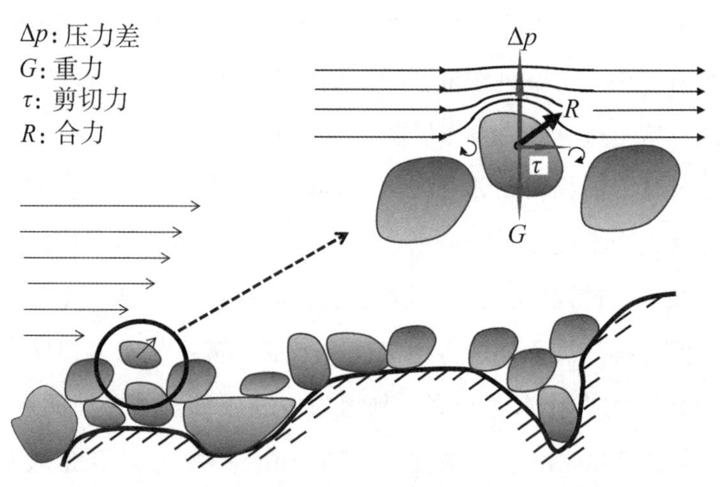

关键参数包括介质黏滞系数、不同速度造成的压力差，以及颗粒相互撞击产生的弹力

图11.1 流动介质促进颗粒在土壤表面运动

当速度差较大或在粗糙和粒状表面遇到阻碍时，从平面到介质的流动速度就不会均匀增加，这就导致流动介质区域的边缘（缓慢）和远端（快速）之间发生物质交换（Beck，1960；Leonard 和 Richard，2004；Funk，2010）。

颗粒在流动介质中和表面边缘受到的剪切应力，由静态压力和动态压力（伯努利定理）组成，即总压力。静态压力增加土壤抵抗力，而动态压力则降低土壤抵抗力（Pohl，1983）。

如此，在快速流动区和慢速流动区之间形成了流动梯度，使得最上端的土壤颗粒被输送到流动介质中，这种向上的运动因为快速流动颗粒对慢速流动颗粒的反弹作用（脉冲和能量的传递）而得到加强（Kinnel，2005）。这为克服能量阈值提供了必需的推力，使流动的颗粒被流体带走并加速运动（作为较高流速的结果——大致与土壤表面平行）。当这些颗粒重新进入与土壤表面相邻的区域时，就会撞上其他颗粒，并传递动能给慢速运动或静止的颗粒。这些运行颗粒带来的附加推动力，先使被输送物质总量增加，并在初始加速能量耗尽后使输送物质以恒定速度运移（Woodrull 和 Siddoway，1965）。

雨滴撞击地表的动能也会引起表层土壤和个别土壤的颗粒分离（de Boodt 和 Gabriels，1980；Kinnell，2001；Cornelis 等，2004b）。当雨滴撞击土壤表面时，其动能会产生一个等同于势能的永久荷载，造成压缩和压缩所致的剪切作用。雨滴撞击使土壤颗粒横向裂开并被运移，也会造成土壤表面的压实（图 11.2）。这样形成的断裂模式与由静荷载引起的模式相类似［见图 3.18，兰金—普朗特（Rankine-Prandtl）理论］。

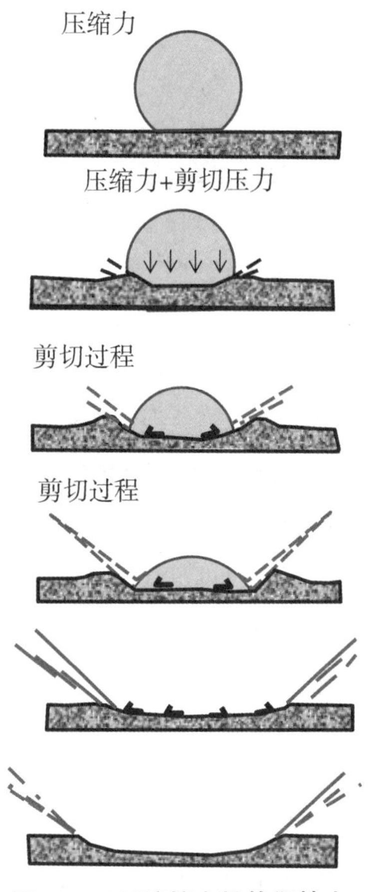

图 11.2　雨滴撞击松软塑性土壤表面引起的土壤颗粒剥离（Aldurrah 和 Bradford，1982）

雨滴击打留下的水加剧了其产生的侵蚀效果。当后续雨滴继续击打含水量相对较高的土壤表面时，由于土壤稳定性随含水量的增加而减小，相邻颗粒间的抗剪强度减小，雨滴引起的剪切应力更易使得颗粒以 $45°-\varphi/2$ 的角度横向运移（图 11.3）。

当土壤表面形成一层较薄水膜时，会出现一种特殊情况。雨滴撞击这层水膜产生的应力将直接传递到下层的土壤表面，导致强烈的剪切应力，使得土壤颗粒最终被侧向剥离。表层水体吸收了雨滴撞击释放的全部动能形成的应力，由于水体不可压缩，应力完全传递到底层土壤。因为雨滴撞击诱发的表层水体运动是非线性的，所以被剥离的颗粒将扩散至整个水体中，这时雨滴撞击的影响就到达土壤表面（图 11.3）。如果初始土壤表面是平的，悬浮液层将沿着最大坡度的方向运动，该坡度形成于以上所述过程（Duttmann 等，2010）。

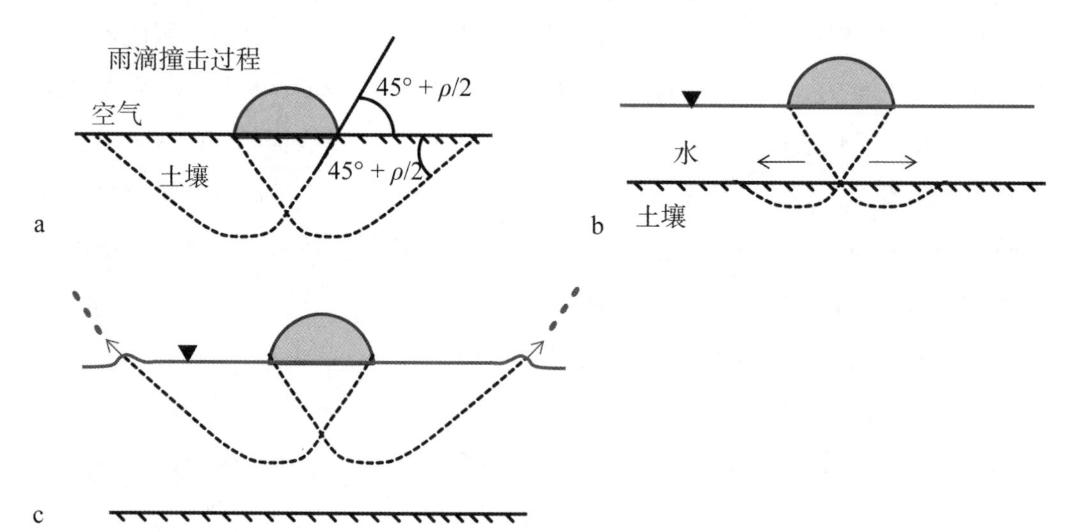

a. 土壤表面；b. 浅水层下的土壤；c. 深水层的水面，在水面上形成次级水滴。其合力对应于 Rankine-Prandtl 提出的断裂线（参见第 3 章）

图 11.3　雨滴击打对土壤产生的效应

如果悬浮层厚到足以均匀覆盖整个土壤表面，土壤表面最终也将受到接近均匀状态的应力。但是如果悬浮层较薄，仅覆盖表面的凹陷部分，则水流将遵循重力势的分布，沿着微地形的最陡坡度向下集中到一定的流动路径，并增强沿着这个方向的流速。其结果是颗粒输送强度增强，从而产生细沟侵蚀（Agassi 等，1994）。

无法通过正常耕作平整的侵蚀沟被称为冲沟，形成于冲沟侵蚀（Knapen 等，2007）。冲沟中的水流不仅拥有比相邻土壤表面更高的流速，同时也具有较高的牵引阻力 S。

$$S=p\cdot\frac{\Delta h}{\Delta l}\qquad\text{（式 11-2）}$$

式中，阻力 S 与剪切应力 τ 量纲相同，随着压力 p 的增大而增加；压力 p 由悬浮液密度和悬浮颗粒的量决定（Holy，1980）；$\Delta h/\Delta l$ 是水面坡度。根据斯托克斯定律（Stokes' Law），增加悬浮液密度会使流速增加，进而携带更多的土壤物质。

当土壤颗粒或团聚体处于干燥状态并彼此叠加，或因为风力作用导致干燥时，就会发生风蚀。高风速带来的应力和土壤表面蒸发有利于风蚀的发生，小到能被流体剥离或大到足够疏松可被迅速干燥的土壤颗粒和团聚体，都可能被优先运移。这些土壤的非饱和导水率相对较低，最常见于砂土中（Hagen，2001；Cornelis 等，2004a；Wojciga 等，2009）。

风蚀主要发生在干燥气候条件下质地松散的土壤，特别在耕作后或冰升华后的土壤。此外，风蚀还会在一些特定地方，如防波堤、大石块和建筑物的拐角处，形成风蚀纹路或风蚀沟。这些地方土体渗透性好，导致产生非均质风流条件。

悬浮颗粒向前运动，取决于流动介质中由速度引起的向上湍流分量比例和该介质中颗粒的沉降速度（Cornelis 和 Gabriels，2003）。在土壤表面紊流作用影响最大，并向流体中心的方向递减，剥离土壤颗粒的倾向变弱。此时土壤颗粒距距表面的位置越远，旋转得更快。因此，越靠近土壤表面水层中悬浮颗粒含量和大小越大，距离土壤表面越远的水层中悬浮颗粒就越细小。小于一定尺寸的颗粒将均匀地分布在流动介质中，而大于该尺寸的颗粒，越靠近土壤表面其浓度就越高（图 11.4）。在田间条件下，这些颗粒直径为 10～60 μm。较小的颗粒只有在紊流充分消退后才能沉积下来，这解释了粉砂质沉积物的分层现象及其在慢流区（如洪泛区）的分布情况。上述理论也同样适用于解释黄土易携带直径 6～63 μm 的沙尘（Lal，2005）。此外，细小、粒状的有机颗粒比矿物颗粒密度低，能够在低速紊流中以悬浮方式运输（Zenchelsky 等，1976）。

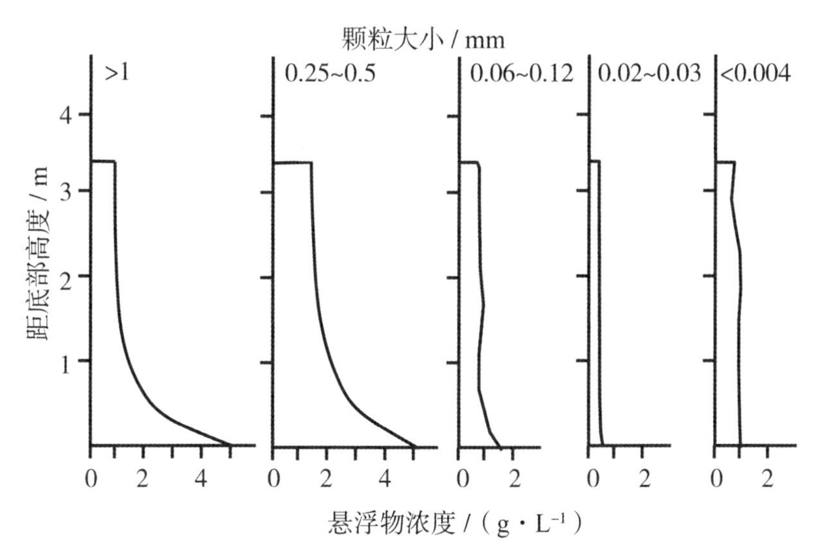

悬移质滚动和跃移发生在靠近河床处，河床之上悬移质运移不受高度影响（Dillo，1960）

图 11.4　密西西比河中悬移质的粒度分布与河床高度的函数关系

由于紊流中存在向后的作用力（Beck，1960），靠近表面的较大颗粒并不是线性推进的，而是参与到紊流的轨道波运动中，波纹、巨型波和河（海）岸波就是这样形成的（图 11.5）。

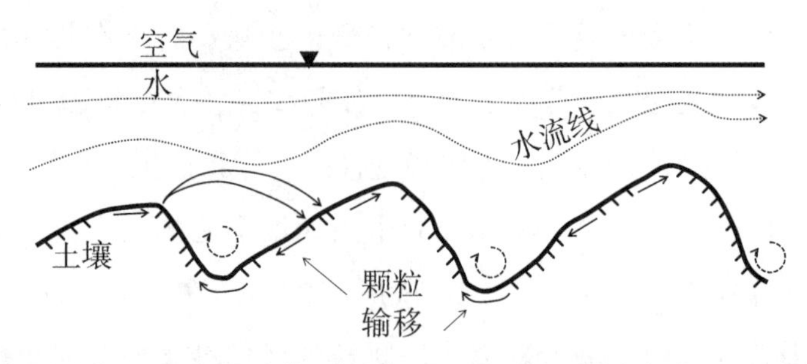

对颗粒产生最大推动作用的位置，位于流线被密集压缩的区域，并与流线呈直角。再沉积作用发生在相邻波的背面（改自 Dillo，1960）

图 11.5　流体介质流线运动所产生的颗粒输移

如图 11.5 所示，颗粒物运动路径表明，颗粒在运移过程中由于反向作用力存在，导致波谷处的迁移比运移体慢。向前输移主要发生在运移体的顶部，因为水流线的压缩导致的流速梯度，产生了斜向上的运移分量。

随着介质流量的增强，颗粒运动速度增加，轨道波也增强，使得运移体移动速度增加。达到一定程度后，最终较快的旋转被打破，形成一个更大更慢的旋转，产生了比初始推进速度更慢的新运移体系统（Dillo，1960）。受水和风运移的影响下，粗颗粒土壤会产生典型的地表形状（如沙丘），影响运移距离和相应大小的颗粒分布。运移体的形成能减少运移物质量，利用这一点可以在特定条件下降低风力侵蚀（Bolte，2008；Armbrust，1964）。

11.2　防止侵蚀的途径

防止土壤颗粒不必要运移，要考虑大规模物质输移的类型和强度。通用方法有两种：一是降低流动介质（水或空气）的流速或改变其流速分布，减弱雨滴击打引起的应力影响；二是降低土壤表面颗粒和团聚体的流动性（或增加固定性）。在理想情况下，两种方法结合应用。

本章前面提到完全防止风蚀和水蚀都是不可能的。从长远来看，任何形式的土壤利用都必然伴随一定的土壤流失，土壤侵蚀量会随着表土耕作扰动深度增加而增加。因此，农田土壤侵蚀程度高于牧场，而牧场又高于林地，林地遭受的侵蚀损失最小。因为耕作是农业生产所必需的，土壤侵蚀又不能完全避免，所以必须将侵蚀速率降低到可接受的范围。这里所指的侵蚀速率是根据生成的土壤量来定义的最大侵蚀量。例如，若考虑新黏土矿物（新土）的形成速度，威赫塞尔冰期形成的冰碛土允许侵蚀量只有不到 100 kg $ha^{-1}a^{-1}$（Scheffer 和 Schachtschabel，2016）。相对于这一难以执行的限制指标，更容易执行的替代办法是确保 500 年后该区域的土壤仍然可以耕种。则该区可接受的年侵蚀速率为 1～10 Mg $ha^{-1}a^{-1}$，这一数值取决于风化强度、土壤厚度和基岩类型（Schwetmann 等，1987）。

通过水土保持措施防止水土流失是一个广泛的研究领域（Schwertmann 等，1990；Nearing，1998；Morgan，1999；Boardmann 等，2003；Boardmann 和 Poesen，2006）。土壤侵蚀预防措施包括植物常年覆盖土壤、微生物活动稳定土壤以及其他物理和化学措施（Govers 等，1996；Deumlich 等，2006）。从广义角度讲，水土保持还包括土壤生物工程，即防止水体对未种植的农田、堤防和河床侵蚀的措施（Schlüter，1986；Blanco 和 Lal，2008；Huffman 等，2013）。在空气和水的作用下，土壤表面的颗粒物和团聚体如何移动，取决于惯性和外营力之比。迁移顺序及其强度用“可蚀性”加以概括，与外营力或“侵蚀力”相联系。

11.2.1 土壤可蚀性

土壤可蚀性，即土壤对侵蚀作用力的敏感度，取决于土壤的理化性质及其环境条件。能控制和延迟流体（水和空气）中单个颗粒物分离作用的土壤特性对土壤可蚀性有显著影响。首先，应考虑粒径分布，越粗的颗粒被剥离和运移的趋势越小，也更倾向于返回初始位置。团聚体具有类似于单个大颗粒的特性，也就是说，细小颗粒物的团聚会减弱可蚀性。相反，如果不能形成大的单个团聚体，而是形成一种相互黏聚的结构，则可能会增加可蚀性。这种差异是由土壤黏结力造成的。因此，黏粒含量较少的细砂和粉砂，以及单个可移动的微小颗粒团聚形成的土壤，通常具有较高的可蚀性（Hevia 等，2007）。单个团聚的黏粒（假砂部分）具有粗颗粒的性质（参见 Hjulstrom 阻力曲线）。可蚀性取决于多个因素，颗粒中的弯月面毛细管水结构可降低风的侵蚀力，却不能降低水的侵蚀力（Mckenna-Neumann 和 Nickling，1989）。因此，降低可蚀性需要采取针对性的措施，防止细粒团聚体形成，且能促进粗粒团聚体形成，并保证土壤表面的完整性且具有较高的内聚力。在这种情况下，土壤改良剂的应用受到越来越多的关注。使用聚合物或

沥青组分的合成薄膜，或在各类土壤表面和气候条件下广泛施用液体肥料，都可以确保植物播种成功。此外，环境及其几何特征也是影响土壤可蚀性的关键因素，因为这些特征影响水和空气的流动。

地面坡度对水蚀有显著影响，因为水流速度随坡度的增加而增大。延长水流距离具有同样的效果，因为在大多数情况下这意味着扩大汇水面积，在距离末端的水流速度不可避免地变得更大。针对上述原因，缓解水蚀问题应减少水流的流动距离，即尽可能地保持较小的汇水面积和较短的边坡长度。这可以通过修筑不同类型的梯田，或改变河流路径和水道，或在敏感地带种植地被植物来实现（Schertmann 等，1987；Morgan，2005）。

防风林或地表覆盖植物防止风蚀的效应与梯田防止水蚀的效应类似。两种情况下的保护效应都可以解释为土壤表面空气/水运动的减缓。此外，犁沟与盛行风向呈直角，也有助于减弱土壤侵蚀（Skidmore，1988）。

运动中颗粒的动能促进其他静止的颗粒开始运动。被撞击颗粒是否能从土壤表面溅出，取决于地表条件。任何一种能减轻撞击的机制，只要它能避免颗粒间形成弱化的水膜，都能显著降低土壤可蚀性（图 11.3）。植被覆盖也能降低土壤可蚀性。土壤覆盖越完整和连续，土壤的保护效果越好而不易受到侵蚀。但在农田实际耕作中很难实现。现代一些特殊的种植方式，如轮作、间作和特殊的播种规程（留茬播种等），大大缩短了耕地处于高可蚀性状态的间隔时间。

死植物覆盖土壤与活植物覆盖一样可能具有同样的积极效果，但它们也可能会被强烈的水流冲走或被大风刮走。

11.2.2 风和水的侵蚀力

对没有植被覆盖、未被淹没的耕地而言，水最初的侵蚀作用大致取决于降雨强度。雨滴击打及其携带的能量是关键的决定性因素，它受雨滴大小和下降速度的影响，作用于耕地中的每一次降水事件及单位面积上（Gainville 和 Smith，1988）。因为土壤入渗量与土壤性质有关，且没有入渗部分的雨水加强了飞溅效应（图 11.3）和地表积水程度（水坑），所以降雨频率是除降雨强度外，加速土壤侵蚀的另一个影响因素（Kirkby 和 Morgan，1980）。因为水的拽拉力随着水压和地表水量的增加而增大（见第 11.1.1 节），所以集水区面积大小是每一场降雨事件侵蚀力的重要控制因素。特别是在长坡上，集水区面积的作用可能超过雨滴撞击的影响，尤其在没有植被覆盖能减弱雨滴击打的耕地上。此外，犁沟、水道和车撤也是产生土壤侵蚀的关键因素（Fleige 和 Horn，2000）。

除了迎风坡长，风速是风侵蚀力的关键控制因素。其中，短时间、间断性的风会增加其侵蚀力。与水力侵蚀一样，风的侵蚀力也会随着颗粒物荷载的增加而增强（Cornelis 和 Gabriels，2005）。这种效应是由于悬移质密度增加而使得摩擦力增加，实际上是一种静态土壤表面的荷载。显微镜下可观察到这种效应，可解释为颗粒冲击导致脉冲传递频率的增加。

气流距离的增加将加剧风蚀效应，直至气流剖面和悬移物质在自由流动介质间达到平衡。相反，流动距离增加将增大水的侵蚀力，因为距离越长，上游汇水面积越大，输送的水量也就越大。

11.3 侵蚀模型

土壤侵蚀给耕地、绿地及林地造成了巨大的经济损失，但也推动了相关机制及侵蚀预防措施的深入研究。这些研究结果的一个重要体现是土壤侵蚀方程的建立。土壤侵蚀方程是基于土壤侵蚀损害严重国家（主要是美国）所开展的大规模相关分析研究的基础上提出的，目前已在全世界范围内应用，特别适用于维持集约化农业。

侵蚀方程可预测特定耕作和地形条件下的土壤侵蚀强度，并预测其如何随着这些条件的改变而变化。这些方程基于地质观测的经验知识，本章前几节已经讨论了方程依据，也就是侵蚀取决于水和空气的运动。

侵蚀方程一方面基于土壤和地形参数、气候条件及人为因素之间的关系，另一方面基于土壤剥蚀程度。侵蚀方程分别考虑了单位时间和单位表面积可承受的侵蚀量。这样可以分步考虑可采用的措施和相应的可接受利用阈值。但侵蚀方程没有考虑到在某一地点侵蚀的所有物质都必须沉积在另一地点的情况。这是因为早期侵蚀研究中只考虑了侵蚀对农田的破坏。但如今我们知道，除了土壤剥离外，堆积物对农田的覆盖是造成农田重大破坏的第二大原因。

11.3.1 水力侵蚀

通用土壤流失方程，即 Wischmeier 方程，它是使用最为广泛地用于描述水力侵蚀的方程（USLE，Wischmeier 和 Smith，1978）：

$$A=R\cdot K\cdot L\cdot S\cdot C\cdot P \qquad (式 11-3)$$

式中，R 和 K 是关键参数，其他参数只是补充变量。A 表示长期侵蚀率（剥蚀），其量纲为 $t/(\mathrm{ha}\cdot\mathrm{a})$，代表方程中 RHS 描述的整体条件下的观察值。该方程变量可用于通过相关关系确定主要土壤类型的侵蚀率。此外，在给出一个允许侵蚀率 A 时，可利用方程推导出其余 RHS 参数的变化，并利用相关关系来预测土壤剥蚀量。

地表径流 R 用于描述特定地区的降水侵蚀力，可通过某年份内所有造成土壤侵蚀的单次降雨的动能和降水量计算得出。R 是侵蚀性降雨单位面积动能密度 $E(\mathrm{kJ/m^2})$ 与其 30 min 内的最大强度 I_{30}（mm/h）的乘积。

$$R=E\cdot I_{30} \qquad (式 11-4)$$

在缺乏单位时间内降水量的情况下，则可以通过特定区域的 R 因子按所有侵蚀降雨事件中降水量总和来进行计算（式 11-5）。E 可以通过数据回归获得的公式来计算（德国巴伐利亚州情况）。

$$R=\sum E\cdot I\left(\frac{\mathrm{kJ}}{\mathrm{m^2}}\cdot\frac{\mathrm{mm}}{\mathrm{h}}\right) \qquad (式 11-5)$$

$$E=(11.89+8.73\cdot\lg I)\,N\times10^{-3}\ (0.05<I\leqslant76.2) \qquad (式 11-6)$$

$$E=28.33N\times10^{-3}\ (I>76.2) \qquad (式 11-7)$$

侵蚀效率指数是通过相关性分析确定的，所以不具有普遍适用性。在欧洲中部气候条件下，考虑到冰冻地面上融雪入渗量的减少，方程中用一个常数代替。然而在冻结地面和斜坡上，也必须考虑侧向强烈的物质运移受到的浮力影响。在亚热带气候条件下，其他一些指标与侵蚀速率的相关性更高。例如，$KE>1$，所有雨滴打击高于 25 $\mathrm{mm\cdot h^{-1}}$（$\geqslant 1''\mathrm{h^{-1}}$）降雨事件的动能总和。

可蚀性参数 K 是沿着标准斜坡（长 22 m、9%坡度）耕作的裸地上单位 R 因子的土壤剥蚀量。K 依次受到以下土壤性质的影响：粉粒和细砂粒的比例（63～100 μm）、砂的比例（细砂量少的时候）、有机质的比例、团聚体直径、石块覆盖度（Schertmann 等，1987）。K 值的量纲为$[\mathrm{Mg\cdot ha^{-1}/(kJ\cdot m^{-2})\cdot(mm\cdot h^{-1})=Mg\cdot h/(ha\cdot mm)}]$。选择与因子 K 相关的参数时，暴露了该方程的缺点：①没有指出这些土壤参数是否必须在预处理的样品上进行测量，应明确不能进行样品预处理。这是因为样品预处理会导致有关粒度分布（包括假砂）信息的丢失；②不是团聚体大小，而是团聚体稳定性与抵抗位移的能力相关（见第 3 章）；③未考虑疏水性表面覆盖物（见第4.7节）抑制水分入渗的影响；④未考虑有机物质类型对土壤稳定性和对抵抗土壤颗粒位移或分散性结构破坏能力的影响。

主因子 R 和 K 由描述当地因素的辅助条件加以补充。

LS 是环境参数的经验因子，为0~10。针对偏离长度为 L、坡度为 S 的标准径流场，LS 参数化了其剥蚀量。

C 是一个针对作物种植的经验因子，为0~1，量化了作物相对于标准休耕期（$C=1$）的抗侵蚀作用。由于耕作方式的不同，这个因子非常复杂，其中1表示休耕标准状态，0表示连续和完整的植物覆盖。

P 是一个关于保护措施经验因子，描述了土壤保护措施对土壤侵蚀的抑制作用。耕作方向平行于最陡坡度时，$P=1$。在采取抑制土壤侵蚀的措施后，P 值变小（$0<P<1$）。这些措施有等高耕作、沿等高线垄作、袋装种植并有绿篱草埂，或采用造价高昂的梯田耕作等。P 因子减少得越多，表明其地形坡度越陡。在非常陡峭的地块，梯田能最大程度地减少 P 因子。

通用侵蚀方程（Wischmeier-Smith 方程）是最常用的侵蚀模型，因为该方程所需的参数相对容易获得。但该方程参数都是经验参数及其组合，对植被覆盖相对稀疏的平坦农田的侵蚀速率预测最为准确，而对于具有更复杂的坡面形态、地形变化的流域和植被未覆盖的土壤，该方程的预测结果准确性较低。该模型对灌溉地还考虑了标准地块边界内的侵蚀物的积累（K 因子的响应变化），但当 K 因子由其他参数计算而来时却被忽略。由于这些局限性，出现了其他更注重物理参数的模型（Duttmann 等，2010；Smith 等，2010）。

增强和减缓土壤侵蚀脉冲并行推进过程可以作为一个简单物理模型（Schmidt，1991）。冲量 $m \cdot v$ 是根据流入水 φ_p、雨滴 φ_r 的速度和质量计算出来的，并且与试验确定的触发土壤剥离值（φ_c=临界冲量）相比较。

$$E=\frac{\varphi_p+\varphi_r}{\varphi_c} \qquad \text{（式 11-8）}$$

无量纲的 E 表示，$E>1$ 时发生土壤侵蚀，$E\leq 1$ 时不发生土壤侵蚀。分母对应于土壤可蚀性。我们可以分别计算斜坡每个部分的 E，表征相应部分的侵蚀或积累情况（Schmidt，1991）。

11.3.2 风力侵蚀

Chepil 和 Woodruff 方程（1963）是最常用的风力侵蚀估算方程。与通用土壤侵蚀方程（式 11-3）相比，该方程不是基于野外试验得出，而是对风洞试验数据的推算。

$$E=f(I,\ C,\ K,\ L,\ V) \qquad (式\ 11\text{-}9)$$

式中，E 是风蚀量，I 是土壤风蚀性，C 是描述当地风力情况的因子，K 是土壤表面的粗糙度，L 是场地在主风向上的长度，V 是植被覆盖影响因子。

应用风力侵蚀方程，需要结合表格及图形数据，必须针对给定地区进行编制。该方程的适用程度不同于水力侵蚀方程（见式 11-3），此处介绍是为展示土壤性质和风速的控制因素是如何相互作用的。I 和 C 类似于式 11-3 中的描述水力侵蚀作用的 K 因子和 R 因子，其他因子是辅助参数。K 和 V 是描述风在土壤表面和植被边界处减缓程度的参数。L 涵盖了地块长度对风速的影响。与通用土壤侵蚀方程相比，这些变量不能简单地按乘法计算。更多关于如何模拟风力侵蚀，以及这些模型的应用方法可参见 Funk（2010），Funk 等（2004），Deumlich 等（2006）。单个模型的描述可参见 Webb 等（2006）：AUSLEM（澳大利亚土地可蚀性模型），Gregory 等（2004）：Team 模型，Fryrear 等（2000）：Rweq 模型，Boehner 等（2003）：Weels 模型。

习题

11.1：在降雨过程中从 20 m×10 m 的小区收集径流水，径流收集器收集到的径流量占实际径流量的 2%。在一次降雨量为 3 cm 的降雨后，收集的总径流量为 25 L，泥沙密度为 4 g/L。计算由降雨事件引起的小区径流量和土壤侵蚀量。

11.2：表 11.1 是一次暴雨事件中雨量计记录数据，表中的每一行代表了一个雨量强度相对稳定的时期。

a. 根据雨量计数据，使用式 11-6 和式 11-7 计算侵蚀性暴雨的总动能（E）。

b. 计算此事件的侵蚀指数 EI。

表 11.1　暴雨事件中雨量计记录数据

记录		过程增量			侵蚀动能
时间	累计降雨/mm	持续时间/min	降水量/mm	降雨强度/($mm\cdot h^{-1}$)	EI/($kJ\cdot m^{-2}$)
4:00	0				
4:20	0.127				

（续表）

记录		过程增量			侵蚀动能
时间	累计降雨/mm	持续时间/min	降水量/mm	降雨强度/($mm \cdot h^{-1}$)	EI/($kJ \cdot m^{-2}$)
4:27	0.305				
4:36	0.889				
4:50	2.667				
4:57	3.048				
5:05	3.175				
5:15	3.175				
5:30	3.302				

11.3：结合以下边界条件，使用通用土壤侵蚀方程Usle（见第11.3.1节）计算长期年平均土壤侵蚀量（t/ha · a），区域及气候条件如下：

母质：巴伐利亚州（德国）第三纪坡地的黄土；夏季平均降水量（5~10月）为508 mm。

土壤：发源于黄土的淋溶土，含17%黏粒，70%粉粒，9%细砂粒（63~100 μm），2%有机物质（OM）；粗糙易碎的土壤结构；导水率为70 cm/d；土壤剖面深度为80 cm。

地形：坡长为120 m，坡度为8%。

植被覆盖和管理措施：作物为50%玉米、50%谷物，没有采取土壤保护措施。

允许土壤侵蚀度（t/ha · a）：参考下列表格（Schwertmann等，1987）来确定Usle方程中所需的因子：

土壤结构代码A

耕作层团聚体	团聚体平均直径/mm	土壤结构代码
非常细小且松散	<1	1
细小松散	1~2	2
较为粗糙松散	2~10	3
块状、板结或密实	>10	4

土壤渗透性分类 D

土壤渗透性	渗透系数/(cm · d^{-1})	土壤渗透性分类
非常低	<1	1
低	1～10	2
中等	10～40	3
高	40～100	4
非常高	100～300	5
极高	>300	6

坡长指数 m

土壤坡度/%	m
<0. 5	0. 15
0. 6～1. 0	0. 2
1. 1～3. 4	0. 3
3. 5～4. 9	0. 4
>5. 0	0. 5

第 12 章

土壤溶质运移与过滤过程

土壤最重要的功能是过滤、固定（吸附或吸收）以及溶质和气体转化。人类栖息在土壤这个“巨型过滤器”之上，并在此开展了包括种植作物在内的许多活动。将土壤比作“巨型过滤器”有助于拓宽我们对许多环境问题的理解。例如，洪泛区土壤可以过滤洪水中的悬移质，堪称沉积灰尘的“表面过滤器”。另一方面，土壤也可称为溶解物和悬移质（包括污染物和养分）的“底部过滤器”。由于土壤类型的多样性，土壤可以成为特定物质的“过滤器”。

过滤过程是将被溶解和分散的物质从它们的传输介质中分离出来。土壤过滤过程能将这些物质留在土壤介质中或附着在它们的表面，这些物质在土壤中的富集和浓缩程度取决于土壤类型（例如，土壤质地、化学环境、土壤演化状态、气候与地形和不同特性）。这也决定了土壤对不同物质的特定过滤容量。当水分缓慢渗入土壤时过滤效率最大；反之，当水以表面径流或优势流形式运移时，土壤的过滤效率显著降低，当土壤表面有积水时过滤效率会进一步降低。当空气和水与土壤接触时，其中的溶解物质会在土壤中逐渐富集，进而污染土壤。与之相反是土壤去污染过程，即去除土壤中不需要的物质（如土壤的原位修复），也需要借助气体、水或溶液在土壤中的过滤作用。污染和净化是土壤演化的关键要素，主要取决于溶质在土壤中的运移状况和地形状况，基本不受人为活动控制（Scheffer 和 Schachtschabel，2016）。

土壤污染必须在土壤作为过滤器的背景下加以讨论（Brümmer，1976；Kuntze，1976）。典型的例子是忽略空间位置过量施肥导致的土壤富营养化（养分过量）。通常情况下，应该对土壤吸附养分、分解物质、自我更新能力和对土壤与

地下水的致毒性或兼容性设定一个临界值，但这一安全界限的设定往往带有一定的主观性。随着世界人口的持续增长，土壤的过滤功能显得愈发重要，尤其是饮用水生产、作物过量施肥，以及非饱和土壤和地下水中微量物质（如激素和纳米粒子）的运移途径等方面。土壤中的有毒有害物质主要来源于工业生产（气体、气溶胶、粉尘、胶体悬移质和溶液），农业生产和动物生产（各种土壤改良剂、杀虫剂、肥料、粪液、饲料和堆积物），废物处理点的释放（废料堆、焚化炉和遗留污染源），以及意外排放（汽油、化学品、放射性物质等）。本章将讨论土壤中物质输运过程中的交互作用及其对过滤效率的影响。

12.1 溶质运移：基本概念

12.1.1 多孔介质中的穿透曲线

穿透曲线是以试验方式分析溶质在多孔介质中运移的关键工具，通常在实验室中测定。测定时以一种含有不同组分的溶质完全代替当前土柱中流动的另一种溶质（常用化学示踪剂测定），试验装置如图 12.1。在大多数情况下，用饱和的土柱测定穿透曲线，但有时也在非饱和的土柱中测定。该试验既可在水平土柱中进行，也可在垂直土柱中进行。

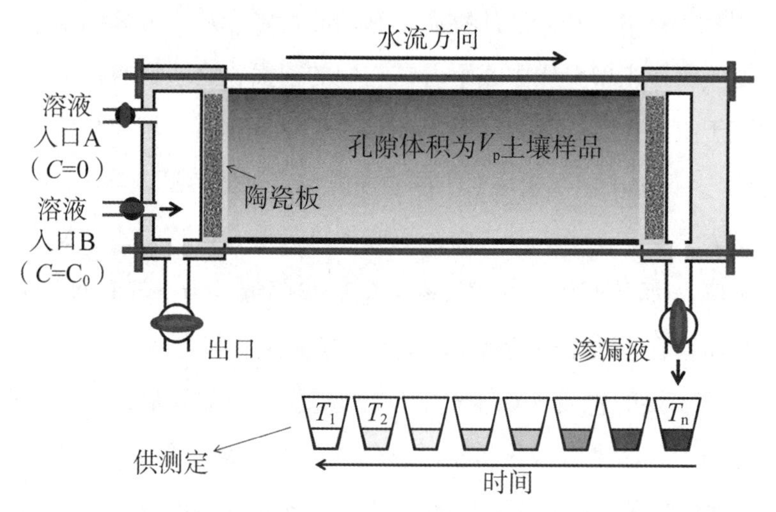

液体 A 从左端进入介质，并且会逐渐被液体 B 完全替代。等量的渗出液在 T_1，T_2，…，T_n 时刻收集，以测定溶液中溶质浓度随时间的变化。C 为溶液浓度，C_0 为示踪剂浓度

图 12.1　通过多孔介质测定穿透曲线的试验装置

在土柱远端收集等量的渗出液，以确定溶质（示踪剂）浓度随时间的变化。浓度随时间的变化曲线即为溶质穿透曲线，简称为穿透曲线。通常情况下穿透曲线有几种可能的形状（图 12. 2）。

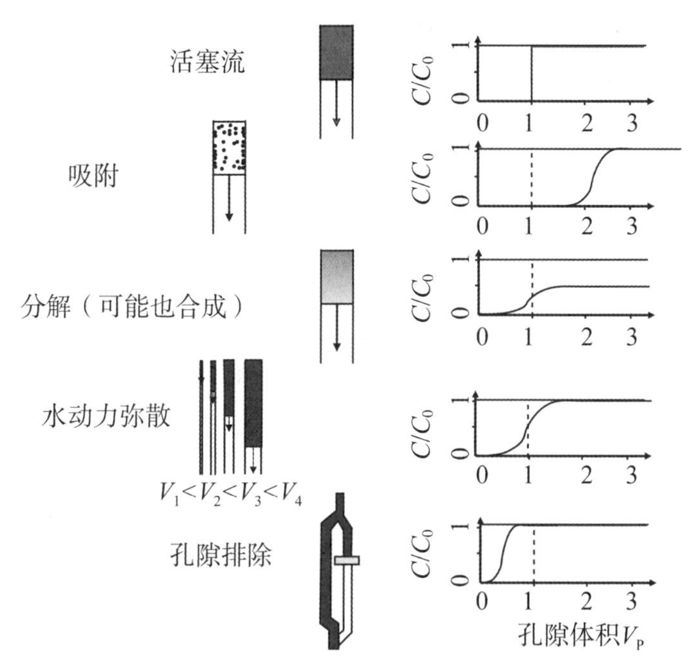

穿透曲线的主要形状，自上而下分别为活塞流、吸附、分解、水动力弥散、孔隙排除效应下对应的穿透曲线。C 为底部出流液的浓度，C_0 为从顶端加入的示踪剂浓度

图 12. 2　穿透曲线的形状

如果一种悬液或溶液在另外一种含有不同溶质的溶液的推动下通过一个理想土柱，会发现已经存在于土柱中的溶液在垂直于土柱截面的浓度出现从 0 到 100% 的突变，即为活塞流的穿透曲线。这种情况只发生在通过土壤剖面的液流速率相等，且孔壁和孔径大小对流动断面的液流速率分布没有影响的条件下。两种溶液交界面溶质浓度随时间的变化曲线，应该是一条浓度对应时间的垂直线，目前尚未观测到完全符合活塞流的液体或溶液的穿透曲线。穿透曲线通常为 S 形，反映了溶质沿着土柱的运移机制。当含惰性盐的溶液（如纯石英砂中的 NaCl 溶液）液面顶部通过土柱并与原有溶液达到平衡时，土柱中的盐分浓度呈非线性增加，在溶液浓度为加入溶液浓度的 50%时，盐分浓度增加速率达到最大，随后在溶液浓度接近纯溶液浓度时趋于平缓。这种效应（即水动力弥散）主要是由于不同溶液流速和孔隙大小差异所致。当溶液运移距离增加，即土柱长度增加时，就需要更

大体积的溶液来渗滤土壤。此时，水动力弥散效应使得穿透曲线变平缓。穿透曲线拐点处（溶液浓度为50%时）的斜率不仅随着土柱长度的增加而减小，而且随着液体流速的降低（较小的水力梯度）和滞留时间的增长而减小（Nielsen 和 Biggar，1963）。影响溶质运移的其他典型效应还有孔隙排除、分解或吸附作用。孔隙排除效应使离子聚集在土壤孔隙的中间位置，这里水流流速较大，使得溶液锋面在孔隙中迅速向前运移，而分解或吸附作用则会延迟溶质穿透（见图 12.2）。穿透曲线是准对称的，即图 12.3 中 A_1 和 A_2 的面积几乎相等。

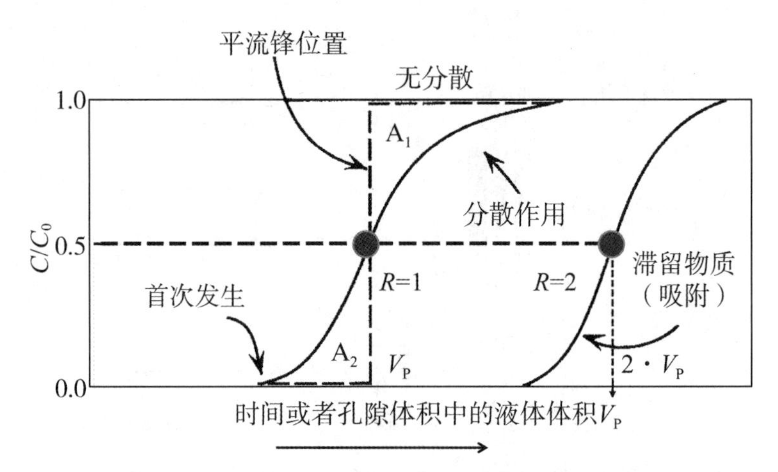

在理想状态下，溶质以活塞流向前推进（短虚线）。现实情景下（实线），随着时间延长和传输距离的增加，溶质运移受水动力弥散的影响不断增大，渗流液的浓度变化也逐渐变小。A_1 和 A_2 的面积永远相等，阻滞因子 R 表示受吸附作用影响后渗漏锋相比于活塞流的滞后时间（改自 Corey 等，1963）

图 12.3　均质砂土中的穿透曲线

在保持图 12.3 所示对称性的同时，穿透曲线的形状可以用高斯误差函数的积分（正态分布函数）来表示（Jury 和 Horton，2004）。在活塞流情形下，穿透曲线溶质浓度的交叉点在横坐标上，此处的误差函数为零（见第 1.1.3 节土壤颗粒累积分布曲线）。如图 12.2 所示，穿透曲线的形状受到一系列土壤过程影响。土壤表面所带的电荷会排斥带负电的阴离子，所以相同条件下用阴离子做的穿透曲线会被提前测到 $C/C_o=0.5$ 的点。阴离子的排斥效应使得土壤孔隙中心位置有较高的阴离子浓度，孔隙中心位置也是整个液流断面中流速最快的。当溶液中溶质流速滞后于水流，或在穿透过程中被沉淀或吸附移除，其他过程就会发生（图 12.4）。许多可能的过程太复杂，不能在数学模型中表达（见第 12.1.7 节）。

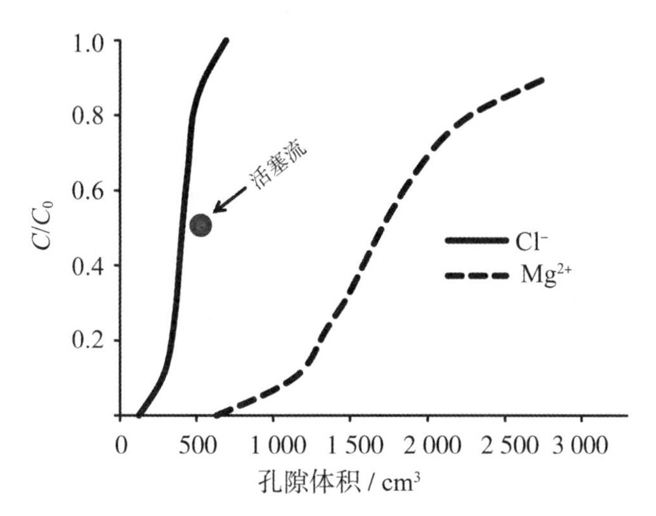

受到多孔介质吸附作用的影响，Mg^{2+}在渗滤液中出现的时间晚于Cl^-。图中黑色圆点代表活塞流情形下渗滤液浓度发生突变（改编自 Biggar 和 Nielsen，1963）

图 12.4　多孔介质吸附作用对穿透曲线形状的影响

12.1.2　分子扩散

土壤中产生溶质运移有两种机制，质流和分子扩散（布朗运动）。液相中所有物质，无论以分子或胶体状态存在，均会产生扩散作用。当这些物质在更大体积的液体中扩散时，分子扩散导致初始浓度梯度逐渐降低并最终消失。除了静态水（没有对流传输）外，在多孔隙系统中液体移动的速度越慢，或者在恒速下流动距离越长，扩散降低溶质梯度的效率就越高。扩散系数通常在静态液体中确定（Dane 和 Topp，2002），主要受溶质及其浓度的影响，但也会受多孔介质几何形状和表面特性的影响。

无机溶质在水中的扩散系数 D_w（cm^2/s），可以用斯托克斯—爱因斯坦方程（Stokes-Einstein equation）来估算：

$$D_w = B \cdot \frac{T}{6\eta \cdot r_M} \qquad \text{（式 12-1）}$$

式中，T 为水温（K），B 是波尔兹曼常数[1.381×10^{-10} $g \cdot cm^2/(s^2 \cdot K)$]，$\eta$ 是动态黏滞系数，r_M 是无机溶质的分子有效半径。各典型离子的扩散系数如表12.1 所示。

表 12.1 25℃下自由水体中各种离子的扩散系数 D_w（Spitz 和 Moreno，1996）

阳离子	扩散系数 D_w/（$m^2 \cdot s^{-1} \cdot 10^{-10}$）	阴离子	扩散系数 D_w/（$m^2 \cdot s^{-1} \cdot 10^{-10}$）
H^+	93.1	OH^-	52.7
Na^+	13.3	F^-	4.6
K^+	10.6	Cl^-	20.3
Rb^+	20.6	Br^-	20.1
Cs^+	20.7	HS^-	7.3
		HCO_3^-	1.8
Mg^{2+}	7.05		
Ca^{2+}	7.93		
Sr^{2+}	7.94		
Ba^{2+}	8.48	CO_3^{2-}	9.55
Ra^{2+}	8.89	SO_4^{2-}	0.7
Mn^{2+}	6.88		
Fe^{2+}	7.19		
Cr^{2+}	5.94		
Fe^{3+}	6.07		

表 12.1 为用公式 $D_T=(\eta_{25}/\eta_T)\cdot D_{25}$ 计算的 25℃下的自由水体中各种离子的扩散系数。其他温度下的扩散系数可通过不同温度下的黏滞系数 η 计算出来（Dane 和 Topp，2002）。有趣的是，表 12.1 中的扩散系数与受电场影响下离子的移动性有显著的对应关系。由于土壤溶液的黏滞系数与自由水相似（第一个吸附分子层除外）（Kemper 和 Rollins，1966），所以可以将自由水的黏滞系数用于土壤溶液中。

土壤中的颗粒物就像被困在液体中的气泡一样，是扩散的阻碍。这就是土壤水中溶质扩散系数通常要比在纯水中低，并且受土壤含水量的影响较大。参数 $\xi_1(\theta)$ 是弯曲系数（通过孔隙网络中微小尺度的曲线距离与直线距离的比率），其和颗粒表面水膜厚度均为含水量的函数。因此，土壤溶质的扩散传输 q_D，在形式上可用费克定律来表达，但是必须做相应的修正。因为溶质在土壤中的扩散系数显著依赖于含水量，所以可用 D_W^B 表示，这样就考虑到了输运距离随着弯曲度增加而增加，弯曲度是含水量的函数：

$$q_D = -\xi(\theta) \cdot D_W \cdot \frac{\partial C_W}{\partial z} = -D_W^B \cdot \frac{\partial C_W}{\partial z} \qquad \text{（式 12-2）}$$

上述方程在形式上与土壤中水和热的运移方程相同，表现为驱动力为浓度梯度 $\partial C_W / \partial_Z$，浓度 C_W 是单位体积液体中物质的量（mol/L）。

12.1.3 对流通量和水动力弥散

土壤溶质运移的第二个重要机制是流动的土壤水的对流通量 q_K。在湿润土壤中，这一过程总是与扩散输运同时发生。溶质对流传输方程如下：

$$q_K = q_W \cdot C_W \qquad \text{（式 12-3）}$$

式中，q_W 是水流通量，与扩散中的物理意义一样，C_W 是土壤溶液中相关溶质的浓度。上述方程仅适用于理想状态下的活塞流输运，在现实中并不适用，因为土壤中存在不同的水流速率、孔隙大小、孔隙形状和弯曲状况（见图 12.2）。在恒定流速的条件下，水流的速率在孔隙中心大于孔隙边缘，在小孔隙内也大于大孔隙内，因此尽管不同分子和颗粒的运移方向相同，但是运移速率不同会引起溶质混合，产生与分子扩散相似的结果。这种由于水流速率差异所引起的溶质混合现象称为弥散，弥散仅会在运动的水体中发生。许多试验已经证实，溶质的弥散输运可以用与扩散相似的方程进行描述：

$$q_{HD} = -\theta \cdot D_h \cdot \frac{\partial C_W}{\partial Z} \qquad \text{（式 12-4）}$$

式中，D_h 为水动力弥散系数。D_h 可表示为土壤孔隙水平均流速的函数（$v = q_w/\theta$）：$D_h = \lambda \cdot v^n$。土壤孔隙水流速率通常要比达西流速（假定所有孔隙水匀速移动）偏高。n 是一个经验参数，通常情况下接近于 1。λ 为弥散度，或者弥散长度，描述了引起弥散的不同介质的异质性。λ 对于特定的土壤是固定的，在土柱试验中的变化范围为 0.5~2 cm，在田间可能发生厘米级波动，而地下水中可能会出现相当高的弥散度（Jury 和 Horton，2004）。

因为分子扩散和弥散对于溶质运移的影响非常相似，扩散系数 D_B^W 和水动力弥散系数 D_h，一起称为弥散系数 $D = D_B^W + D_h$。因此，整个土壤水流动引起的溶质

运移过程可以描述为：

$$q_S = -\theta \cdot D \frac{\partial C_W}{\partial Z} + q_W \cdot C_W \quad （式 12-5）$$

弥散是多孔介质中含有较小颗粒截面处水流速度的函数。在这些区域，溶质颗粒的流速要远小于较粗颗粒截面的流速。在团聚体堆积体中，弥散会使穿透曲线持续变扁，这是因为静水的弥散速率远小于流水的弥散速率。静水中，局部浓度低于流出液浓度时，流入介质浓度会达到最大值。当浓度较低的介质流过浓度较高的介质时，扩散会指向较低浓度的介质，与对流的方向相反。在这种情况下，扩散会延迟溶质穿透土柱的时间；反之，当浓度较高的介质流过浓度较低的介质时，扩散会加速这个过程。扩散对于溶质运移的贡献是相对于孔隙水流速的函数。

12.1.4 吸附作用

物质在土壤中的运移过程很大程度上取决于其是否会被孔隙界面所吸附，吸附作用会使所有参与相态的物质表面浓度最终达到平衡状态。根据所涉及的相态，吸附在有无等价交换的情况下都可以发生，在大多数情况下，主要存在的是固相和液相之间的相互作用，但也是有可能从气相中吸附物质的。从液相吸附到土壤表面的物质量，取决于该物质在土壤水中的浓度。目前存在多种方程来描述吸附关系。由于吸附关系通常是在实验室常温下确定的，因此，所获取的相应曲线称为等温吸附曲线。常用的等温吸附方程有 Freundlich 等温吸附方程、Langmuir 等温吸附方程和线性等温吸附方程。其中，线性等温吸附方程是 Freundlich 等温吸附方程的一种特殊形式（式 12-6 中，$\beta = 1$）。在其他情况下，土壤基质中的溶质浓度 C_B 为土壤水中溶质浓度 C_W 的函数。在线性等温吸附方程中，K_F 为分配系数，K_F 和 K_L 分别为 Freundlich 和 Langmuir 的吸附系数。

$$C_B = K_F \cdot C_W \quad \text{线性等温吸附线}$$

$$C_B = K_F \cdot C_W^{\beta} \quad \text{Freundlich 等温吸附线，大多数情况下 } \beta < 1$$

$$C_B = C \frac{K_L \cdot C_W}{1 + K_L \cdot C_{W\max}} \quad \text{Langmuir 等温吸附线，} C_{\max} \text{ 为最大浓度（式 12-6）}$$

通常，Langmuir 等温吸附曲线的斜率随着 β 降低而增加，使得土水混合介质中的溶质更多地向土壤聚集。一般 β 接近于 1，这使得 Freundlich 吸附带有线性吸附特征（在低浓度下成立）（Flühler，1975）。据观测，非线性吸附（$\beta<1$）特征常发生于有机物。与线性等温吸附线一样，Freundlich 方程无法获得 C_B 的饱和值，但 Langmuir 等温吸附线能提供一个更真实的含饱和值的物理模型。Langmuir 吸附方程中，首先假设吸附位置点数是有限的，相同的吸附位置具有类似的性质，且被吸附的物质之间无相互作用，随着 C_W 增加，C_B 趋向 C_{max}。为了检验所选择的吸附模型，Langmuir 方程可以转化为线性方程的形式：$C_B/C_W=C_{max}\cdot K_L-C_W\cdot K_L$。图 12.5 说明了实测数据及其等温吸附线。

必须指出的是，等温吸附线不能描述吸附的物理机制，只是从数学上描述吸附过程。研究吸附的物理机制，必须结合其他的技术（如量热法或光谱法）。

如果渗出液中的物质被吸附在固相的吸附位点上，它在流动介质中的浓度就会下降。溶质前进锋总能与吸附位点相遇，然后通过动态交换过程这些物质最后被释放。这样与渗滤液体积相比，渗漏液浓度锋总是不断被延迟。图 12.4 描述了壤土中 $MgCl_2$ 溶液穿透过程中的这种关系（Biggar 和 Nielsen，1963）。氯离子（保守示踪剂）按照预期状况与流出液变化一致（类似于图 12.2 所示）。当镁离子穿透土柱时，由于吸附作用的存在，必须要有更多的水才能使其渗出土壤。然而溶质锋运移受阻的离子数量，与土柱特定交换能力相比显著下降，说明离子交换是不完全的，矿物表面的交换位点暴露时间不足使得镁离子在交换位点没有达到平衡。

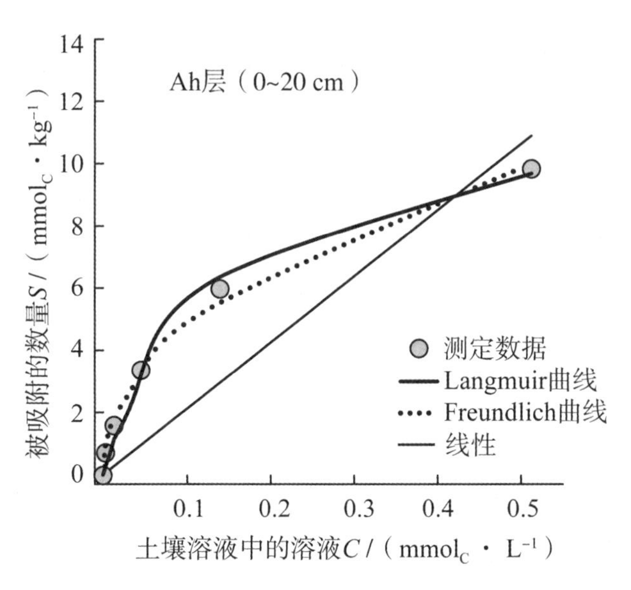

图 12.5　砂土中铯离子（Cs）的等温吸附线

12.1.5 土壤中溶质运移的对流—弥散模型

在多孔介质的土壤中，可以通过不同大小孔隙中水的流速和黏滞系数来控制溶质运移。在层状流条件下，溶质流动剖面呈抛物线形（见图 12.6）。运输距离越长，分子或者胶体在粗孔隙、细孔隙中迁移的空间距离就越远，这一现象在通量方程中可用水动力弥散项来描述。为了用一般方法描述土壤溶质运移、线性运移方程、土壤基质的存储特性（用等温吸附性表示），以及运移物质在局部土壤中的滞留等，都必须结合到一个方程中。土壤基质存储也在连续性方程有描述，其中 ρ 为容重。式 12-7 描述了在考虑吸附情况下，固相和液相中的溶质浓度随时间的变化：

$$\frac{\rho}{\theta}\cdot\frac{\partial C_{\mathrm{B}}}{\partial t}+\frac{\partial C_{\mathrm{W}}}{\partial t}=\frac{D}{\theta}\cdot\frac{\partial^2 C_{\mathrm{W}}}{\partial Z^2}-v\cdot\frac{\partial C_{\mathrm{W}}}{\partial z} \tag{式 12-7}$$

假设溶质在土壤中的吸附过程符合线性等温吸附曲线（式 12-6），式 12-7 可以变形为综合考虑溶质传输阻滞和土壤基质吸附的形式：

$$R\cdot\frac{\partial C_{\mathrm{W}}}{\partial t}=\left[\frac{D}{\theta}\cdot\frac{\partial^2 C_{\mathrm{W}}}{\partial z^2}-v\cdot\frac{\partial C_{\mathrm{W}}}{\partial z}\right] \tag{式 12-8}$$

如前所述，$R=1+\rho\cdot kF/\theta$ 为阻滞因子，可通过穿透曲线（图 12.2）确定。因此，穿透过程极大地受阻滞因子的影响。

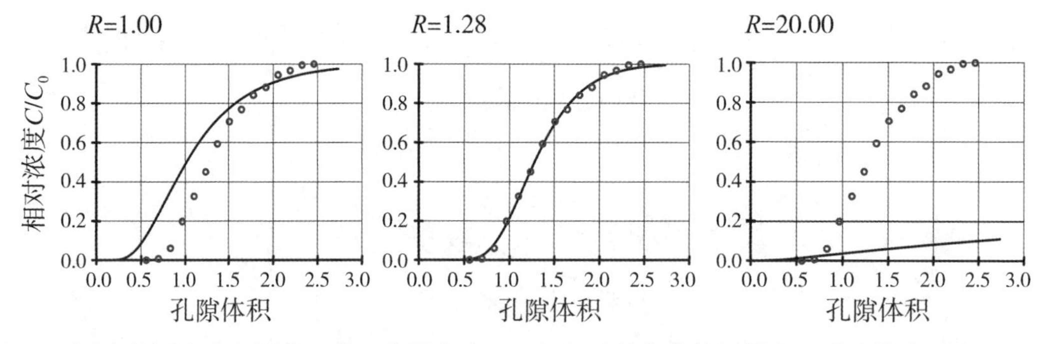

图中的圆点为实测值，基于实测值在 $R=1.28$ 时的曲线是用最小二乘法拟合而来

图 12.6 饱和土柱中三个阻滞因子（R）数值对应的镉穿透曲线（式 12-8 计算而来）

团聚性较好的土壤具有非均质的土壤孔隙系统，因此，在研究溶质在此类土壤中的迁移时，需要进一步微调数学模型。如前所述，在结构性土壤中，土壤水可以被细分为可移动水和停滞水（不动水）（van Genuchten 和 Wierenga，1976），其中停滞水暂时储存在土壤基质（被封闭在里面）中。团聚性好的土壤中的孔隙

大小变化范围广，其中的水动力弥散过程使得液体锋快速前行（见图 12.2），导致流过土柱的溶质的量大于根据通过土柱水量计算出的理论值。由于溶质会扩散进入团聚体内部而与团聚体外部的快速流分离，整体上渗出液浓度会产生滞后现象。因此，穿透曲线最初比较陡峭，在曲线尾部逐渐变得平缓。Kirkham 和 Powers（1972）、Dane 和 Topp（2002）分别给出了各种物理条件下的数学模型。Simunek 和 van Genuchten（2008）综述了当前求解溶质运移数值模型的各种方法。CXTFIT 软件包可以用所选的模型来模拟实测的穿透曲线，并获取溶质运移的相关模型参数值（Toride 等，1995）。Clothier 等（1972）、Jaynes 等（1995）和 Casey 等（1998）分别介绍了基于负压计测量田间入渗量估算移动和停滞土壤水比例的方法（Ankeny 等，1988，1991）。Lee 等（2002）论证了如何使用 TDR 测定通过土柱的穿透曲线并获取相应的溶质运移模型参数。Al-Jabri 等（2006）将 TDR 测量和滴线入渗法相结合，获取了田间溶质运移模型参数值的断面。Gaur 等（2006）利用土壤表面溶质运移模型参数值的分布，成功预测了暗管排水道中溶质浓度随时间的变化。

12.1.6 影响溶质运移的其他因素

除了前面讨论的影响因素外，土壤水饱和度对穿透曲线的形状也有重要影响。土壤含水量越低，前行的渗出锋从多孔介质中置换的水量也就越小。在这种情况下，非饱和土壤中的穿透早于饱和土壤中的穿透（Nielsen 和 Biggar，1961）。这些试验还表明，非饱和土壤中，相当一部分孔隙系统不参与快速的整体流。这与通过整个孔隙系统的自由流不同，孔隙的连续性在这里发挥作用，其连续性受到脱水孔隙的干扰（见第 4.7 节，润湿属性）。

另外一组影响因素也能引起土壤中的物质运移，但无法用传统的对流弥散方程进行描述，这些因素被划分为优势流（见第 6.6 节）。优势流的特点是土体积中的一部分水流流速相对较大。当溶质可以在优势流动通道中随淋溶水移动时，优势流运输的溶质速度快于溶质通过土壤基质时的速度。如果溶质被优势流通道中的水分离，淋溶水就会绕过溶质，进而使溶质运移速度比水流更慢。因此，根据溶质与优势流通道中水分的相互作用，引起的优势流比预想的化学运移速度更快或更慢。

除了通过大孔隙的流动，还必须考虑不规则的湿润锋的影响。这个现象源于

层状土壤中毛细管联通障碍（如上砂下黏的情况），所以在倾斜的层状土壤中也被称为漏斗流（Kung，1990，1993；Walter 等，2000）。漏斗流压缩了从下层土壤中流出的水流。抑制湿润也可能导致土壤中产生优先流（Deurer 和 Bachmann，2007）。

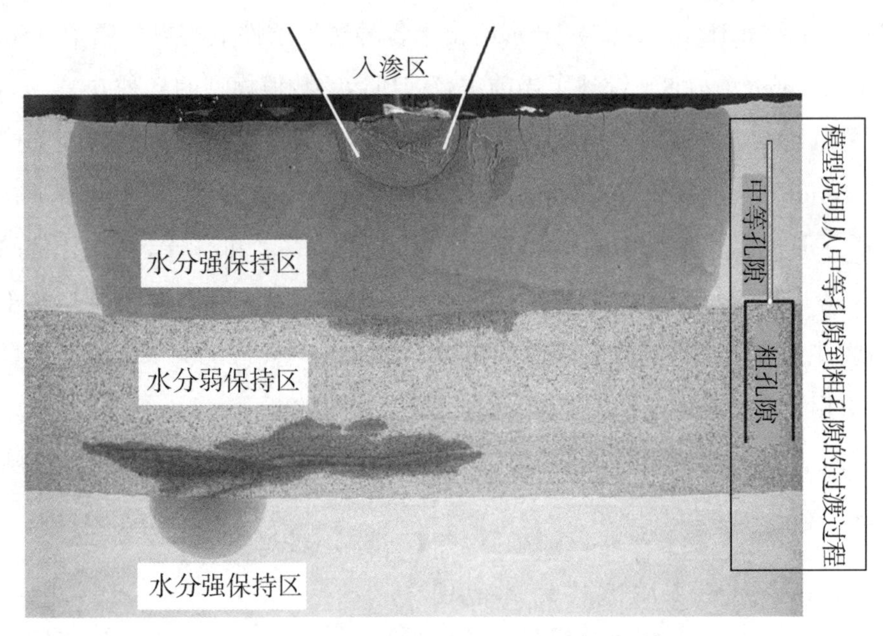

细砂上覆盖着一层粗砂，粗砂上再覆盖一层细砂。水分被顶在粗砂层之上（毛细管阻塞效应）和底部细砂层的上部，导致有明显的点源入渗。最上层和最下层的水分联系（不可见），是通过粗砂中的一个或者多个优先流通道实现的（W. R. Fischer）

图 12.7　三层土体中点源入渗后的土壤水分分布

12.1.7　描述溶质运移的模型

设计精准模型来描述土壤水分和溶质的运移至今仍是一个挑战。目前，不同复杂程度的过程均可建模，这些模型的理论基础是第 12.1.2 节至第 12.1.5 节中介绍的方程。它们详细描述了复杂的几何体，如土壤孔隙系统中的移动和非移动条件的区域。有经典的、假设平衡吸附条件的均匀流模型；有传统的、假设物理和化学不平衡条件的，描述具有双重渗透特征复杂系统移动和停滞水的两区模型。此外，还可以将不同类型的反应动力机制参数化，并对化学反应机理进行建模。图 12.8 描述了模拟溶质运移的 4 种非平衡方法。可借助标准模型实现溶质运输的计算。

许多野外和室内试验研究表明，多数溶质流动和交换过程并非发生在平衡条件下，而是随着时间推移而变化。Simunek 和 van Genuchten（2008）详述了非平衡态条件下水分和溶质运移的可用方法，记录了不同模拟方法对通过土柱穿透曲线形状的影响。

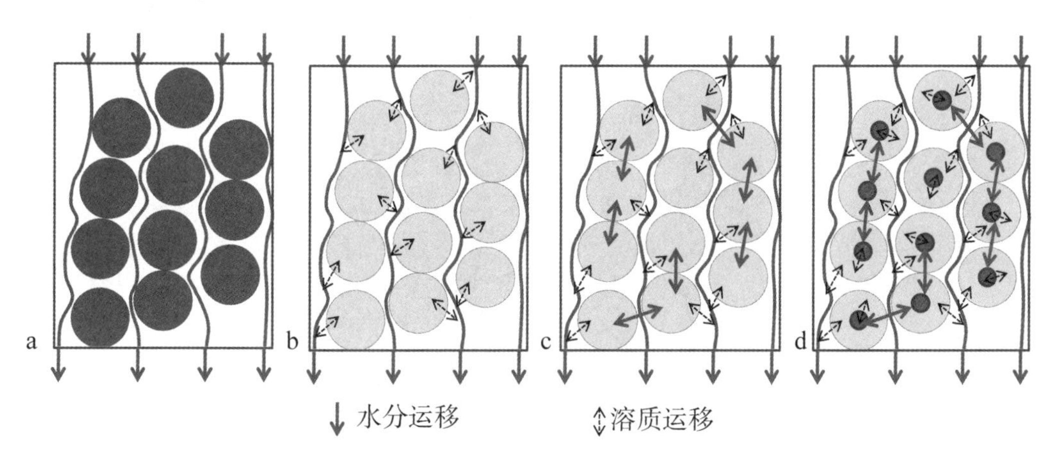

a. 大颗粒下的连续水流；b. 大孔隙间的水分运动和团聚体内部的停滞水；c. 大孔隙和团聚体的双重渗透；d. 大孔隙和团聚体的双重渗透，以及在团聚体内部的水分停滞区域（改编自 Simunek 和 van Genuchtenl，2008）

图 12.8 水分和溶质运移的非平衡模型

12.2 土壤中的过滤过程

12.2.1 过滤类型

从技术上讲，过滤可以分为表面过滤和深度过滤。对于表面过滤器，待分离的物质聚集在过滤器的表面上，而不进入过滤器主体的孔隙空间。这将导致被过滤的物质迅速累积，其浓度在很短距离内急速增加。在渗滤过程中，由于残留量的不断增加，过滤器的效率逐渐降低，最终导致定水头条件下的水力梯度降低。这将减少水和溶质的流量，即单位时间的滤出液量（见第6章，达西方程）。这种情况会出现在各种各样的冲洗过程中（例如，疏浚物、废物和污泥的冲洗）。表面过滤效率随着渗滤的过程逐步降低，直至消失。土壤本身能作为过滤器而提高过滤效率，当土壤在干旱条件下收缩并出现裂缝时（见第3章），会发现干旱降低了水的渗透并提高了收缩裂缝间的过滤效率。当充水裂缝存在时，水流会集中在这些区域（优先流），且过滤效率降低（图 12.9）。这些裂缝中高流速会产生高流

压，不仅阻止入渗，还会使过滤器上的残留物质重新移动。一般表面过滤器只能保留比其滤孔小的颗粒。

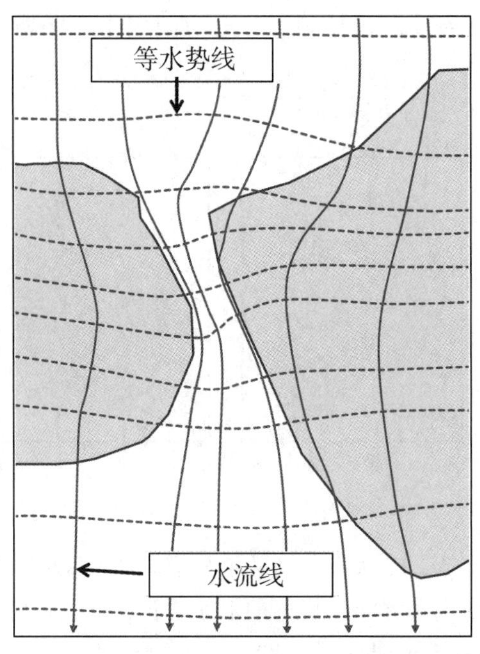

图 12.9　团聚性土壤中大孔隙水饱和时流线再分布和水流速度的增加以及同时发生的过滤效率的损失

深层过滤器与表面过滤器不同，存在多种过滤机制，可以使直径小于过滤通道的颗粒分离出来。分离过程受到不同机制的影响：固体表面吸附与交换，细小结构中粗颗粒的机械筛分，缓流区颗粒沉降，土壤内部封闭气泡表面对疏水胶体的吸附，微溶物的沉淀和胶体的絮凝（见第 3.2 节，絮凝和胶溶），以及筛分或沉积引起的物质积累。深层过滤的物质可能仅占其交换位置的小部分，当深层过滤器的所有吸附位点均被占据时，它们就无法继续过滤入渗水中含有的物质。或者说，过滤器中的入渗率会降低到使过滤器失效的程度。因此，深层过滤器对每种物质都有特定且有限的过滤能力。

从原则上讲，深层过滤器的过滤容量越大，体积也就越大，即它约束特定物质的容量越大。孔隙度、孔径分布和孔隙连续性是控制机械过滤器的因素。对于过滤过程，过滤器的内表面积及其被接近的难易程度起着决定作用。如果某个土层已经达到了过滤的极限，则入渗液中的物质就会被运移到下层功能仍有的土壤中继续过滤。在理想的一维流动系统中（很少被观察到），一旦覆盖在上层区域的过滤容量耗尽，深层土壤带就会饱和。

12.2.2 作为过滤器的土壤

所有土壤都是过滤器，要么是作为被洪水淹没（冲积平原）时灰尘颗粒和悬浮液的表面过滤器，要么是作为溶质和悬浮在水中物质的深层过滤器，过滤容量是其关键参数。一般可用于吸附过程的比表面积（单位质量土壤的比表面积）越大，过滤容量就越大。沉淀过程中最为重要的是孔隙比，而吸附过程中可吸附表面积的大小更为重要。

在大多数情况下，土壤的演化（即 A 层和 B 层差异）与土壤吸附能力的变化是一致的。新的吸附位点形成，是要通过有机物质积累或风化形成新的黏土矿物或氧化物。然而，这些吸附位点的可接触性并非以相同的速率增长。例如，在饱和团聚性土壤中，团聚体内部的流速要比团聚体之间的低。这个现象不仅出现在团聚体间有裂缝、开孔和生物管道的地方，理论上还会出现在具有异质性的地方(例如，容重或粒径分布)。基于第 6 章所描述的水流通量连续性条件，这些渗透率的差异使得溶质只在团聚体的微小空间，或者说容重更大的区域中透过。大部分的水流通量会绕过低流量区，这一现象可在高渗透区的高流线密度中得到证明(图 12.9)。

在宏观尺度上，跨越异质的传输介质的整个水势梯度 $I_{ges}=\Delta\Psi/\Delta x$。在微观尺度上，通过团聚体（$q_a$）和孔隙（$q_p$）或者土壤系统中容重更大区域的通量，与它们各自的导水率（k_a 和 k_p）成反比。

$$I_{ges}=\frac{q_{ges}}{k_{ges}}=\frac{q_a}{k_a}+\frac{q_p}{k_p}=\frac{v_a}{F_a\cdot k_a}+\frac{v_p}{F_p\cdot k_p},\ q=\frac{v}{F\cdot t} \qquad (式 12-9)$$

式 12-9 在物理学中，等同于遵循欧姆定律的不同电阻并联电路中电压和电流间的关系。土壤基质中的优先水流路径称作优势流通量，也称作优势流或旁流(Bouma，1984)。这一现象在多种土壤中被观测到，并被认为是土壤中的一个自然过程（Flury 等，1994)。对土壤非均质性程度的了解，是对优势流进行定量描述、流动过程描述，以及明确土壤体积过滤特性的前提。地质统计学法可用来确定单个非均质性元素的百分比（如团聚体大小、裂缝系统的频率和分布)。

自然去除土壤中的物质是由气候驱动下水分渗透引起的，是一个缓慢而持久的过程（例如，在热带地区的大片区域)。假设土壤水的入渗速率为 500 mm/年，在过去 5 000 万年间，已有 2 500 km 高的降水渗透了这些土壤，引起了相应的过

滤、冲洗和土壤演化过程。就盐类和污染物而言，这些过程可能是自然的土壤演化结果，也可能是受到人类活动触发或加速。人类活动引起的冲洗过程通常在短时期内发生，并且具有不同的强度，导致土壤的过滤能力相应下降。

12.2.3 过滤效率

深层过滤器分离物质的效率取决于渗漏的均匀性，即确保整个流场最大限度地与土壤基质的所有表面接触。实现这个条件的最好方法是把水流分成大量的细股水流。一般土壤的过滤功能越好，它所含的圆形矿物、有机颗粒就越少，保持单粒的颗粒数就越多。因此，片状和纤维状的颗粒（黏土矿物）对过滤最有效。综上，一个高效的深层过滤器应具备足够大的内表面积，同时具有足够高的导水性以保持高的渗流速率。此外，接触点和裂缝处水流线的浓度也会影响过滤效率，这在水流方向上存在大孔隙渗漏情况时尤其明显，因为此时大量的流体介质运动并不暴露在颗粒活性表面。与均质渗滤相比，流体快速通过这部分土壤就意味着溶质和水快速的运输（如进入地下水）并绕过可能发生过滤的表面（过滤容量）。这将减少有效吸附表面积，使其仅为所接触面的小部分，在极端情况下仅占土体总表面积的百分之几（Bundt 等，2001）。

此外，考虑土壤是高度动态的三相系统（固相、液相和气相），它们的过滤功能是时间变量，所以有不同过程参与其中。为实现机械沉积颗粒的最佳分离，必须使待过滤流体的连续流动保持尽可能小的斜率。在土壤中，重新湿润会导致土壤水分迅速变化，即含水量剧烈变化会降低过滤效率。在过滤区中维持恒定的流动压力是实现在低流速区中沉降，并进行有效机械过滤的前提（见第 4.6.2 节）。任何压力梯度的突然增加，都会使已经沉淀下来的颗粒再次加速（Michel 等，2010），这种现象被称为内部侵蚀（见第 11 章）。值得注意的是，高压力梯度更可能产生于非饱和深层过滤器，而不是在饱和状态。

通过穿透曲线量化多孔介质的入渗性能局限于实验室环境，较大截面的水分流动和较长距离的水分传输（如田间）需要借助别的方法。分析地下水或排水流量可以在大尺度上评估过滤效率，但需要详细研究土壤水分运动。借助可视的染色方法或石膏悬浮液分析方法，可以在土壤表面或土壤剖面中观察土壤孔隙特征（Bouma，1984；Ehlers 和 Baeumer，1988；Flury 和 Flühler，1994）。还可以在田间确定原状土柱的饱和导水率的频率分布和差异。图 12.10 通过 15 个原状样点、

2个深度的土壤水流测量，展示了粒径分布控制的水流与结构控制的水流间的偏差（收缩裂缝，Hartge，1984）。这类研究的结果受限于土柱的尺寸（直径和长度）和土壤空间异质性的大小（如团聚体大小），确定的分布意义有限。因为水不仅在土壤柱中垂直流动，所以取样点的位置对结果有很大影响。图12.10表明了导水率的各向异性。该体系的水分渗透受孔隙系统（本质上是团聚体内粒径分布）的控制，而垂直渗透在很大程度上受高含水量大孔隙系统控制。识别相应的孔隙结构是选择合适的方法模拟这些位置的水和溶质通量的基础。

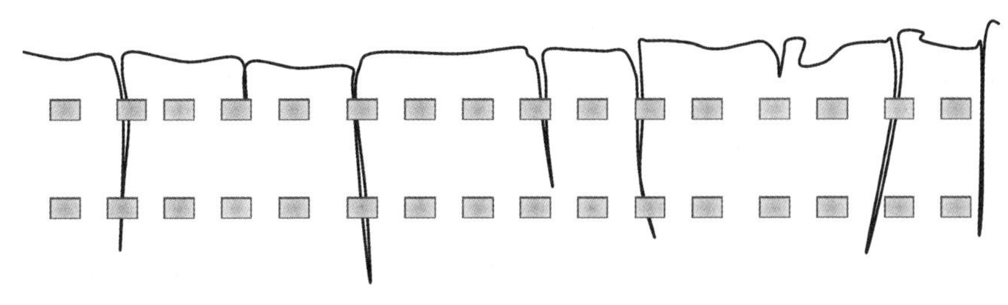

上层土壤中，质地引起的孔隙系统变化占样品总量的38%；下层土壤中，只有19%的样品测到了收缩裂缝（Hartge，1984）

图12.10　网格采样法评价土壤水流系统的各向异性

如地质雷达、电极法、CT扫描等测定土壤结构异质性的新方法，增加了非破坏性地球物理模型的应用（Petersen等，2005）。利用X射线断层扫描技术研究田间采集的原状土样，可以准确地量化粗大孔隙结构，确定孔隙比、孔隙大小、孔隙弯曲度和连通性等土壤参数（Peth等，2008），这些土壤孔隙参数可应用于单个孔隙尺度溶质运移模型。

影响深层过滤效果的其他因素，如溶液盐度的变化。一方面盐分可使絮凝颗粒重新分散并活化；另一方面，膨胀和盐分的变化可能会引起土壤收缩，因为土壤溶液中离子浓度差异可能影响渗滤液中颗粒物的过滤（见第4.3节和第10.2节）。另一过程是盐过滤，有效降低了渗滤液通过黏粒的盐浓度。黏土颗粒的容重越大，这种影响越明显，因为它减少了黏土表面之间通道的宽度，增加了带电粒子表面在渗滤液中暴露的机会。增加盐溶液的压力和降低盐分浓度都会增加盐分的过滤效率，这种效应类似于反渗透，能够在吸附钙和钠的黏土表面和含有钙离子和钠离子的渗滤液中观测到。与高价离子交换可以降低排斥性，从而提高过滤效率（Blackmore，1976）。

12.2.4 优化过滤过程

土壤的过滤功能对于污水净化、跟踪肥料和杀虫剂来源、干旱区农田脱盐均具有重要的实践意义。田间条件下土壤深层过滤器的能力很难被完全利用，要充分利用其过滤潜力，穿透曲线应为活塞流形式，且吸附发生在动力学平衡条件下。在理想饱和条件下，通过批量试验可以确定过滤容量（见图 12.5）。在田间条件下，土壤在较低浓度下出现不同程度的拉伸形状的穿透曲线，导致过滤容量低于上述方法测定的过滤极限。想要高效地获得理论容量，需要降低渗透速度，即溶质与土壤接触的时间更长。土壤并不是溶质或胶体的绝对屏障，这一特性在农药成分检测中很重要。作为深层过滤器，土壤仅能在一段时间内保存住渗滤液中的物质，不能全部保存。特殊情况如过滤容量的周期性恢复，通过有机物的特定分解（以水和二氧化碳、氮气或二氧化硫等气体形式逸出）或者难溶化合物的沉淀而产生。

周期性更新土壤过滤器需要精确控制土壤的 pH 和氧化还原电位，这是优化微生物分解过程所必需的。然而，析出的化合物会越来越多，可能会堵塞部分孔隙系统，最终使渗透过程完全停止。一般溶质组成的任何变化和化学环境（pH 和 Eh）的变化都可能会降低土壤的过滤能力。pH 和氧化还原条件的变化可能会导致土壤形成过程中已有的或新沉淀的铁氧化物溶解，间接造成吸附在这些氧化物上的重金属阳离子释放。

虽然土壤中溶质的滞留对水体净化很重要，但优化和节约用水才是我们的主要目标。从过滤器中将过滤物质淋洗应在缓慢流速下进行，以恢复过滤器功能并提高效率。从过滤器流出的物质在低渗漏条件下可能会被截获（大孔隙系统的水损失不显著），就像洪水发生时的情形。就有效去除污染物而言，小孔隙内流体（持续的非饱和流）的浓度至关重要。此外，要将颗粒物从系统中冲洗出来，间歇地增加流动压力尤其有效（Michel，2010）。

习题

12.1：测定饱和条件下砂土土柱（半径 5 cm，高 50 cm）氯离子的平均滞留时间。砂土容重为 1.4 g cm^{-3}，氯离子阻滞系数 K_d 为 1.0。土柱上边界有 2 cm 高的示踪溶液，土柱的导水率为 4 cm · min^{-1}。另外，利用以上条件，确定在测定穿透曲线过程中获得2倍于孔隙体积渗透液所需的累积排水量？

12.2：将非反应性示踪离子（Br^-）以稳定流速的方法，加入垂直方向的砂土土柱中。该示踪剂的阻滞系数为1.0。进入土柱时溶液中Br^-起始浓度为C_0，而砂土柱中初始Br^-浓度为0。土柱高40 cm，横截面积为100 cm^2。土柱处于饱和状态，饱和体积含水量为0.41。整个土柱的总水势梯度为1.3 $cm \cdot cm^{-1}$。入渗2.4 h后，出流液浓度为C_0。

a. 2.4 h后，累积排水量是多少？

b. 土壤水通量密度、平均孔隙水流速及饱和导水率K_{sat}分别是多少？

12.3：土壤中非反应性溶质（排除吸附，降解和挥发）的运移，受对流、扩散和水动态弥散的驱动（排除吸附，降解和挥发）。在湿润环境淋洗过程中，砂土溶质运移的主要过程是对流。秋季，农场Ah土层测得高浓度NO_3^-。上层2 m为砂壤土，下层为均为粗砂，直到含水层（地下水位为15 m）。估算冬季降水入渗引起NO_3^-离子被运移的最小深度？估算下一生长季NO_3^-是否是可利用的？估计NO_3^-完全被淋洗到地下水层，需要多长时间？

12.4：氢核反应堆严重泄漏事件发生后，一些裂变产物（如碘同位素）被释放出来。碘（放射性同位素^{129}I）对生物会产生极大危害。在缺氧条件下，碘一般会被还原成I^-，在饱和条件下能够产生移动。假定土柱上边界溶质I^-浓度恒定且无限输入，对于下边界，由于黏土阻滞层底部发生氧化还原反应使得I^-转化为IO^{3-}，而IO^{3-}几乎不移动，因此，土柱底部出流液I^-浓度为0。估计I^-通过阻滞层的扩散率和底部I^-的释放速率？

注意：I^-在纯水扩散系数为1.86×10^{-9} $m^2 \cdot s^{-1}$。黏土层饱和含水量为0.42 $cm^3 \cdot cm^{-3}$，阻滞层为0.2 m。溶质运移是以稳定水流的形式，且不产生吸附（在阻滞层内部，浓度不随时间变化）。阻滞层之上的水溶性I^-的浓度为0.2 $kg \cdot m^{-3}$。

提示：

1. 利用式12-2来计算有效扩散系数，利用$\xi = \theta^{2.2}$来粗略估计曲率系数。

2. 对于溶质扩散通量，假定没有吸附且状态稳定。

第13章 土壤物理学未来展望

土壤是人类生命基础的重要组成部分。它为我们提供食物和可再生能量，转化营养物质，过滤污染物，是土壤生物的“家园”，也是人类进化、植被演化和气候历史的“档案”。随着世界人口的增加，环境科学变得越来越重要，并逐步发展为全球性问题，特别是自然土壤的退化问题。土壤物理学在环境科学中担当着核心角色，为我们深入研究土壤问题提供了科学的依据与手段。

本章介绍了土壤物理学的主要研究成果，概述了一些亟待解决的热点问题。Horton（2005）强调了继续调查土壤与植物、气候、陆地水平衡（水量）、水质和人类健康的相互作用的重要性。Jury 等（2011）指出了新兴的土壤物理研究领域和几个长期存在的关键问题，包括田间尺度土壤水分特性的表征，有效水力特性，土壤结构与功能之间的关系，非稳定流动的描述，土壤斥水性的表征，植物对传输过程的影响，土壤微生物多样性的表征，以及土壤结构（生态基础设施）提供生态系统服务的重要性等。这需要对土壤中发生的各种过程有更详细了解，因此，要在掌握土壤理论的基础上，从时间和空间尺度构建精细的、考虑了原位条件的模型，同时也可以预测环境演化。这些环境预测的准确程度，主要取决于土壤物理关系在模型中的定义或者量化的准确程度。Hunt 等（2013）推荐开发和应用较新的模型，如用网络模型和渗流理论，来表征土壤孔隙结构及其土壤传输过程。

13.1 土壤物理学研究目标的延展

土壤物理学的目标和方法，一直随着时间的推移而变化。从如何通过物理措施（犁耕、排水、控制侵蚀、优化灌溉、防风）改善农田及其产量的问题出发，在过去的60年中，土壤物理学研究主要聚焦于理解不同土地利用方式和初始条件下的土壤水力学、力学以及动力过程。但准确和详细的过程分析，土壤的生产力和功能的保护，至今仍是亟待解决的问题。例如，优先分析非饱和带的水流过程，污染物是如何从土壤冲洗进入地下水，以及有哪些预防措施。为了研究局部的土壤水势和水流通量，农用化学品的溶质运移机制，形成了用于预测污染场地渗水量和污染物浓度关系的模型。在实验室测量土壤强度和孔隙功能强度的基础上，研究田间的土壤变形过程仍然发挥着重要作用。特别是对这些过程的空间和时间量化，包括阈值和安全值变化区间的确定，变得越来越重要。量化这些过程必须借助于水力学、气候和植物边界参数。

研究土壤物理过程的目的不仅仅是确定孔隙体积减少的绝对量，更要考虑其在相关模型中的衍生影响（例如，水、气和导热率的改变，及其对孔隙连续性的影响）。土壤物理过程（包括风和水的侵蚀）已经造成了超过16亿 hm^2 粮食生产土地不可逆转的损失，且呈不断增长趋势（Oldeman，1992）。随着集约化农业的发展以及世界人口同步增长，这些土壤物理过程对环境和食品安全的影响愈发显著。

考虑到田间已普遍使用了重型农业机械，对土壤的压实和剪切效果达到了前所未有的深度（第10章详细阐述了重型农业机械对三维土壤参数的影响），任何土壤过程模型都需要考虑这些变化对土壤孔隙空间的影响。

近年来，土壤物理学对饱和、非饱和土壤溶质运移过程有了更深入的研究，在预测优先流及其吸附过程的限制（例如，过滤器和缓冲功能的改变）方面取得了良好进展。相比之下，对水和营养物质运输到植物的过程（考虑到许多尺度上的流动过程）研究尚不完全，由于这个过程对植物生长和作物产量至关重要，故仍是当前土壤物理学的一个非常重要的研究方向。

13.2 土壤物理学研究方法的创新

在当前全球温室效应和严峻的气候变化背景下，土壤碳固定和有机质在结构性土壤中的分解、储存是另一个日益重要的研究领域，而人们对其中的物理机制的理解有限。这需要采用复杂的动态方法，研究孔隙系统及其功能的时空变化，同时综合考虑孔隙系统与生物物理、水力、机械和化学过程的耦合。为了解决这些问题，我们需要借助新的测量技术并改进传感器，以提高空间和时间数据的分辨率。在这种情况下，非破坏性测定技术应运而生，如利用 Thermo-TDR 传感器可以原位重复测量土壤温度、含水量、热性质、土壤容重、土壤水分蒸发量、土壤冰含量和土壤液态水通量。非破坏性技术，包括能够测量土壤结构和原位土壤水分含量变化的地球物理学方法或 X 射线方法（X 射线计算机断层扫描术、中子照相术），采用田间研究土壤结构的地质雷达，大尺度遥感方法，或涡流通量等微气象方法。当然还有通常采用的无线数据采集和传输方法，这些方法利用了更强大的无线网络，即使在偏远地区也能使用。这些技术可以实现量化，并最终解决诸如在整个景观尺度研究温室气体的形成、传输和排放的复杂问题。

土壤物理学研究涉及许多交叉学科，为众多跨学科的问题提供理论方法和关键数据，如释放（温室）气体到大气，地下水污染等。但对环境中新型物质吸附、反应和转运行为的影响研究甚少，尤其是在亚微米（纳米）尺度到宏观尺度的范围内。在这些尺度上的研究必须考虑表面效应、交换位置的可用性和可及性。随着分析技术的进步，土壤物理学的理论模型从微观尺度（微粒和微孔的尺度，如格子玻尔兹曼模型）到流域尺度（如使用 GIS 数据库）都取得了明显进展。

越来越多的模拟模型（如有限或离散元模型）正被广泛应用于从土体到田间尺度的研究。以 HYDRUS 系列模型为例，该模型实现了在三维尺度耦合热、水力、地球和生物化学过程。如果将本文中介绍的物理关系（如孔隙功能的多维性、多孔体系的刚性等）植入模型程序，并考虑孔隙系统随时间的变化，这些模型就可以用来模拟水、气、热和溶质运移的复杂过程。这样做的前提是实现力学过程和水力学过程的耦合，但是目前尚未实现。这些模型描述问题的结构越复杂，对高分辨率数据和数据数量的要求就越高，因此，更需要采用三维模型方法。这些模型不仅可用于测量土壤变量（如温度、基质势和化学浓度），还能辅助进行数据解释。反演模拟也可用于间接确定土壤性质或评价模型的合理性。解决这些问题需要多大的模型数据精度，必须根据具体情况而定。可以说，现代环境管理的需求大大推动了土壤物理学概念和技术的发展。

现代土壤物理学的研究方向已经转为动态孔隙系统和随时间变化水力参数的耦合，及其与力学应力和水力学应力的相互作用。作为一个经验法则，这些应力通过固体和流体两种形式传递，并对孔隙系统的水力特性产生反馈。这个过程通过增加土壤干燥（即使其超过土壤先前的状态）来改变土壤结构，进而影响土壤水力、气动和化学性质。这些土壤性质的变化会直接或间接影响养分吸收、污染物滞留和地下水对土壤水的补给。当前我们对这些过程的研究和理解，特别是其在不同尺度上的表现还非常有限。因为要形成“大图景”，必须先量化单个组成过程的相互作用，并研究土壤在整个景观尺度下如何发挥作用，所以需要改进科研手段和测量方法。例如，土壤膨胀和收缩的力学过程，水力和机械引起的体积变化，都会影响土壤结构动态、稳定和功能。这需要我们在所有几何尺度上量化变形，并建立对力学、水力学和空气动力学参数都有影响的新孔隙系统。此外，我们还需要从吸附、溶质运移（包括交换过程）等方面研究微生物过程及其对土壤颗粒和团聚体表面结构的影响。这不仅涉及物质流入和补充地下水的过程，还包含这些过程与土壤疏水性变化、优先流以及这些物质向大气释放及其对土壤演变的相互联系。图 13. 1 展示了采用微观层析成像方法量化的微尺度土壤运动，说明收缩（图 13. 1a）和机械荷载（图 13. 1b）对于团聚体（活性表面可及性和变形模式的显著异质性）的影响。在特定狭窄区域中，体积效应显而易见，且必将影响土壤功能（如改变弯曲度，养分、气体和水分的表面可及性）。

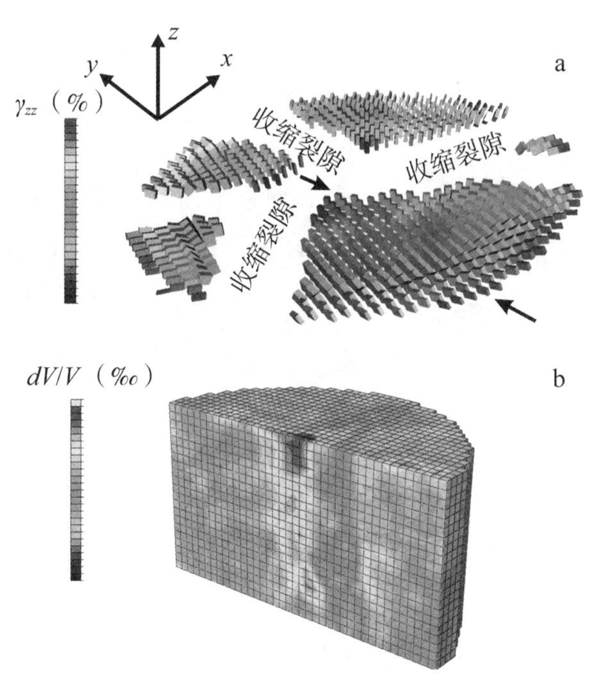

a. 显示了用椭圆方向的运动与等效的张力 R_{zz} 作为变形强度的度量方法。b. 描述了局域体积变化(Peth 等,2010)

图 13. 1　收缩膨胀（a）和施加的机械压力　（b）对土壤性质变化的影响

13.3 土壤物理学亟待解决的关键问题

从农业和林业的实际应用出发，我们亟待充分理解多维的非饱和系统及其复杂结构，对与时间有关的多孔隙系统进行动态分析和解释。特别是从生境和变化孔隙的角度，理解在不断变化条件下多孔隙系统的力学和水力学耦合过程，这是建模的前提，对准确地预测土壤状况具有重要意义。土壤参数随着尺度而变化，尤其会在很小的距离上发生剧烈变化，导致在过渡区域形成巨大的梯度，正是这些土壤参数的组合使土壤状况预测变得非常困难。在各种尺度上量化孔隙的非均质性和粒径分布仍然非常复杂，但这是解释土壤过程的基础。因此，获得所有尺度上的土壤参数是土壤物理学面临的关键难题。例如，在分析土壤力学稳定性时，从单个土壤颗粒的尺度出发，考虑其物理化学过程、Gapon 系数、电动势、界面能和流变参数的交互作用，以及对容积土壤强度的影响（中尺度）。这一过程充分证明了土壤过程的复杂性（图 13.2）。

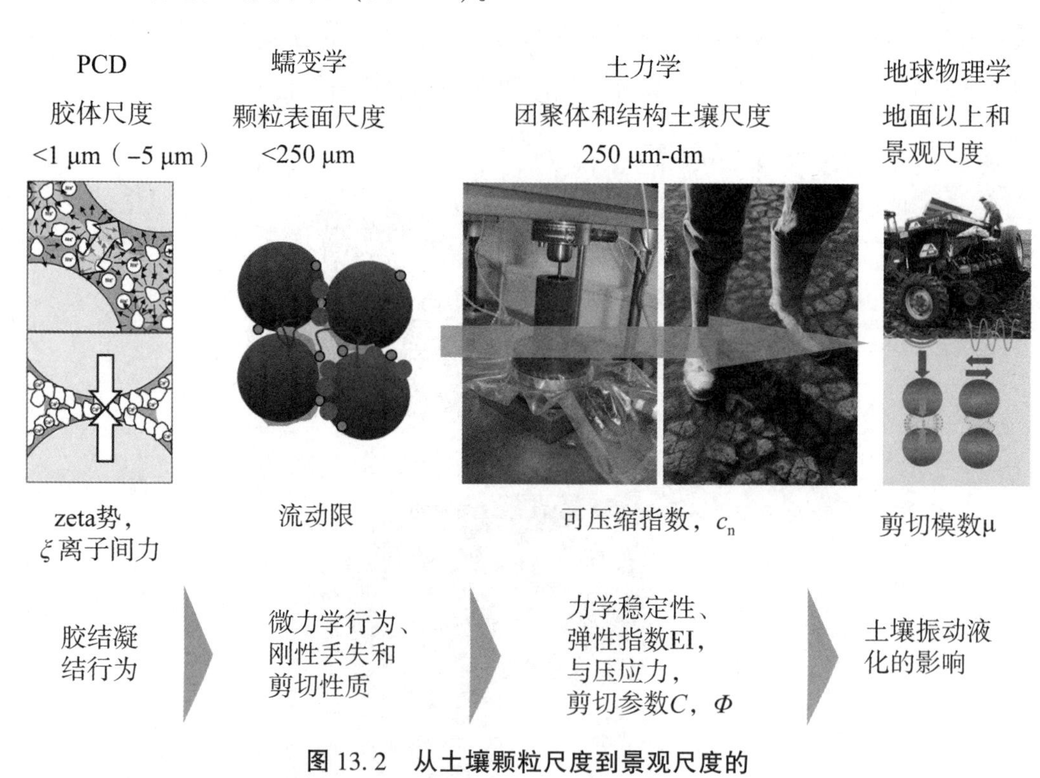

图 13.2 从土壤颗粒尺度到景观尺度的稳定性分析（Baumgartle 和 Horn，2013）

通过非侵入性方法分析单个微团聚体和大团聚体结构，结合尺度和边界条件决定的水力学、力学、气力学及物理化学参数，有助于促进土壤物理学概念的发展。图 13.3 展示了如何使用三维成像法（μ CT）和模型（有限元、网络模型）研究土壤结构动态，并初步评估土壤结构变化对孔隙网络及其相应功能的影响。如孔隙空间的局部变形及其对厘米尺度物质通量的影响，现在这些数据都被直观地解释为小尺度异质性。力学和水力学过程的耦合是非常重要的，图 13.4 所示模型考虑了在非刚性（动态）孔隙系统中这些耦合过程对物质传输的影响，但未包含小尺度土壤变形（图 13.1）及其影响。

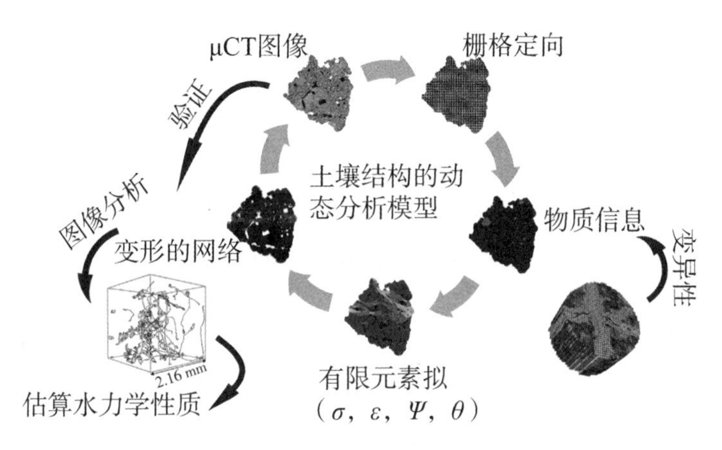

图 13.3 不同尺度下应用于非饱和土壤的计算机断层扫描三维成像法（μCT）和有限元模型方法的结合（Peth，2012）

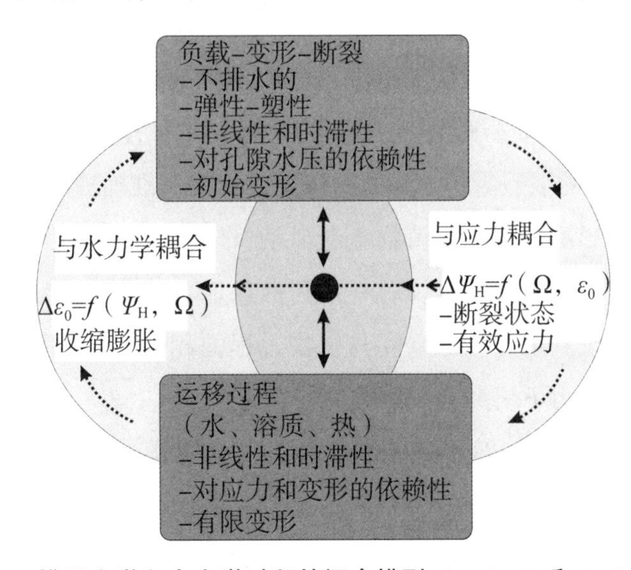

图 13.4 模拟力学和水力学过程的概念模型（Richards 和 Peth，2009）

土壤物理学需要加强研究土壤中的物理过程和生物过程（生物工程）的关系。在小尺度（孔隙尺度）上对这种关系的描述尚不全面，相关文献通常使用简化的假设描述自然的微生物生境。同样，对直接影响微栖息地的物理过程，特别是部分饱和状态下生存条件的物理过程，也进行了简化处理。具体而言，我们对孔隙表面的几何形状和水合状态对细菌菌落的影响未知，对不同水膜组成如何影响部分饱和系统中营养物质和酶的表面扩散也尚不清楚。要理解这些过程，必须认识到土壤中所有交换过程实际都发生在土壤颗粒表面的薄水膜上（图 13.5）。

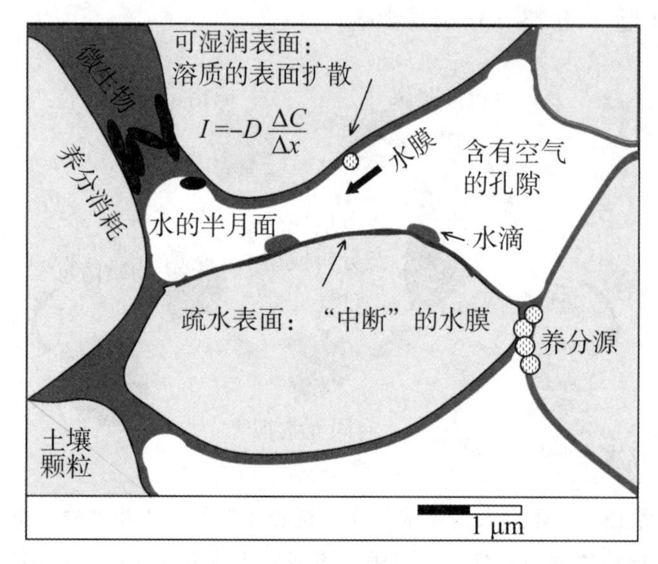

图 13.5　部分饱和土壤孔隙中液相的分布（Or 等，2007）

土壤—液相界面同时也是所有土壤微生物的栖息地。目前，我们对土壤—液相界面的表面性质认识尚不充分，主要是因为土壤水力参数受含水量或基质势（即水的能量状态）的强烈影响。我们的研究目标在于准确理解非饱和带的主要物理过程，及其如何影响微生物和植物生命活动，以便能够阐述生物多样性和生态关系，为土地可持续利用提供建议。考虑到栖息地功能与土壤物理性质的密切关系，需要建立能考虑到物理孔隙空间与生物过程的相互作用的新模型。未来进行太空探测时，在零重力下研究这些相应的关系。

最后，必须提醒读者，实验室手册中描述的程序通常与田间实际情况存在较大差异，因此，不应将每个分析（如粒度分布）的结果都用于评估原位条件。假砂的形成（铁氧化物胶结等，见第 1 章）不仅改变了土壤粒径分布，而且改变了其土壤生态功能，这与预处理后再确定参数的样品不同。并且这种判断误差会随着土壤团聚程度和黏粒含量的增加而增大，还会造成对砂土特征的错误预测（如水流条件）。

作为一般规则，必须为所有参数定义与问题和尺度相关的边界条件。这有助于更好地理解土壤过程，从而为土壤可持续保护、土壤功能保持和土壤合理利用提供有力支撑。精确描述土壤中物理过程具有特殊重要性，这些过程被划分为相应的空间和时间尺度并加以证明（图 13.6）。水力学、流变学、物理化学和微生物学通常在小的时空尺度上进行研究，全球生态学侧重研究景观尺度上的过程，土壤物理学方法描述的是中等尺度上的过程（水力学—力学连续体），其结果应用于连接和协调不同的时间和空间尺度（跨几个数量级）的过程。这些中等尺度上的过程是根据土体尺度的数据进行建模的。土壤物理学可以将不同的方法（如土壤化学和景观生态学）联系在一起，并且在生态系统的定量分析中扮演着不可或缺的中心角色。使用合适的尺度方法，通过适当的界面，就可以计算土壤水文模型（如 Hydrus 1D、2D、3D）的结果，并与景观尺度下的模型（如 Modflow 和 Hydrus 1D 下的地下水流动）耦合。

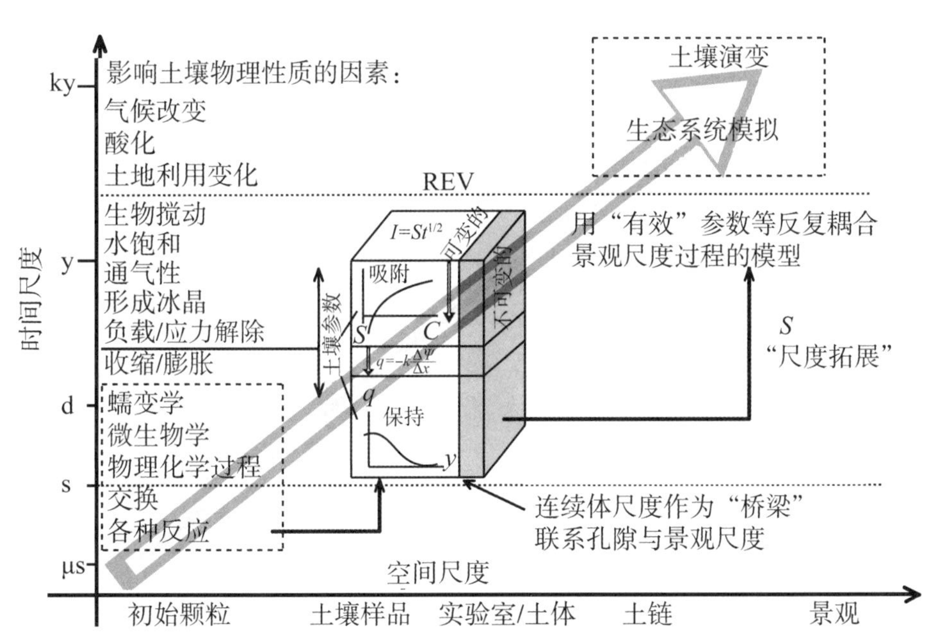

原则上这些尺度都遵循达西—理查德方程描述的水力学连续体模型。灰色箭头指示了水力学模型的中心地位，联系着模型中化学过程发生的孔隙尺度（左）与景观水文和物质收支过程发生的流域尺度（右）

图 13.6　与土壤物理学相关的时间和空间尺度（ky：千年，y：年，d：天，s：秒，μs：毫秒）

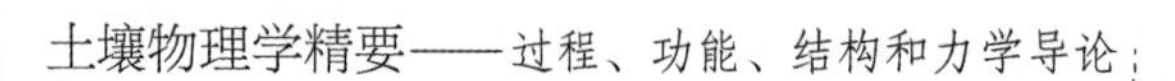

结合纯胶体化学、力学以及地球物理学，就可以将图 13.2 中所示的关系以相同的方式，从土壤样品的颗粒尺度推广应用到景观尺度。这样就能利用较小尺度的模型预测在景观尺度上发生的土壤动态变化。通过这两种方法的结合，能够创建出一个新的、更综合、更贴近原位条件的过程模型，进一步凸显了土壤物理学在土壤和环境研究中的核心重要性。

13.4 结语

作为本书结语，我想指出，现代土壤物理学研究先驱者之一，即本书的原创者 Hartge 建立的基本原则。Hartge 曾强调，在综合的景观特征评估允许建立一个描述土壤中原位条件的真实模型之前，理解土壤中的复杂过程和组成过程至关重要。然而，过去几十年的深入研究表明，简单模型往往忽视了土壤中实际发生的过程，所以无法预测未来的土壤变化和对生态系统的影响。模型是不能被随意扩展的，研究者需要建立以过程为导向的新模型以更准确的描述和预测土壤动态变化过程。

习题答案

第 1 章　土壤粒径分布

1.1：

使用 $d_{silt}=0.005$ cm，加入稳定状态时速度 $v=x/t$，$d=2\cdot r$，解方程 1-4，求 t?

$$t=\frac{18\eta x}{(\rho F-\rho W)\cdot g\cdot d}=\frac{9\eta x}{2\cdot g\cdot r^{2(\rho F-\rho W)}}$$

如果 $\rho F=2.65$ g/cm^3 及 $\rho W=0.998$ g/cm^3，$\eta=0.009\ 568$ g/cm$^{-1}\cdot$ s^{-1}

则 $t=18\times10\times\frac{0.009\ 568}{[0.005^2\times980\times(2.65-0.998)]}=42.6$ s

1.2：

a. 土粒质量百分比合计一定为 100%，因此，粗砂粒的含量为 6%。将数据画在半对数图中，表明土壤是砂质粉土。

b. 土粒累积曲线中 10% 对应的粒径为 2.5 μm，60% 对应的粒径为 40 μm，U 值对土壤压缩特性很敏感，为 40/2.5=16。

1.3：

均分次数	边长 L /cm	体积 V /cm^3	表面积 As /cm^2	质量/g	比表面积	
					a_v/(cm$^2\cdot$cm^{-3})	a_m/(cm$^2\cdot$g^{-1})
0	1	1	6	2.7	6	2.22
1	0.5	0.125	1.5	0.337 5	12	4.44
2	0.25	0.015 6	0.375	0.042 2	24	8.89

（续表）

均分次数	边长 L /cm	体积 V /cm^3	表面积 As /cm^2	质量/g	比表面积	
					a_v/(cm^2 · cm^{-3})	a_m/(cm^2 · g^{-1})
3	0. 125	0. 001 95	0. 093 75	0. 005 27	48	17. 78
4	0. 062 5	0. 000 244	0. 023 44	0. 000 66	96	35. 56
5	0. 031 25	0. 000 030 5	0. 005 859	0. 000 082 4	192	71. 11

注：粒径越小，表面积越大。

1. 4：

假设砂粒和粉粒为球体，黏粒（<2 μm）为厚度（L）为 0. 02 μm 的圆盘形。球体的表面积和体积计算公式为 $4\pi r^2$ 和 $4\pi r^3/3$，其中 r 为球体半径。圆盘形黏粒表面积的计算公式为 $2\pi r^2+2\pi rL$。

利用颗粒质量分数乘以颗粒的比表面积，就可得到每个土样单位质量的总表面积。

半径/cm	表面积/cm^2	体积/cm^3	(cm^2 · cm^{-3})	(cm^2 · g^{-1})	土样 1	土样 2
0. 066 1	0. 054 905 112	0. 001 209 743	45. 385 779 1	17. 456 068 9	4. 54	1. 238 2
0. 020 5	0. 005 281 017	3. 608 7E-05	146. 341 463	56. 285 178 2	11. 26	7. 899 5
0. 006 5	0. 000 530 929	3. 4510 4E-06	153. 846 154	59. 171 597 6	9. 47	12. 445 5
0. 000 21	5. 541 77E-05	3. 879 24E-08	1 428. 571 43	549. 450 549	82. 42	109. 899 1
0. 000 65	5. 309 29E-06	1. 150 35E-09	4 615. 384 62	1 775. 147 93	159. 76	213. 025 1
0. 000 16	5. 541 77E-07	3. 879 24E-11	14 285. 714 3	5 494. 505 49	439. 56	769. 236 9
0. 000 05	1. 633 63E-08	1. 570 8E-14	1 040 000	400 000	24 000	48 000

单位质量的总表面积（cm^2/g）：土样 1 为 24 707. 01，土样 2 为 49 113. 71。本题结论：与土样 2 相比，土样 1 单位质量的表面积约为土样 2 的 50%，土样 1 为 2 471 m^2/kg，土样 2 为 4 911 m^2/kg。

第 2 章　土壤结构及其功能

2. 1：

$$w=\frac{\text{土壤水分质量}}{\text{土壤烘干土重}}=\frac{646.8\ g-544.7\ g}{544.7\ g-72.1\ g}=0.261$$

$$\rho_B = \frac{烘干土重}{土壤总体积} = \frac{544.7\ g-72.1\ g}{3\ in \times 2.54\ cm \cdot in^{-1} \times \pi \times (1.5\ in \times 2.54\ cm \cdot in^{-1})^2} =$$

$$\frac{472.6\ g}{347.5\ cm^3} = 1.36\ g/cm^3$$

孔隙体积分数：

$$PV = 1 - \frac{土壤容重}{颗粒密度} = 1 - \frac{1.36}{2.65} = 0.486\ 8$$

$$\theta = \frac{水分体积}{土壤总体积} = \frac{646.8\ g-544.7\ g}{3\ in \times 2.54\ cm \cdot in^{-1} \times \pi \times (1.5\ in \times 2.54\ cm \cdot in^{-1})^2} =$$

$$0.29\ \frac{g}{cm^3} = 0.29\ \frac{cm^3}{cm^3} = 0.29$$

$$\varepsilon = \frac{\rho_F}{\rho_B} - 1 = \frac{2.65}{1.36} - 1 = 0.95$$

2.2：

质量含水量=水分重量/干土重量=260/1 460－260=0.217

体积含水量=260/1 000=0.26(cm^3/cm^3)= 26%

土壤容重=干土重量/土壤体积=$\frac{1\ 200}{10\times10\times10}$=1.2($g/cm^3$)

土壤孔隙度=1-土壤容重/颗粒密度=1-$\frac{1.2}{2.65}\times100$=54.7%

通气孔隙=总孔隙度-体积含水量= 54.7%－26%=28.7%

相对饱和度=$\frac{土壤体积含水量}{土壤孔隙度}=\frac{26\%}{54.7\%}$=0.475

2.3：

总土壤体积=100 m×100 m×0.8 m=8 000 m^3

初始含水量=0.12×8 000 m^3=960 m^3

目标水含量=0.30×8 000 m^3=2 400 m^3

需水量=2 400 m^3－960 m^3=1 440 m^3

第3章　土壤中的机械力和水力

3.1：

a. 测定土壤内部强度或分析物理、物理化学或生物特性的应力相关变化的结果不同，因为应力—应变过程需要时间，也取决于土壤团聚体的刚度，孔隙连续性和水力通量的一致变化。这些试验可以产生不同的结果：单向压缩试验或拉伸强度试验将在无限土壤样品上进行，这些样品仅在垂直方向上受到压力 σ_1，而水平方向不受力（$\sigma_{2,3}=0$）。侧限压缩试验却是仅在 σ_1 方向上，而水平方向由于刚性气缸壁而未定义。三轴试验是最明确的一个，因为 σ_1 和 $\sigma_{2,3}$ 都被定义并产生莫尔库仑包络线。无论测试结果如何，在讨论结果时必须将多余的水排出，因为如果不可压缩的水不能排出，甚至孔隙水压力会达到正值，并且可能高估土壤强度。

b. 无论如何，预压应力都决定了整个土体的内部强度。受到超过预压应力（内部土体强度）的土壤会发生塑性形变。在低于该值的应力下，土壤会发生弹性形变。水力、生物、化学或物理化学应力，人为或甚至前期的冰川应力，均可影响由预压应力值所量化的内部土体强度。耕地或森林土壤中最主要的投入是自然干燥和再湿润处理，由于团聚体形成或机械、耕作、采伐工具造成的人为压实和土壤变形而被强化。化学（沉淀）过程，根系分泌物或生长，蚯蚓挖洞，都会改变机械土壤强度，且可以包括在土壤改良过程中。

c. 土壤中应力分布需要确定应力和应变张量组分到达的深度。为了量化表层接触面及其压力下的应力传播，必须知道作为应力衰减主要组分的孔隙水压力及各种水力相关的集中系数值，即机械条件。土体内部强度由与团聚体结构一致的包络线（莫尔理论）定义，结构效应和非常高的机械应力由正孔隙水压力条件下不可压缩水的特性定义。因此，集中系数值将从团聚体增加到结构状态，并将在正孔隙水压力（也称为浮滑）下达到最大值。在给定结构、质地和应力下的干燥土壤会最有效减弱应力，并具有最小的集中系数值。土壤越湿润，集中系数越大，应力传播的深度越大。

d. 使用 Fröhlich 方程（见第 3.4.2 节）计算应力传播的深度，需要将浓度值和有关接触面积的信息定义为半径 r。Newmark 的变换公式可以直接用于计算缺失值。

拖拉机接触面压力 （单位：100 kPa）

深度/cm	VK 4 干燥	VK 5 中度	VK 6 湿润
10	98.1	99.3	99.7
20	84.8	90.5	94.1

（续表）

深度/cm	VK 4 干燥	VK 5 中度	VK 6 湿润
30	65.2	73.2	79.4
40	48.3	56.2	62.8
50	36	42.8	48.8
60	27.4	33.0	38.1
70	21.3	25.9	30.2
80	17.0	20.8	24.4

e. 解决垂直线应力分布的公式如下：

$$\sigma_z = \sigma_0 \left[1 - \frac{1}{\sqrt{\left[\left(\frac{r}{z} \right)^2 + 1 \right]^{v_k}}} \right]$$

其中 σ_z 是深度 z 处的垂直应力，σ_0 是土壤表面的应力，r 是接触面积的半径（cm），z 是深度（cm），v_k 是集中系数。

黄土土力学参数

土层	深度	预压应力/kPa	集中系数	应力 σ_z/kPa
A_p	0~30	55	8	210 → 162
E	30~50	20	7	162 → 134
E_t	50~80	100	4	134 → 86
C	80~100	60	6	86 → 75

垂直线上的应力分布超过内部土体强度的深度（C 层会发生塑性变形）。集中系数取决于质地、结构和应力/强度比。

f. 1. 土壤团聚体，质地，基质势，地质起源，人为影响（如犁底层的片状结构）。

2. 减小接触面积压力和/或在给定的接触面积减少耕具质量。将内部土体强度与在给定孔隙水压力（基质势）下施加的外部应力进行比较。只要外部应力超过内部土体强度，就会产生额外的塑性土体形变。尤其是在湿润/潮湿的条件下，由于土壤坍塌和均化效应，在较少团聚体土壤中避免剪切变形，从而进一步降低土壤的内部强度。

3. 土壤松动通常会导致土体内部强度下降，即使孔隙体积在增加，容量值得到改善，也不会因为增加弯曲度或减少连通性而发生孔隙系统功能的改善。完全松动到原始压缩曲线（正常压实）会导致内部土壤强度完全丧失，并由此妨碍了以前使用耕具的连续操作。通过开沟或沟耕深松可以降低土壤强度完全损失的风险，但仍然增加了再次压实的敏感性和比以前更为强烈的变形。在干燥压实土壤（如通过苜蓿生长）的情况下，只要土层的预压应力超过水力应力（=基质势），就会形成新的裂缝。更强烈的干燥会导致比例收缩，从而导致裂缝形成，成为深度生根和新干燥诱导开裂的首要选择。

第 4 章　水和土的相互作用

4.1：

a. 当体积含水量为 θ_v（%）时，绘制黏土、淤泥、中砂和粗砂中的基质势/含水率曲线（X、Y 轴）。

黏土、粉砂、中粗砂和粗砂含水量与基质势的关系

Ψ_m/hPa	黏土	粉砂	中粗砂	粗砂
0	55	45	40	35
-30	55	42	38	28
-60	55	42	23	10
-300	52	33	12	3
-15 000	43	15	5	2

再把持水范围添加到表示含水量的附加标准化的 x 轴上。在给定的基质势范围，即 1 为饱和，0 为 pF=7，细分 x 轴（含水量）计算 X 值。从曲线上得出，黏土由于细孔较多而持水时间更长，因此，X 值直至约负 100 hPa 时保持不变，而粗砂则迅速下降并与持水曲线平行。

b. 团聚体的形成总是导致粗大的团聚体间孔隙（大孔隙），而团聚体内部孔隙变得更细。随着团聚体密度增大，一般孔隙特别是较粗孔隙的比例降低，而细孔隙增加。现在可以绘制出相应的宏观结构性土样的图形，单棱镜或棱角块的孔隙大小分布。

下表是宏观结构的黏质壤土样品与棱柱和部分次棱角块状结构，以及相应的单一团聚体的含水量/基质势关系数据：

结构性块状土壤和单个团聚体的含水量/基质势关系

Ψ_m/hPa	土壤结构体		
	黏质壤土	棱柱	次棱角
0	52	43	38
-30	44	40	38
-60	40	34	35
-300	30	29	30
-15 000	20	23	26

4.2：

a. 根据等式4-13，上升高度为 $h_C=\dfrac{2\cdot\gamma\cdot\cos\alpha}{\rho w\cdot g\cdot r}$。$h_C$ 值为：

半径/cm	0.000 225	0.002 25	0.022 5	0.225
h_C/m	6.596 4	0.659 6	0.066 0	0.006 6

在对数/对数图上，h_C/d 值形成一条直线：

b. 对于106°的接触角，其值相同：

半径/cm	0.000 225	0.002 25	0.022 5	0.225
h_C/m	-1.818 0	-0.181 8	-0.018 2	-0.001 8

c. 管内水上升高度的近似方程是以直径 d 为函数：$h(\text{cm})=0.3\times\cos\alpha/d(\text{cm})$。因此，$d=0.3\times\cos 10°/5=0.059$ cm，$r=d/2=0.03$ cm。

4.3：

a. 球体的比表面积与球体直径成反比。因此，在固定的颗粒密度和恒定的总质量下，减小以3为因子的球体直径，将以3为因子增加其比表面积（$m^2\cdot g^{-1}$）。

b. 颗粒层的比表面积与其厚度成反比。因此，对于固定的颗粒密度，以3为因子降低颗粒厚度，将以3为因子增加其比表面积（$m^2\cdot g^{-1}$）。

第 5 章　土壤水分分布与静水力学

5. 1：

首先计算管内径的面积和增加 10 mL 液体相对应的高度。当平衡时，A 级压力肯定是相等的。根据公式 5-2，我们可以写出$\rho_1 \cdot g \cdot h_1 = \rho_2 \cdot g \cdot h_2$，其中$\rho_1$是左端中加入液体的密度，$\rho_2$是右端液体（水）的密度。液面以上的高度 A 为管的左右端h_1和h_2。重新排列上面的等式，我们得到$h_1/h_2 = \rho_2/\rho_1$。高于 A 级的高度h_1由管的体积计算（两种情况下均为 10 cm），高度h_2根据$h_2 = h_1 \dfrac{\rho_1}{\rho_2}$来计算。

1. 加水：ρ_1和ρ_2相等，即h_1和h_2也相等。管子右侧的水位将增加 5 cm。

2. 加汞：我们得到$h_2 = 135.46$ cm，这相当于右端水位上升了 135. 46/2 = 67. 73 cm。

b. 使用公式 5-2，我们得到 b. 1. 水压为 98. 1 hPa，b. 2. 汞压为 135 hPa。

结论：在发明陶瓷张力计之前，要通过汞压力计读取由土壤水中负水势引起的汞液体高度变化，以测量土壤水势。由于水柱的变化，在水位极低的情况下使用水压计是非常不切实际的。因为汞的密度比水高得多，单位基质下水的变化非常大（例如，在 pF = 31. 000 hPa≈75 cm 汞柱高度 = 10 m 水柱高度）。有关更多解释，见第 5. 4. 3 节。

5. 2：

a. 通用气体常数R为 8. 314 3 J · K^{-1} mol^{-1}，水分子的质量为 18 · 10^{-3} kg mol^{-1}。20°相对于 273. 15 K+20 K = 293. 15 K，带入公式 5-4 中

$$\Psi_{\text{vapor}} = \frac{8.3143\ \text{J}\cdot\text{K}^{-1}\cdot\text{mol}^{-1}\cdot 293.15\ \text{K}}{18\cdot 10^{\,3}\text{kg}\cdot\text{mol}^{-1}}\cdot\ln(0.6) = 69.170\cdot 10^{3}\ \text{J}\cdot\text{kg}^{-1}$$

将这种能量视为计算单位体积的水：

$$\Psi_{\text{vapor}} = 69.170\cdot 10^{3}\ \text{J}\cdot\text{kg}^{-1}\cdot 1\,000\ \text{kg}\cdot\text{m}^{-3} = 69.17\cdot 10^{6}\ \text{J}\cdot\text{m}^{-3}$$
$$= 69.17\cdot 10^{6}\ \text{N}\cdot\text{m}^{-2} = 69.17\cdot 10^{6}\ \text{Pa}$$

pF 值是以 hPa 为单位的潜在负数（以 10 为底）的对数（见第 5. 4 节），这里Ψ_{vapor}等价于 5. 84 中 pF 的值。

b. 再次用公式 5-7 带入到 RHs 中，则获得以下值：

RH	99.999	99.99	99.00	50.00	20.00	1.00	0.01
pF	1.13	2.13	4.13	5.97	6.34	6.79	7.10

结论：研究者总是希望测量土壤水总水势，而不是总结部分势能（式 5-4）。一种被认为有希望通过测量气相中的蒸气压来确定土壤水总水势的技术，称为湿度法。从上表可以看出，它需要在研究者通常感兴趣的土壤水势范围内（pF 值小于 4.2 的凋萎点），才能非常准确地测量蒸气压。事实证明，由于温度变化非常小，误差太大就不能用这种方法估算土壤水势。即使在温度变化仅为±0.001℃的情况下，干湿表也只能达到±10 kPa 的精度（Krahn 和 Fredlund，1972）。

5.3：

能量/重量（水头）：

张力计 1：$\Psi_{gauge}=-1.3\ \text{m}-0.6\ \text{m}=-1.9\ \text{m}$；

张力计 2：$\Psi_{gauge}=-1.3\ \text{m}$。

能量/体积（压力）：

张力计 1：$\Psi_{gauge}\cdot\rho_w\cdot g=-1.9\times1\,000\times9.81=-18.6\ \text{kPa}$；

张力计 2：$\Psi_{gauge}\cdot\rho_w\cdot g=-1.3\times1\,000\times9.81=-12.8\ \text{kPa}$。

5.4：

将土壤表面作为参考高程，计算重力势（参考高程以下的深度）？计算压力势（张力计顶部的张力加上张力计的长度）？计算水势（重力和压力的总和）？

参考高程	A/cm	B/cm	C/cm
重力势	-30	-40	-50
压力势	-113	-308	-382
水势	-143	-348	-432

水流方向：水由高水势向低水势移动，水流向下。

5.5：

0.5 米的总水势为：$\Psi=-0.4\ \text{m}-0.5\ \text{m}=-0.9\ \text{m}$；

由于该系统为流体静力，因此，在任何地方都具有相同的水势-0.9 m。

鉴于 $\Psi=\Psi_g+\Psi_m=-0.9\ \text{m}$，我们可以得出在地下水处 $\Psi_m=0$，$\Psi_g=-0.9\ \text{m}$。因此，地下水位于土壤剖面 0.9 m 处。

5. 6：

在 40 cm 深处根系水势为（-100 cm + 100 cm - 1 050 cm）= -1 050 cm。由于水从高水势向低水势流，因此，水从土壤流向根系。

第 6 章　土壤水分运动

6. 1：

首先确定毛细管入口和出口的压力水头，应用静水压力方程（式 5-2）。假设温度为 20℃，则得出：

$$p_w^{in} = h \cdot \rho_w \cdot g = 10\ m \times 998.2\ kg \cdot m^{-3} \times 9.81\ m \cdot s^{-2} = 97\ 923.4\ Pa$$

$$p_w^{out} = p_{air}$$

根据定义，自由大气压力势等于零，即 $p_w^{out} = 0$ 和 $\Delta P = 97\ 923.4\ Pa$。将所有其他变量代入式 6-2，包括单位重新计算（1 d = 86 400 s 和 1 m³ = 1 000 l），结果是：

$$q = \pi \cdot r^4 \cdot \frac{\Delta p}{8 \cdot \eta \cdot l} = 3.14 \times \left(\frac{0.6 \cdot 10^{-3}\ m}{2}\right)^4 \times$$

$$\frac{97\ 923.4\ Pa \times 86\ 400\ s \cdot d^{-1} \times 1\ 000 \cdot l \cdot m^{-3}}{1.005 \times 10^{-3}\ Pa \cdot s \times 1\ m} = 214.11\ l \cdot d^{-1}$$

请注意，在稳定的状态流条件下，压力水头不会发生变化。按照上面的例子，完成下面的表格，按照 L/d 计算结果，并评估。

温度 / 毛细管直径	5℃	10℃	20℃
0. 6 mm	142	164. 88	214. 11
0. 4 mm	28. 05	32. 57	42. 38
0. 2 mm	1. 75	2. 04	2. 65

结论：通过毛细管的水通量改变了数量级，所以它对水的运输影响最大。毛细管直径的微小变化将导致导水率的显著变化。流体黏度随温度变化的影响也是相当大的。由于这个原因，实验室的导水率测量必须在恒定的水温（通常 10℃）下进行，以便重复。

6. 2：

a. 稳态通量密度：

$$q = -k \cdot \frac{\Delta \Psi_H}{\Delta z} = -200 \times \frac{-50-15}{50} = 260\ \text{cm} \cdot \text{d}^{-1}$$

b. 5 h 排水体积：

$$V = q \cdot A \cdot t = 260 \times 38 \times \frac{5}{24} = 2\ 058.3\ \text{cm}^3$$

c. 水平柱排水：

$$q = -k \cdot \frac{\Delta \Psi_H}{\Delta z} = -200 \times \frac{-15}{50} = 60\ \text{cm} \cdot \text{d}^{-1}$$

6.3：

a. 通量密度：

$$q_w = -k \cdot \frac{\Delta \Psi_H}{\Delta z} = -2.5 \times 10^{-5} \times \frac{105}{80} = 3.28 \times 10^{-5}\ \text{cm} \cdot \text{s}^{-1}$$

b. 土壤底部水流量：

$$Q = q_w \cdot A = 6.56 \times 10^{-5}\ \text{cm}^3 \cdot \text{s}^{-1}$$

c. 平均孔隙度：

$$v = \frac{q_w}{\varepsilon} = 8.2 \times 10^{-5}\ \text{m} \cdot \text{s}^{-1}$$

d. 水流通过土柱的时间：

$$t = \frac{l}{v} = 84.7\ \text{hours}$$

6.4：

a. 运用等式 6-9 计算通量密度：

$$q_w = k \cdot \frac{\Delta \Psi_H}{\Delta l} = 10^{-2}\ \text{cm} \cdot \text{s}^{-1} \times 1 = 10^{-2}\ \text{cm} \cdot \text{s}^{-1}$$

从通量密度计算平均流速。请注意，只有 50%的土壤容量可用于供水运输的。为了使单位时间（t）内能够在样品的横截面积（A）上运输相同量的水（Q），平均速度 v 必须是：

$$v = \frac{q_w}{\varepsilon} = \frac{10^{-2}\ \text{cm} \cdot \text{s}^{-1}}{0.5} = 2 \times 10^{-2}\ \text{cm} \cdot \text{s}^{-1}$$

利用式 6-3 可以计算雷诺数。如果我们假设特征孔隙长度对应于获得的平均粒度：

$$Re=\frac{\rho\cdot v\cdot l}{\eta}=\frac{1\ 000\ \mathrm{kg\cdot m^{-3}}\cdot 2\cdot 10^{-4}\ \mathrm{m\cdot s^{-1}}\cdot 50\cdot 10^{-6}\ \mathrm{m}}{1.307\ 7\cdot 10^{-3}\cdot\left(\frac{\mathrm{kg\cdot m\cdot s^{-2}}}{\mathrm{m^2}}\cdot \mathrm{s}\right)}=0.007\ 64$$

在这种情况下，雷诺数 $Re\ll 1$，我们可以放心地假设流动为层流。

b. 如果梯度增加，则上面方程中变化的唯一变量就是平均流速 v。一旦我们得到雷诺数>1，流动将变成紊流。重新排列上面的等式，我们得到：

$$v=\frac{Re\cdot\eta}{\rho\cdot l}=\frac{1\cdot 1.307\ 7\cdot 10^{-3}\cdot\left(\frac{\mathrm{kg\cdot m\cdot s^{-2}}}{\mathrm{m^2}}\cdot \mathrm{s}\right)}{1\ 000\ \mathrm{kg\cdot m^{-3}}\cdot 2\cdot 10^{-4}\ \mathrm{m}}=2.61\cdot 10^{-2}\ \mathrm{m\cdot s^{-1}}=2.61\ \mathrm{cm\cdot s^{-1}}$$

现在我们计算通量密度：

$$q_w=v\cdot\varepsilon=2.61\ \mathrm{cm\cdot s^{-1}}\cdot 0.5=1.305\ \mathrm{cm\cdot s^{-1}}$$

将通量密度 q_w 除以传导率 k，得到梯度：

$$\frac{q_w}{k}=\frac{1.305\ \mathrm{cm\cdot s^{-1}}}{10^{-2}\ \mathrm{cm\cdot s^{-1}}}=130.5$$

结论：计算表明，在超过 130.5 梯度下，样品中存在紊流风险，并有可能脱离达西定律的适用条件范围。在样品长度为 4 cm 时，这样的梯度需要一个超过 5.22 m 的水柱。因此，在大多数情况下，我们可以假设满足层流的要求。但是，在高传导率的情况下，如果存在紊流风险，我们可以通过简单计算来确定。例如，已知裂缝或蚯蚓洞等非常大的孔隙存在，可能需要进行独立测试。

6.5：

$$q=\frac{\Delta\Psi_H}{R_1+R_2},\ \Delta\Psi_H=102\ \mathrm{cm},\ R_1=\frac{20}{70},\ R_2=\frac{80}{10}$$

$$q=12.1\ \mathrm{cm\cdot d^{-1}}$$

6.6：

a. 有效导水率：

$$k_{eff}=\frac{l_{upper}+l_{lower}}{\frac{l_{upper}}{k_{upper}}+\frac{l_{lower}}{k_{lower}}}=5.21\times 10^{-5}\ \mathrm{cm\cdot s^{-1}}$$

b. 稳流密度：

$$q=-k_{eq}\cdot\frac{\Delta\Psi_H}{\Delta z}=-5.21\times 10^{-5}\times\frac{-150}{100}=7.81\times 10^{-5}\ \mathrm{cm\cdot s^{-1}}$$

c. 平均水流速度：

$$v=\frac{V}{\varepsilon \cdot A \cdot t}=\frac{1}{\varepsilon} \cdot q=1.56 \times 10^{-4}\ \mathrm{cm} \cdot \mathrm{s}^{-1}$$

d. 两层之间的总水势：

$$q=-k_{\mathrm{lower}} \cdot \frac{\Delta \Psi_{\mathrm{H}}}{\Delta z}=-5 \times 10^{-5} \times \frac{0-\Psi_{\mathrm{H5}}}{95}=7.81 \times 10^{-5}\ \mathrm{cm} \cdot \mathrm{s}^{-1}$$

因此，$\Psi_{\mathrm{H5}}=148.4$ cm，压力势为 $\Psi_{\mathrm{H5}}-95=53.4$ cm

6.7：

a. 35 分钟内的垂直累积渗透量为：

$$I=3.0 \times \sqrt{\frac{35}{60}}+0.4 \times \frac{35}{60}=2.52\ \mathrm{cm}$$

b. 水平渗透 3.5 cm 需要：

$$I=S \cdot \sqrt{t} \quad t=\left(\frac{I}{S}\right)^{2}=\left(\frac{3.5}{3.0}\right)^{2}=1.36\ \mathrm{h}$$

$$i=\frac{3}{2} \times \frac{1}{\sqrt{t}}=\frac{3}{2} \times \frac{1}{\sqrt{\frac{25}{60}}}=2.3\ \mathrm{cm} \cdot \mathrm{h}^{-1}$$

c. 水平流率和垂直流率：

$$i=\frac{3}{2} \times \frac{1}{\sqrt{t}}=\frac{3}{2} \times \frac{1}{\sqrt{\frac{25}{60}}}+0.4=2.7\ \mathrm{cm} \cdot \mathrm{h}^{-1}$$

6.8：

a. 水平土柱

$$q=k \cdot \frac{\Delta \Psi_{\mathrm{H}}}{l},\ 9.8\ \mathrm{cm} \cdot \mathrm{d}^{-1}=4.1\ \mathrm{cm} \cdot \mathrm{d}^{-1} \times \frac{125\ \mathrm{cm}}{l\ (\mathrm{cm})},\ l=52.3\ \mathrm{cm}$$

b. 垂直土柱

$$q=k \cdot \frac{\Delta \Psi_{\mathrm{H}}}{l},\ 2.84\ \mathrm{cm} \cdot \mathrm{d}^{-1}=2.5\ \mathrm{cm} \cdot \mathrm{d}^{-1} \times \frac{\Delta \Psi_{\mathrm{H}}}{l}$$

其中

$$\frac{\Delta \Psi_{\mathrm{H}}}{l}=\frac{25+l-15}{l}=\frac{10+l}{l}=\frac{10}{l}+1$$

$$\frac{2.84}{2.5}=\frac{10+l}{l},\ 2.84\cdot l=25+2.5\cdot l,\ l=73.5\ \text{cm}$$

6.9：

$$k(\Psi)=12.3\cdot e^{(0.031\cdot\Psi_m)}\left(\frac{\text{cm}}{\text{day}}\right)$$

垂直稳态、单位梯度、非饱和流动，要求基质势在整个土柱中保持恒定。

因此，当 $\Psi_m=-70\ \text{cm}$，$q=k(\Psi)\cdot i=12.3e^{(0.031\cdot\Psi_m)}\cdot 1=1.4\left(\frac{\text{cm}}{\text{day}}\right)$

6.10：

为了简化计算，我们建议将排放率（q）和导水率（k）的单位转换为米（m）和天（d）。请注意，排放速率等于单位时间的降水量 N（$q=\text{N/t}$），而 1 m^2 沉积的 1 L 水则相当于降水量 1 mm 的高度。

总结了可用的数据

排放率：$q=1\ \text{mm/d}=0.001\ \text{m}\cdot\text{d}^{-1}$

排水管水位的高度：$H=1\ \text{m}$

排水管的半径：$r_0=0.1\ \text{m}$

导水率：$k=0.18144\ \text{m}\cdot\text{d}^{-1}$

不透水层的深度：$D=7.2\ \text{m}$

图 B 可解决排水问题。

当我们用 d 替换 D 并将上面的值代入 Hooghoudt 方程时，可以得到：

$$S^2=\frac{8\cdot k\cdot d\cdot H}{q}+\frac{4\cdot k\cdot H^2}{q}$$

$$=\frac{8\times 0.18144\ \text{m}\cdot\text{d}^{-1}\cdot\text{dm}\times 1\ \text{m}}{0.001\ \text{m}\cdot\text{d}^{-1}}+\frac{4\times 0.18144\ \text{m}\cdot\text{d}^{-1}\cdot 1^2\ \text{m}^2}{0.001\ \text{m}\cdot\text{d}^{-1}}$$

$$S^2=1452\cdot\text{dm}^2+725\ \text{m}^2$$

接下来我们必须确定等效深度 d 的值。首先对排水间距 $S=75$ m 进行估算，并使用表格不渗透层 D 的实际深度对给定值进行插值，从而得到 d 的正确值。对于 $D=7.2$ 和 $S=75$ m，我们在 4.14~4.38 进行插值（从表中读取）：

$$d=4.14+\frac{2}{10}\cdot(4.38\quad 4.14)=4.19\ \text{m}$$

将 $d=4.19$ 代入上述等式：$S^2=1452\times 4.19+725=6809\ \text{m}^2$

比较这个值与 $S^2=75^2=5\ 625\ \mathrm{m}^2$，我们发现 75 m 的间距不够宽。再用 $S=85$ m 的较大估计值重复相同的过程，得到：

$$S^2=1\ 452\times 4.39+725=7\ 099\ \mathrm{m}^2。$$

再次与 $S^2=85^2=7\ 225\ \mathrm{m}^2$ 比较，我们发现 85 m 的间距太宽。因此，间距应该为 75~85 m。更接近 85 m，而不是 75 m。我们选择 84 m 并重新计算：

$$d_{84}=\frac{9}{10}\cdot(d_{85}\quad d_{74})=4.19+\frac{9}{10}\cdot(4.39\quad 4.19)=4.37$$

计算 $S^2=1\ 452\cdot 4.37+725=7\ 070\ \mathrm{m}^2$，比较 $S^2=84^2=7\ 056\ \mathrm{m}^2$，我们最终发现这两个值相当接近，相邻排水管间距为 84 m。

结论：此处计算看起来很麻烦，但在实际中仍然是标注排水间距的标准方法，因为它可以产生可靠的估计值。使用列线图对等效深度的推导稍微容易一些。虽然 Richards 水力模型可以用来模拟水流流向排水管道，但缺点是要想获得合理的模型参数和运行数值模型，需要强大的理论背景。

第 7 章　土壤气相

7.1：

计算可得，$J=4.60\times 10^{-5}\ \mathrm{kg\cdot m^{-2}\cdot s^{-1}}$（见第 7.3.1 节）。

7.2：

a. 首先，计算绝对充气孔隙体积 V_a 在 0~1 m 土层中每平方米的表面积：

由 $\theta_a=15\%$ 可得，每分米（dm）土层的充气孔隙体积为 15 L。

则 1 m 深土层的气体体积为：$V_a=15\times 10=150\ \mathrm{L}=0.15\ \mathrm{m}^3$。

其次，计算标准状态下（理想气体），V_a 中所含 O_2 质量 m：

$$m=\frac{P\cdot V_a}{R\cdot T}=\frac{101\ 300\times 0.15}{8.324\ 5\times 273.15}=6.683\ \mathrm{mol}$$

由 O_2 浓度为 21% 可得，O_2 的摩尔数为：$m=6.68\times 0.21=1.403\ \mathrm{mol}$。

O_2 质量则为：$1.403\times 32=44.9\ \mathrm{g}=0.044\ 9\ \mathrm{kg}$。

再次，计算压强增加（1 023 hPa 时）后的 O_2 质量为：0.045 4 kg（压强增加导致 5.0×10^{-4} kg 的 O_2 进入土体）。

最后，与每天每平方米土壤消耗的 O_2 比较可得：$\dfrac{5.0\times 10^{-4}\ \mathrm{kg}}{0.15\ \mathrm{kg}}=0.3\%$。

即当大气压强从1 013 hPa升高至1 023 hPa时，进入土壤的O_2量仅为土壤O_2消耗量的3%。

b. 温度降低导致的对流通量：

温度降低（至293.15 K）导致的O_2交换的质量为：3.06×10^{-3} kg。

即当温度从20℃降至0℃时，进入土壤的O_2量为每平方米土壤O_2消耗量的2.04%。

一般呼吸速率被粗略估计为有代表性的O_2扩散速率。由于大气中温度或压强的变化，一般这个值大于对流通量。

7.3：

根据图中土壤含水量曲线，估算土壤的有效扩散系数：

50 cm土层的$\theta\approx0.11$。由孔隙度为0.45可得：$\eta_L=0.45-0.11=0.34$，则$D_B=1.89\times10^{-5}\times0.34^2=2.2\times10^{-6}\ m^2\cdot s^{-1}$。

对于100 cm土层：$\theta\approx0.0.29$，则$D_B=1.89\times10^{-5}\times0.16^2=4.7\times10^{-7}\ m^2\cdot s^{-1}$。

O_2浓度梯度由相邻土壤深度的浓度估算得来，即40 cm（≈20%）、60 cm（≈18%）、90 cm（≈16%）以及110 cm（≈12%）。标准状态下纯O_2的浓度为：32 g/22.41 = 1.43 kg m^{-3}。

50 cm深处土壤的O_2扩散速率为：

$$J_g=-D_B\cdot\frac{\partial C}{\partial z}\approx-D_B\cdot\frac{\Delta C}{\Delta z}=-2.2\times10^{-6}\times\frac{0.286-0.257}{0.2}=-3.2\times10^{-7}\ \frac{kg}{m^2\cdot s}$$

100 cm深处土壤的O_2扩散速率则为：$1.35\times10^{-7}\ \frac{kg}{m^2\cdot s}$

总结：与浅层土壤（0.5 m）相比，深层土壤（1 m）的扩散速率降低了2.4倍。这主要是由于有效扩散系数下降导致的，并且这种扩散速率的减少不能通过浓度梯度的增加来弥补。

第8章　土壤热行为

8.1：

将各数值代入式8-2可得：

$$C=0.85\times1.3+4.17\times0.25=2.15\ MJ\cdot m^{-3}\cdot K^{-1}$$

8.2：

将各数值入式 8-2 可得：

$$J=\lambda\cdot\left(\frac{\Delta T}{\Delta z}\right)=0.2\times\frac{27-24}{0.1}=6.0\ \mathrm{W}\cdot\mathrm{m}^{-2}$$

8.3：

由式 8-1 可得：

土壤体积 $V=0.05\ \mathrm{m}\times1\ \mathrm{m}^2=0.05\ \mathrm{m}^3$

净热通量=（200-100）$\mathrm{W}\cdot\mathrm{m}^{-2}=100\ \mathrm{W}\cdot\mathrm{m}^{-2}$，因此，每秒进入土壤的热量为 100 J

$$\Delta T=\frac{热量}{Cv\cdot V}=\frac{100}{0.05\times2.5\times10^6}=0.0008℃$$

8.4：

参考式 8-2 和第 8.1.4 节可知：

热容量：$C=0.85\times1.2+4.17\times0.32=2.3544\ \mathrm{MJ}\cdot\mathrm{m}^{-1}\cdot\mathrm{K}^{-1}$

导热率：$\lambda=C\cdot\alpha=0.94\ \mathrm{Wm}^{-1}\cdot\mathrm{K}^{-1}$

$$Q=C\cdot I\cdot\Delta T=131846.4\ \mathrm{J}\cdot\mathrm{m}^{-2}$$

第 9 章　土壤水气热耦合平衡

9.1：

$$(0.343-0.152)\mathrm{cm}^3\cdot\mathrm{cm}^{-3}\times0.65\times70\ \mathrm{cm}=8.7\ \mathrm{cm}$$

9.2：

	T/℃	e_s/mbar	AH/($\mathrm{g}\cdot\mathrm{m}^{-3}$)	RH/%
最高温	33	50.3	12.09	34
最低温	18	20.6	12.72	83
露点	15	17.1		

9.3：

参见第 9.1.2 节。

a. 饱和蒸气（e_s，mbars）压随温度（T,℃）变化如下：

$$e_s=6.1078\cdot e^{\frac{17.27\cdot T}{T+237.3}}$$

T/℃	0.01	20	40	60	80	100
e_s/mbar	6	23	73	199	475	1 022

注：1 mbar = 1×10^{-4} mPa。

b.

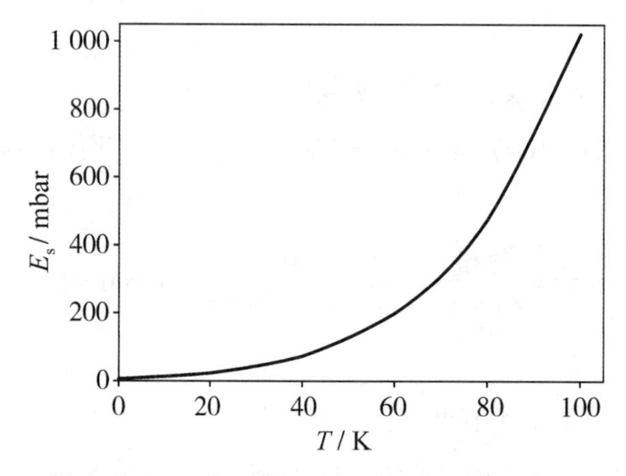

c. 绝对湿度 AH 与水汽压 E_s 与温度 T 的关系如下：

$$AH=\frac{217\cdot E_s}{T}$$

T/K	293	313	333	353	373
AH/（$g\cdot m^{-3}$）	17	51	130	292	595

9.4：

a. 利用水分平衡公式计算排水量 D：

$$D=P-CT-\Delta S$$

式中，P 是降水，ET 是蒸散量，S 是土壤水分储量，降水量与蒸散量由上表提供，需要计算土壤水分储量。假定水分储存上限是田间持水量（pF 值为 1.8），因为在更高的基质势下水分不能被毛细管力固持在土壤剖面，会排出补充地下水。假定一个表面积为 1 m^2、深度为 1 m 的土壤剖面，能获得 1 m^3 的体积来储存水。由于粉砂土中初始含水量为 15 vol%，则剖面含水量为 0.15 m^3 或者 150 L/m^2 或者 150 mm。相应的壤土剖面含量为 170 L/m^2 或 170 mm。粉砂土田间持水量（FC）是 0.15 $cm^3\cdot cm^{-3}$，则相应为 15 vol%或者是 150 mm。以此推算，粉砂土含水量已到田间持水量且不能储存更多的水分。壤土的 FC 是 0.26 $cm^3\cdot cm^{-3}$，故此土壤剖面可储存 260 mm 水分。因此，在排水之前，260 mm−170 mm=90 mm 的额外水可以补充在土壤剖面，储水能力为 $S=90$ mm。现在可以分别计算夏季、冬季和全年的水分平衡：

（单位：mm）

弗赖堡	夏季		冬季		全年	
	砂土	壤土	砂土	壤土	砂土	壤土
mPs	610	610	412	412	1 022	1 022
mEo，*s*	528	528	152	152	680	680
ΔS	0	82	0	8	0	90
新 $S_{capacity}$	0	8	0	0	0	0
D	82	0	260	252	342	252

马格德堡	夏季		冬季		全年	
	砂土	壤土	砂土	壤土	砂土	壤土
mPs	345	315	240	240	555	555
mEo，*s*	447	447	108	108	555	555
ΔS	0	90	132	222	0	90
新 $S_{capacity}$	−132	−132	132	132	0	0
D	0	0	0	0	0	0

b. 本题中弗莱堡地区的粉砂土含水量在夏季过后会到达田间持水量，因此，土壤剖面中的平均含水量为 0. 15 $cm^3 \cdot m^{-3}$。在马格德堡夏季过后，土壤剖面水量会降低 132 mm。在生长季开始时土壤剖面水分含量是 0. 15 vol%，一直会降低到 15−13. 2 = 1. 8 vol% 这一极低值。相应的弗莱堡地区夏季过后土壤含水量是 25. 2 vol%，马格德堡地区是 12. 8 vol%。

总结：弗莱堡地区降水量比马格德堡地区高很多，由表中得出，由于土壤较低的持水能力导致夏季粉砂土水分的排出，壤土则能储存额外的水分且没有水分排出。冬季壤土储水能力降低而排出水分。全年来看，砂土排水量明显高于壤土。

马格德堡地区的降水量只有弗莱堡地区的一半，砂土在夏季不会排水，且砂土和壤土都可以观察到冬季储水能力的增加。

在冬季蒸散量减少，部分水库得到补给，土壤蓄水量再次下降。从长远来看，弗莱堡地区具有正向的气候水量平衡，马格德堡地区具有等量的水量平衡。然而，考虑到这些数据是30年的平均值，并且可能会有个别年份是负向水量平衡，而在其他年份可能是正向水量平衡。还要注意的是，壤土起始水分亏缺90 mm是对于初始含水量的假定。通常情况下，冬季蓄水层会补充水分，因此，土壤含水量通常接近田间持水量。

9.5：

回顾式8-3：

$$J=\lambda\cdot\left(\frac{\Delta T}{\Delta z}\right)=80=0.25\times\left(\frac{\Delta T}{0.05}\right)\text{，因此，}\Delta T=\left(\frac{80}{0.25}\right)\times 0.05=16℃$$

9.6：

土壤温度 T（z，t）可用式9-9描述，其中 z 是深度（cm），t 是时间（h），α 是热扩散系数（14 cm^2/h），ω 是角度频率（π/12）。

a. 最高温为18.3−9.2=27.5℃；最低温为18.3−9.2=9.1℃

b. 15 cm处的振幅为 $9.2\cdot e^{\left(-z\sqrt{\frac{\omega}{2\alpha}}\right)}=2.16$℃

所以，最高温=9.2+2.16=11.36℃，最低温=9.2−2.16=7.04℃

c. α 越大，温度的振幅越大，意味着更高的最高温。热传导系数控制着土壤中温度变化的传导效率，因此，越大的热扩散系数越有利于表层温度传导。

9.7：

应用式9-9：

a. 阻尼深度是：

$$d=\sqrt{\frac{2a}{\omega}}=1.84\ \text{m}$$

深度0.8 m处的温度变化情况是：$A_{0.8}=A\cdot e^{-\left(\frac{z}{d}\right)}=8.41$℃，所以变化幅度为25.41−8.59℃。

b. 0.8 m深度温度的滞后时间为：

$$\Delta t=\frac{z}{\omega\cdot d}\cdot\frac{(\text{d})}{(\text{m}^{-1},\ \text{m})}=25.3\ \text{d}$$

第 10 章　植物生境及其物理修复

10. 1：

a. 如果排水过程变得非常缓慢，土壤中的含水量达到准平衡状态，就会达到田间持水量。田间持水量对应的土壤基质势可变，最常见值为-60～-300 hPa（见第 9.2.3 节）。为了简单，假设在 pF 值为 1.8 即达到 60 hPa 基质势时达到了田间持水量，这是计算所有其他土壤水分特征的起点。

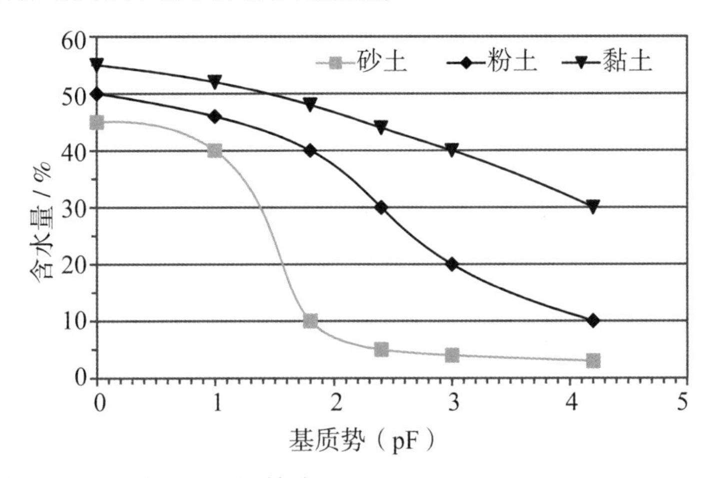

- 空气容量=总孔隙度-田间持水量
- 植物有效水=田间持水量-永久凋萎点
- 永久凋萎点=pF 值为 4.2 时的含水量（植物无法生长）

含水量/%	AC	PAW	PWP
砂土	35	8	2
粉土	10	30	10
黏土	7	18	30

b. 在第 2.1 节中，我们学习了如何从体积密度和固体密度计算总孔隙度。式 2-2 可以重新排列，由总孔隙度计算体积密度：

$$\frac{\rho_b}{\rho_s}=1-\varepsilon \rightarrow \rho_b=(1-\varepsilon)\cdot\rho_s$$

从我们获得的水分特征曲线中引入相应的值

砂土：$\rho_b=(1-0.45)\times2.65\ g\cdot cm^{-3}=1.46\ g\cdot cm^{-3}$

粉土：$\rho_b=(1-0.50)\times2.65\ g\cdot cm^{-3}=1.33\ g\cdot cm^{-3}$

黏土：$\rho_b=(1-0.55)\times2.65\ g\cdot cm^{-3}=1.19\ g\cdot cm^{-3}$

c. 根据 1 m^2 的土壤表面积和 1 m 土壤剖面的深度，可以得到 1 cm^3 或 1 000 L 的土壤总量。砂土层厚度为 30 cm 厚（≈300 L），黏土层厚度为 40 cm（≈400 L），粉土层厚度为 30 cm（≈300 L）。将植物可用水的值乘以每个土层的相应土壤体积，我们就可以得到储存的水量：

砂土：PAW = 8 Vol. -%⇒PAW = 0.08×300 L = 24 L

黏土：PAW = 18 Vol. -%⇒PAW = 0.18×400 L = 72 L

粉土：PAW = 30 Vol. -%⇒PAW = 0.30×300 L = 90 L

由此，土壤剖面中的可用水量 = 186 L/m^2 或 186 mm。

结论：在这个土壤剖面中，粉土层对植物有效水贡献最大，而砂土层最少。如果我们假设蒸散率 4 mm/d，植物将在没有降水情况下存活 46.5 d。这就要求根部生长不受阻碍，然而当土壤干燥过度时会增加机械强度。在实践中，通常假设在植物可利用水量的 75%以下时，蒸腾作用已经开始降低。

10.2：

a. 回顾 Hagen-Poiseuille 定律，引入孔半径和压头差值，并假设在 20℃ 时水的动态流体黏度 $h=10^3$ Pa s，我们可以得到半径为 1.8 mm 的孔隙流速：

$$q=\frac{\pi\cdot r^4}{8\cdot\eta}\cdot\frac{\Delta p}{\Delta l}=\frac{\pi\cdot(1.8\times10^{-3}\ m)}{8\times10^{-3}\ Pa\ s}\cdot\frac{10^4(Pa)}{1\ m}=\frac{\pi\times(1.8^4\ m^4)\times10^{-12}}{8\times10^{-3}\ Pa\ s}\cdot\frac{10^4\ Pa}{1\ m}$$

$$=\frac{\pi\times(1.8^4\ m^4)\times10^{-5}\ Pa}{8\ Pa\ s\cdot m}=4.12\times10^{-5}\ \frac{m^3}{s}=4.12\times10^{-2}\ \frac{1}{s}=148.32\ \frac{1}{h}$$

类似地，我们可以得到半径为 0.5 mm 的单个孔隙流速为 0.883 6 L/h，所有 16 个孔隙流速总和为 14.14 L/h。

b. 使用第 2.3 节中定义的公式，可以计算出新的孔隙半径，首先计算单个大孔隙的体积：

$$V_\rho=\pi\cdot r^2\cdot l=\pi\cdot(0.18\ cm)^3\cdot100\ cm=10.18\ cm^3$$

此计算可以使用任何长度单位，为避免指数过大，我们采用厘米级单位计算土壤固相总体积：

$$V_{tot}=\frac{V_\rho}{\varepsilon}=\frac{10.18\ cm^3}{0.20}=50.9\ cm^3$$

假设孔隙体积减少 5%，则意味着压缩后的新孔隙体积为 15%，因此，我们获得了新的孔隙体积：

$$V_\rho' = V_{tot} \cdot \varepsilon = 50.9\ cm^3 \cdot 0.15 = 7.64\ cm^3$$

新的孔隙体积公式：

$$r = \sqrt{\frac{V_\rho'}{\pi \cdot l}} = \sqrt{\frac{7.64\ cm^3}{\pi \cdot 100\ cm}} = 0.155\ 9\ cm = 1.56\ mm$$

我们在 Hagen-Poiseuille 定律中引入新的孔隙半径，以获得单孔孔径时的新孔隙通量为 83.73 L/h。在同样的情况下，我们可以计算压缩后新的较小孔半径为 0.43 mm 时穿过全部 16 个孔的总流量为 7.73 L/h。

a. 这个问题非常复杂，需要解析求解。因为孔隙的形状在剪切变形之后正在向椭圆形方向变化，通过圆形毛细管通量的 Hagen-Poiseuille 定律严格地来说并不能应用。然而，为了对这种体积恒定变形结果粗略估计，我们计算了通过最大内切圆管通量，并忽略了略有增加孔的最终长度（见图 10.4）。通过如此处理，我们可以计算由剪切位移产生的新孔半径 r'：

$$r' = r = 0.28 \cdot r = 1.8\ mm - 0.28 \cdot 1.8\ mm = 1.296\ mm$$

用 Hagen-Poiseuille 定律代替这个新孔半径，我们计算出新通量为 39.88 L/h。另一种方法是首先计算椭圆的面积并将该面积转换为有效孔隙半径 reff（与椭圆相等的圆的面积）：

$$A = \pi \cdot a \cdot b = \pi \times 1.8 \times 1.3 = 7.35\ mm^2$$

其中，a 和 b 分别是半长轴和半短轴。有效孔隙半径将通过下式计算：

$$r_{eff} = \sqrt{\frac{A}{\pi}} = \sqrt{\frac{7.35\ mm^2}{\pi}} = 1.53\ mm$$

对于这个有效的孔隙半径，我们可以再次应用 Hagen Poiseuille 定律并获得 77.46 L/h 的孔隙通量。

总结：通过这些计算，我们可以看到孔隙半径对通量密度的强烈影响。通过将单个大孔隙的孔隙体积分布在 16 个小孔，同时保持总孔隙体积不变，我们将通量减小了一个数量级。因此，决定土壤水力功能的关键因素不是孔隙体积或容重，而是孔径分布。此外，土壤压缩也会导致通量速率的显著降低。对于相同的体积变化，孔隙越大通量速率降低越大。

考虑到大孔隙对压缩的极其敏感性，我们可以预期，土壤压实对于土壤水有强烈影响。最后可能有体积恒定的变形，即孔隙体形状在恒定的总孔隙体积下发生显著改变。这是剪切变形的结果，也会强烈地降低导水率并最终导致孔隙连续性完全损失，从而显著破坏了流动路径。通过剪切变形计算孔隙通量的两种方法只是粗略的估计，因为并未严格符合应用 Hagen-Poiseuille 定律的基本条件。真值可能在两个计算值之间，因为第一种计算方法忽略了椭圆的间隙面积而低估了通量，第二种计算方法使用了有效孔隙半径而高估了通量，这是由于与椭圆形孔形状具有稍高的表面积相比，圆形孔隙具有的较小表面积，存在较低的摩擦。实际上通过剪切变形，孔隙连通性将显著降低，最终将迫使水从具有高通量速率的大结构孔隙移动到通量速率低得多的基质孔隙区域。

10.3：

a. 有关如何进行计算，请参阅问题 10.1，将获得以下值：

含水量/%	AC	PAW	PWP
粉土	10	30	10
粉土压实	5	28	12

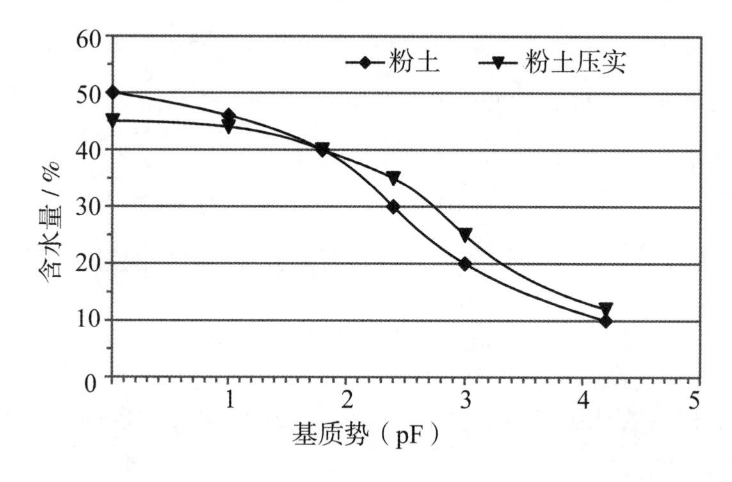

结论：土壤水分特征曲线通过压实而变平，空气容量降低到 5 Vol%，植物可用水略有减少，而永久凋萎点略有增加。这是由于土壤体积中能够吸收水分的较高表面积，是压实的函数。

10.4：

水流通量：

$$q=k(\Delta\Psi_h/\Delta l)=4.7\times10^{-8}\times(1.29/1.05)=5.8\times10^{-8}\ \mathrm{cm\cdot s^{-1}}$$

孔隙度：

$$\varepsilon=\frac{\rho_b}{\rho_s}=1-\frac{1.48}{2.65}=0.442$$

水流速度：

$v=q/\varepsilon=1.3\times10^{-7}\ \mathrm{cm\ s^{-1}}=1.3\times10^{-7}\times60\times60\times24\times365.25\ \mathrm{cm\ y^{-1}}=$ or $4.1\ \mathrm{cm\ y^{-1}}$

1 y 内进入垫层的废水量：

$$Q=q\cdot A\cdot t=5.8\times10^{-10}\frac{m}{s}\times2\,240\ \mathrm{m^2}\times60\times60\times24\times365.25\ \frac{s}{y}=41\ \mathrm{m^3}\cdot\mathrm{y^{-1}}$$

10.5：

a. 质量含水量定义为：

$$\theta_g=\frac{m_w}{m_s}$$

其中 m_w 是水的质量和固体颗粒的质量。称量样品时，气瓶的质量也必须考虑在内。样品编号 1 如下：

$$\theta_g=\frac{(160\ \mathrm{g}-50\ \mathrm{g})-(150\ \mathrm{g}-50\ \mathrm{g})}{150\ \mathrm{g}-50\ \mathrm{g}}=\frac{110\ \mathrm{g}-100\ \mathrm{g}}{100\ \mathrm{g}}=0.1\ \frac{\mathrm{g}}{\mathrm{g}}$$

体积含水量通过下式计算：

$$\theta_v=\theta_g\cdot\frac{\rho_b}{\rho_w}=0.1\ \frac{\mathrm{g}}{\mathrm{g}}\times\frac{1.2\ \frac{\mathrm{g}}{\mathrm{cm^3}}}{1.0\ \frac{\mathrm{g}}{\mathrm{cm^3}}}=0.12\ \frac{\mathrm{cm^3}}{\mathrm{cm^3}}$$

其中 r_b 分别表示体积密度，r_w 表示水的密度。

以下 4 个层位将获得水分含量：

样品	$\theta_g/(\mathrm{g}\cdot\mathrm{g^{-1}})$	$\theta_v/(\mathrm{cm^3}\cdot\mathrm{cm^{-3}})$
1	0.10	0.12
2	0.20	0.30
3	0.20	0.24
4	0.30	0.45

b. 我们可以通过以下公式可计算每个土层中存储的水量

$$V_W = \theta_V \cdot V_{tot}$$

其中，V_{tot} 是每个样品的总体积。对于我们获得的第一个样品，面积为 1 m^2，深度为 0. 4 m：

$$V_W = 0.12 \times 0.4\ m^3 = 0.048\ m^3 = 48\ \frac{l}{m^2} = 48\ mm$$

对于我们获得的其他样品：

样品 2 = 180 mm，样品 3 = 96 mm，样品 4 = 270 smm。

因此，在灌溉之前，在土壤剖面中储存的水总量为 48 mm + 180 mm = 228 mm。

灌溉后，储存的水总量是 96 mm + 270 mm = 366 mm

即通过灌溉增加了 138 mm 或 130 L/m^2 的水。

第 11 章　土壤侵蚀

11. 1：

$$径流小区径流量 = \frac{25\ L}{0.02} = 1\ 250\ L$$

$$径流深度 = 1\ 250\ L \times 1\ 000\ \frac{cm^3}{L} \times \frac{1}{200\ m^2} \times \frac{m^2}{10^4\ cm^2} = 0.625\ cm$$

$$总泥沙量 = 1\ 250\ L \times 4\ \frac{g}{L} \times \frac{kg}{1\ 000\ g} = 5\ kg$$

$$侵蚀量 = \frac{5\ kg}{200\ m^2} \times \frac{10^4\ m^2}{ha} = 250\ kg \cdot ha^{-1}$$

11. 2：

a. 一场暴雨的侵蚀能量决定于期间的降雨强度、降雨总量。当一场降雨事件中的降雨强度变化时，再细分单个相似降雨强度的区间段。相应的降雨时间、总量和强度都通过计算得到。降雨的动能强度可从式 11-6 计算得到。当降雨强度没有超过 76. 2 mm/h 时，式 11-7 并不适用。最终降雨动能之和用以获得暴雨事件 E 的总能量。

b. 30 min 最大降水量发生在 4：27～4：57。一共 2. 744 mm/30 min，乘以 2 得到 I_{30} = 5. 488 mm/h。侵蚀指数 EI 为下列乘积：$E \cdot I_{30}$ = （0. 057 164 013 kJ/m^2 · 5. 488 mm/h）。而 1 y 以上的 $E \cdot I_{30}$ 总和是特定地点的 R 因子。

记录		过程增量			侵蚀动能
时间	累计降雨/mm	持续时间/min	降水量/mm	降雨强度/($mm \cdot h^{-1}$)	EI/($kJ \cdot m^{-2}$)
4:00	0				
4:20	0.127	20	0.127	0.381	0.001 045 397
4:27	0.305	7	0.178	1.526	0.002 401 653
4:36	0.889	9	0.584	3.893	0.009 953 219
4:50	2.667	14	1.779	7.624	0.034 853 201
4:57	3.048	7	0.381	3.266	0.006 239 775
5:05	3.175	8	0.127	0.953	0.001 486 85
5:15	3.175	10	0	0	0
5:30	3.302	15	0.127	0.508	0.001 183 918
总量					0.057 164 013

11.3:

通用土壤流失方程，基于6个因子来估算侵蚀量A(t/ha·a)：

$$A=R \cdot K \cdot L \cdot S \cdot C \cdot P$$

(1) 降雨（R-因子）：降雨侵蚀力决定于降雨累积动能（kJ/m^2）和单次降雨事件的最大30 min降水量I_{30}（参见问题2）。R-因子从特定地点的气象数据中获得。不同区域回归函数或者表格及地图都可用来获取相应区域的R因子值。这里我们基于夏季平均降雨N_s，用一个回归函数来获取巴伐利亚州的R因子值。

$$R=0.141 \cdot N_s=1.48=0.141\times 508=1.48=70$$

(2) 土壤可蚀性（K-因子）：K-因子可以通过诺莫图或下列回归函数获得。

$$K=2.77\times 10^{-6} \cdot M^{1.14} \cdot (12-OM)+0.043(\mathrm{A}-2)+0.033(4-\mathrm{D})$$

这里$M=$（%粉粒+非常细的砂粒）×（%粉粒+%砂粒）

将表中的相应值替换可得：

$$M=(70+9)\times(70+4)=5\ 846$$

$$K=2.77\times 10^{-6}\times 5\ 846^{1.14}\times(12-2)+0.043(3-2)+0.033(4-4)=0.59$$

(3) 地形（LS-因子）：LS-因子基于长为22 m、9%的标准坡面作为对照，基于下列回归函数进行计算。

$$LS=\left(\frac{L}{22}\right)^{m}\times\frac{s}{9}\times\sqrt{\frac{s}{9}}=\left(\frac{120}{22}\right)^{0.5}\times\frac{8}{9}\times\sqrt{\frac{8}{9}}=2.33\times0.888\times0.942=1.95$$

这里 L 是坡长（m），s 是坡度（%）。

（4）覆盖和管理因子（C-因子）：由于有多种方式（如耕作、种植作物、覆盖土壤等）管理土壤，C-因子测定相当复杂。文献中有大量表格数据用来估算特定区域某种轮作方式（50%玉米和 50%小麦轮作方式）的 C-因子。Schwertmann 等（1987）中提供了一个包含巴伐利亚州代表性作物轮作制度的表格（表 12），根据这些表格，C-因子为 0.27。

（5）措施因子（P-因子）：这个因子考虑了减少土壤侵蚀的措施（如等高或带状犁耕、梯田化等）。如果没有采用措施，P-因子为 1。最后，土壤侵蚀量可用所有已确定参数的乘积计算获得。

$$A=70\times0.59\times1.95\times0.27\times1=21.7\ \mathrm{t\cdot ha^{-1}\cdot a^{-1}}$$

结论：USLE 模型是在特定区域土壤侵蚀估算的最常用模型。这个例子可以确定该区域土壤侵蚀量已经超过 7 $\mathrm{t\cdot ha^{-1}\cdot a^{-1}}$ 的允许流失量。R-因子、K-因子、LS-因子是固定值，但 C-因子和 P-因子决定于管理效果或土壤保护措施。USLE 模型能被用于验证特定管理措施如何减少土壤侵蚀，直至低于允许土壤侵蚀量。

第 12 章　土壤溶质运移与过滤过程

12.1：

土柱体积=土柱截面积×土柱高度=981 $\mathrm{cm^3}$，土壤孔隙度 $PV=1-\rho_b/\rho_s=1-1.40/2.65=0.472$，土柱孔隙体积=土柱体积×土壤孔隙度=463 $\mathrm{cm^3}$。

因此，926 $\mathrm{cm^3}$ 为两倍土柱孔隙水体积，即砂土柱的底部排泄量。在此过程中，土柱底部的排泄速率为：$KA(\Delta H/L)=4\times19.6\times(52/50)=82\ \mathrm{cm^3\cdot min^{-1}}$。

注：$A=\pi r^2$，平均滞留时间=463/82=5.6 min。

12.2：

a. 2.4 h 以后土柱底部的累计排泄水体积为 1 倍的土柱孔隙体积，土柱孔隙体积=土柱体积×孔隙度=1 640 $\mathrm{cm^3}$。

b. 土壤水通量密度，$q=1\,640/(2.4\times100)=6.83\ \mathrm{cm\cdot h^{-1}}$；

平均孔隙水速率=q/孔隙度=6.83/0.41=16.7 $\mathrm{cm\cdot h^{-1}}$；

$K_{sat}=q$/总水势梯度=6.83/1.3=5.25 $\mathrm{cm\cdot h^{-1}}$。

12. 3：

首先做如下两点假设：

（1）整个非饱和区的基质势为−300 hPa，因此，向下运移的水对应的含水量为田间持水量。

（2）忽略扩散和弥散（认为土壤水分运动为活塞流）。

对于活塞流，平均土壤孔隙水运动速率 $v=q/\theta$，其中，θ 为体积含水量（$cm^3 \cdot cm^{-3}$），q 为水通量密度（$mm \cdot y^{-1}$），即单位时间通过单位面积水的体积。0~2 m 深度的田间持水量约为 0. 2 mm。计算出 $v=300/0.20=1\ 500$ mm/a。因此，经过第一个淋洗阶段，硝酸盐已经移动到 1. 5 m 以上，已在根区以下。因此，我们假设在下一个生长季植物不会吸收硝酸盐。在下一个淋溶季节，再用 100 mm（$q=v \cdot \theta=500\times0.2=100$ mm）的水将硝酸盐完全淋洗出第一层。在该季节，仍有 200 mm 的硝态氮溶液在粗砂层中运输，向下移动 200/0. 03 = 6 677 mm，到达 8. 67 m 的深度。假设第三年的情况与之前相同，运输到 $d=300/0.03=10\ 000$ mm = 10 m。显然在第三个淋洗阶段，所有的硝酸盐都应该释放到地下水层中。

12. 4：

土壤中的有效扩散系数为：

$$D_w^B=D_w \cdot \xi(\theta)$$

假定扩散输运是在稳态条件下进行的，阻滞层的扩散系数如下：

$$D_w^B=D_w \cdot \theta^{2.2}=1.86\times10^{-9}\times0.42^{2.2}=2.76\times10^{-10\frac{m^2}{s}}$$

利用 Fick 定律计算扩散传输：

$$q_D=D_W \cdot \theta^{2.2} \cdot \frac{\partial C}{\partial z}\approx D_W \cdot \theta^{2.2}\frac{\Delta C}{\Delta Z}=2.76\times10^{-10}\times\frac{0.4-0}{0.2}=5.52\times10^{-10}\frac{m^2}{S} \cdot \frac{kg}{m^3 \cdot m}$$

附 录

常用单位及其转换

（国际单位用粗体显示，其他的单位不是国际单位，但在最近的文献中仍在使用。）

Length（长度）

1 m = 10 dm = 10^2 cm = 10^3 mm = 10^6 μm = 10^9 nm

1 km = 10^3 m = 10^5 cm

1 cm = 10^{-2} m

1 mm = 10^3 μm = 10^6 nm

Yield（产量）

1 kg/hm^2 = 10^{-3} t/hm^2

1 t/hm^2 = 10^3 kg/hm^2

Area Units（面积）

1 cm^2 = 10^{-4} m^2 = 10^{-10} km^2

1 hm^2 = 10^{-2} km^2 = 10^4 m^2

Force（力）

1 kN = 1 kg · m/s^2

Volume（体积）

1 cm^3 = 10^{-6} m^3 = 10^{-3} L = 1 mL

1 m^3 = 10^6 cm^3 = 10^3 L = 10^3 dm^3

1 L = 1 dm^3 = 10^3 cm^3 = 10^{-3} m^3

1 dL = 0. 1 L = 100 cm^3

1 mL = 10^{-3} L = 10^2 Pa = 1 hPa

Pressure（压力）

1 Pa = 1 N/m^2

0. 1 mPa = 10^5 Pa

Mass(质量)

1 kg = 10^{-3} mg = 10^{3} g

1 g = 10^{-3} kg = 10^{-6} t

1 t = 10^{3} kg = 10^{6} g

Temperature(温度)

1 K = 1℃ −273. 15℃

1℃ = 1 K+273. 15℃

Density(密度)

1 g/cm^{3} = 1 kg/L = 10^{3} kg/m^{3} = 1 t/m^{3}

Energy and Work(能和功)

1 J = 1 N · m = 2. 778 · 10^{-7} kW · h

Time(时间)

1 s = 0. 016 6 min = 0. 000 277 h

1 min = 60 s = 0. 0166 h

1 d = 24 h = 1 440 min = 86 400 s

1 a = 365 d

Power(功率)

1 W = 1 J/s

Velocity(速度)

1 cm/s = 10^{-2} m/s = 0. 036 km/h

1 m/s = 10^{2} cm/s = 3. 6 km/s

Electronic Potential(电流势)

1 V = 1 w/A

Fluss(流速)

1 cm^{3}/s = 10^{-3} L/s = 0. 06 L/min

1 L/s = 10^{-3} cm^{3}/s = 60 L/min

1 L/min = 16. 67 cm^{3}/s = 0. 01667 L/s

Electronic Conductivity(电导率)

1 S/m = 10 mS/cm = 10 dS/m

缩略词含义

μg—微克(microgram)

s—秒(second)

h—小时(hour)

min—分钟(minute)

S—西门子(Siemens)

A—安(ampere)

mL—毫升(milliter)

t—吨(ton)

w—瓦特(watt)

J—焦耳(Joule)

V—伏特(Volt)

℃—摄氏度(degree celsius)

Pa—帕斯卡(Pascal)

K—开尔文(degree Kelvin)

L—升(liter)

dg—10 克(dag)

dL—分升(deziliter)

μm—微米(micrometer)

mg—毫克(milligram)

hPa—百帕斯卡(hectopascal)

mPa—兆帕(megpascal)cm

nm—纳米(nanometer)

基本转换：密度和孔隙体积

$V_{total}=V_L+V_W+V_{solid}$ 总体积(V_{total})

$PV=V_L+V_W$ 孔隙体积(PV)

$PV(\%)=(V_L+V_W/V_{total})\cdot 100\varepsilon=V_L+V_W/V_{solid}$

$\rho_{solid}=M_{solid}/V_{solid}\rho_B=M_{solid}/V_{total}$

$V_{solid}=M_{solid}/\rho_{solid}V_{total}=M_{solid}/\rho_B$

$PV(\%)=(1-V_{soild}/V_{total})\cdot 100$

$=[1-(M_{solid}/\rho_{solid})/(M_{solid}/\rho_B)]\cdot 100$

$=(1-\rho_B/\rho_{solid})$

V_L= 气相体积

V_w= 液相

V_{solid}= 固相

ε—孔隙比（void ratio）

ρ_{solid}—固体密度（partical density）

ρ_B—干容重（bulk density）

M_{solid}—干土质量（Mass of dry soil）

在多孔介质中的运移

线性传输方程始终遵循相同的结构原理：

通量 q = 传导度 k^* 势能梯度 $\partial\Psi_H/\Psi_I$

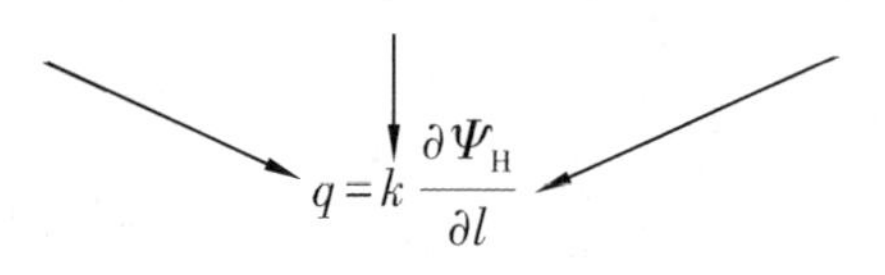

例如：达西定律

q　单位时间和面积的质量传输量，如：克

k　土壤渗透率（cm/s）

$\partial\Psi_H$ 每单位距离的电势差

$j_{th} = -\lambda \cdot \partial T/\partial x$（扩散气体导热系数）

$q_D = -D_W^B \cdot \partial C_W/\partial z$（溶质扩散运移）

$j_g = -D' \cdot \partial C/\partial s$（气体传输）

Fourier's 定律

Fick's 扩散定律

热收支方程的推导

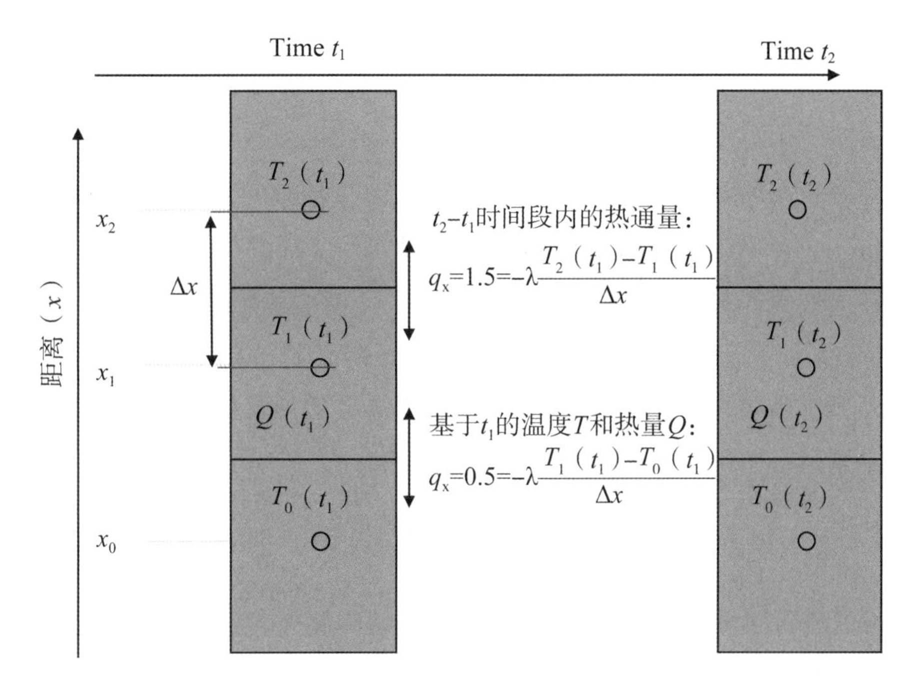

将线性通量方程与质量和能量的保留相结合（连续性方程），得出：

$$-\Delta Q/\Delta t = \Delta j_{th}/\Delta x \qquad \text{（连续性方程）}$$

$$-(Q(t_2)-Q(t_1))/t_2-t_1 = j_{th(x=1.5)} - j_{th(x=0.5)}/\Delta x \cdot [(\mathrm{J/m^3})/\mathrm{s}]$$

当时间和距离增量非常小时：

$$\frac{dQ}{dt} = \frac{-dj_{th}}{dx} = \frac{d}{dx}\left(\lambda \cdot \frac{dT}{dx}\right) = \lambda \cdot \frac{d^2T}{dx^2} \quad \text{with: } C = \frac{dQ}{dT} \text{ and } \lambda = \text{con st.}$$

$$\frac{dT}{dt} = \frac{\lambda}{C} \cdot \frac{d^2T}{dx^2} = \alpha \cdot \frac{d^2T}{dx^2} \qquad \text{（热收支方程）}$$

土壤中水、热和物质输运的驱动力：土壤表面的能量收支

辐射成分和辐射收支

入射短波辐射出射长波辐射（l）

（入射角 I）任意表面

$\overset{\downarrow}{Rs}_{(Bd)} = \overset{\downarrow}{Rs}_0 \cdot \text{COS}\ (I)$

$R_I = \varepsilon\sigma T^4$

土壤表面的辐射收支：

入射分量出射分量

$$R_n = \overset{\downarrow}{Rs} - \overset{\uparrow}{Rs} + R_I^{\downarrow} - R_I^{\uparrow}$$

短波和长波辐射通量与土壤 G 的热通量，空气 H 的可感知热以及转化为潜热 ET（蒸散；水的蒸发）相结合，从而在土壤表面产生能量收支：

土壤表面的能量收支：

$$Rn(Ts) = G(Ts) + H(Ts) + ET(Ts) + \Delta$$

能量预算方程的所有项均取决于表面温度 Ts，这是参与通量的相对贡献的结果，Δ 是剩余项（通常可以忽略不计）。

Tensors（张量）

张量用于描述方向发生变化的物理状态或材料属性。张量的阶数（也称为度数）表示要完全定义维 d 空间中的属性或状态需要多少个标量分量：

$$C = d^r$$

标量（例如温度或密度）是零阶张量，表示只有一个数字能够完整地描述此属性（例如 15（K）），与坐标系的方向无关。

向量是 31 = 3 个分量的一阶张量，它们描述具有方向和量的属性，例如力，速度和加速度。

取决于物理参数和两个方向的状态和性质可以用二阶张量（由 32 = 9 个分量组成的张量）描述。

这样的性质包括例如张力和水的导电性（见第 6 章），其被指定为基质。

与应力张量相关的两个方向是垂直于应力分量作用的区域的方向和应力分量

作用的方向。

$$[\sigma]=\begin{bmatrix}\sigma_{xx} & \sigma_{xy} & \sigma_{xz}\\ \tau_{yx} & \tau_{yy} & \tau_{yz}\\ \tau_{zx} & \tau_{zy} & \tau_{zz}\end{bmatrix}$$

具有 3 个主要应力分量 *sij* 和 6 个应变分量 *tij* 的应力张量（s）。

下图显示了仅面向立方体正面的 3 个面上的应力分量。

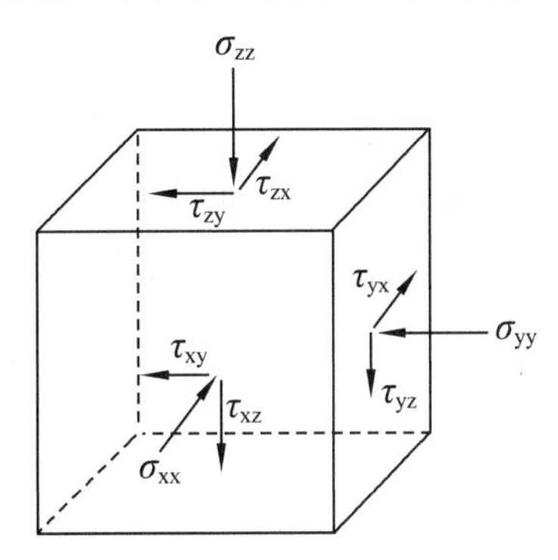

术语中英对照

A

a single plane of failure——单一破坏平面

absolute volume——绝对体积

acceleration——加速

accessible surface area——可及表面积

activation energy——活化能

active earth pressure——主动土压力

actual evaporation——实际蒸发

adhesion forces——附着力

adsorption——吸附

adsorptive——吸附性

aeolian process——风成过程

aeration——通气

aerobic reaction——好氧反应

aerosols——气溶胶

aggregates pseudo——准团聚体

aggregate——团聚体

aggregation——团聚(作用)

agricultural machinery——农业机械

air capacity——空气容积(AC)

air fracturing——压裂

air seasonal variations——空气季节性变化

air-filled continuity——充气的连续性

albedo——反照率

aliphatic compounds——脂族化合物

amelioration structure——改善结构

anaerobic decomposition——厌氧分解

anaerobic process——厌氧过程

analysis at different scales——不同尺度的分析

angle of internal friction——内摩擦角

anion retardation——阴离子阻滞

anisotropy——各向异性

annual temperature curve——年温度曲线

aquiclude——隔水层

arboturbation——生物扰动

area——区

artesian water——自流水

atmospheric pressure——大气压

attraction——吸引力

axial pressure——轴向压力

axle load——轴荷载

Atterberg limits——阿特贝限

B

backscatter radiation——后向散射辐射

backwater——回水

balanced water budget——平衡水收支

barometric pressure——大气压

barrier——屏障

base failure——基底破坏

batch-experiment——批处理试验

bearing capacity——承载能力

bed filter——层过滤器

behavior——行为

binary mixtures——二元混合物

biodiversity——生物多样性

bioturbation——生物扰动

black body radiation——黑体辐射

block effect——阻滞作用

block polyhedra——块多面体

bonding energy——键合能

boulder clay——泥砾

boundary condition——边界条件

breakthrough curve——穿透曲线

bubbles——气泡

budget——收支

bulk aggregate density——团聚体密度

buoyancy——浮力

burrowing activity——挖掘活动

burrow——虫孔

bypass flow——旁路流量

"bottleneck"-effect——"瓶颈"效应

Bernoulli-theorem——伯努利定理

Bingham fluid——宾厄姆流体

Boltzmann constant——玻尔兹曼常数

Brownian motion——布朗运动

C

caliche——钙结质

canopy shading——冠层遮蔽

capacity——容量

capillary ascent——毛细管上升

capillary barrier by layering——分层的毛细屏障

capillary effects——毛细作用

carbon sequestration——碳汇

cation exchange capacity(CEC)——阳离子交换量(CEC)

ceramic cup——陶土杯

change of redox conditions——氧化还原条件变化

channel——渠道

characteristic——特性

chemical precipitation——化学沉淀

circular loading area——加载区

circular menisci——圆形弯月面

civil engineering——土木工程

clay migration——黏粒迁移

clay mineral——黏土矿物

climate change——气候变化

clod——土块

coatings——胶膜

coefficient at rest——静止系数

coefficient of diffusion——扩散系数

coefficient of dispersion——分散系数

coefficient of extension——延展系数

coefficient of spread——传播系数

coherent grain structure——连贯的颗粒结构

cohesive——有黏着力的

columnar structure——凝聚力

column——柱

compaction——压实

component potential——组分势

component process——组分过程

components——组件,组分

compressibility of water——水的可压缩性

compression——压缩

concave menisci——凹弯月面

concentration factor——集中系数

conductivity hydraulic——导水率

conductivity——传导率

connectivity——连通性

conservation of mass——质量守恒

conservative tracer——稳定示踪剂

consistency——稠度

contact angle——接触角

contact number——接触数目

contact point——接触点

contact surface area——接触表面积

content——内容

continuity——连续性

continuous air——连续空气

contraction——收缩

contracting force——收缩力

convective pumping——对流性抽水

conversion of units——单位换算

counter-resultant——反作用

coupled processes——耦合过程

crack formation——裂纹形成

creep——蠕变

critical gradient——临界梯度

cross-over suction value——交叉吸力值

crushing test——压碎测试

crusting——结皮

cryoturbation——融冰扰动

crystallization pressure——结晶压力

cubes——立方体

cumulative——累积的

curvature——曲率

curve——曲线

curve cumulative——曲线累积

curved interface——弯曲的界面

cyclic loading——循环加载

covariance method——协方差法

Cambisol——雏形土

Carman-Kozeny equation——卡曼-科泽尼方程

CD-experiment consolidated, drained——CD 固结、排干试验

CO_2 production——CO_2 产生

CO_2concentration——CO_2 浓度

Cohesion——黏结力,内聚力

Coulomb's equation——库仑方程

CXTFIT——CXTFIT 是美国盐土实验室研制的用于研究一维土壤溶质运移的计算机软件

D

damping depth——阻尼深度

dead-end pore——末端孔隙

decay——衰变

deep amelioration——深度改善

deformation——形变

degradation——降解

degree of accuracy——准确度

degree of sorting——分选程度

degree of urbanization——城市化水平

degree of water saturation——水饱和度

delamination——分层

dense packing——密集包装

densest packing——最密堆积

density——密度

density and pore volume——密度和孔隙体积

denudation rate——剥蚀率

dependent settlement——依赖解决

depression——凹陷(洼地)

depth function——深度函数

depth of attenuation——衰减深度

derivation of the heat-budget equation——热收支方程的推导

desiccation——干燥

destruction of soil structure——土壤结构的破坏

dewatering——脱水

dielectric constants——介电常数

differential volumetric heat capacity——差分容积热容

diffusion——扩散

diffusive double layer——双层扩散

diffusivity——扩散性

diffusivity hydraulic——水力扩散率

dilatancy——剪胀性

dipolar properties——偶极性质

direct current——直流电流

direct shear experiment——直接剪切试验

direction——方向

disequilibrium models——不平衡模型

dispersion hydrodynamic——弥散流体动力

displacement——移位

dissolution chemical——溶解化学

distribution——分布

distribution frequency diagrams——分布频率图

divide hydrological——水文学划分

domain reflectometry——区域反射仪

double layer——双层

downward flow——向下流动

drainability——排水性

drainage——排水

drainage ditch distance——排水沟间离

drip-line infiltration——滴灌线入渗

drop penetration time test——跌落渗透时间测试

drying curve——脱水曲线

dual permeability——双重渗透

dual probe heat pulse method——双探头热脉冲法

dune sand——沙丘沙

durinode——硅质硬结核

duripan——硅质硬磐

dust——灰尘

dynamic exchange process——动态交换过程

Darcy equation——达西方程

Darcy's law——达西定律

Dupuit-Forchheimer equation——杜普-福希海默方程

E

earthworm——蚯蚓

ecological relationships——生态关系

ecosystem service——生态系统服务

eddy——涡流

effective permeability——有效渗透性

efficiency of a filter——过滤效率

elastic structural shrinkage——弹性结构收缩

elasticity——弹性

elastoplastic——弹塑性

electrical conductivity——电导率

electroosmotic effects——电渗效应

electrophoretic——电泳

electrostatic force——静电力

element models discrete——单元模型离散

element models finite——有限元模型

elevation geodetic——高程大地测量

elliptical cross section——椭圆形截面

emissivity——发射率

energy budget at soil surface——土壤表面的能量收支

entropy——熵

envelope of the principal stress circles——主应力圈的包络线

environmental management——环境管理

equation of continuity——连续性方程

equation of sedimentation——沉降方程

equigranular shapes——等粒形状

equigranularity——等粒度

equilibrium——平衡

equipotential line——等势线

equipotential surface——等压面

equivalent diameter——当量直径

erodibility——易蚀性

erosion——侵蚀

erosivity——侵蚀性

escape of air——空气逸出

evaporation——蒸发

evaporative demand——蒸发需求

evapotranspiration——蒸散

exchangeable cations——交换性阳离子

extension or compression——扩展或压缩

F

factor of erodibility——可蚀性因子

fast chemical transport——化学品快速运输

fatty acids——脂肪酸

fecal pellets——粪便颗粒

field capacity——田间持水量

field-scale soil water——田间尺度的土壤水

film——薄膜

filter——过滤

filter cake——滤饼

filter capacity——过滤能力

filter efficiency——过滤效率

filter type——过滤类型

finger flow——指流

finite difference method——有限差分法

finite element method——有限元法

flocculation——絮凝

floodplain——河漫滩

floodwater——洪水

flow——流，流量

flow bypass——流量通道

flow field——流场

flow potential——流势

fluctuation——波动

fluid——流体

flux——通量

forces resistance——应力剪切

forest management——林地管理

formation——构造

formation of ice——冰的形成

fracture——断裂

fracturing——压裂

fragmentation——碎片化

frames——框架

free water surface——自由水面

freeze-thaw cycle——冻/融周期

freezing——结冰

friction angle——摩擦角

frictional force——摩擦力

fringe zone of saturation——饱和边缘区

fringe——边缘

front——锋

frost curing——霜冻固化

functionality of soil——土壤功能

funnel flow——漏斗流量

Fe^{3+} concentration——Fe^{3+}浓度

Fick's 1st law of diffusion——菲克第一扩散定律

Fick's 2nd law——菲克第二定律

Fokker-Planck equation——福克-普朗克方程

Frequency distribution——频率分布

G

gapon-coefficient——加蓬系数

gas bubble——气泡

gas budget of soil——土壤气体收支

gas composition——气体组成

gas diffusion——气体扩散

gas displacement——气体置换

gas distribution——气体分配

gas flux——气体通量

gas mass flux——气体质量通量

gas phase composition——气相组成

gas potential——气体势

gas pressure——气压

general water budget equation——一般水分收支方程

geodetic elevation——大地高程

geodetic potential——大地电位

geodetic potential——大地势

geometric factor——几何因素

geophysical methods——地球物理方法

georadar——探地雷达

geothermal gradient——地热梯度

gilgai——挤压微地形

glacial ice——冰川冰

gleysol——潜育土壤

glueing——胶合

glueing effect——胶合效果

gradient——梯度

gradient of concentration——浓度梯度

gradient of hydraulic potential——水力势梯度

gradient of O_2 partial pressure——氧气分压梯度

grain abrasion——颗粒磨蚀

granular filter——颗粒过滤器

gravitational——引力

gravity——重力

gray emitter——灰色发射器

greenhouse gas effect——温室气体效应

groundwater——地下水

groundwater surface——地下水表面

growing roots——生长根

gully——沟渠

gully erosion——沟壑侵蚀

gypsum block——石膏砌块

Green and Ampt approach——格林和安普特方案

H

habitat functions——栖息地功能

habitats——生境

hanging water——挂水(悬着水)

harvesting——收获

headlands——岬角

heat budget——热收支

heat of vaporization——汽化热

heating——加热

hemispheric——半球

heterogeneity flow system——异质流系统

heterogeneity——异质性

hierarchy——层次(阶梯式)

holding capacity——保持能力

homogeneous flow——均匀流动

homogenization——均质化

horizontal displacement——水平位移

how accurately——准确度

humidity——湿度

hydration capability——水化能力

hydraulic——液压的

hydraulic boundary conditions——水力边界条件

hydraulically equivalent diameters——水力等效直径

hydroconsolidation——水力固结

hydrodynamic dispersion——流体动力弥散

hydrogen bridge——氢键

hydrological cycle——水文循环

hydrology material continuum——水文物质连续体

hydrophilicity——亲水性

hydrophobicity——疏水性

hydrophobization——疏水化

hydrostatic pressure equation——水静压力方程

hygroscopic——吸湿的

hysteresis——滞后

Hagen Poiseuille——哈根—泊肃叶定律

Hjulstrom drag curve——阻力曲线

Hooghoudt equation——胡浩特方程

Hooke's law——胡克定律

Hydro-pedo-transfer function——水力传递函数

HYDRUS——美国盐土实验室开发的一种用于包气带的水和溶质运移软件

I

ice crystal growth——冰晶生长

ideal gas——理想气体

ideal sphere——理想球体

ideal spherical——理想球形

immobile water——不动水体

impact of raindrops——雨滴的影响

in porous media——在多孔介质中

in-situ condition——原位条件

inclination——倾角

incompressible water——不可压缩的水

infiltration——浸润

inhibition——抑制

inhomogeneous flow——非均匀流动

inner erosion——内部侵蚀

insulator——绝缘体

inter-aggregate contacts——团聚体之间的接触

inter-and intra-aggregate pores——团聚体内部和内部的孔隙

inter-particle forces——粒子间力

intercept——截距

interface of water——水的界面

interfacial energy——界面能

intermolecular forces——分子间力

internal erosion——内部侵蚀

interstitial space——间隙空间

inverse simulations——逆模拟

ion diffusion——离子扩散

irrigation——灌溉

isochrons——等时线

isothermal——等温的

isotherm——等温线

isotropy——各向同性

K

kinematic wave——运动波

kinetic energy——动能

kneading——揉捏

Knudsen Flux——克努森通量

L

lahar——岩浆

laminar flow——层流

landfill gas——垃圾填埋场气体

landslide——滑坡

leaching——淋溶

leaf area index——叶面积指数

length of dispersivity——弥散长度

lenses——镜片

limiting state——极限状态

limits of stability——稳定性极限

linear isotherm——线性等温线

linear-elasto-viscosity range——线性弹性黏度范围

liquefaction——液化

liquid-gas boundary surface——气液界面

load history——加载历史记录

local bonding potential——局部结合潜力

loess——黄土

logarithmic scale——对数刻度

long-chained fatty acids——长链脂肪酸

long-wave——长波

loops——循环

loss modulus——损耗模量

low hydraulic conductivity——低导水率

lubricating behavior——润滑行为

lyotropic sequence——溶致序列

lysimeter——蒸渗仪

Laplace equation——拉普拉斯方程

Lattice-Boltzmann model——格子-玻尔兹曼模型

M

macropores——大孔

macroscopic——宏观的

major principal stress——最大主应力

management effect——管理效果

mass flux——质量通量

material parameter——材料参数

material transport——物料输运

matric potential——基质势

matrix——矩阵

maximum depth of freezing——最大冻结深度

mean annual temperature——年平均温度

mechanics——力学

mechanisms——机制

median equivalent diameter——中值等效直径

melioration——改良

menisci of water——水的弯月面

meniscus——弯月面

metabolism——代谢

micro-, meso-and macro-pores——微孔，中孔和大孔

micro-meteorological method——微气象方法

micro-scale soil movement——微观土壤运动

microorganism——微生物

minor principal stress——最小主应力

mixing effect——混合效果

mixtures——混合物

mobile water——可动水

mobile-immobile approaches——可动、不可动方法

mobility——流动性

models solute transport——模拟溶质运移

modulus——模数

moisture ratio——含水量

molar ethanol droplet test——摩尔乙醇滴测试

molecular diameter——分子直径

monomolecular layer——单分子层

movement in unsaturated soil——在非饱和土壤中的运动

movement of water and wind——水和风的运动

mud avalanche——泥石流

mulches——覆盖物

multiple level——多层次

Modflow——模拟地下水流和溶质运移的软件

N

neck diameter——颈部直径

negative pore water pressure——负孔隙水压力

net attraction——净吸引力

net radiation flux——净辐射通量

network model——网络模型

neutral——中性

neutral stress——中性压力

neutron-radiography——中子射线照相

non-destructive technique——无损技术

non-equigranularity——非等距性

non-equilibrium approaches——非平衡方法

non-invasive analytical method——无创性分析方法

non-isothermal——非等温的

non-rigid pore system——非刚性孔系统

non-uniformity——不均匀

non-wetting phase——非润湿阶段

normal——法线

normal stress——法向应力

normally compacted——正常压实

number of contacts——接触数目

number of functional groups——功能群的数量

numerical model——数值模型

nutrient availability——养分有效性

Newton's equation——牛顿方程

O

octahedral shear stress——八面体剪切应力

one-dimensional——一维的

optimizing filter——优化过滤器

organic C contents——有机碳含量

organo-metallic compounds——有机金属化合物

orthogonal——正交的

oscillation test——振荡测试

osmotic——渗透的

overburden——过载

oxygen content——含氧量

O_2-consumption——耗氧量

O_2-diffusion——氧气扩散

P

parameterization of shear-resistance-deformation time data——抗剪变形时间数据的参数化

partial pressure——分压

partially reversible——部分可逆的

particle density——粒子密度、固体颗粒密度

particle size limits——粒度极限

passive failure——被动破坏

paste——糊状物

pedogenesis——成岩作用

pedon-scale——土体尺度

pedoturbation——缩胀扰动

penetration——渗透

peptization——胶溶作用

peptized suspension——胶解悬浮液

percolation——渗漏

perennial soil temperature——多年生土壤温度

permafrost——多年冻土

permanent wilting point——永久萎蔫点

permeability——渗透性

pF-curve——pF 曲线

phase diagram of ice——冰的相图

phase shift——相移

physical-chemical processes——物理化学过程

piezometer——测压管

piezometric potential——测压势

piston-flow——活塞流

planes of slippage——滑移平面

plant available water(PAW)——植物有效水分(PAW)

plastic deformation——塑性变形

platelets——土块

platy aggregate——板状团聚体

plow-pan——犁底层

plowing——耕作

pockets——洼地

points of contact——接触点

polar mineral surface——极性矿物表面

pore——毛孔

pore clogging——毛孔堵塞

pore diameter——孔径

pore space inter-aggregate——内团聚体间孔隙

pore system inter-and intra-aggregate——团聚体内部和内部的孔系统

pore system——毛孔系统

pore walls——孔壁

pore water pressure negative——负孔隙水压力

potential——势

potential evaporation——潜在蒸发

precipitation——降水

precompression stress——预压应力

predominantly horizontal volume change——主要是水平体积变化

preferential flow——优先流

preferential path——优先路径

preservation of energy——能量守恒

preservation of mass——保有质量

primary compression——初级压缩

primary growth——初级增长

principal stresses——主应力

principal stress component——主应力分量

prisms——棱镜

probability distribution——概率分布

process biological——生物处理

process three-dimensional——三维处理

proctor apparatus——普氏装置

profile——剖面

propagation——传播

proportional shrinkage——比例收缩

proportionality factor——比例因子

pseudosand——假砂

psychrometer constant——湿度计常数

pulse method——脉冲法

pumping——抽水

Philip equation——菲利普方程

Poisson number——泊松数

Proctor-density——普氏密度

Q

quantities——数量

quasi-equilibrium——准平衡

quaternary——四元的

quick soil——浮土

R

radiation budget——辐射收支

raindrop impact——雨滴的影响

ratio of anisotropy——各向异性比

recharge——补给

recompression——再压缩

recultivation layer——复垦层

redistribution of iron oxides——氧化铁的再分布

redox potential——氧化还原电位

relative——相对的

relative rate of evaporation——相对蒸发率

relevant to soil physics——与土壤物理学

有关
remote-sensing——遥感
repellency——排斥性
repellency index——排斥性指数
repulsive forces——排斥力
resistance——抵抗性
resistance coefficient——阻力系数
resultant vector——合力向量
retardation factor——延迟因子
retention curves——保留曲线
reversibility——可逆性
reversible deformation——可逆变形
rheology——流变学
rheometry can——流变仪袋
rigidity——刚性
rill erosion——小溪侵蚀
rise capillary——毛细上升
rolling wheel——滚轮
root growth——根系生长
rough subgrade——粗糙的路基
runoff——径流
Rankine state active——兰金(朗肯)应力状态状态活跃
Rankine-Prandtl——兰金-普朗特
Reynolds number——雷诺数
Richards equation——理查兹方程

S

salinisation——盐化过程
salinity——盐度
salt concentration——盐浓度
sand——砂、砂土
saturated flow——饱和水流
saturated hydraulic——饱和液压
saturated hydraulic conductivity——饱和导水率
saturated soil——饱和土壤
saturation deficit——饱和度不足
scalar——标量
scale——尺度
scale of heterogeneities——异质性规模
sealing——密封
secondary growth——次生增长
secondary pore——次生孔隙
secondary settlement——次生沉降
sedimentation equation——沉降方程
seepage——渗漏
segregation——隔离
sensors——传感器
sessile drop method——无滴法
shearing——剪切
shock-absorber model——减震器型号
short-wave——短波
shrinkage——收缩
shrinking-swelling——收缩—膨胀
single grain structure——单颗粒结构
sinusoidal shape——正弦形状
size distributions——粒度分布
skeletal fraction——骨架分数
slickenside——滑擦面
slippage——滑移
slope——坡
slurries——泥浆

soil aggregate——土壤团聚体

soil erosion——土壤侵蚀

soil gas phase——土壤气相

soil structure platy——土壤结构板状

soil surface——土壤表面

soil texture spatial distribution——土壤质地空间分布

solar radiation——太阳辐射

solid volume——固体体积

solifluction——泥流

solute transport——溶质输运

sorption——吸附

sorption test——吸附测试

sorptive surface——吸附面

source term——源项

spatial arrangement——空间排列

specific free surface energy——比自由表面能

sphere——球体

spherical particle——球形颗粒

spiral——螺旋

spring constant——弹簧常数

stabilisation——稳定化

stability——稳定性

stabilizing effect——稳定作用

stages——阶段

state elastic——状态弹性

static pressure——静压力

steady flow——稳流

step-like course——类阶梯式过程

stone uplift——石头隆起

storage capacity——存储容量

storage modulus——储能模量

strain component——应变分量

strain relationship——应变关系

strain-time-relations——应变时间关系

stratification——分层

streamlines——精简

strength——强度

structural amelioration——结构改善

structural stability——结构稳定性

subangular——亚角

sublimate——升华

subsurface temperature——地下温度

supercooled water——过冷水

surface area——表面积

surface index——表面指数

sustainable land use——可持续土地利用

swelling——膨胀

Stefan-Boltzmann-Law——斯特藩-玻尔兹曼定律

Stokes equation——斯托克斯方程

Stokes-Einstein equation——斯托克斯-爱因斯坦方程

Stokes law——斯托克斯定律

T

tangential——切线的

temperature amplitude——温度幅度

temperature variations——温度变化

temporal scale——时间尺度

tensile fracture——拉伸断裂

tensiometer——张力计

tension infiltrometer——张力渗透仪

tensorial properties——张量特性

terminal velocity v——终极速度 v

ternary mixtures——三元混合物

terracing——梯田

tetrahedral——四面体

texture——质地

thawing——解冻

theory of soil consolidation——土壤固结理论

thermal conductivity——导热系数

thermal diffusivity——热扩散率

thermo-TDR sensor——TDR 温度传感器

thixotropy——触变性

three-dimension——三维

tomography——断层扫描

tortuosity——曲率

total stress——总压力

total water potential——总水势

transient——暂态

transient flow——瞬态流量

transition of H_2O——H_2O 的转变

transition zone——过渡区

transpiration——蒸腾作用

transport——输运

transport of latent heat——潜热的传输

transport via groundwater——通过地下水运输

trapped air——被困的空气

tremor——震荡

triaxial experiment——三轴实验

turbulent flow——湍流

turgor pressure——膨胀压力

two-and three-dimensional——二维和三维

U

uniaxial stress——单轴应力

universal soil loss equation——通用土壤流失方程

unsaturated——不饱和的

unsaturated fatty acids——不饱和脂肪酸

unstable——不稳定

updoming——穹起

upward flow——向上流动

USDA particle size limits——USDA 粒度限制

UU-experiment unconsolidated, undrained——UU 未固结,不排水

V

van der Waals force——范德华力

vapor condensation——蒸气凝结

variation——变异

vector——向量

vectors of shear strain——剪应变矢量

velocity——速度

ventilation moisture term——通气水分项

vertical axis——垂直轴

vertical($s1$)——垂直($s1$)

vertically anisotropic——垂直各向异性

vesicular structure——囊泡结构

virgin compression——原始压缩

viscoelastic deformation behavior——黏弹性变形行为

viscosity——黏度

viscous behavior——黏滞

vk——应力集中系数

voids——孔隙

void ratio——孔隙比

volcanic ash——火山灰

volume change——体积(容积)变化

volume spec. ——体积(容积)规格

volumetric heat capacity——容积热容量

W

water film——水膜

water movement in water saturated soil——水分在饱和土壤中的水分运动

water potential——水势

water pressure——水压力

water relations——水分关系

water storage capacity——蓄水量

water uptake——吸水量

water use efficiency——用水效率

water-smear effects——水渍效应

wedge——楔

wettability——润湿性

wetting——润湿

wetting angle——润湿角

wilting of a plant——枯萎的植物

wind erosion——风蚀

wireless data acquisition——无线数据采集

worm casts——蚯蚓粪

X

xeric——干燥的

xerophyte——旱生植物

X-ray computer tomography——X 射线计算机断层扫描

Y

yield point——屈服极限

Young-Laplace-equation——杨—拉普拉斯方程

Young's modulus——杨氏模量

Z

zone of continuous fringe water——连续边缘水区域

(zeta)z-potential——(zeta)z 电位

参考文献

ABIVEN, S. , MENASSERI, S. , ANGERS, D. A. & LETERME, P. (2007) : Dynamics of aggregate stability and biological binding agents during decomposition of organic materials. Euro. J. Soil Sci. 58:239-247.

ACHTNICHT, W. (1980) : Bewässerungslandbau. Ulmer, Stuttgart, 621 pp.

ACKERMANN, E. (1948) : Thixotropie und Fließeigenschaften feinkörniger Böden. Geol. Rundschau 36: 10-29.

ADAMSON, A. W. & GAST, A. P. (1997) : Physical chemistry of surfaces. 6th ed. , John Wiley and Sons, New York, 784 pp.

AGASSI, M. , BLOEM, D. & BENHUR, M. (1994) : Effect of drop energy and soil and water chemistry on infiltration and erosion. Water Resour. Res. 30: 1187-1193.

AL-DURRAH, M. M. , & BRADFORD, J. M. (1982) : The mechanism of raindrop splash on soil surfaces. Soil Science Society of America Journal 46, 1086-1090.

AL-JABRI, S. A. , LEE, J. , GAUR, A. , HORTON, R. & JAYNES, D. B. (2006) : A dripper-TDR method for in situ determination of hydraulic conductivity and chemical transport properties of surface soils. Adv. Water Resour. 29: 239-249.

AL-KHAFAF, A. & HANKS, S. R. J. (1974) : Evaluation of the Filter Paper Method for Estimating Soil Water Potential. Soil Sci. 117: 194-199.

ALTEMÜLLER, H. J. (1974) : Mikroskopie der Böden mit Hilfe von Dünnschliffen. In: Freund, H. (Hrsg.) : Handbuch der Mikroskopie in der Technik. Bd. 4, Teil 2, 309-367, Frankfurt/M.

ANKENY, M. D. , AHMED, M. , KASPAR, T. C. & HORTON, R. (1991) : A simple field method for determining unsaturated hydraulic conductivity. Soil Sci. Soc. Am. J. 55:467-470.

ANKENY, M. D. , KASPAR, T. C. & HORTON, R. (1988) : Design for an automated tension infiltrometer. Soil Sci. Soc. Am. J. 52:893-896.

ANON. (2005) : Bodenkundliche Kartieranleitung. E. Schweizerbart'sche Verlagsbuchhandlung. Stuttgart, 438 pp.

ARMBRUST, D. V., CHEPIL, W. S. & SIDDOWAY, F. H. (1964): Effects of ridges on erosion of soil by wind. Proc. Soil Sci. Soc. Amer. 28: 557-560.

ASSOULINE, S. & MUALEM, Y. (2000): Effect of rainfall induced soil seal on the soil water regime: Drying interval and subsequent wetting. Transport in Porous Media 53:75-94.

ASSOULINE, S. & MUALEM, Y. (2000): Infiltration during soil sealing: The effect of areal heterogeneity of soil hydraulic properties. Water Resour. Res. 38(12):1286-1293.

ASSOULINE, S. & MUALEM, Y. (2000): Modeling the dynamics of soil seal formation. Analysis of the effects of soil and rainfall properties. Water Resour. Res. 6:2341-2349.

ASSOULINE, S. & MUALEM, Y. (2000): Soil seal formation and its effect on infiltration. Heterogeneous versus homogeneous seal approximation. Water Resour. Res. 37(2):297-306.

ASTON, A. R. & VAN BAVEL, C. H. M. (1972): Soil surface water depletion and leaf temperature. Agron. J. 64: 368-373.

ATTERBERG, A. (1908): Studien auf dem Gebiet der Bodenkunde. Mitt. Landw. Vers. Stat., Berlin 69: 93-143.

BAAK, J. A. (1948): Landbouw. (Buitenzorg) 20: 269-274.

BABEL, U., BENECKE, P., HARTGE, K. H., HORN, R. & WIECHMANN, H. (1995): Advances in Soil Science, ISBN: 1-56670-173-2, CRC Press.

BACHMANN, J. (1997): Wärmefluß und Wärmehaushalt. In: Blume, H. P. et al. (Hrsg.), Handbuch der Bodenkunde. Ecomed Verlag, Landsberg/Lech, Kap. 2.7.5, 40 pp.

BACHMANN, J. (2005): Thermisches Verhalten der Böden. In: Blume, H. P. et al. (Hrsg.), Handbuch der Bodenkunde. Ecomed Verlag, Landsberg/Lech, Kap. 2.6.4, 32 pp.

BACHMANN, J., GUGGENBERGER, G., BAUMGARTL, T., ELLERBROCK, R. H., URBANEK, E., GOEBEL, M.-O., KAISER, K., HORN, R. & FISCHER, W. R. (2008): Physical Carbon Sequestration Mechanisms of Soil Organic Matter under Special Consideration of Soil Wettability. J. Plant Nutr. Soil Science 171: 14-26.

BACHMANN, J. & HARTGE, K. H. (1992): Estimating soil-water characteristics obtained by basic soil data - a comparison of indirect methods. Z. Pflanzenern. u. Bodenkunde 155: 109-114.

BACHMANN, J. & VAN DER PLOEG, R. R. (2002): A review on recent developments in soil water retention theory: Interfacial tension and temperature effects. Z. Pflanzenern. u. Bodenkunde 165: 468-478.

BACHMANN, J., WOCHE, S. K., GOEBEL, M. O., KIRKHAM, M. B. & HORTON, R. (2003): Extended methodology for determining wetting properties of porous media. Water Resources Research 39: 1353 SBH 11 1-14 doi: 10.1029/2003WR002143.

BAEUMER, K. (1993): Allgemeiner Pflanzenbau. Ulmer Verlag, Stuttgart.

BAKER, R. S. & HILLEL, D. (1990): Laboratory tests of a theory of fingering during infiltration into layered soils. Soil Sci. Soc. Amer. J. 54: 20-30.

BATEL, W. (1964): Einführung in die Korngrößenmeßtechnik. Springer, Heidelberg, Göttingen, 167 pp.

BAUMGARTL, T. (2003): Kopplung von mechanischen und hydraulischen Bodenzustandsfunktionen zur Bestimmung und Modellierung von Zugspannungen und Volumenänderungen in porösen Medien. Habilitation Thesis, Schriftenreihe Inst. Pflanzenernährung und Bodenkunde 62, 133 pp.

BAUMGARTL, T. & HORN, R. (1991): Effect of aggregate stability on soil compaction. Soil & Tillage Research 19: 203-213.

BAUMGARTL, T. & HORN, R. (1999): Influence of mechanical and hydraulic stresses on hydraulic properties of swelling soils. Characterization and measurement of the hydraulic properties of unsaturated porous media. Riverside Publ., University of California, 449-457.

BAUMGARTL, T., TAUBNER, H. & HORN, R. (1998): Wasserspannungsverläufe in Böden unter unterschiedlicher Nutzung als Entscheidungsgrundlage für die Prognose der Rissgefährdung mineralischer Dichtschichten. Z. Kulturtechnik und Landentwicklung 39: 168-179.

BAVER, L. D., GARDNER, W. H. & GARDNER, W. R. (1972): Soil Physics. 4. Aufl., Wiley & Sons, New York, 498 pp.

BEAR, J. & VERRUIJT, A. (1998): Modeling ground water flow and pollution. D. Reidel, Boston, 414 pp.

BECHER, H. H. (1971a): Ein Verfahren zur Messung der ungesättigten Leitfähigkeit. Z. Pflanzener. u. Bodenkunde 128: 1-12.

BECHER, H. H. (1971b): Ergebnis von Wasserleitfähigkeitsmessungen im wasserungesättigten Zustand. Z. Pflanzenern. u. Bodenkunde 128: 227-234.

BECHER, H. H. (2011): 2.6.1.2. Methoden der Körnungsermittlung. In: Blume, Felix-Henningsen, Fischer, Frede, Guggenberger, Horn, Stahr (Hrsg.): Handbuch der Bodenkunde, 36. Ergänzungslieferung. Wiley Verlag, Weinheim.

BECHER, H. H. & HARTGE, K. H. (1972): Modellversuche zur Substanzverlagerung in Böden. Z. Pflanzenern. u. Bodenkunde 132: 240-242.

BECHER, H. H. & KAINZ, M. (1983): Auswirkungen einer langjährigen Stallmistdüngung auf das Bodengefüge im Lößgebiet bei Straubing. Z. Acker-und Pflanzenbau 152: 152-158.

BECHER, H. H. & VOGL, W. (1984): Rapid changes in soil water suction in a clayey subsoil due to large macropores. -In: Bouma, J., Raats, P. A. C. (Eds.): Proc. of the ISSS symposium on water and solute movement in heavy clay soils, 133-136; Wageningen, ILRI Publ. No. 37.

BECK, W. (1960): Grundlagen der Strömungsmechanik. Bergakademie Freiberg, 191 pp.

BEESE, F. & WIERENGA, P. J. (1980): Solute transport through soil with adsorption and root water uptake computed with a transient and a constant-flux model. Soil Sci. 129: 245-252.

BENECKE, P. & RENGER, M. (1969): Ergebnisse von Felddurchlässigkeitsmessungen mittels der Bohrlochmethode nach Hooghoundt-Ernst. Z. Kulturtechn. Flurber. 10: 68-80.

BENJAMIN, J. G., BLAYLOCK, A. D., BROWN, H. J. & CRUSE, R. M. (1990): Ridge tillage effects on simulated water and heat transport. Soil Tillage Res. 18: 167-180.

BENZLER, J.-H. (1986): Zur Geschichte der Einteilung und der Bezeichnung der Bodenarten in der Bundesrepublik Deutschland. Verlag Niedersächs. Landesamt für Bodenforschung, Hannover.

BEVEN, K. & GERMAN, P. (1982): Macropores and water flow in soils. Water Resour. Res. 18: 1311-1325.

BIGGAR, J. W. & NIELSEN, D. R. (1962): Miscible displacement: 2. Behavior of tracers. Proc. Soil Sci. Soc. Amer. 26: 125-128.

BIGGAR, J. W. & NIELSEN, D. R. (1963): Miscible Displacement: V. Exchange Processes. Proc. Soil Sci. Soc. Amer. 27: 623-627.

BIGGAR, J. W. & NIELSEN, D. R. (1964): Chloride-36 diffusion during stable and unstable flow through glass beads. Proc. Soil Sci. Soc. Amer. 28: 591-595.

BILLIB, H. & HOFFMANN, B. (1965): Elektrokinetische Erscheinungen und ihre Bedeutung für die kulturtechnische Bodenkunde. Z. Kulturtechn. Flurber. 6: 257-272.

BISHOP, A. W. (1961): Pore pressure and suction in soils. London, Butterworths, 38 pp.

BISHOP, A. W. & BLIGHT, G. E. (1963): Some aspects of effective stress in saturated and partly saturated soils. Geotechnique 13: 177-197.

BLACKMORE, A. V. (1976): Salt sieving within clay soil aggregates. Austral. J. Soil Res. 14: 149-158.

BLACKWELL, P. S. (2000): Water repellency and critical water content in a dune sand. J. Hydrol. 231-232: 384-395.

BLANCO, H. & LAL, R. (2008): Principles of soil conservation and management. Springer Scientific.

BLOM, T. J. M. & TROELSTRA, S. R. (1972): A simulation model of the combined transport of water and heat produced by a thermal gradient in porous media. Report No. 6, Dep. of Theoretical Production Ecology, Wageningen (The Netherlands).

BLUM, W. (2012): Bodenkunde in Stichworten. 7. Aufl., Gebr. Borntraeger, Berlin, Stuttgart, 179 pp.

BLUME, H. P. (1968): Stauwasserböden. Ulmer, Stuttgart, 242 pp.

BLUME, H. P., FELIX-HENNINGSEN, P., GUGGENBERGER, G., FREDE, H. G.,

HORN, R. & STAHR, K. (1995): Handbuch der Bodenkunde. Wiley VCH Verlag, New York.

BLUME, H. P., HORN, R. & THIELE BRUHN, S. (2010): Handbuch des Bodenschutzes. 4. Aufl., Wiley-VCH, Weinheim, ISBN: 978-3-527-32297-8, 757 pp.

BLUME, H. P., MÜNNICH, K. O. & ZIMMERMANN, U. (1968): Untersuchungen der lateralen Wasserbewegung in ungesättigten Böden. Z. Pflanzenern. u. Bodenkunde 121: 231-245.

BOARDMAN, J., POESEN, J. & EVANS, R. (2003): Socio-economic factors in soil erosion and conservation. Environmental Science and Policy 6: 1-6.

BOARDMAN, J. & POSEN, J. (2006): Soil erosion science: reflections on the limitations of current approaches. Catena 68: 73-86.

BODMAN, G. B. & COLEMAN, E. A. (1943): Moisture and energy conditions during downward entry of water into soils. Proc. Soil Sci. Soc. Amer. 8: 116-122.

BOEHNER, J., SCHAEFER, W., CONRAD, O., GROSS, J. & RINGELER, A. (2003): TheWeels Model: Methods, Results and Limitations. Catena 52, 289-308.

BOHNE, H. (1986): Der Einfluß geometrischer Faktoren auf die H2O-Abgabe aus künstlichen Aggregaten und das Wachstum von Roggenkeimlingen. Z. Pflanzenern. u. Bodenkunde 149: 28-36.

BOHNE, H. & HARTGE, K. H. (1985): Proctor-Verdichtung, Schrumpfung und Quellung eines tonreichen Bodens nach unterschiedlicher Oberflächenbehandlung der Aggregate. Z. Kulturtechnik. Flurber. 25: 370-376.

BOHNE, K. & WEGMANN, C. (1986): Interpretation of field capacity and moisture equivalent on the basis of the theory of flow. Arch. Acker-, Pflanzenbau, Bodenkunde 30: 327-336.

BOIFFIN, J. & MONNIER, G. (1986): In: Callebant, F., Gabriels, D. & De Boodt, M. (Eds.): Assessment of soil surface sealing and crusting. Flanders Res. Centre for Soil Erosion and Soil Conservation, Ghent, 374.

BOLTE, K. (2008): Untersuchungen zur feuchteabhängigen Dynamik des bodenspezifischen Erosionswiderstandes bei Bewindung unter Windkanalbedingungen. Schriftenreihe, Nr. 81, Christian-Albrechts-Universität zu Kiel.

BOONE, F. R. (1986): Towards soil compaction limits for crop growth. Neth. J. of Agric. Sci. 34: 349-360.

BOONE, F. R. (1988): Vehicle and wheel factors influencing soil compaction and crop response in different traffic regimes. Soil & Tillage Research 11: 283-324.

BOUMA, J. (1984): Using soil morphology to develop measurement methods and simulation techniques for water movement in heavy clay soils. Proc. ISSS-Symp. on Water and Solute Movement in Heavy Clay Soils. ILRI-Publ. 37: 289-317.

BOUMA, J., KOOISTRA, M. J. (1987): Soil morphology and soil water movement. in: FEDOROFF, N., BRESSON, L. M. & COURTY, M. A. (eds): Soil Micromorphology, 507-511. Association Francaise pour l'Étude du Sol. Paris.

BOUSSINESQ, J. (1885): Stresses in a soil masses. Gauthier Vellars, Paris.

BRAUDEAU, E., FRANGI, J.-P. & MOHTAR, R. H. (2004): Characterizing Non-rigid Aggregated Soilwater Medium Using its Shrinkage Curve. Soil Sci. Soc. Am. J. 68: 359-370.

BRESLER, E. (1987): Modeling of flow, transport, and crop yield in spatially variable fields. Adv. Soil Sci. 7: 1-51.

BRESLER, E., MCNEAL, B. L. & CARTER, E. L. (1982): Saline and Sodic Soils. Adv. Ser. in Agric. Sciences 10, Springer Verlag, Berlin, Heidelberg, 236 pp.

BRIGGS, L. I. & MCLANE, I. W. (1907): The moisture equivalent of soils. US Dept. Agr. Bur. Soils Bull. 45.

BRISTOW, K. L. (1987): On solving the energy balance equation for surface temperatures. Agric. Forest Meteorology 39: 49-54.

BRISTOW, K. L. (1998): Measurement of thermal properties and water content of u8nsaturated sandy soil using dual-probe heat-pulse probes. Agri. and Forest Meteorology 89:75-84.

BRISTOW, K. L. (2002): Thermal conductivity. In J. H. Dane & G. C. Topp (editors), Methods of BRISTOW, K. L. & HORTON, R. (1996): Modeling the impact of partial surface mulch on soil heat and water flow. Theor. and Appl. Climatol. 54:85-98.

BROD, H. (2008): Schutz vor Salzen und Alkalinität. IN. Blume, Felix-Henningsen, Guggenberger, Frede, Horn & Stahr (eds.): Handbuch der Bodenkunde. Kap. 7. 6. 4. Ecomed, Landsberg, 22 pp.

BRONICK, C. J. & LAL, R. (2005): Soil structure and management: a review. Geoderma 124: 3-22.

BRONSWIJK, J. J. B. (1990): Shrinkage geometry of a heavy clay soil at various stresses. Soil Sci. Soc. Am. J. 54: 1500-1502.

BROWN, R. J. E. & JOHNSTON, G. H. (1964): Permafrost and related engineering problems. Endeavour (ICI) 23: 66-72.

BRÜMMER, G. (1976): Belastung und Belastbarkeit von Boeden und Sedimenten mit Schadstoffen. Bayer. Landw. Jahrb. 53, Sonderh. 3: 136-157.

BUCHAN, G. D., GREWAL, K. S. & ROBSON, A. B. (1993): Improved models of particle-size distribution-an illustration of model comparison techniques. I. Soil Sci. Soc. Amer. J. 57: 901-908.

BUCHTER, B., FÜHLER, H., HARTGE, K. H., HORN, R., ROTH, K. & SCHULIN, R. (1990): Methoden und Konzepte der Bodenphysik. Weiterbildungsseminar der Deutschen

Bodenkundlichen Gesellschaft in Kandersteg vom 4. -7. April 1989. Institut für Terrestrische ökologie ETH Zürich, Eigenverlag, Zürich, 192 pp.

BUCKINGHAM, E. (1904): Contributions to our knowledge of the aeration of soils. Dept. Agr. Bur. Soils Bull. 25.

BUCKINGHAM, E. (1907): Studies on the movement of soil moisture. US Dep. Agric. Bur. Soils Bull. 38, U. S. Dep. of Agric., Washington, D. C.

BUNDT, M., ZIMMERMANN, S. & BLASER, S. P. (2001): Sorption and transport of metals in preferential flow paths and soil matrix after the addition of wood ash. Europ. J. Soil Sci. 52: 423-431.

BURGHARDT, W. (1977): Wasserbewegung am Dränrohr. Z. Kulturtechn. Flurber. 18: 166-177.

BURKE, W., GABRIELS, D. & BOUMA, J. (1986): Soil Structure Assessment. Balkema, Rotterdam, Boston.

CAMPBELL, G. S. (1985): Soil physics with BASIC. Elsevier, Amsterdam, 148 pp.

CAMPBELL, G. S. (1988): Soil water potential measurement: An overview. Irrigation Sci. 9: 265-273.

CANARACHE, A. (1974): Ber. 10. Congr. Int. Bodenkundl. Ges. Moskau 1974, Bd. 1, 89-95.

CARCIANO, L., TORISU, R., TAKEDA, J. & YOSHIDA, J. (2001): Resonance identification and mode shape analysis of tractor vibrations. J. Jap. Soc. Agr. Man. 63: 45-50.

CARMINATI, A., KAESTNER, A., HASSANEIN, R., IPPISCH, O., VONTOBEL, P. & FLUEHLER, H. (2007): Infiltration through series of soil aggregates: Neutron radiography and modelling. Adv. in Water Resources 30: 1168-1178.

CASEY, F. X., LOGSDON, S. L., HORTON, R. & JAYNES, D. B. (1998): Measurement of field soil hydraulic and solute transport parameters as a function of water pressure head. Soil Sci. Soc. Am. J. 62:1172-1178.

CASS, A., CAMPBELL, G. S. & JONES, T. L. (1984): Enhancement of ThermalWater Vapor Diffusion in Soil. Soil Sci. Soc. Amer. J. 58: 25-32.

CHENU, C., LE BISSONNAIS, Y. & ARROUAYS, D. (2000): Organic matter influence on clay wettability and soil aggregate stability. Soil Sci. Soc. Am. J. 64: 1479-1486.

CHEPIL, W. S., & WOODRUFF, N. P. (1963): The Physics of Wind Erosion and its Controll. p. 211-302. In: NORMAN, A. G. (ed.): Advances in Agronomy. Academic Press.

CHRISTEN, H. R. (1969): Einführung in die Chemie. Salle, Hamburg, 479 pp.

CHUNG, S. O. & HORTON, R. (1987): Soil heat and water flow with a partial surface mulch. Water Resour. Res. 23: 2175-2186.

CLARK, S. P. (1966): Handbook of physical constants. Geolog. Soc. America Memoir 97, Geolog. Soc. of America, 587 pp.

CLIFFORD, S. M. & HILLEL, D. (1986): Knudsen diffusion: gaseous transport in small soil pores. Soil Sci. 141: 289-297.

CLOTHIER, B. E. & WHITE, I. (1982): Water diffusivity of a field soil. Soil Sci. Soc. Amer. J. 46: 155-158.

COCKROFT, B., BARLEY, K. P. & GREACEN, E. L. (1969): The penetration of clays by fine probes and root tips. Austral. J. of Soil Res. 7: 333-348.

CONSTANTZ, J., HERKELRATH, W. N. & MURPHY, F. (1988): Air encapsulation during infiltration. Soil Sci. Soc. Amer. J. 52: 10-16.

COREY, J. C., NIELSEN, D. R. & BIGGAR, J. W. (1963): Miscible displacement in saturated and unsaturated sandstone. Proc. Soil Sci. Soc. Amer. 27: 258-262.

CORNELIS, W. M. & GABRIELS, D. (2003): The effect of surface moisture on the entrainment of dune sand by wind: An evaluation of selected models. Sedimentology 50: 771-790.

CORNELIS, W. M. & GABRIELS, D. (2005): Optimal windbreak design for wind-erosion control. Journal of Arid Environments 61: 315-332.

CORNELIS, W. M., GABRIELS, D. & HARTMANN, R. (2004a): A parameterization for the threshold shear velocity to initiate deflation of dry and wet sediment. Geomorphology 59: 43-51.

CORNELIS, W. M., GABRIELS, D. & HARTMANN, R. (2004b): A conceptual model to predict the deflation threshold shear velocity as affected by near-surface soil water: II. Calibration and verification. Soil Sci. Soc. Amer. J. 68: 1162-1168.

COSENTINO, D., CHENU, C. & LE BISSONNAIS, Y. (2006): Aggregate stability and microbial community dynamics under drying-wetting cycles in a silt loam soil. Soil Biology & Biochemistry 38: 2053-2062.

CZERATZKI, W. (1956): Zur Wirkung des Frostes auf die Struktur des Bodens. Z. Pflanzenern. u. Bodenkunde 72: 15-32.

DANE, J. & TOPP, C. (EDS.) (2002): Methods of Soil Analysis. Part 4, Physical Methods. Soil Sci. Soc. Amer. J. Book Series Vol. 5, Madison, USA, 866 pp.

D'ANS, J., LAX, E. & SYNOWIETZ, C. (HRSG.) (1967): Taschenbuch für Chemiker und Physiker. 3. Aufl., Springer, Berlin-Heidelberg-New York, 650 pp.

DARMER, F. (1978): Rekultivierung zerstörter Landschaften. Enke Verlag, Stuttgart.

DAS, A. & DATTA, B. (1987): Effect of electrolyte solution on saturated hydraulic conductivity of soils varying in clay type and content and iron oxides. Z. Pflanzenern. u. Bodenkunde 150: 187-192.

DEBICKI, R. & WONTROBA, J. (1986): In: Callebaut, F., Gabriels, O., de Boot, M. (Hrsg.): Assessment of soil surface sealing and crusting. Gent Belgien. Reichsuniv., 194-201.

DE BOODT, M. (1957): Bijdrage tot de kennis van de bodemstruktuur. Diss. Rijkslandbouwhogeschool, Gent.

DEBOODT, M. & GABRIELS, D. (1980): Assessment of Erosion. J. Wiley and Sons, Chichester.

DENEF, K., SIX, J., MERCKX, R. & PAUSTIAN, K. (2004): Soil Carbon Saturation Controls Labile and Stable Carbon Pool Dynamics. Soil Sci. Soc. Am. J. 68: 1935-1944.

DENEF, K., ZOTARELLI, L., BODDEY, R. M. & SIX, J. (2007): Litter quality impacts short -but not long-term soil carbon dynamics in soil aggregate fractions. Soil Biology & Biochemistry 39: 1165-1172.

DEOL, P. K., HEITMAN, J. L., AMOOZEGAR, A., REN, T. & HORTON, R. (2012): Quantifying nonisothermal sub-surface soil water evaporation. Water Resour. Res. Vol. 48, W11503, 11 PP., 2012 doi:10.1029/2012WR012516.

DEUMLICH, D., FUNK, R., FRIELINGHAUS, M., SCHMIDT, W. A. & NITZSCHE, O. (2006): Basics of effective erosion control in German agriculture. J. Plant Nutrition and Soil Science 169: 370-381.

DEURER, M. & BACHMANN, J. (2007): Modelling water movement in heterogeneous water-repellent soil. 2: Numerical simulation. Vadose Zone J. 6: 446-457.

DEURER, M., SIVAKUMARAN, S., RALLE, S., VOGELER, I., CLOTHIER, B., GREEN, S. & BACHMANN, J. (2008): A New Method to Quantify the Impact of Soil Carbon Management on Biophysical Soil Properties: The Example of Two Apple Orchard Systems in New Zealand. Journal of Environmental Quality 37: 915-924.

DE VRIES, D. A. (1958): Simultaneous transfer of heat and moisture in porous media. Transactions of the American Geophysical Union 39: 909-916.

DE VRIES, D. A. (1963): Thermal properties of soils. In: Van Wijk, W. R. (Hrsg.), Physics of Plant Environment. Wiley & Sons, Inc., New York, 210-235.

DEXTER, A. R. & KROESBERGEN, B. (1985): Methodology for determination of tensile strength of soil aggregates. J. Agric. Eng. Res. 31: 139-147.

DI GLERIA, I., KUMES-SZMIK, A. & DVORACSEK, M. (1962): Bodenphysik und Bodenkolloidik. VEB G. Fischer, Jena.

DILLO, H. G. (1960): Sandwanderung in Tideflüssen. Mittl. Franzius Inst. TU Hannover 17: 135-253.

DIXON, R. M. & LINDEN, D. R. (1972): Soil air pressure and water infiltration under border irrigation. Proc. Soil Sci. Soc. Amer. 36: 948-953.

DOERNER, J. & HORN, R. (2009): Direction-dependent behaviour of hydraulic and mechani-

cal properties in structured soils under conventional and conservation tillage. Soil & Tillage Research 102: 225-232.

DOERR, S. H., SHAKESBY, R. A. & WALSH, R. P. D. (2000): Soil water repellency: its causes, characteristics and hydro-geomorphological significance. Earth-Science Reviews 51: 33-65.

DÖLL, P. (1996): Modeling of moisture movement under the influence of temperature gradients: desiccation of mineral liners below landfills. Dissertation, TU Berlin.

DORIOZ, J. M., ROBERT, M. & CHENU, C. (1993): The role of roots, fungi and bacteria on clay praticle organization; an experimental approach. Geoderma 56: 179-194.

DÖRNER, J. (2005): Anisotropie von Bodenstrukturen und Porenfunktionen in Böden und deren Auswirkungen auf Transportprozesse im gesättigten und ungesättigten Zustand. Schriftenreihe des Instituts für Pflanzenernährung und Bodenkunde Nr. 68. Christian-Albrechts-Universität zu Kiel, Kiel, 182 pp.

DÖRNER, J., DEC, D., PENG, X. & HORN, R. (2010): Change of shrinkage behavior of an Andisol in southern Chile: Effects of landuse and wetting drying cycles. Geoderma 159: 189-197.

DREW, M. C. (1983): Plant injury and adaptation to oxygen deficiency in the root environment: A review. Plant and Soil 75: 179-199.

DUTTMANN, R., BACH, M. & HERZIG, A. (2010): Bodenerosion durch Wasser. In: Blume, H. P., Horn, R., Thiele Bruhn, S. (eds.), Handbuch des Bodenschutzes. 4. Aufl., Wiley VCH. S. 199-215.

DUTTMANN, R., BRUNOTTE, J. & BACH, M. (2013): Spatial analyses of field traffic intensity and modeling of changes in wheel loand and ground contact pressure in individuellen fields durch a silage maize harvest. Soil & Tillage Research 126: 100-111.

DVWK (1995): Gefügestabilität ackerbaulich genutzter Mineralböden. Teil I: Mechanische Belastbarkeit. Merkblätter 234, Wirtschafts-und Verlagsges. Gas and Wasser, Bonn.

DVWK (1997): Gefügestabilität ackerbaulich genutzter Mineralböden: Teil II: Auflastabhängige Veränderung von bodenphysikalischen Kennwerten. Wirtschafts-und Verlagsgesellschaft Gas undWasser mbH, 235 pp.

EGGELSMANN, R. (1981): Dränanleitung für Landbau, Ingenieurbau und Landschaftsbau. Wasser und Boden, Parey, Hamburg.

EGYED, L. (1969): Physik der festen Erde. Akad. Kiado, Budapest, 367 pp.

EHLERS, W. (1975): Observation on earthworm channels and infiltration on tilled and untilled loess soil. Soil Sci. 119: 242-249.

EHLERS, W. (1996): Wasser in Boden und Pflanze: Dynamik des Wasserhaushaltes als Grundlage von Pflanzenwachstum und Ertrag. Stuttgart, Ulmer, 272 pp.

EHLERS, W. & BAEUMER, K. (1988): Effect of the paraplow on soil properties and plant performance. Proc. XI. Conf. Int. Soil Till. Res. Org. Edinburgh 2, 637-642.

EL-ASSWAD, R. M. & GROENEVELT, P. H. (1985): Hydrophysical Modification of a Sandy Soil and its Effect on Evaporation. Trans. ASAE 28: 1927-1932.

ELLRICH, M. (2009): Informationsblatt Bewässerungslandwirtschaft. Klett Verlag, Leipzig

EMERSON, W. W. & BOND, R. D. (1963): The rate of water entry into dry sand and calculation of the advancing contact angle. Austr. J. Soil Res. 1: 9-16.

ENGELHARDT, W. VON (1960): Der Porenraum der Sedimente. Springer, Heidelberg, Berlin, 207 pp.

ERNST, L. F. (1950): A new formula for calculated permeabilities with the Augerhole Method. ISBN: 978-92-5105670-7. Rapp, Landbouwproefstat. Bodemkundig Inst. TNO Groningen.

EWING, R. P. & HORTON, R. (2007): Thermal conductivity of a cubic lattice of spheres with capillary bridges. J. of Physics D: Applied Physic 40: 4959-4965.

FEENEY, D. S., CRAWFORD, J. W., DANIELL, T., HALLETT, P. D., NUNAN, N., RITZ, K., RIVERS, M. & YOUNG, I. M. (2006b): Three-dimensional microorganization of the soil-root-microbe system. Microbial Ecology 52: 151-158.

FEENEY, D. S., HALLETT, P. D., RODGER, S., BENGOUGH, A. G., WHITE, N. A. & YOUNG, L. M. (2006a): Impact of fungal and bacterial biocides on microbial induced water repellency in arable soil. Geoderma 135: 72-80.

FEESER, V. (1985): In: Heitfeld, K. H. (Hrsg. 1985): Ingenieurgeologische Probleme im Grenzbereich zwischen Fest-und Lockergesteinen. Springer, Berlin, 475-498.

FINK, D. H. & FRAISER, G. W. (1975): Water harvesting from watershed treated for water repellency. Proc. Soil Sci. Soc. Amer., Special Publ. Nr. 7, Soil Conditioners, 173-182.

FLEIGE, H. & HORN, R. (2000): Field experiments on the effect of soil compaction on soil properties, runoff, interflow and erosion. Advances in Geoecology 32: 258-269.

FLÜHLER, H. (1975): Der Transport von Immisionstoffen im Bodenwasser. In: Boden-Pflanze-Wasser. Mittg. Eidg. Anstalt f. d. forstl. Versuchswesen EAFV (Birmensdorf, Schweiz) 51(1): 255-266.

FLÜHLER, H., GERMANN, P., RICHARD, F. & LEUENBERGER, J. (1976): Bestimmung von hydraulischen Parametern für die Wasserhaushaltsuntersuchungen in natürlich gelagerten Böden. Ein Vergleich von Feld-und Laboratoriumsmethoden. Z. Pflanzenern. u. Bodenkunde 3: 329-342.

FLÜHLER, J. (1973): Sauerstoffdiffusion im Boden. Mitt. Schweiz. Anst. forstl. Versuchswesen, Bd. 49, 125-250.

FLURY, M. & FLÜHLER, H. (1994): Brilliant Blue FCF as a dye tracer for solute transport studies. A toxicological overview. J. Environ. Qual. 23: 1108-1112.

FLURY, M., FLÜHLER, H. & JURY, W. A. (1994): Susceptibility of soils to preferential flow of water: A field study. Water Resour. Res. 30: 1945-1954.

FORCHHEIMER, P. (1930): Hydraulik. 3rd ed. Teubner, Berlin.

FOWKES, F. M. (1964): Contact angle wettability and adhesion. Advances in Chemistry Nr. 43, Americ. Chem. Soc. Washington D. C., 1-224.

FREDLUND, D. G. & RAHARDJO, H. (1993): Soil mechanics for unsaturated soils. A. Wiley, New York, 517 pp.

FREDLUNG, D. & RAHARDJO, H. (1993): Soil Mechanics for unsaturated soils. Wiley, New York, ISBN: 0-471-85008-X, 517 pp.

FRITTON, D. D., MARSOLF, J. D. & BUSSCHER, W. J. (1976): Spatial distribution of soil heat flux under a sour cherry tree. Proc. Soil Sci. Soc. Amer. 40: 644-647.

FRÖHLICH, O. K. (1934): Druckverteilung im Baugrund. Springer, Wien, 185 pp.

FRYREAR, D. W., BILBRO, J. D., SALEH, A., SCHOMBERG, H., STOUT, E. & ZOBECK, T. M. (2000): RWEQ: Improved wind erosion technology. J. of Soil and Water Conservation 55: 183-189.

FUNK, R. (2010): Winderosion. In: Blume, H. P. et al. (eds.), Handbuch des Bodenschutzes. Wiley VCH, p. 215-223.

FUNK, R., SKIDMORE, E. L. & HAGEN, L. J. (2004): Comparison of wind erosion measurements in Germany with simulated soil losses by WEPS. Environmental Modelling and Software 19: 177-183.

GAINVILLE, S. F. & SMITH, G. D. (1988): Aggregate breakdown in clay soils under simulated rain and effects on infiltration. Austral. J. Soil Res. 26: 111-120.

GANS, C. (1973): Uropeltid snakes-survivors in a changing world. Endeavour (ICI) 32: 60-65.

GARCIANO, L., TORISU, R., TAKEDA, J., & YOSHIDA, J. (2001): Resonance Identification and Mode Shape Analysis of Tractor Vibrations. J. JSAM 63:45-50.

GARDNER, W. R. (1958): Some steady state solutions of unsaturated moisture flow equations with application to evaporation from a water table. Soil Sci. 85(5): 228-232.

GAUR, A., HORTON, R. & JAYNES, D. B. (2006): Measured and predicted solute transport in a tile drained field. Soil Sci. Soc. Am. J. 70: 872-881.

GEE, G. W. & OR, D. (2002): Particle-size analysis. In: Dane, J. H. & Topp, G. C., editors, Methods of soil analysis. Part. 4. Physical methods. SSSA Book Ser. 5. SSSA, Madison, WI. p. 255-293. doi:10.2136/sssabookser5.4.c12

GEIGER, R. (1961): Klima der bodennahen Luftschicht. Vieweg, Braunschweig, 646 pp.

GERKE, H. H. (2006): Preferential flow description for structured soils. J. Plant Nutr. Soil Sci. 169: 382-400.

GERMAN, P. (1976): Wasserhaushalt und Elektrolytverlagerung in einem mit Wald und einem mit Wiese bestockten Boden in ebener Lage. Mitt. Eidgen. Anst. forstl. Versuchswesen 52: 163-309.

GERTHSEN, C., KNESER, I. & VOGEL, H. (1972): Physik. 13. Auf., Springer Verlag, Berlin, 457 pp.

GHEZZEHEI, T. A. & OR, D. (2001): Modeling post-tillage structural dynamics in aggregated soils: a review. Soil Sci. Soc. Amer. J. 65: 624-637.

GLINSKI, J., HORABIK, J. & LIPIEC, J. (2011): Encyclopedia Agrophysics. Springer Verlag, Dordrecht, ISBN: 978-90-481-3584-4, 1028 pp.

GÖBEL, M. O., BACHMANN, J., WOCHE, S. K. & FISCHER, W. R. (2005): Soil wettability, aggregate stability, and the decomposition of soil organic matter. Geoderma 128: 80-93.

GOOSSENS, D. & RIKSEN, M. (2004): Wind Erosion and Dust Dynamics: Observations, Simulations, Modelling ESW Publications, Wageningen.

GOVERS, G., QUINE, T. A., DESMET, P. J. J. & WALLING, D. E. (1996): The relative contribution of soil tillage and overland flow erosion to soil redistribution on agricultural land. Earth Surface Proc. and Landf. 21: 929-946.

GRAFF, O. & HARTGE, K. H. (1974): Der Beitrag der Fauna zur Durchmischung und Lockerung des Bodens, Mitt. Deutsch. Bodenkundl. Ges. 18: 447-460.

GRANT, C. D. & DEXTER, A. R. (1989): Generation of microcracks in molded soils by rapid wetting. Austral. J. Soil Res. 27 (1): 169-182.

GRANT, S. A. & BACHMANN, J. (2002): Effect of temperature on capillary pressure. In: Raats, P. A. C., Smiles, D. & Warrick, A. W. (Eds.), Environmental Mechanics: Water, Mass and Energy Transfer in the Biosphere. Geophysical Monograph Series Volume 129, American Geophysical Society, Washington, D. C., p. 199-212.

GRÄSLE, W. (1998): Numerische Simulation mechanischer, hydraulischer und gekoppelter Prozesse in Böden unter Verwendung der Finite Elemente Methode. Schriftenreihe des Instituts für Pflanzenernährung und Bodenkunde, CAU Kiel, 400 pp.

GRÄSLE, W. (1999): Numerische Simulation mechanischer, hydraulischer und gekoppelter Prozesse in Böden unter Verwendung der Finite Elemente Methode. Schriftenreihe Inst. Pflanzenernährung und Bodenkunde, CAU Kiel, H48, 400 pp.

GRASSHOFF, H., SIEDEK, P. & FLOSS, R. (1979): Handbuch Erd-und Grundbau. Werner

Verlag, Düsseldorf, 380 pp.

GREEN, W. H. & AMPT, G. A. (1911): Studies on Soil Physics. J. Agr. Sci. 4: 1-24.

GREGORY, J. M., WILSON, G. R., SINGH, U. B. & DARWISH, M. M. (2004): TEAM: integrated, process-based wind-erosion model. Environmental Modelling and Software 19: 205-215.

GRISMER, M. E. (1988a): Vapor transport during solution displacement in soils. Soil Sci. 146: 215-220.

GRISMER, M. E. (1988b): Water vapor adsorption kinetics and isothermal infiltration. Soil Sci. 146: 297-302.

GROENEVELT, P. H. & GRANT, C. D. (2004): Re-evaluation of the structural properties of some British swelling soils. European Journal of Soil Science 55: 479-485.

GROENEVELT, P. H., GRANT, C. D. & SMETTEM, S. (2001): A new procedure to determine soil water availability. Aust. J. Soil Res. 39: 577-598.

GROSSMAN, R. B. & REINSCH, T. G. (2002): Bulk density and linear extensibility. p. 201-228. In Dane, J. H. & Topp, G. C. (eds.) Methods of soil analysis. Part. 4. Physical methods. SSSA Book Ser. 5. SSSA, Madison, WI.

GUNZELMANN, M., HELL, U. & HORN, R. (1987): Die Bestimmung der Wasserspannungs-/Wasserleitfähigkeits-Beziehung von Bodenaggregaten. Z. Pflanzenern. u. Bodenkunde 150: 400-402.

HADAS, A. (1977): Heat Transfer in dry Aggregated Soil. 1. Heat Conduction. Soil Sci. Soc. Amer. J. 41: 1055-1059.

HAGEN, L. J. (2001): Processes of soil erosion by wind. Annals of Arid Zone 40: 233-250.

HAHN, H. G. (1970): Spannungsverteilung in Rissen in festen Körpern. VDI-Forschungsheft 542.

HAINSWORTH, J. M. & AYLMORE, L. A. G. (1983): The use of computer assisted tomography to determine spatial distribution of soil water content. Austral. J. Soil Res. 21: 435-443.

HALLETT, P. D., BACHMANN, J., CZACHOR, H., URBANEK, E. & ZHANG, B. (2010): Hydrophobicity of soil. In: Glinski, J., Horabik, J. & Lipiec, J. (eds.), Encyclopedia of Agrophysics. Springer, SBN 978-90-481-3585-1, 588 pp.

HALLETT, P. D., DEXTER, A. R., BIRD, N. R. A. & SEVILLE, J. P. K. (2000): Scaling of the structure and strength of soil aggregates. In: Horn, R., van den Akker, J. J. H. & Arvidsson, J. (eds.): Subsoil Compaction. Distribution, Processes and Consequences 32: 22-31.

HALLETT, P. D., DEXTER, A. R. & SEVILLE, J. P. K. (1995): Identification of Preexisting Cracks on Soil Fracture Surfaces Using Dye. Soil & Tillage Research 33: 163–184.

HALLETT, P. D. & YOUNG, I. M. (1999): Changes to water repellence of soil aggregates caused by substrate–induced microbial activity. European J. Soil Science 50: 35–40.

HAN, W., GONG, Y., REN, T. & HORTON, R. (2014): Accounting for time–variable soil porosity improves the accuracy of the gradient method for estimating soil carbon dioxide production. Soil Sci. Soc. Am. J. 78:1426–1433.

HARTGE, K. H. (1973): Luftinklusionen im Boden. Z. Pflanzenern. u. Bodenkunde 135: 246–257.

HARTGE, K. H. (1984): Vergleich der Verteilungen der Wasserleitfähigkeit und des Porenvolumens von waagrecht und senkrecht entnommenen Stechzylinderproben. Z. Pflanzenern. u. Bodenkunde 147: 316–323.

HARTGE, K. H. (1998): Faktoren für die Wirksamkeit einer Kapillarsperre. Z. Kult. und Landentw. 39: 194–198.

HARTGE, K. H., BOHNE, H. & EXTRA, M. (1986): Die Bestimmung der Wasserspannungskurve aus Körnungssummenkurve und Porenvolumen mittels Nomogrammen. Z. Kulturtech. Flurber. 27: 83–87.

HARTGE, K. H. & HORN, R. (1977): Spannungen und Spannungsverteilungen als Entstehungsbedingungen von Aggregaten. Mitt. Deutsch. Bodenkundl. Ges. 5: 24–41.

HARTGE, K. H. & HORN, R. (1984): Analysis of the validity of the Hooke law during repeated stress application (in German, with English summary and captures). Z. Acker–u. Pflanzenbau 153: 200–207.

HARTGE, K. H. & HORN, R. (2009): Die physikalische Untersuchung von Böden. 4. Aufl., E. Schweizerbart'sche Verlagsbuchhandlung, Stuttgart.

HARTGE, K. H & RAHTE, I. (1983): Schrumpf–und Scherrisse–Labormessungen. Geoderma 31: 325–336.

HARTGE, K. H. & STEWART, R. (EDS.): (1995): Soil Structure–its development and function. Advances in Soil Science. CRC Press. ISBN: 1–56670–173–2, 424 pp.

HART, P. B. S., WATTS, H. M. & MILNE, J. D. G. (1986): Removal of topsoil under commercial conditions, and effects on a selected range of soil properties and on pasture production. New Zealand Soil Bureau Scient. Rep. No. 76: 23–33.

HAUHS, M. (1985): Wasser–und Stoffhaushalt im Einzugsgebiet der Langen Bramke (Harz). Ber. Forsch. Zentr. Waldökosysteme, Göttingen 17, 206 pp.

HAVERKAMP, R., VAUCLIN, M., BOUMA, J., WIERENGA, P. J. & VACHAD, G. (1977): A comparison of numerical simulation models for one–dimensional infiltration. Soil Sci. Soc. Amer. J. 41: 285–294.

HAZEN, A. (1895): The filtration of public water supplies. J. Wiley & Sons, New York, 130 pp.

HEINONEN, R. (1965): Aktuellt frän lantbrukshögskolan Nr. 69. Selbstverlag Univ. Uppsala, Uppsala, 40 pp.

HEITMAN, J. L., HORTON, R., SAUER, T. J. & DESUTTER, T. M. (2008a): Sensible heat observations reveal soil-water evaporation dynamics. J. Hydromet. 9:165-171.

HEITMAN, J. L., HORTON, R., SAUER, T. J., REN, T. & XIAO, X. (2010): Latent heat in soil heat flux measurements. Agricultural and Forest Meteorology 150:1147-1153.

HEITMAN, J. L., XIAO, X., HORTON, R. & SAUER, T. J. (2008b): Sensible heat measurements indicating depth and magnitude of subsurface soil water evaporation. Water Resour. Res., 44, W00D05, doi:10.1029/2008WR006961.

HERRMANN, A. M (2007): Nano-scale secondary ion mass spectrometry-A new analytical tool in biogeochemistry and soil ecology: A review article. Soil Biol. Biochem.: 1-50.

HERRMANN, R. (2001): Einführung in die Hydrologie. Teubner, Stuttgart, 151 pp.

HEVIA, G. G., MENDEZ, M. & BUSCHIAZZO, D. E. (2007): Tillage affects soil parameters linked with wind erosion. Geoderma 140: 90-96.

HEYLAND, K. U. (1996): Landwirtschaftliches Lehrbuch-Allgemeiner Pflanzenbau. 7. Aufl., Ulmer Verlag, Stuttgart, 424 pp.

HILLEL, D. (1976): On the role of soil moisture hysteresis in the suppression of evaporation from bare soil under diurnally cyclic evaporativity. Soil Sci. 122: 309-314.

HILLEL, D. (1998): Environmental Soil Physics. Elsevier, Amsterdam, 494 pp.

HINTIKKA, V. (1972): Wind-induced movements of forest trees. Communications Inst. Forest. Fenn. 762: 1-56. HIRAIWA, Y. & KASABUCHI, T. (2000): Temperature dependence of thermal conductivity of soil over a wide range of temperature (5-75℃). Europ. J. Soil Sci. 51: 211-218.

HOEKSTRA, P. (1965): Conductance of frozen bentonite suspensions. Proc. Soil Sci. Soc. Amer. 29: 519-522.

HOLTHUSEN, D. (2010): Fertilisation induced changes in soil stability at the microscale revealed by rheometry. Schriftenreihe des Instituts für Pflanzenernährung und Bodenkunde, H. 89, Christian-Albrechts-Universität zu Kiel.

HOLTHUSEN, D., HAAS, C., PETH, S. & HORN, R. (2012): Are standard values the best choice? A critical statement on rheological soil fluid properties viscosity and surface tension. Soil & Tillage Research 125: 61-71.

HOLTHUSEN, D., JÄNICKE, M., PETH, S. & HORN, R. (2011): Physical properties of a Luvisol for different long-term fertilization treatments: I. Mesoscale capacity and intensity parameters. J. Plant Nutrition Soil Science 175: 4-13.

HOLTHUSEN, D., PETH, S. & HORN, R. (2010): Impact of potassium concentration and matric potential on soil stability derived from rheological parameters. Soil & Tillage Research 111: 75-85.

HOLY, M. (1980): Erosion and Environment. Env. Sci. Appl., Vol. 9, Pergamon Press.

HOLZAPFEL-PSCHORN, A., CONRAD, R. & SEILER, W. (1986): Effects of vegetation on the emission of methane from submerged paddy soil. Plant and Soil 92: 222-233.

HOLZLÖHNER, U. (1992): Austrocknung und Rissbildung in mineralischen Schichten der Deponiebasisabdichtung. Wasser und Boden 12: 289-293.

HOLZMANN, G., MEYER, H. & SCHUMPICH, G. (1976): Technische Mechanik. 2. Aufl., Teubner, Stuttgart, 493 pp.

HOMEN, T. (1897): Der tägliche Wärmeumsatz im Boden und die Wärmestrahlung zwischen Himmel und Erde. Leipzig.

HOOGHOUDT, S. B. (1940): Bijdrage tot de kennis van enige natuurkundige grootheden van de ground. Versl. Landbouwk. Onderz. 46: 515-707.

HOPMANS, W. J. & DANE, J. H. (1986): Thermal conductivity of two porous media as a function of water content, temperature, and density. Soil Sci. 142: 187-195.

HORN, R. (1976): Festigkeitsänderungen infolge von Aggregierungsprozessen eines mesozoischen Tones. Dissertation, TU Hannover, 119 pp.

HORN, R. (1981): Die Bedeutung der Aggregierung von Böden für die mechanische Belastbarkeit in dem für Tritt relevanten Auflastbereich and deren Auswirkungen auf physikalische Bodenkenngrößen. Schriftenreihe des FB 14, TU Berlin, H. 10, 200 pp, ISBN 379830792 X.

HORN, R. (1985): The effect of freezing on soil physical properties. Z. Kulturtechn. Flurber. 26: 314-319.

HORN, R. (1988): Compressibility of arable land. In: Drescher, J., Horn, R. & de Boodt, M. (eds.), Interaction of structured soils with water and external forces. Catena Supplement 11: 53-71.

HORN, R. (1990): Aggregate characterization as compared to soil bulk properties. Soil & Tillage Research 17: 265-289.

HORN, R. (1990): Spatial and chronological variability of stress characteristic values in the soil. Proc. Int. Waldschadenskongress Friedrichshafen, 317-334.

HORN, R. (1994): The effect of aggregation of soils on water, gas and heat transport. In: Schulze, E. D. (Hrsg.): Flux Control in Biological Systems. Academic Press 10: 335-361.

HORN, R. (2002): Wege zur langfristig sicheren Abdichtung von Mülldeponien mit mineralischen Dichtschichten. In: Eggloffstein, Burkhardt, Czurda (Hrsg.), Oberflächenabdichtung von Deponien und Altlasten. Erich Schmidt Verlag, 167-182.

HORN, R. & BAUMGARTL, T. (2002): Dynamic properties of soils. In: Warrick, A. W. (ed.): Soil Physics Companion. CRC, Boca Raton, p. 389.

HORN, R. & DEXTER, A. R. (1989): Dynamics of soil aggregation in an irrigated desert loess. Soil & Tillage Research 13: 253-266.

HORN, R. & FLEIGE, H. (2003): A method for assessing the impact of load on mechanical stability and on physical properties of soils. Soil & Tillage Research 73: 89-99.

HORN, R., FLEIGE, H., PETH, S. & PENG, X. H. (EDS.) (2006): Soil Management for Sustainability. Advances in Geoecology 38, 497 pp.

HORN, R., FLEIGE, H., RICHTER, F.-H., CZYZ, E. A., DEXTER, A. R., DIAZ-PEREIRA, E., DUMITRU, E., ENACHE, R., RAJKAI, K., DE LA ROSA, D. & SIMOTA, C. (2005): SIDASS project part 5: Prediction of mechanical strength of arable soils and its effects on physical properties at various map scales. Soil & Tillage Research 82: 47-58.

HORN, R., GEBHARDT, S., RICHARDS, B. G., PETH, S., BAUMGARTL, T. & DÖRNER, J. (2012): Development of soil structure and functions: How can mechanical and hydraulic approaches contribute to quantify soil structure dynamics? Soil & Tillage Research (S. I. Coupled Processes) 125: 1-2.

HORN, R. & HARTGE, K. H. (1977): Die Veränderung der gesättigten Wasserleitfähigkeit künstlicher Sand-Schluff-Gemische in Abhängigkeit vom hydraulischen Gradienten. Mit. Dtsch. Bodenkundl. Ges. 25: 45-54.

HORN, R., KNICKREHM, E. & MATTIAT, B. (1978): Die Ermittlung der Porengrössenverteilung eines Tonbodens über Entwässerung und auf rasterelektronenmikroskopischem Wege. Ein Vergleich. Catena 5: 9-18.

HORN, R. & KUTILEK, M. (2009): The intensity-capacity concept-how far is it possible to predict intensity values with capacity parameters. Soil & Tillage Research 103: 1-3.

HORN, R., PENG, X. H., GEBHARDT, S. & DÖRNER, J. (2013): Pore rigidity in structured soils-only a theoretical boundary condition for hydraulic properties? Vadose Zone J. Im Druck.

HORN, R. & PETH, S. (2011): Mechanics of Unsaturated Soils for Agricultural Applications. In: Huang, Li, Sumner (eds.): Handbook of Soil Sciences, Chapter 3. 2nd ed., Taylor and Francis. 31 pp.

HORN, R., VAN DEN AKKER, J. J. H. & ARVIDSSON, J. (2000): Subsoil Compaction-Distribution, Processes and Consequences. Advances in Geoecology 32, ISBN 3-923381-44-1, 462 pp.

HORNUNG, U. & MESSING, W. (1984): Poröse Medien-Methoden und Simulation. Beiträge zur Hydrologie, Kirchzarten, 160 pp.

HORTON, R. (1982): Determination and use of soil thermal properties near the soil surface. Ph. D. Diss., New Mex. State Univ., Las Cruces, New Mexico.

HORTON, R. (1989): Canopy shading effects on soil heat and water flow. Soil Sci. Soc. Amer. J. 53:669-679.

HORTON, R. (2002): Soil thermal diffusivity. In J. H. Dane & G. C. Topp (editors), Methods of

HORTON, R. (2005): Soil physics. In: Lerner, R. G. & Trigg, G. L. (eds.) Encyclopedia of Physics. Wiley-VCH.

HORTON, R., AGUIRRE-LUNA, O. &WIERENGA, P. J. (1984a): Observed and predicted two-dimensional soil temperature distributions under a row crop. Soil Sci. Soc. Am. J. 48: 1147-1152.

HORTON, R., AGUIRRE-LUNA, O. & WIERENGA, P. J. (1984b): Soil temperature in a row crop with incomplete surface cover. Soil Sci. Soc. Am. J. 48:1225-1232.

HORTON, R. & OCHSNER, T. E. (2011): Soil thermal regime, In P. M. Huang et al. (eds.) Handbook of Soil Sciences: Properties and processes, second edition. CRC Press, Boca Raton, Florida.

HORTON, R., BRISTOW, K. L., KLUITENBERG, G. J. & SAUER, T. S. (1996): Crop residue effects on surface radiation and energy balance. Theor. and Appl. Climat. 54:27-37.

HORTON, R. & CHUNG, S. O. (1991): Soil Heat Flow. In ASA Monograph Modeling Plant and Soil Systems. 31:397-438.

HORTON, R., KLUITENBERG, G. J. & BRISTOW, K. L. (1994): Surface crop residue effects on the soil surface energy balance. In P. W. Unger (ed.) Managing Agricultural Residues. p. 143-162.

HORTON, R., WIERENGA, P. J. & NIELSEN, D. R. (1983): Evaluation of methods for determining the apparent thermal diffusivity of soil near the surface. Soil Sci. Soc. Am. J. 47: 25-32.

HOUGHTON, H. G. (1954): On the annual heat balance of the Northern Hemisphere. J. Meteorol. 11: 1-9.

HUFFMAN, R. L., FANGMEIER, D. D., ELLIOT, W. J. & WORKMAN, S. R. (2013): Soil and water conservation engineering, Seventh Edition. American Society of Agricultural & Biological Engineers. St. Joseph, MI, USA.

HUNT, A. G., EWING, R. P. AND & HORTON, R. (2013): What's wrong with soil physics? Soil Sci. Soc. Am. J. 77:1877-1887.

HURTIG, E. (1977): Fortschritte der geothermischen Forschung. In: Lauterbach, E. (Hrsg.), Physik der Erdkruste, 247 pp.

IDSO, S. B., REGINATO, R. J., JACKSON, R. D., KIMBALL, B. A. & NAKAYAMA, F. S. (1974): The three stages of drying of a field soil. Proc. Soil Sci. Soc. Amer. 38: 831-837.

ILRI (1974): Drainage principles and applications. Publikation Nr. 16, Intern. Inst. for Land Reclamation and Improvement. 4. D. Selbstverlag, Wageningen/NL, 278 pp.

ISHIHARA, Y., SHIMOJIMA, E. & MINOBE, Y. (1987): Infiltration into a Uniform Sand Column with a Central, Small and Cylindrical Space Filled with a Coarser Sand. Bulletin of the Disaster Prevention Research Institute 37(3): 107-145.

IWATA, S., TABUSHI, T. & WARKENTIN, W. P. (1988): Soil-Water Interactions: Mechanisms and applications. Marcel Dekker, Inc. New York, New York, 400 pp.

JACKSON, M. L., LEVELT, T. W. M., SYERS, J. K., REX, R. W., CLAYTON, R. N., SHERMAN, G. D. and UEHARA, G. (1971): Geomorphological Relationships of Tropospherically Derived Quartz in the Soils of the Hawaiian Islands. Soil Sci. Soc. Am. Proc. 35: 515-525.

JANSSEN, I. (2006): Landnutzungsabhängige Dynamik hydraulischer und mechanischer Bodenstrukturfunktionen in Nassreisböden. Schriftenreihe des Instituts für Pflanzenernährung und Bodenkunde, CAU Kiel, Nr. 76, 168 pp.

JASMUND, K. & LAGALY, G. (Hrsg.) (1993): Tonminerale und Tone: Struktur, Eigenschaften, Anwendungen und Einsatz in Industrie und Umwelt. Steinkopff-Verlag, Darmstadt, 490 pp.

JAYAWARDANE, N. S. & STEWART, B. A. (EDS.) (1994): Subsoil Management Techniques. Advances in Soil Science, CRC Press. ISBN: 1-56670-020-5.

JAYNES, D. B., LOGSDON, S. D. & HORTON, R. (1995): Field method for measuring mobile/immobile water content and solute transfer rate coefficient. Soil Sci. Soc. Am. J. 59:352-356.

JAYNES, D. B., ROGOWSKI, A. S., PIONKE, H. B. & JACOBY, E. L. JR. (1983): Atmosphere and temperature changes within a reclaimed coal strip mine 1. Soil Sci. 136: 164-177.

JUNGE, T., GRÄSLE, W., BENSEL, G. & HORN, R. (2000): Effect of pore water pressure on tensile strength. J. Plant Nutr. Soil Sci. 163: 21-27.

JUNGE, T. & HORN, R. (2001): Branntkalk zur Trocknung von Substraten für den Bau von Deponieabdichtungen-Möglichkeiten und Probleme. Wasser and Boden 53: 4-7.

JURY, W. A. & HORTON, R. (2004): Soil Physics. 6th Ed., John Wiley & Sons, Hoboken, USA, 370 pp.

JURY, W. A., OR, D., PACHEPSKY, Y., VEREECKEN, H. M., HOPMANS, J. W., AHUJA, L. R., CLOTHIER, B. E., BRISTOW, K. L., KLUITENBERG, G. J., MOLDRUP, P., SIMUNEK, J., VAN GENUCHTEN, M. TH. & HORTON, R. (2011): Kirkham's legacy and contemporary challenges in soil physics research. Soil Sci. Soc. Am. J. 75: 1589-1601.

JURY, W. A., RUSSO, D. & SPOSITO, G. (1987): The spacial variability of water and solute transport properties in unsaturated soil. 1. Analysis of property variation and spatial structure with statistical models. Hilgardia 55: 1-32.

KAESTNER, A. (1972): Lehrbuch der speziellen Zoologie. Bd. I, Fischer Verlag, Stuttgart, 478 pp.

KASPAROV, S. V., MINKO, O. I., AMMOSOVA, M. & ERMAKOWA, S. O. (1986a): Nauchnye Doklady Vysej Shkoly, Biologicheskie Nauki, Moscow, No. 4, 99-103

KASPAROV, S. V., MINKO, O. I., AMMOSOVA, M. & ERMAKOWA, S. O. (1986b): Moscow Univ. Soil Sci. Bull. 41 (4), 23-28[übers. a. d. Russ.]

KAUNE, A., TÜRK, T. & HORN, R. (1993): Alteration of soil thermal properties by structure formation. J. Soil Sci. 44: 231-248.

KAY, B. & ANGERS, D. (2000): Soil Structure A229-A276. In: Sumner, M. (ed.): Handbook of Soil Science. CRC Press, Boca Raton.

KAY, B. D., GRANT, C. D. & GROENEVELT, P. H. (1985): Significance of ground freezing on soil bulk density under zero tillage. Proc. Soil Sci. Soc. Amer. 49: 973-978.

KEMPER, W. D. & ROLLINS, J. B. (1966): Movement of water as effected by free energy and pressure gradients: I. Application of classic equations for viscous and diffusive movements to the liquid phase in finely porous media. Proc. Soil Sci. Soc. Amer. 39: 529-534.

KESCHAWARZI, S. (1973): Verdunstung und Energiebedarf künstlich beheizter und beregneter Freilandböden. Dissertation, TU Hannover.

KEZDI, A. (1969): Handbuch der Bodenmechanik. Bd. I VEB Verlag f. Bauwesen, Berlin.

KEZDI, A. (1973): Handbuch der Bodenmechanik. Bd. III, VEB Verlag f. Bauwesen, Berlin.

KHALDOUN, A., EISER, E., WEGDAM, G. H. & BONN, D. (2005): Rheology: Liquefaction of quicksand under stress. Nature 437-635.

KINNELL, P. I. A. (2001): Particle travel distances and bed and sediment compositions associated with rain-impacted flows. Earth Surface Proc. and Landf. 26: 749-758.

KINNELL, P. I. A. (2005): Raindrop-impact-induced erosion processes and prediction: a review. Hydrological Processes 19: 2815-2844.

KIRKBY, M. J. & MORGAN, R. P. C (1980): Soil erosion. John Wiley.

KIRKHAM, D. & POWERS, W. L. (1972): Advanced Soil Physics. Wiley-Interscience, New York, 534 pp.

KIRKHAM, M. B. (2005): Principles of Soil and Plant Water Relations. Elsevier, Amsterdam, ISBN: 0-12-409751-0, 500 pp.

KLUITENBERG, G. J. (2002): Heat capacity and specific heat. In J. H. Dane & G. C. Topp (editors), Methods of Soil Analysis, Part 4, Physical Methods. Soil Sci. Soc. Am., Madison,

WI, USA.

KLUITENBERG, G. J., OCHSNER, T. E. & HORTON, R. (2007): Improved analysis of heat pulse signals for soil water flux determination. Soil Sci. Soc. Am. J. 71:53-55.

KLUTE, A. (1986): Methods of Soil Analysis, I: Am. Soc. Agron./Soil Sci. Soc. Amer., Madison, Wisconsin.

KNAPEN, A., POESEN, J., GOVERS, G., GYSSELS, G. & NACHTERGAELE, J. (2007): Resistance of soils to concentrated flow erosion: A review. Earth - Science Reviews 80: 75-109.

KOHNKE, H. (1968): Soil Physics. McGraw-Hill, New York, 244 pp.

KOJIMA, Y., HEITMAN, J. L., FLERCHINGER, G. & HORTON, R. (2013): Numerical evaluation of a sensible heat balance method to determine rates of soil freezing and thawing. Vadose Zone J. 12: vzj2012.0053.

KOOLEN, A. J. & KUIPERS, H. (1983): Agricultural Soil Mechanics. Springer, Berlin, 241 pp.

KOOREVAAR, P., MENELIK, G. & DIRKSEN, C. (1983): Elements of soil physics. Elsevier, Amsterdam, 242 pp.

KÖSTER, E. (1964): Granulometrische und morphometrische Meßmethoden. Enke Verlag, Stuttgart, 336 pp.

KRAHN, J. & FREDLUND, D. G. (1972): On total matric and osmotic suction. Journal of Soil Science 114 (5): 339-348.

KRUG, H. (1991): Gemüseproduktion. 2. Aufl., Parey Verlag, Berlin und Hamburg, 541 pp.

KRÜMMELBEIN, J., PETH, S. & HORN, R. (2008): Determination of precompression stress of a variously grazed steppe soil under static and cyclic loading. Soil & Tillage Research 99: 139-148.

KRÜMMELBEIN, J., ZHAO, Y., PETH, S. & HORN, R. (2009): Grazing induced alterations of soil hydraulic properties and functions in Inner Mongolia, P. R. China. J. Plant Nutrition Soil Science 172: 769-777.

KUNG, K-J. S. (1990): Preferential flow in a sandy vadose zone: I. Field observation and II. Mechanism and implication. Geoderma 46:51-71.

KUNG, K-J. S. (1993): Laboratory observation of the funnel flow mechanism and its influence on solute transport. J. Environ. Qual. 22:91-102.

KUNTZE, H. (1965): Die Marschen. Parey, Hamburg, 127 pp.

KUNTZE, H. (1976): Bayer. Landw. Jahrb. 53, Sonderh. 3, 158-174.

KUNTZE, H., ROESCHMANN, G. & SCHWERDTFEGER, G. (1988): Bodenkunde. 4. Aufl., UTB Nr. 1106. Ulmer, Stuttgart, 568 pp.

KÜSTER, F. W., THIEL, A. & FISCHBECK, K. (1972): Logarithmische Rechentafeln für Chemiker, Pharmazeuten, Mediziner und Physiker. W. de Gruyter, Berlin, 317 pp.

KUTILEK, M., KREJEA, M., HAVERKAMP, R., RONDYN, L. P. & PARLANGE, J. E. (1988): On extrapolation of algebraic infiltration equations. Soil Technology 1: 47-61.

KUTILEK, M. & NIELSEN, D. R. (1994): Soil Hydrology. Catena-Verl., Cremlingen-Destedt, 370 pp.

LAL, R. (2005): Soil erosion and carbon dynamics. Soil & Tillage Research 81: 137-142.

LARCHER, W. (1980): ökologie der Pflanzen. Ulmer Verlag, Stuttgart.

LEBERT, M. (1993): Beurteilung und Vorhersage der mechanischen Belastbarkeit von Ackerböden. Dissertation, Bayreuth, 130 pp.

LEE, J., HORTON, R. & JAYNES, D. B. (2002): The feasibility of shallow time domain reflectometry probes to describe solute transport through undisturbed soil cores. Soil Sci. Soc. Am. J. 66:53-57.

LEONARD, J. & RICHARD, G. (2004): Estimation of runoff critical shear stress for soil erosion from soil shear strength. Catena 57: 233-249.

LESSING, R. (1989): Der Einfluß des hydraulischen Gradienten auf die Verlagerung von Ton. Dissertation, Universität Hannover, Fak. Gartenbau, 101 pp.

LETEY, J. (1975): Measurement of contact angle, water drop penetration time, and critical surface tension. Proc. Soil Sci. Soc. Amer., Special Publ. Nr. 7, Soil Conditioners, 145-154.

LEUE, M., ELLERBROCK, R., BÄNNINGER, D. & GERKE, H. (2010): Impact of soil microstructure geometry on DRIFT spectra-comparisons with Beam Trace Modelling. Soil Sci. Soc. Am. J. 74: 1976-1986.

LIND, A. M. (1985): Soil air concentration of N2O over 3 years of field experiments with animal manure and inorganic N-fertilizer. Tidskrift for Planteavl 89: 331-340.

LIU, X., LU, S., HORTON, R. & REN, T. (2014): In situ monitoring of soil bulk density with a thermo-TDR sensor. Soil Sci. Soc. Am. J. 78:400-407, doi:10.2136/sssaj2013.07.0278.

LIU, X., REN, T. & HORTON, R. (2008): Determination of soil bulk density with thermo-TDR sensors. Soil Sci. Soc. Am. J. 72: 1000-1005.

LOOS, W. & GRASHOFF, H. (1963): Kleine Baugrundlehre. Verlagsges. R. Müller, Köln.

LUNDQUIST, G. (1948): De svenskafjällens Natur. 2. Aufl., Svensk. Turist. Förlag, 145 pp.

LU, S., REN, T., GONG, Y. S. & HORTON, R. (2007): An improved model for predicting soil thermal conductivity from water content. Soil Sci. Soc. Am. J. 71:8-14.

LU, S., REN, T., YU, Z. & HORTON, R. (2011): Method to estimate the water vapor enhancement factor in soil. European J. of Soil Science 62:498-504.

LU, Y., LU, S., HORTON, R. & REN, T. (2014): An empirical model for estimating soil thermal conductivity from texture, water content, and bulk density. Soil Sci. Soc. Am J. 78: 1859-1868.

LUTHIN, J. N. (HRSG.) (1957): Drainage of agricultural lands. American Soc. Agronomy, Madison, Wisc., 620 pp.

LÜTMER, J. & JUNG, L. (1955): über die Eignung des Natrium-Pyrophosphates bei der mechanischen Bodenanalyse. Notizbl. Hess. Landesamt für Bodenforschung 83: 282-292.

LUXMOORE, R. J. (1981): Micro-, meso-, and macroporosity of soil. Soil Sci. Soc. Am. J. 45: 671.

MAHRER, Y. & AVISSAR, R. (1985): A numerical study of the effects of soil surface shape upon the soil temperature and moisture regimes. Soil Sci. 139: 483-490.

MAIDL, F. & FISCHBECK, M. (1987b): Auswirkungen differenzierter Bodenbearbeitung auf Ertragsbildung und Stickstoffaufnahme von Zuckerrüben bei viehstarker und viehloser Wirtschaftsweise. Z. Acker-u. Pflanzenbau 160: 29-37.

MARKGRAF, W. (2006): Microstructural Changes in Soils-Rheological Investigations in Soil Mechanics. Schriftenreihe des Instituts für Pflanzenernährung und Bodenkunde, Heft 69. Christian-Albrechts-Universität zu Kiel.

MARKGRAF, W. & HORN, R. (2007): Scanning Electron Microscopy-Energy Dispersive Scan Analyses and Rheological Investigations of South-Brazilian Soils. Soil Sci. Soc. Amer. J. 71: 851-859.

MARKGRAF, W. & HORN, R. (2009): Rheological Investigations in Soil Micro Mechanics: Measuring Stiffness Degradation and Structural Stability on a Particle Scale. Progress in Management Engineering. Nova Science Publishers, Hauppauge, NY, 237-279, ISBN: 978-1-60741-310-3.

MARKGRAF, W., MORENO, F. & HORN, R. (2011): Quantification of microstructural changes in Salorthidic Fluvaquents using a comparative approach of rheological and particle charge techniques. Vadose Zone J. 10: 1-11.

MARKGRAF, W., WATTS, C., WHALLEY, R. & HORN, R. (2011): Influence of mineralogical compounds and organic matter on rheological properties of a Paleudalf soil from Rothamsted, UK. Applied Clay Science, DOI: 10.1016/j.clay.2011.04.009.

MARKGRAF, W., WATTS, C. W., WHALLEY, W. R., HRKAC, T. & HORN, R. (2012): Influence of organic matter on rheological properties of soil. Appl. Clay Sci. 64: 25-33.

MARKOWITZ, H. (1968): The emergence of rheology. Physics today 21 (4): 23-30.

MARTIN, R. T. (1962): Adsorbed water on clay: A review. Proceedings of the 9th National Congress on Clays and Clay Minerals, West Lafayette, Indiana: New York, Pergamon Press,

28-70.

MARSCHNER, H. (1995): Mineral Nutrition of higher Plants. 889 p. Academic Press London

MAST, M. A. & CLOW, D. W. (2008): Effects of 2003 wildfires on stream chemistry in Glacier National Park, Montana. Hydrol. Processes 22: 5013-5023.

MCBRIDE, J. F. & HORTON, R. (1985): An empirical function to describe measured water distributions from horizontal infiltration experiments. Water Resour. Res. 21:1539-1544.

MCCARTHY, D. F. (2007): Essentials of Soil mechanics and Foundations. 7. Aufl., Pearson Verlag, ISBN 0-13-114560-6, 850 pp.

MCINNES, K. J. (2002): Temperature. In J. H. Dane & G. C. Topp (editors), Methods of

MCINTYRE, D. S. & SLEEMAN, J. R. (1982): Macropores and hydraulic conductivity in a swelling soil. Austr. J. Soil Res. 20: 251-254.

MCKENNA-NEUMANN, C. & NICKLING, W. G. (1989): A theoretical and wind-tunnel investigation of the effect of capillary water on the entrainment of soil by wind. Canad. J. Soil Sci. 69: 79-96.

MCKENZIE, B. M. & DEXTER, A. R. (1993): Size and orientation of burrowsmade by the earthworms Aporrectodea rosea and A. caligi nosa. Geoderma 56: 233-241.

MEZGER, T. (2000): Das Rheologie-Handbuch. Für Anwender von Rotations-und Oszillationsrheometern. Vincentz Verlag, Hannover.

MICHEL, E., MAJDALANI, S. & DI-PIEDRO, L. (2010): How Differential Capillary Stresses Promote Particle Mobilization in Macroporous Soils: A Novel Conceptual Model. Vadose Zone J. 9: 307-316.

MICKOVSKI, S. B., HALLETT, P. D., BRANSBY, M. F., DAVIES, M. C. R., SONNENBERG, R. & BENGOUGH, A. G. (2009): Mechanical Reinforcement of Soil by Willow Roots: Impacts of Root Properties and Root Failure Mechanism. Soil Sci. Soc. Amer. J. 73: 1276-1285.

MIESS, M. (1968): Vergleichende Darstellung von meteorologischen Meßergebnissen und Wärmehaushaltsuntersuchungenan drei unterschiedlichen Standorten in Norddeutschland. Dissertation, TU Hannover, 97 pp.

MILLER, R. J. & LOW, P. F. (1963): Threshold gradient for water flow in clay systems. Soil Sci. Soc. Am. J. 27:605-609.

MILLER, W. W. & LETEY, J. (1975): Distribution of nonionic surfactant in soil columns. Proc. Soil Sci. Soc. Amer. 39: 17-22.

MILLINGTON, R. J. & QUIRK, J. P. (1960): Transport in porous media. In: 7th International Congress of soil science, Madison, Wisconsin, 97-106.

MITCHELL, J. K. (1993): Fundamentals of Soil Behavior. John Wiley & Sons, New York,

437 pp.

MOHR, O. (1906): Abhandlungen aus dem Gebiete der Technischen Mechanik. Ernst und Sohn Verlag.

MOORE, T. R. & KNOWLES, R. (1989): The influence of water table levels on methane and carbon dioxide emissions from peatland soils. Canad. J. Soil Sci. 69: 33-38.

MORGAN, R. P. C. (1999): Bodenerosion und Bodenerhaltung. Enke Verlag, Stuttgart, 236 pp.

MORGAN, R. P. C. (2005): Soil erosion and conservation, third edition. Blackwell Publishing, Malden, MA, USA.

MORROW, N. R. (1975): The effects of surface roughness on contact angle with special reference to petroleum recovery. J. Can. Petr. Technol. 14: 42-53.

MORROW, N. R. (1976): Capillary pressure correlations for uniformly wetted porous media. J. Can. Petr. Technol. 15: 49-69.

MUALEM, Y. (1984): A Modified Dependent-Domain Theory of Hysteresis. Soil Sci. 137: 283-291.

MÜCKENHAUSEN, E. (1963): Makromorphologische Kennzeichen verdichteter und verfestigter Böden. Z. Kulturtechnik Flurbereinigung 4: 102-114.

MÜLLER, S. (1965): Thermische Sprungschichtenbildung als differenzierender Faktor im Bodenprofil. Z. Pflanzenern. u. Bodenkunde 109: 26-34.

NAKAYAMA, N. & MOTOMURA, S. (1984): In: Organic matter and rice. Los Banos, Laguna, Philippines. In: Rice Res. Inst., 387-398.

NASSAR, I. N., GLOBUS, A. M. & HORTON, R. (1992a): Simultaneous soil heat and water transfer. Soil Sci. 154:465-472.

NASSAR, I. N. & HORTON, R. (1989): Water transport in unsaturated nonisothermal, salty soil: 1. Experimental results. Soil Sci. Soc. Am. J. 53:1323-1329.

NASSAR, I. N. & HORTON, R. (1989): Water transport in unsaturated nonisothermal, salty soil: 2. Theoretical development. Soil Sci. Soc. Am. J. 53:1330-1337.

NASSAR, I. N. & HORTON, R. (1992): Simultaneous transfer of heat, water, and solute in porous media: I. Theoretical development. Soil Sci. Soc. Am. J. 56:1350-1356.

NASSAR, I. N. & HORTON, R. (1997): Heat, water, and solute transfer in unsaturated porous media: I. Theory development and transport coefficient evaluation. Transp. Porous Media 27:-17-38.

NASSAR, I. N. & HORTON, R. (2002): Coupled heat and water transfer. In J. H. Dane & G. C. Topp (editors), Methods of Soil Analysis, Part 4, Physical Methods. Soil Sci. Soc. Am., Madison, WI, USA.

NASSAR, I. N., HORTON, R. & GLOBUS, A. M. (1992b): Simultaneous transfer of heat, water, and solute in porous media: II. Experiment and analysis. Soil Sci. Soc. Am. J. 56:1357-1365.

NEARING, M. A. (1998): Why soil erosion models over-predict small soil losses and under-predict large soil losses. Catena 32: 15-22.

NEISS, J. (1982): Numerische Simulation des Wärme-und Feuchtetransports und der Eisbildung in Böden. Fortschritt - Berichte der VDI - Zeitschriften Reihe 3, Nr. 73, VDI Verlag, Düsseldorf.

NIEBER, J. L. & SIDLE, R. C. (2010): How do disconnected macropores in sloping soils facilitate preferential flow? Hydrol. Processes 24: 1582-1594.

NIELSEN, D. R. & BIGGAR, J. W. (1961): Miscible displacement, 1, Experimental information. Proc. Soil Sci. Soc. Amer. 25: 1-5.

NIELSEN, D. R. & BIGGAR, J. W. (1962): Miscible displacement, 3, Theoretical considerations. Proc. Soil Sci. Soc. Amer. 26: 216-221.

NIELSEN, D. R. & BIGGAR, J. W. (1963): Miscible displacement: IV. Mixing in glass beads. Proc. Soil Sci. Soc. Amer. 27: 10-13.

NIELSEN, D. R., VAN GENUCHTEN, M. T. & BIGGAR, J. W. (1986): Water flow and solute transport processes in the unsaturated zone. Water Resour. Res. 22: 89-108.

NISSEN, I. P. (1980a): Elektrische Potenziale im Zusammenhang mit Wasserbewegungen im Boden. Dissertation, Univ. Hannover, 106 pp.

NISSEN, I. P. (1980b): Elektrische Potentiale bei Wasserbewegung im Boden. Z. Kulturtechn. Flurber. 21: 357-366.

NISSEN, J. (1980): Elektrische Potentiale im Zusammenhang mit Wasserbewegungen im Boden. Dissertation, Universität Hannover, Fak. Gartenbau u. Landeskultur, 106 pp.

NOBORIO, K., HORTON, R. & TAN, C. S. (1999): Time domain reflectometry probe for simultaneous measurement of soil matric potential and water content. Soil Sci. Soc. Am. J. 63: 1500-1505.

NORRSTADT, F. A. & PORTER, L. K. (1984): Soil gasses and temperatures: a beef cattle feedlot compared to alfalfa. Soil Sci. Soc. Amer. J. 48: 783-789.

NUAN, N., RITZ, K., RIVERS, M., FEENEY, D. S. & YOUNG, I. M. (2006): Investigating microbial micro-habitat structure using X-ray computed tomography. Geoderma 133: 398-407.

OCHSNER, T. E., HORTON, R., KLUITENBERG, G. J. & WANG, Q. (2005): Evaluation of the heat pulse ratio technique for measuring soil water flux. Soil Sci. Soc. Am. J. 69: 757-765.

OCHSNER, T. E., HORTON, R. & REN, T. (2001): A new perspective on soil thermal properties. Soil Sci. Soc. Am. J. 65:1641-1647.

OCHSNER, T. E., HORTON, R. & REN, T. (2001): Simultaneous water content, air-filled porosity, and bulk density measurements with thermal-time domain reflectometry reflectometry. Soil Sci. Soc. Am. J. 65:1618-1622.

OCHSNER, T. E., SAUER, T. J. & AND HORTON, R. (2006): Field tests of the soil heat flux plate method and some alternatives. Agron. J. 98:1005-1014.

OLDEMAN, L. R., HAKKELING, R. T. A., & SOMBROEK, W. G. (1992): World map of the status of human-induced soil degradation: an explanatory note. International Soil Reference and Information Centre, Wageningen.

OLMANSON, O. K. & OCHSNER, T. E. (2006): Comparing ambient temperature effects on heat pulse and time domain reflectometry soil water content measurements. Vadose Zone J. 5: 751-756.

OLPHEN, H. VAN (1977): An Introduction to Clay Colloid Chemistry. Wiley & Sons, New York.

O'NEILL, K. & MILLER, R. D. (1985): Exploration of a Rigid Ice Model of Frost Heave. Water Resour. Res. 21: 281-296.

OVERMANN, M. (1971): Wasser. DVA, Stuttgart, 192 pp.

OR, D., SMETS, B. F., WRAITH, J. M., DECHESNE, A. & FRIEDMAN, S. P. (2007): Physical constraints affecting bacterial habitats and activity in unsaturated porous media-a review. Advances in Water Resources 30: 1505-1527.

OSTERMAN, J. (1963): Symposium on Mechanism of Emplacement (Formation) of Clay Minerals. Studies on the Properties and Formation of Quick Clays, Clays and Clay Min. 12: 87-108.

PACHEPSKY, Y. A. & RAWLS, W. J. (1999): Accuracy and reliability of pedotransfer functions as affected by grouping soils. Soil Sci. Soc. Amer. J. 63: 1748-1757.

PAGEL, R., BACHMANN, J. & HARTGE, K. H. (1995): Das Wasser-und Wärmeregime von anthropogen stark überprägten Stadtböden - Veränderungen unter verschiedenen Versiegelungsarten und in Deponieabdeckungen. Ber. Naturhist. Ges. Hannover 137: 109-123.

PAGENKEMPER, S., PETH, S., UTEAU, D. & HORN, R. (2013): Effects of root-induced biopores on pore space architecture investigated with industrial X-Ray computed tomography, in: Anderson, S. H.,, Hopmans, J. W. (Eds.), Soil-Water-Root Processes: Advances in Tomography and Imaging, SSSA Special Publication. American Society of Agronomy, WI, USA., pp. 69-96.

PAGLIAI, M. (1999): Changes of pore system following soil compaction. In: van den Akker, J.

J. H., Arvidsson, J. & Horn, R. (Eds.), Experiences within the impact and prevention of subsoil compaction in the European Community. Report 168. DLO-Staring Centre, Wageningen, 241-251.

PAGLIAI, M. & JONES, R. (2002): Sustainable Land Management-Environmental Protection-A Soil Physical Approach. Advances in Geoecology 35, Catena, Reiskirchen. ISBN: 3-923381-48-4, 598 pp.

PARRY, R. H. G. (1995): Mohr Circles, Stress Paths and Geotechnics. E & FN SPON, 260 pp.

PENG, X. & HORN, R. (2005): Modelling Soil Shrinkage Curve across a wide range of Soil Types. Soil Sci Soc. Amer. J. 69: 584-592.

PENG, X. & HORN, R. (2007): Anisotropic shrinkage and swelling of some organic and inorganic soils. Eur. J. Soil Sci. 58: 98-107.

PENG, X., HORN, R., PETH, S. & SMUCKER, A. (2006): Quantification of soil shrinkage in 2D by digital image processing of soil surface. Soil & Tillage Research 91: 173-180.

PENG, X., HORN, R. & SMUCKER, A. (2007): Pore shrinkage dependency of inorganic and organic soils on wetting and drying cycles. Soil Sci. Soc. Am. J. 71: 1095-1104.

PENMAN, H. L. (1940): Gas and vapor movements in the soil II. The diffusion of carbon dioxide through porous solids. J. Agr. Sci. 30: 570-581.

PENMAN, H. L. (1940): Gas and vapor movements in the soil I. The diffusion of vapor through porous solids. J. Agr. Sci. 30: 437-462.

PENMAN, H. L. (1956): Evaporation-an introductory survey. Neth. J. Agr. Sci. 4: 9-29.

PERFECT, E., GROENEVELT, P. H. & KAY, B. D. (1991): Transport phenomena in frozen porous media. In: Transport processes in frozen porous media. Dordrecht, Kluver Academic Publishers, 243-270.

PETERSEN, H., FLEIGE, H., RABBEL, W. & HORN, R. (2005): Applicability of geophysical prospecting methods for mapping of soil compaction and variability of soil texture on farm land. J. Plant. Nutr. Soil Sci. 168: 68-79.

PETH, S. (2010): Applications of Microtomography in Soils and Sediments. In: Singh, B., Gräfe, M. (eds.): Synchrotron-Based Techniques in Soils and Sediments. Developments in Soil Science. Vol. 34, p. 73-101, Elsevier, Heidelberg.

PETH, S., HORN, R., BECKMANN, F., DONATH, T., FISCHER, J. & SMUCKER, A. (2008): Three-Dimensional Quantification of Intra-Aggregate Pore-Space Features using Synchrotron-Radiation-Based Microtomography. Soil Sci. Soc. Amer. J. 72: 897-907.

PETH, S., HORN, R., FAZEKAS, O. & RICHARDS, B. (2006): Heavy soil loading and its consequences for soil structure, strength and deformation of arable soils. J. Plant Nutrition and

Soil Science 169: 775-783.

PETH, S., NELLESEN, J., FISCHER, G. & HORN, R. (2010): Non-invasive 3D analysis of local soil deformation under mechanical and hydraulic stresses by μCT and digital image correlation. Soil & Tillage Research 111: 3-18.

PETH, S., NELLESEN, J., FISCHER, G. & HORN, R. (2011): Dynamics of soil pore networks investigated by X-ray microtomography. Im Druck.

PETH, S., ROSTEK, J., ZINK, A., MORDHORST, A. & HORN, R. (2010): Soil testing of dynamic deformation processes of arable soils. Soil & Tillage Research 106: 317-328.

PFEFFER, R. (1897): zit. in Strasburger (1971): Lehrbuch der Botanik, 30. Aufl., hrsg. von Deffner, Schumacher, Mägdefrau, Ehrendorfer. G. Fischer, Stuttgart.

PHILIP, J. R. (1957): The theory of infiltration: 4. Sorptivity and algebraic infiltration equations. Soil Sci. 84: 257-264.

PHILIP, J. R. (1969a): Advances in Hydroscience. 5. Academic Press, New York, 305 pp.

PHILIP, J. R. (1969): Moisture equilibrium in swelling soils, I, Basic theory. Austr. J. Soil Res. 7: 99-120.

PHILIP, J. R. (1969): Moisture equilibrium in swelling soils, II, Applications. Austr. J. Soil Res. 7: 121-141.

PHILIP, J. R. (1986): Steady infiltration from spheroidal cavaties in isotropic and unisotropic soils. Water. Res. Res. 22: 1874-1880.

PHILIP, J. R. (1987a): The quasilinear analysis, the scattering analog, and other aspects of infiltration and seepage. In: Yu Si Fok (Ed.), Infiltration development and application. Water Resour. Res. Centre, Honolulu, Hawaii, 1-27.

PHILIP, J. R. (1987b): Steady three-dimensional absorption in anisotropic soils. Soil Sci. Soc. Amer. J. 51: 30-35.

PHILIP, J. R. & DE VRIES, D. A. (1957): Moisture movement in porous materials under temperature gradients. Transactions of the American Geophysical Union 38:222-232.

PLAGGE, R., RENGER, M. & ROTH, H. C. (1990): A new laboratory method to quickly determine the unsaturated hydraulic conductivity of undisturbed soil cores within a wide range of textures. Z. Pflanzenern. u. Bodenkunde 153: 39-45.

POHL, R. W. (1983): Mechanik, Akustik und Wärmelehre. 18. Aufl., Springer, Berlin-Heidelberg-New York.

POULOVASSILIS, A. & PSYCHOYOU, M. (1985): Steady state evaporation from layered soils. Soil Sci. 140: 399-405.

PRADE, K. & TROLLDENIER, G. (1989): Further evidence concerning the importance of soil air-filled porosity, soil organic matter and plants for denitrification. Z. Pflanzenern. u. Bodenkunde 152: 391-393.

RAATS, P. A. C. (1984): Proc. ISSS-Symp. In: Bouma. J. & Raats, P. A. C. (Eds.), Heavy Clay Soils. ILRI-Publ. 47, Wageningen, p. 24-46.

RADCLIFF, D. E. & SIMUNEK, J. (2010): Soil Physics with Hydrus-Modelling and Applications. CRC Press, Boca Raton, 388 pp.

RADCLIFF, D. E. & SIMUNEK, J. (2012): Water flow in soils. In: Huan, P. M., Li, Y., Sumner, M. E. (Eds.), Handbook of Soil Sciences-Properties and Processes. CRC Press, London: 5-1; 5-34.

RAMIREZ-FLORES, J. C., BACHMANN, J. & MARMUR, A. (2010): Direct determination of contact angles of model soils in comparison with wettability characterization by capillary rise. J. Hydrol. 382: 10-19.

RAVI, S., ZOBECK, T. M., OVER, T. M., OKIN, G. S. & D'ODORICO, P. (2006): On the effect of moisture binding forces in air-dry soils on threshold friction velocity of wind erosion. Sedimentology 53: 597-609.

REN, T., NOBORIO, K. HORTON, R. (1999): Measuring soil water content, electrical conductivity, and thermal properties with a thermo-time domain reflectometry probe. Soil Sci. Sc. Am. J. 63: 450-457.

RENGER, M. (1965): Berechnung der Austauschkapazität der organischen und anorganischen Anteile der Böden. Z. Pflanzenern. u. Bodenkunde 120: 10-26.

RENGER, M., GIESEL, W., STREBEL, O. & LORCH, S. (1970): Erste Ergebnisse zur quantitativen Erfassung der Wasserhaushaltskomponenten in der ungesättigten Zone. Z. Pflanzenern. u. Bodenkunde 126: 15-33.

RENGER, M. & STREBEL, O. (1982): Beregnungsbedürftigkeit der landwirtschaftlichen Nutzflächen in Niedersachen. Geol. Jahrbuch, Reihe F, H. 13, 3-66.

RENGER, M., STREBEL, O., WESSOLEK, G. & DUIJNISVELD, W. H (1986): Evaporation and groundwaterrecharge-A case study for different climate crop patterns, soil properties and ground water conditions. Z. Pflanzenern. u. Bodenkunde 149: 371-381.

RENGER, M., STREBEL, O., WESSOLEK, G. & DUYNISVELD, D. W. H. M. (1986): Evapotranspiration and groundwater recharge-A case study for different climate, crop patterns, soil properties and groundwater depth conditions. Z. Pflanzenern. u. Bodenkunde 149: 371-381.

REN, T., KLUITENBURG, G. J. & HORTON, R. (2000): Determining soil water flux and pore water velocity by a heat pulse technique. Soil Sci. Soc. Am. J. 64:552-560.

REN, T., OCHSNER, T. E. & HORTON, R. (2003): Development of thermo-time domain reflectometry for vadose zone measurements. Vadose Zone J. 2:544-551.

RESSLER, D. E., HORTON, R., BAKER, J. L. & KASPAR, T. C. (1997): Testing a nitrogen fertilizer applicator designed to reduce leaching losses. Applied Engineering in Agric. 13: 345-350.

RESSLER, D. E., HORTON, R., BAKER, J. L. & KASPAR, T. C. (1998a): Evaluation of localized compaction and doming to reduce anion leaching losses using lysimeters. J. Environ. Qual. 27:910-916.

RESSLER, D. E., HORTON, R., KASPAR, T. C. & BAKER, J. L. (1999): Crop response to localized compaction and doming. Agron. J. 90:747-752.

RESSLER, D. E., HORTON, R. & KLUITENBERG, G. J. (1998b): Laboratory study of zonal management effects on preferential movement in soil. Soil Sci. 163:601-610.

RESZKOWSKA, A., PETH, S., PENG, X. & HORN, R. (2011): Grazing effects on compressibility of Kastanozems in Inner Mongolian steppe ecosystems. Soil Sci. Soc. Amer. J. 75: 426-433.

RETC (1994): Version 6.0; Code for quantifying the hydraulic functions of unsaturated soils. Riverside, CA.

RICHARDS, B. G. (1992): Modelling interactive load-deformation and flow processes in soils, including unsaturated and swelling soils. 6th Australian-New Zealand Conf. on Geomechanics, Christchurch, NZ.

RICHARDS, B. G., HORN, R., BAUMGARTL, T. & GRÄSLE, W. (1995): The role of stress on the behaviour of unsaturated soils. In: Alonso, E. E., Delage, P. (eds.), Unsaturated Soils. Balkema, Rotterdam, Brookfield, 785-791.

RICHARDS, B. G. & PETH, S. (2009): Modelling soil physical behaviour with particular reference to soil science. Soil & Tillage Research 102: 216-224.

RICHARDS, L. A. (1941): A Pressure-Membrane Extraction Apparatus for Soil Solution. Soil Sci. 51: 377-386.

RICHARDS, L. A. (1949): Methods of measurering soil moisture tension. Soil Sci. 68: 95-112.

RICHTER, J. (1972): Zur Methodik des Bodengashaushaltes. II. Ergebnisse und Diskussion. Z. Pflanzenernährung u. Bodenkunde 132: 220-239.

RICHTER, J. (1972): Zur Methodik des Bodengashaushaltes I. ökologisches Modell. Z. Pflanzenernährung Bodenkunde 132: 208-219.

RICHTER, J. (1986): Der Boden als Reaktor. Modelle für Prozesse in Böden. Thieme Verlag, Stuttgart, 239 pp.

RICHTER, J., SCHARPF, H. C. & WEHRMANN, J. (1978): Simulation der winterlichen Nitratverlagerung in Böden. Plant and Soil 49: 381-393.

RIEK, W., WESSOLEK, G., RENGER, M. & VETTERLEIN, E. (1995): Air capacity, plant

-available water and field-capacity of horizon substrate cluster-a statstical-analysis of soil survey laboratory data. Z. Pflanzen ernährung u. Bodenkunde 158: 485-491.

RIGOLE, W. & DE BISSCHOP, F. (1972): Proc. Symp. Fundamentals of Soil Conditioning. Med. Fak. Landbouw Gent 37: 938-954.

RIJTEMA, P. E. (1965): An analysis of actual evapotranspiration. Centre Agric. Public. Documentation Nr. 659, Inst. Kulturtechn., Wageningen, 107 pp.

RITCHIE, J. T. & ADAMS, J. E. (1974): Field measurement of evaporation from soil shrinkage cracks. Soil Sci. Soc. Am. J. 38: 131-134.

RITSEMA, C. J. & DEKKER, L. (2000): Preferential flow in water repellent sandy soils: principles and modeling implications. Journal of Hydrology 231-232: 308-319.

RITSEMA, C. J. & DEKKER, L. W. (1994): How water moves in water repellent sandy soil, 2. Dynamics of fingered flow. Water Resour. Res. 30: 2519-2531.

ROBBINS, C. W. (1986): Carbon dioxide partial pressure in lysimeter soils. Agron. J. 78: 151-158.

ROSS, P. J. & BRIDGE, B. J. (1987): Thermal properties of swelling clay soil. Austral. J. Soil Res. 25: 29-41.

ROTH, K. (1989): Stofftransport im wasserungesättigten Untergrund natürlicher, heterogener Böden unter Feldbedingungen. Diss. ETH, Zürich.

SAUER, T. S. (2002): Heat flux density. In J. H. Dane & G. C. Topp (editors), Methods of Soil Analysis, Part 4, Physical Methods. Soil Sci. Soc. Am., Madison, WI, USA.

SCANLON, B. R., ANDRASKI, B. J. & BILSKIE, J. (2002): In J. H. Dane & G. C. Topp (editors), Methods of

SCHAAP, M. G., LEIJ, F. J. & M. TH. VAN GENUCHTEN, M. TH. (2001): ROSETTA: a computer program for estimating soil hydraulic parameters with hierarchical pedotransfer functions. J. Hydrol. 251:163-176.

SCHABERLE, R. (1988): Stofftransport und Gefügeänderungen beim partiellen Gefrieren von Tonbarrieren. Schriftenr. Angew. Geologie Karlsruhe 7, 214 pp.

SCHACHTSCHABEL, P. (1953): Die Umsetzung der organischen Substanz des Bodens in Abhängigkeit von der Bodenreaktion und der Kalkform. Z. Pflanzenern. u. Bodenkunde 61: 146-163.

SCHAHABI, S. & SCHWERTMANN, U. (1970): Der Einfluß von synthetischen Eisenoxiden auf die Aggregation zweier Lößbodenhorizonte. Z. Pflanzenern. u. Bodenkunde 125: 194-204.

SCHEFFER, F. & SCHACHTSCHABEL, P. (2016): Soil Science. Edited by BLUME, H. -P., BRÜMMER, G. W., FLEIGE, H., HORN, R., KANDELER, E., KÖGEL KNABNER, I., KRETZSCHMAR, R., STAHR, K., WILKE, B. -M. Springer, 618 pp.

SCHEFFERS, G. (1962): Lehrbuch der Mathematik. 15. Aufl., de Gruyter, Berlin, 743 pp.

SCHEIDEGGER, A. E. (1961): General theory of dispersion in porous media. J. Geophys. Res. 66: 3273-3278.

SCHLICHTING, E., BLUME, H. P. & STAHR, K. (1995): Bodenkundliches Praktikum. Pareys Studientexte, 81.

SCHLÜTER, U. (1986): Die Pflanze als Baustoff. Patzer, Berlin, Hannover, 328 pp.

SCHMIDT, J. (1991): A mathematical Model to Simulate Rainfall Erosion. Catena Supplement 19, pp. 101-109.

SCHNITZER, M. (1986): Binding of Humic Substances by Soil Mineral Colloids: In: Fuchsmann, C. H. (Hrsg.), Peat and Water. Aspects of water retention and dewatering in peat. Elsevier Applied Science Publ., 159-176.

SCHOENEBERGER, P. J., WYSOCKI, D. A., BENHAM, E. C. & BRODERSON, W. D. (EDITORS. (2002): Field book for describing and sampling soils, Version 2. 0. Natural Resources Conservation Service, National Soil Survey Center, Lincoln, NE, USA.

SCHOFIELD, R. K. (1935): The pF of the water in soil. Trans III. Int. Conf. Soil Sci. 2: 37-48.

SCHRADER, S., ROGASIK, H., ONASCH, I. & JEGOU, D. (2007): Assessment of soil structural differentiation around earthworm burrows by means of X-ray computed tomography and scanning electron microscopy. Geoderma 137(3-4): 378-38.

SCHRAMM, G. (2002): Einführung in Rheologie und Rheometrie. 2. Aufl., Haake GmbH, Karlsruhe.

SCHRÖDER, M. (1970): Methodische Untersuchungen am Beispiel der Grosslysimeteranlage Castricum. Forstwiss. Zentralblatt 89: 200-210.

SCHRÖDER, M. (1976): Grundsätzliches zum Einsatz von Lysimetern. Deutsche Gewässerkundl. Mitt. 20: 8-13.

SCHRÖDTER, H. (1985): Verdunstung. Springer Verlag, Berlin, 186 pp.

SCHULIN R., FLÜHLER, H. MANSELL, R. S. & SELIM, H. M. (1986): Miscible displacement of ions in aggregated soils. Geoderma 38: 311-322.

SCHULTE-KARRING, H. (1963): Verbesserung verdichteter Böden durch Untergrundlockerung und Tiefdüngung. Landwirtschaftliche Forschung, 17. Sonderh.: 40-48.

SCHULZ, O. (1998): Berichte aus der Chemie-Strukturell-rheologische Eigenschaften kolloidaler Tonmineraldispersionen. Dissertation, Christian-Albrechts-Universität zu Kiel.

SCHWERTMANN, U., RICKSON, R. J. & AUERSWALD, K. (EDS.) (1990): Soil Erosion Protection Measures in Europe. Soil Technology Series 1, Cremlingen, p. 149-156.

SCHWERTMANN, U., VOGL, W. & KAINZ, M. (1987): Bodenerosion durch Wasser. Vorhersage des Abtrags und Bewertung von Gegenmaßnahmen. Ulmer, Stuttgart.

SCOTTER, D. R. & RAATS, P. A. C. (1969): Dispersion of water vapor in soil due to air turbulence. Soil Sci. 108: 170-176.

SEARLE, A. B. & GRIMSHAW, R. W. (1959): The Chemistry and Physic of Clays. 3d ed., E. Benn, London, 312 pp.

SEKERA, F. (1951): Gesunder und kranker Boden. Parey Verlag, Berlin.

SEMMEL, A. (2002): Solifluction layers ("Hauptlag" and "Oberlage") as indicators of environmental history. Z. Geomorph. N. F. 46: 167-180.

SHAO, M. & HORTON, R. (1996): Soil water diffusivity determination by general similarity theory. Soil Sci. 161:727-734.

SIGG, L. & STUMM, W. (1989): Aquatische Chemie. Verlag d. Fachvereine, Zürich, 498 pp.

SIMUNEK, J. & VAN GENUCHTEN, M. T. (2008): Modeling nonequilibrium flow and transport with Hydrus. Vadose Zone J. 7: 782-797.

SIX, J., PAUSTIAN, K., ELLIOT, W. J. & COMBRINK, C. (2000): Soil structure and organic matter: I. Distribution of aggregate-size classes and aggregate-associated carbon. Soil Sci. Soc. Am. J. 64: 681-689.

SKAGGS, R. W. & VAN SCHILFGAARDE, J. (1999): Agricultural drainage. (Agronomy, No. 38). Amer. Soc. Agronomy. Madison, WI, USA. Van der Ploeg 2006.

SKIDMORE, E. L. (1988): Wind Erosion. In LAL R. (ed): Soil Erosion Research Methods. Soil and Water Conservation Society.

SLAGSTAD, T., MIDTTÖMME, K., RAMSTAD, R. K. & SLAGSTAD, D. (2008): Factors influencing shallow (<1 000 m depth) temperatures and their significance for extraction of ground-source heat. In: Slagstad, T. (ed.), Geology for Society, Geological Survey of Norway Special Publication, 99-109.

SMITH, R. E., QUINTON, J., GOODRICH, D. C. & NEARING, M. A. (2010): Soil-Erosion Models: Where do we Really Stand? Short Communication (Discussion) on the papers by Wainwright et al. (2008a, b, c). Earth Surface Processes and Landforms. 35:134-1348.

SMUCKER, A. J. M., PARK, E. -J., DÖRNER, J. & HORN, R. (2007): Soil Micropore development and contributions to soluble carbon transport within microaggregates. Vadose Zone J. 6: 282-290.

SOANE, B. & VAN OUWERKERK, C. (1994): Soil Compaction. Elsevier p. 45-71.

SÖHNE, W. (1961): Wechselbeziehungen zwischen Fahrzeuglaufwerk und Boden beim Fahren auf unbefestigter Fahrbahn. Grundl. Landtechnik 13: 21-34.

SOLOMON, D. K. & CERLING, T. E. (1987): The annual carbon dioxide cycle in a montane soil: Observations, modeling, and implications for weathering. Water Resour. Res. 23: 2257-

2265.

SPITZ, K. & MORENO, J. (1996): A Practical Guide to Groundwater and Solute Transport Modeling. Wiley-Interscience publication. ISBN 9780471136873, 461p.

STACKELBERG, M. VON (1964): Die physikalische Deutung der Frostaufbrüche. Die Umschau in Wissenschaft und Technik, vol. 64, p. 68-71.

STANGE F., HORN R. (2005): Modeling the soil water retention curve for conditions of variable porosity. Vadose Zone J.,4,602-613.

STEFFENS, M., KÖLBL, A., TOTSCHE, K. U. & KÖGEL-KNABNER, I. (2008): Grazing effects on soil chemical and physical properties in a semiarid steppe of Inner Mongolia (PR China). Geoderma 143: 63-72.

STEPHENS, D. B. & HEERMANN, S. (1988): Dependence of anisotropy on saturation in a stratified sans. Water Resour. Res. 24: 770-778.

STIEFEL, A. & WILHELM, H. (1986): Geothermische Untersuchungen im Schwarzwald. In: Berichtsband des SFB 108: Spannung und Spannungsumwandlung in der Lithosphäre, 213-232, TU Karlsruhe.

STOOPS, G. (2007): Micromorphology of soils derived from volcanic ash in Europe: a review and synthesis. European Journal of Soil Science 58: 356-377.

STREBEL, O. (1970): Untersuchungen über die Wasserbewegung in einem Hangpseudogley unter Grünland und unter Wald. Z. Pflanzenern. u. Bodenkunde 127: 31-40.

STREBEL, O., RENGER, M. & GIESEL, W. (1975): Bestimmung des Wasserentzuges aus dem Boden durch die Pflanzenwurzeln. Z. Pflanzenern. u. Bodenkunde 138: 61-72.

STREUBING, L. (1965): Pflanzenökologisches Praktikum. Parey, Hamburg, 262 pp.

SUKLJE, L. (1969): Rheological aspects of soil mechanics. Wiley Interscience, London.

SWARTZENDRUBER, D. (1962): Modification of Darcy's law for the flow of water in soils. Soil Sci. 93:22-29.

SWARTZENDRUBER, D. (1962): Non-Darcy flow behavior in liquid-saturated porous media. J. Geophys. Res. 67:5205-5213.

SWARTZENDRUBER, D. (1963): Non-Darcy behavior and the flow of water in unsaturated soils. Soil Sci. Soc. Am. J. 27:491-495.

TAKLE, E. S. (2003): Soil management and conservation: windbreaks and shelterbelts. In: Hillel, D., Rosenzweig, C., Powlson, D., Scow, K., Singer, M., Sparks, D. (Eds.), Encyclopedia of Soils in the Environment. Elsevier, London.

TAKLE, E. S., MASSMAN, W. J., BRANDLE, J. R., SCHMIDT, R. A., ZHOU, X., LITVINA, I. V., GARCIA, R., DOYLE, G. & RICE, C. W. (2004): Influence of high-frequency ambient pressure pumping on carbon dioxide efflux from soil. Agric. and Forest Meteorol. 124:193-206.

TART, R. G. (2003): Heave and solifluction on slopes. In: Philips, et al. (eds.), Permafrost. Balkema, Zürich, p. 1135-1140.

TASIEDLUNGSABFALL (1993): Dritte allgemeine Verwaltungsvorschrift zum Abfallgesetz. Technische Anleitung zur Vermeidung, Verwertung, Behandlung und sonstigen Entsorgung von Siedlungsabfällen. Bundesratsdrucksache 594/92: 138.

TAYLOR, W. (1942): Research on consolidation of clays. M. I. T. Dept. of Civil and San. Eng. Ser. 82.

TEUFFEL et al. (2005) Waldumbau-für eine zukunftsorientierte Waldwirtschaft. 422 S. Springer,

THOMPSON, M. L., MCBRIDE, J. F. & HORTON, R. (1985): Effects of Drying Treatments on Porosity of Soil Materials. Soil Sci. Soc. Amer. J. 49: 1360-1364.

THUCYDIDES (1910): The Peloponnesian War. Dent/Dutton, New York, London.

TIGGES, U. (2000): Untersuchungen zum mehrdimensionalenWassertransport unter besonderer Berücksichtigung der Anisotropie der hydraulischen Leitfähigkeit. Schriftenreihe des Instituts für Pflanzenernährung und Bodenkunde, Christian-Albrechts-Universität zu Kiel, Nr. 56, Kiel, 145 pp.

TILLMAN, R. W., SCOTTER, D. R., WALLIES, M. G. & CLOTHIER, B. E. (1989): Water-repellency and its measurement by using intrinsic sorptivity. Aust. J. Soil Res. 27: 637-644.

TOLL, D. G. (1995): A Conceptual Model for the Drying and Wetting of Soil, Unsaturated Soils. Proc. 1st Int. Conf. on Unsaturated Soils (UNSAT 95), Paris, France (ed. Alonzo, E. E. and Delage, P.), Rotterdam: Balkema, Vol. 2, pp. 805-810.

TOOGOOD, J. A. (1976): Deep soil temperatures at Edmonton. Canad. J. Soil Sci. 56: 505-506.

TOPP, G. C., REYNOLDS, W. D. & GREEN, R. E. (EDS.) (1992): Advances in Measurement of Soil Physical Properties: Bringing Theory into Practice, Vol. 30, 1-288, SSSA, Wisconsin.

TORIDE, N., LEIJ, F. J. & VAN GENUCHTEN, M. T. (1995): The CXTFIT code for estimating transport parameters from laboratory or field tracer experiments, version 2.0. U. S. Salinity Laboratory, Agricultural Research Services, U. S. Department of Agriculture, Riverside, CA.

TORRI, D. & BORSELLI, L. (2000): Water Erosion. In: Manual of Soil Science. M. E. Sumner (ed.). CRC Pubblications, New York. pp G171-G194.

TSCHAPEK, M. (1984): Criteria for determining the hydrophilicity-hydrophobicity of soils. Z. Pflanzenern. Bodenkunde 147: 137-149.

URBANEK, E., HALLETT, P., FEENEY, D. & HORN, R. (2007): Water repellency and

distribution of hydrophilic and hydrophobic compounds in soil aggregates from different tillage systems. Geoderma 140: 147-155.

VAN BAVEL, C. H. M. (1952): Gaseous diffusion and porosity in porous media. Soil Sci. 72: 91-104.

VAN BAVEL, C. H. M. (1966): Potential evaporation: The combination concept and its experimental verification. Water Resour. Res. 2: 455-467.

VAN DE GRIEND, A. A., OWE, M., GROEN, M. & STOLL, M. P. (1991): Measurement and spatial variation of thermal infrared surface emissivity in a savanna environment. Water Resour. Res. 27: 371-379.

VAN DER PLOEG, R., EHLERS, W., & HORN, R. (2006): Schwerlast auf dem Acker. Spektrum der Wissenschaft, 80-88.

VAN DER PLOEG, R., HORTON, R. & KIRKHAM, D. (1999): Steady flow to drains and wells. In: R. W. Skaggs and J. van Schilfgaarde (eds.) Agricultural Drainage. Agronomy Monograph 38:213-263.

VAN DER PLOEG, R. & HUWE, B. (1988): Einige Bemerkungen zur Bestimmung der Wasserleitfähigkeit mit der Bohrlochmethode. Z. Pflanzenern. u. Bodenkunde 151: 251-253.

VAN GENUCHTEN, M. T. (1980): A closed-form equation for predicting the hydraulic conductivity of unsaturated soils. Soil Sci. Soc. Amer. J. 44: 892-898.

VAN GENUCHTEN, M. T. & WIERENGA, P. (1976): Mass transfer studies in sorbing porous media. I Analytical solutions. Soil Sci. Soc. Am. J. 40: 473-480.

VAN GENUCHTEN, M. T., LEIJ, F. J., YATES, S. R. (1991): The RETC code for quantifying the hydraulic functionsof unsaturated soils. SOIL salinity Lab. USDA, Riverside, California

VAN OOST, K., GOVERS, G., ALBA, S. D., & QUINE, T. A. (2006): Tillage erosion: a review of controlling factors and implications for soil quality. Progress in Physical Geography 30, 443-466.

VAN WIJK, W. R. & SCHOLTE UBING, D. W. (1966): Radiation. -In: VanWijk, W. R. (Ed.), Physics of plant environment. 2nd ed., North-Holland Publ. Co., Amsterdam, pp. 62-98.

VDI (Verein dt. Ingenieure) (1994): Umweltmeteorologie: Wechselwirkungen zwischen Atmosphäre und Oberflächen-Berechnung der kurz-und langwelligen Strahlung. VDI 3789, Teil 2, Beuth Verlag GmbH, Berlin, 52 pp.

VEREECKEN, H., DIELS, J., VAN ORSHOVEN, J., FEYEN, J. & BOUMA, J. (1992): Functional-Evaluation of Pedotransfer functions for the estimation of soil hydraulic-properties. Soil Sci. Soc. Amer. J. 56: 1371-1378.

VETTERLEIN, D., MARSCHNER, H. & HORN, R. (1993): Microtensiometer Technique for Insitu Measurement of Soil Matric Potential and Root Water Extraction from a Sandy Soil. Plant and Soil 149: 263-273.

VETTERLEIN, E. & CLAUSNITZER, J. (1976): Verfahren der Berechnung des Durchlässigkeitsbeiwertes (kf Wert) in Sandboden. Arch. Acker-u. Pflanzenbau u. Bodenkunde 20: 747-757.

VOGEL, H.-J., HOFFMANN, H. & ROTH, K. (2005): Studies of crack dynamics in clay soil. I. Experimental methods, results and morphological quantification. Geoderma 125: 203-211.

WADA, K., ARNALDS, O., KAKUTO, Y., WILDING, L. P. & HALLMARK, C. T. (1992): Clay minerals in four soils formed in aeolian and tephra materials in Iceland. Geoderma 52: 351-365.

WALKER, W. R., MALANAO, H. & REPLOGHE, J. A. (1982): Reduction in infiltration rates due to intermittent wetting. ASAE Paper No. 82-2029, Summer Meeting, University of Wisconsin, June 27-30, 1982.

WALTER, M. T., KIM, J.-S., STEENHUIS, T. S., PARLANGE, J.-Y., HEILIG, A., BRADDOCK, R. D., SELKER, J. S. & BOLL, J. (2000): Funnelled flow mechanisms in a sloping layered soil: Laboratory investigations. Water Resour. Res. 36:841-849.

WANG, Q., HORTON, R. & FAN, J. (2009): An analytical solution for one-dimensional water infiltration and redistribution in unsaturated soil. Pedosphere 19:104-110.

WANG, Q., HORTON, R. & SHAO, M. (2003): Algebraic model for one-dimensional infiltration and soil water distribution. Soil Sci. 168:671-676.

WANG, Q., OCHSNER, T. E. & HORTON, R. (2002): Mathematical analysis of heat pulse signals for soil water flux determination. Water Resour. Res. 38:10.1029/2001WR1089.

WANG, Q., SHAO, M. & HORTON, R. (1999): Modified Green and Ampt models for layered soil infiltration and muddy water infiltration. Soil Sci. 164:445-453.

WANG, Q., SHAO, M. & HORTON, R. (2004): A simple method for estimating water diffusivity of unsaturated soils. Soil Sci. Soc. Am. J. 68:713-718.

WARRICK, A. M. (1985): Point and line infiltration-calculation of the wetted soil surface. Soil Sci. Soc. Amer. J. 49: 1581-1583.

WARRICK, A. W. (2002): Soil Physics Companion. CRC Press, Boca Raton, ISBN: 0-8493-0837-2, 389 pp.

WEBB, N. P., MCGOWAN, H. A., PHINN, S. R. & MCTAINSH, G. H. (2006): AUSLEM (AUStralian Land Erodibility Model): A tool for identifying wind erosion hazard in Australia. Geomorphology 78: 179-200.

WEISS, A. & NORMAN, J. M. (1985): Partitioning solar radiation into direct and diffuse, visible and near-infrared components. Agric. and Forest Meteorol. 34: 205-213.

WEISSKOPF, P., REISER, R., REK, J., & OBERHOLZER, H. -R. (2010): Effect of different compaction impacts and varying subsequent management practices on soil structure, air regime and microbiological parameters. Soil and Tillage Research 111, 65-74.

WESSOLEK, G. (1989): Einsatz vonWasserhaushalts - und Photosynthesemodellen in der Ökosystemanalyse. TU Berlin, Schriftenreihe PB 14, H. 61, 170 S.

WESSOLEK, G., DUIJNISVELD, W. H. M. & TRINKS, S. (2008): Hydro-pedotransfer functions (HPTFs) for predicting annual percolation rate on a regional scale. J. Hydrol. 356: 17-27.

WESSOLEK, G., RENGER, M., STREBEL, O. & SPONAGEL, H. (1985): Einfluss von Boden und Grundwasserflurabstand auf die jährliche Grundwasserneubildung unter Acker, Grünland und Nadelwald. Z. Kulturtechnik Flurber. 26: 130-137.

WESTCOT, D. & WIERENGA, P. J. (1974): Transfer of heat by conduction and vapor movement in a closed soil system. Soil Sci. Soc. Am. J. 38:9-14.

WHITE, J. & PERROUX, K. M. (1989): Estimation of unsaturated hydraulic conductivity from field sorptivity measurements. Soil Sci. Soc. Amer. J. 53: 324-329.

WIERENGA, P. J., NIELSEN, D. R., HORTON, R. & KIES, B. (1982): Effects of tillage on soil temperature and thermal conductivity. In: Kral, M. D. (ed.): Predicting Tillage Effects on Soil Physical Properties and Processes. ASA Special Publ. No. 44, Madison, Wisconsin, 198 pp.

WIERMANN, C. (1998): Auswirkungen differenzierter Bodenbearbeitungen auf die Bodenstabilität und das Regenerationsvermögen lößbürtiger Ackerstandorte. Schriftenreihe des Instituts für Pflanzenernährung und Bodenkunde, Bd. 45.

WIESMEIER, M., STEFFENS, M., KÖLBL, A. & KOGEL-KNABNER, I. (2009): Degradation and small-scale spatial homogenization of topsoils in intensively-grazed steppes of Northern China. Soil & Tillage Research 104: 299-310.

WILDING, L. P. & HALLMARK, C. T. (1984): Proc. ISSS-Symp. In: Bouma. J. & Raats, P. A. C. (Eds.), Heavy Clay Soils. ILRI-Publ. 47, Wageningen, 1-18.

WILHELM, F. (1993): Hydrogeographie. Das Geographische Seminar, Westermann, Braunschweig, 227 pp.

WISCHMEIER, W. H. & SMITH, D. D. (1978): Predicting rain/all erosion losses-A guide for conservation planning. USDA, Agric. Handbook No. 537.

WISNIEWSKA, M., STEPNIEWSKI, W. & HORN, R. (2008): Effect of mineralogical composition and compaction conditions on sealing properties of selected mineral materials likely to be used for landfill construction. 159-167. In: Pawlowska, Pawlowski (eds.), Management of Pollutant Emission from Landfills and Sludge. Talor und Francis Group London, ISBN: 978-0-415-43337-2.

WOCHE, S. K., GOEBEL, M.-O., KIRKHAM, M. B., HORTON, R., VAN DER PLOEG, R. R. & BACHMANN, J. (2005): Contact angle of soils as affected by depth, texture, and land management. Europ. J. Soil Sci. 56: 239-251.

WOESTEN, J. H. M. & VAN GENUCHTEN, M. T. (1988): Using texture and other soil properties to predict the unsaturated soil hydraulic functions. Soil Sci. Soc. Amer. J. 52: 1762-1770.

WOHLRAB, B. (1963): Bodennutzungsschutz und Wasserrecht unter besonderer Berücksichtigung der Verhältnisse in Nordrhein-Westfalen. Ber. Landesanst. Bodennutzungsschutz, Nordrh.-Westfalen 4: 97-121.

WOHLRAB, B. (1970): Das Grundwasser als leistungsbegrenzender und leistungsfördernder Standortfaktor für land-und forstwirtschaftliche Nutzung. Landwirtschaftsverlag, München.

WOJCIGA, A., BOLTE, K., HORN, R., STEPNIEWSKI, W. & BAJUK, E. (2009): Surface shear resistance of soils on the micro-to mesoscale. International Agrophysics 23: 391-398.

WOLF, K. L. (1957): Physik und Chemie der Grenzflächen. Springer, Berlin, 262 pp.

WOODRUFF, N. P. & SIDDOWAY, F. H. (1965): A wind erosion equation. Proc. Soil Sci. Soc. Amer. 29: 602-609.

WÖSTEN, J. H. M., LILLY, A., NEMES, A. & LE BAS, C. (1999): Development and use of a database of hydraulic properties of European soils. Geoderma 90: 169-185.

XIAO, X., HORTON, R., SAUER, T. J., HEITMAN, J. L. & REN, T. (2011): Cumulative soil water evaporation as a function of depth and time. Vadose Zone J. 10:1016-1022.

YAMAGUCHI, M., FLOCKER, W. J. & HOWARD, F. D. (1967): Soil atmosphere as influenced by temperature and moisture. Proc. Soil Sci. Soc. Amer. 31: 164-167.

YANUKA, M., TOPP, G., ZEGELIN, S. & ZEBSCHUK, W. (1988): Multiple reflection and attenuation of time domain reflectometry pulses: Theoretical considerations for applications to soil and water. Water Resour. Res. 24: 939-944.

YOUNG, M. H. & SISSON, J. B. (2002): Tensiometry. In J. H. Dane & G. C. Topp (editors), Methods of Soil Analysis, Part 4, Physical Methods. Soil Sci. Soc. Am., Madison, WI, USA.

YULE, D. F. (1984): Measured and predicted field shrinkage and swelling. Rev. Rural Sci. No. 5, 105-108.

ZAUSIG, J., HELL, U. & HORN, R. (1990): Die Bedeutung der Aggregierung für den Gashaushalt im Intraaggregatporensystem. Z. Pflanzenern. u. Bodenkunde 153: 5-10.

ZAUSIG, J., HELL, U. & HORN, R. (1990): Eine Methode zur Ermittlung der wasserspannungsabhängigen Änderung des Sauerstoffpartialdruckes und der Sauerstoffdiffusion in einzelnen Bodenaggregaten. Z. Pflanzenern. u. Bodenkunde 153: 5-10.

ZENCHELSKY, S. T., DELANY, A. C. & PICKETT, R. A. (1976): The organic component of windblown soil aerosol as a function of wind velocity. Soil Sci. 122: 129-132.

ZETTELMAYR, A. C. & CHESSICK, J. J. (1964): Wettability by heats of immersion. Adv. in Chemistry 43: 88-98, Amer. Chem. Soc. Washington D. C.

ZHANG, H. Q., & HARTGE, K. H. (1995): Mechanical properties of soils as influenced by the incorporated organic matter. p. 98-108. In K. H. Hartge and B. A. Stewart (ed.) Advances in soil science: Soil structure, its development and function. CRC Press, Inc., Boca Raton, FL.

ZHANG, X., REN, T., HEITMAN, J. L. & HORTON, R. (2012): Measuring soil-water evaporation time and depth of dynamics with an improved heat-pulse sensor. Soil Sci. Soc. Am. J. 76:876-879.

ZHU, J. & MOHANTY, B. P. (2002): Analytical solutions for steady state vertical infiltrations water. Resour. Res. 38: 20-1; 20-5.

ZINK, A., FLEIGE, H. & HORN, R. (2011): Verification of harmful subsoil compaction of Luvisols. Soil & Tillage Research 114: 127-13.

ZISMAN, W. A. (1964): Relation of the equilibrium contact angle to liquid and solid constitution. In: Advances in Chemistry 43, I-51, Am. Chem. Soc. Washington D. C.

相关专著和译著

土壤物理学相关专著和译著

［1］孙一源，高行方，余登苑，1985，农业土壤力学，北京：农业出版社

［2］雷志栋，土壤水动力学，1988，北京：清华大学出版社

［3］张蔚臻，地下水与土壤水动力学，1996，北京：中国水利水电出版社

［4］李韵珠，李保国，土壤溶质运移动，1998，北京：中国水利水电出版社

［5］邵明安，王全九，黄明斌，2006，土壤物理学，北京：高等教育出版社

［6］秦耀东，土壤物理学，2003，北京：高等教育出版社

［7］依艳丽，土壤物理研究法，2009，北京：北京大学出版社

［8］马歇尔，T. J. ［澳］，1986，土壤物理学，赵诚斋，徐松龄译，北京：科学出版社

［9］姚贤良，程云生等编著，1986，土壤物理学，北京：农业出版社

［10］P. F. 劳［美］，土壤物理化学，1985，薛家骅等译，北京：农业出版社

［11］R. J. 汉克斯（R. J. Hanks），G. L. 阿希克洛夫特，应用土壤物理学，1984，杨诗秀等译，北京：中国水利电力出版社

［12］L. D. 贝佛尔［美］，土壤物理学，1983，张君常等译，北京：农业出版社

［13］S. A. 泰勒［美］，物理的土壤学：灌溉与非灌溉土壤的物理学，1983，华孟等译，北京：农业出版社

［14］E. W. 腊塞尔［英］，土壤条件与植物生长，1979，谭世文，林振骥，郭公佑译，北京：科学出版社

相关工具软件

［1］HYDRUS（包气带土壤水文）

［2］Modflow（地下水）

［3］Drainmod（暗管排水）

［4］EPIC（环境—植物—气候）

［5］RZWQM（作物—土壤）

［6］SHAW（土壤水热）

［7］DNDC（碳氮循环）

［8］SVAT（土壤—植物—大气连续体）

［9］MAGI（地下—地上生态水文过程）

［10］COSMOS（土壤—地下水盐过程）